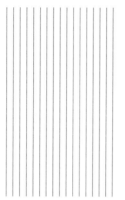

DATA STORAGE
ARCHITECTURES AND TECHNOLOGIES
Second Edition

数据存储
架构与技术 第❷版

舒继武 编著

人民邮电出版社
北京

图书在版编目（CIP）数据

数据存储架构与技术 / 舒继武编著. -- 2版. -- 北京 : 人民邮电出版社, 2024.6
信息存储技术规划教材
ISBN 978-7-115-63922-6

Ⅰ. ①数… Ⅱ. ①舒… Ⅲ. ①数据存贮－架构－教材
Ⅳ. ①TP333

中国国家版本馆CIP数据核字(2024)第053469号

内 容 提 要

　　本书介绍数据存储架构与技术，涵盖存储盘与存储介质、存储阵列、存储协议、键值存储、文件系统、网络存储体系结构、分布式存储系统、存储可靠性、存储安全、数据保护等基础内容，对存储维护、存储解决方案、存储技术趋势与发展等主题进行了深入讨论，以新的研究成果作为案例，同时提供习题帮助读者加深对数据存储的理解与运用。

　　本书适合计算机及相关专业高年级本科生或研究生阅读、学习，同时也可供相关专业技术人员参考。

- ◆ 编　　著　舒继武
  　责任编辑　邓昱洲
  　责任印制　马振武
- ◆ 人民邮电出版社出版发行　　北京市丰台区成寿寺路 11 号
  　邮编　100164　　电子邮件　315@ptpress.com.cn
  　网址　https://www.ptpress.com.cn
  　北京建宏印刷有限公司印刷
- ◆ 开本：787×1092　1/16
  　印张：20.5　　　　　　　2024 年 6 月第 2 版
  　字数：501 千字　　　　 2025 年 10 月北京第 8 次印刷

定价：89.80 元

读者服务热线：(010)81055410　印装质量热线：(010)81055316
反盗版热线：(010)81055315

序一

随着数据量的爆炸式增长，存储技术越来越受到重视。构建高性能存储系统，快速、完整且长久地保存海量数据，关系到国计民生和国家战略安全。

自 20 世纪 90 年代起，我们在国内率先开展网络存储系统关键技术研究。当时存储系统的关键技术主要被欧美机构垄断，但通过整个团队的不懈努力，我们逐一攻破存储系统的可扩展性、可靠性、存储性能等一系列难题，构建了一个个原型系统，并应用和转化了相关关键技术。令我欣慰的是，经过 20 余年的发展，目前中国在存储领域已处于国际领先行列：在存储硬件系统上，华为等中国企业可以提供业界领先、全套、面向不同场景的高性能存储解决方案；在存储软件系统上，依托于大型数据中心和 E 级超算中心，清华存储团队构建了若干超大规模的、可扩展的分布式存储软件系统；在科研成果上，中国高校能够持续在存储领域的国际顶级会议上发表学术成果。但我一直比较遗憾的是，我们缺少全面介绍阐述存储基本原理和最新研究进展的中文图书。因此，当舒继武老师对我说想写一本关于数据存储技术的书时，我非常支持。

本书有两个特点我觉得非常好。第一，本书兼顾了存储硬件和存储软件方面的内容，现如今各种存储硬件层出不穷，比如 NVMe SSD、持久性内存等，它们具有迥异的特性，只有充分了解这些硬件特性，我们才能够构建出高性能的存储软件系统，而本书便对存储软硬件之间的协同进行了深度阐释。第二，本书兼顾了学术界和工业界的视角，一方面，编著者舒继武老师在存储领域有 20 余年的科研经验，也是率先在国内进行网络存储技术教学的老师，能够准确把握存储领域的发展轨迹和最新趋势；另一方面，这本书也包含了华为公司同人在工业界多年的经验与思考，例如如何进行存储维护，如何为不同应用场景提供高效的存储解决方案等。

希望本书能够帮助读者全面且深入地了解数据存储的关键技术，并能吸引一批优秀的人才从事存储行业，为中国的存储事业添砖加瓦！

中国工程院院士、清华大学教授　郑纬民

呼唤存储专业人才，共筑数据基础设施

人类社会经过从农业时代到工业时代的发展，目前正大踏步进入数字化时代。数字化已经深入金融、电信、制造、交通、能源、教育、医疗等社会、经济、生活的方方面面，我们正在迎来一个万物互联的智能世界。

数据是智能世界的基础性资源和战略性资源。华为预测，到 2030 年，人类将进入 YB（尧字节，尧代表 10^{24}）数据时代。数据的采集、传输、保存、计算、使用，离不开强大的数据基础设施。专业存储承载着千行百业的研发、生产、经营的高价值数据，是数据基础设施的核心组成部分。

存储在数字化时代具有举足轻重的作用。存储容量决定了智能世界的数据总量，如果企业拥有的数据多，其数字化转型就具备了良好的基础。存储性能决定了数据存取的效率，存储、网络、计算三者的性能完全匹配，数据才能真正发挥实时的价值。存储可靠性决定了数据的持久性和可用性，一旦数据丢失或无法访问，将给数字社会、数字经济的运行带来无法挽回的损失。存储安全更是数据安全的最后一道防线，识别、保护关键数据，检测、响应不可预计的攻击并恢复关键数据，构成了完整的数据安全体系架构。

从全球第一台专业存储设备诞生起，存储产业就一直活跃在创新的前沿。从数据库存储到文件存储，从存储阵列到分布式存储，从机械硬盘存储到全闪存存储，存储的应用场景和系统架构日益丰富，有力促进了人类社会数字化水平的提升。伴随着大数据、人工智能、分布式数据库等新兴数据应用的蓬勃发展，新计算、新网络、新介质技术不断涌现，数据中心从枢纽、城市到边缘全面布局，绿色低碳共识不断深入，存储产业正迎来新一轮的创新浪潮。

数十年来，围绕产、学、研、用的全产业链，一批又一批卓越的存储专业人才成长起来。理论、架构、工程技术、行业场景等领域中学者和专家们的完美协同，推动存储产业不断向前发展。未来，数据量呈现爆发式增长，技术创新层出不穷，智能世界正在呼唤越来越多的专业人才认识存储、发展存储。

本书结合理论知识和工程实践，从组件、系统架构到关键技术，从应用场景到设计实现，系统地讲解存储的专业知识，展望技术前景，非常适合有志于投身存储产业浪潮的学生、科研人员、企业研发人员、企业 IT 团队以及其他从业人员学习参考。

华为是全球领先的 ICT 基础设施供应商。今天和未来，我们致力于把数字世界，带入每个人、每个家庭、每个组织，构建万物互联的智能世界。华为数据存储始终坚持技术创新，坚持服务全球市场客户。感谢国际权威分析机构高德纳（Gartner）对华为存储市场、产品、销售、客户体验战略和执行的认可，2016 年至今，华为一直是高德纳主存储魔力四象限领导者。华为

愿意为学生提供学习、实践、工作的机会，与科研人员、用户联合创新，共同探索未来的存储应用场景和技术，与广大的存储产业从业者营造健康的合作生态，为构建可靠的数据基础设施尽自己最大的努力。

专业存储，海纳数据，释放平凡数据的不凡潜力。让我们携手努力，共创美好数据时代的未来。

华为常务董事、ICT 基础设施业务管理委员会主任　汪涛

第2版前言

承蒙广大读者的厚爱和人民邮电出版社的努力，本书得到了学术界与工业界的欢迎与认可，第1版的发行量远超过了我们的期望。在学术界，清华大学、复旦大学、厦门大学、华东师范大学等已经采用本书作为本科生和研究生的教材，通过本书系统性地教授数据存储知识；在工业界，华为、浪潮等公司也将本书作为员工培训的资料，来提升员工对数据存储相关技术的运用能力。

这样的认可也使我们感到有必要对本书进行修订和更新。我们听取了许多读者的建议，在第2版中增加了思考题。这些思考题旨在帮助读者加深对数据存储概念和技术的理解，并提供机会让读者应用从书中所学的知识。此外，我们仔细地审查和更新了每章的参考文献，以确保它们的准确性和全面性。希望本书也能为数据存储领域的从业者，以及对该领域感兴趣的读者，提供有益的借鉴与启示。

前　言

数据是当前信息技术发展的核心资产，需要被高效并可靠地存储起来，以服务众多现实生活中的应用，如互联网、大数据、人工智能及高性能计算等。鉴于数据存储的重要性，从2003 年开始，我们在清华大学开设了面向计算机专业研究生的"网络存储技术"课程，介绍数据存储领域的基础知识及最新的学术动态。在这么多年的教学过程中，我们发现没有合适的图书可以作为课程教材：一方面，大部分计算机系统类图书仅将数据存储作为其中的章节，对数据存储介绍得不够全面系统；另一方面，专门介绍数据存储的图书内容相对陈旧，无法反映当前存储领域在硬件和软件方面的最新进展。因此，我们萌生了编写一本数据存储技术图书的想法。就在这个想法产生不久后，华为数据存储产品线找到了我们，他们也有相似的需求：编写一本数据存储技术的图书，向员工和客户普及数据存储的基本概念和技术。在此契机下，我们与华为的同人一起编写本书，本书既包含我们团队在数据存储领域多年的教学和科研经验，也包含以华为为代表的存储产业界力量在存储维护、存储解决方案等方面的深度思考。

本书共 14 章，内容概述如下。

第 1 章　数据存储的背景

这一章介绍数据存储的背景，包括数据存储在当今信息时代的重要性及目标。

第 2 章　存储盘与存储介质

在计算机中，数据被存储在不同的存储介质和存储设备中，这一章主要介绍存储盘与存储介质，包括磁盘、SSD（Solid State Disk，固态硬盘）及主存。针对每类存储盘与存储介质，这一章简述其发展历史、组成结构及性能特征。为了充分发挥硬件的性能，存储盘一般包含复杂的固件设计，比如地址映射、磁盘缓存及磁盘调度等。此外，这一章还简要介绍光存储、磁带等其他存储介质。

第 3 章　存储阵列

单独的存储设备无法满足应用的容量和可靠性诉求，因此需要将多个存储设备进行集中池化管理，即构成存储阵列。这一章首先介绍存储阵列的硬件架构，包括控制器模块、接口模块等；然后介绍其软件架构并着重介绍 RAID（Redundant Arrays of Independent Disks，独立磁盘冗余阵列）算法；最后介绍如何设计存储阵列，以达到高性能和高可靠性的目标。

第 4 章　存储协议

存储协议负责主机与存储设备之间的通信及数据交互。这一章介绍典型的存储协议，包括面向磁盘的 SCSI（Small Computer System Interface，小型计算机系统接口）协议，以及面向 SSD 的 NVMe（Non-Volatile Memory express，非易失性内存标准）协议。此外，还介绍新型的内存互连协议——CXL（Compute Express Link，缓存一致性互连）协议。

第 5 章 键值存储

现实中的大量数据都可以通过键值对的映射方式来表达，因此键值存储系统应用广泛。这一章介绍键值存储系统常用的索引结构，如散列索引、B+树及 LSM 树等，并介绍键值存储系统如何进行数据布局。此外，这一章还探讨崩溃一致性机制，这类机制使得键值存储系统在崩溃后能恢复到一致的状态。

第 6 章 文件系统

除了键值存储系统，另一种常见的存储软件系统是文件系统。这一章讲述文件系统的基本操作，包括文件操作和目录操作。这一章通过案例逐步剖析文件系统的关键设计模块，如命名空间管理、缓存与一致性等，帮助读者深刻理解文件系统的运作原理。

第 7 章 网络存储体系结构

相比于存储阵列，网络存储系统在扩展性、稳定性及共享访问等方面具有优势。这一章介绍网络存储系统体系结构的发展历程：从最初的直连式存储到集中式网络存储（例如网络附属存储和存储区域网络），再到并行存储、P2P 存储及云存储。此外还介绍存储虚拟化、软件定义存储、超融合架构等前沿技术。

第 8 章 分布式存储系统

分布式存储系统将数据分散存储在多台服务器中，以应对持续增长的数据量。这一章首先介绍分布式存储系统的典型架构及其关键衡量指标，然后分别介绍分布式键值存储系统、分布式对象存储系统、分布式块存储系统及分布式文件系统。对于每一类分布式存储系统，通过介绍系统实例帮助读者熟悉其中的关键技术。

第 9 章 存储可靠性

高可靠性是数据存储的核心诉求之一，这一章首先介绍存储可靠性的基本概念，然后阐述硬盘可靠性和闪存介质可靠性问题，随后分析纠删码技术原理及发展趋势，最后阐述分布式存储系统可靠性问题。

第 10 章 存储安全

存储安全事故会导致用户隐私数据泄露甚至彻底丢失。这一章首先介绍存储安全的理念和安全体系，然后介绍存储安全的关键技术，包括系统安全、数据安全及安全管理等。此外，这一章还介绍最新的硬件安全技术，比如 TEE（Trusted Execution Environment，可信执行环境）技术。

第 11 章 数据保护

这一章介绍如何对数据进行保护，包括镜像、快照及克隆等技术。此外，还介绍数据保护的三大类场景，即备份、归档和容灾，在这些场景中，数据保护具有不同的作用和定位。

第 12 章 存储维护

存储系统的复杂度日益提高，维护难度也随之增加。这一章介绍存储维护中的预防性维护和纠正性维护，其中前者用于预防存储系统发生故障，而后者用于修复已发生的故障。

第 13 章　存储解决方案

这一章介绍不同场景的存储解决方案，包括运营商、政务融合场景、金融行业、医疗行业及教育行业等，帮助读者通过场景实例了解如何根据不同需求设计高效的数据存储方案。

第 14 章　存储技术趋势与发展

这一章介绍存储技术趋势与发展，分别介绍了存内计算、持久性内存、在网存储、智能存储、边缘存储、区块链存储、分离式数据中心架构、高密度新型存储等前沿技术。

致　谢

在此感谢参与本书写作的人：清华大学存储系统团队的陆游游副教授，汪庆博士后、陈游旻博士后、张余豪博士后，程卓、吕文豪、颜彬、林家桢、冯杨洋、李俊儒、高健、李泽祺、范如文等博士研究生，厦门大学的沈志荣副教授、李乔副教授、高聪明副教授等，以及华为技术有限公司的周跃峰、庞鑫、张福鹏、张国彬、王振、丁志彬、梁佳妮、杨天文、董伟、顾学虎、张南东、王升、闫鹏、李兆男、李国杰、覃国、杨俊涛、廖志坚、晏大洪、潘浩、王鹏、李楚、章鹏、饶成莉、曹长斌、仇幼成、王伟、黎超、李强、张颖、徐旭东、陈卫屏、曾洋洋、刘健、夏冰心、杜翔、曾红丽、陈克云、周希锋、周晓峰、袁琦钊、唐国辉、卢建刚、何杰、戴维、黄蓉、孙林、祁晨睿等。很荣幸与你们一起合作。

目 录

第8章　分布式存储系统 ·································· 125

第 14 章 存储技术趋势与发展 265

第1章
数据存储的背景

数据存储是将信息保存在某种介质上供后续读取的技术。早在远古时代，人类在还没发明文字的时候就通过在绳子上打结来存储数据，即《周易》中所记载的"上古结绳而治"。随着人类社会的进步，数据开始以文字的形式存储在甲骨、竹简、纸张等介质上。到了当代，信息技术的爆炸式发展催生了各种用于存储数据的硬件设备，如磁带、磁盘等；同时，存储数据的工具也转变为计算机，通过运行在计算机上的存储软件系统对存储硬件设备上的数据进行管理与访问。

如今的人类社会在以前所未有的速度制造数据，预测在 2025 年其总量将达到 181 ZB，需要约 2000 亿块 1 TB 的磁盘进行存储。面对如此海量的数据，存储扮演着至关重要的角色。在这一章，我们将介绍数据存储在信息时代的重要性，以及它的一些主要目标。

1.1 数据存储的重要性

对个人而言，数据存储的重要性是不言而喻的：我们将具有纪念价值的珍贵照片、视频等数据存储在手机、笔记本计算机等便携设备中，并上传至云盘等具备高可靠性的存储系统，用于长期保存数据。此外，数据存储作为信息时代的基石，对经济社会及其他领域的发展具有重要作用。

数据存储促进经济发展。 从直接经济效益来看，权威咨询公司高德纳（Gartner）预测 2025 年全球存储市场规模将达到 1500 亿美元。而数据存储产生的间接经济效益更是无法估计，几乎所有的行业都离不开数据存储的支撑：对于电商行业，在"双十一"购物节等重要活动期间，需要存储系统能够快速、可靠、稳定地处理与交易相关的数据访问，为用户提供良好的使用体验，保证系统在每秒交易数维持在较高水平情况下的稳定性；对于石油勘探行业，需要高性能的存储系统处理模拟油藏产生的海量数据，缩短勘探周期，提高开采效率。

数据存储提高社会治理水平。 国务院在 2015 年发布的《促进大数据发展行动纲要》中明确指出："数据已成为国家基础性战略资源，大数据正日益对全球生产、流通、分配、消费活动以及经济运行机制、社会生活方式和国家治理能力产生重要影响。"大数据通过分析数据之间的关系，能有效辅助处理复杂的社会问题，例如根据公共卫生的数据预测瘟疫的传播情况。而大数据的核心就是对数据进行采集、存储和分析，其中存储处于承上启下的关键位置，采集的数据需要及时地保存在存储系统中，并能够高效地服务后续的计算分析。

数据存储助力其他领域的突破。 强大的数据存储能力是当今众多学科取得突破的关键，正如李国杰院士指出："海量数据的出现催生了一种新的科研模式，即面对海量数据，科研人员只需要从数据中直接找到或挖掘所需要的信息、知识和智慧，甚至不需要直接接触研究的对象。"例如天文学界在 2019 年发布了人类有史以来第一张黑洞照片，这对验证黑洞相关理论具有重要意义，而这张照片的拍摄离不开数据存储的功劳：射电望远镜捕获与黑洞相关的 5 PB 数据被实时存储在高性能的充氦硬盘上。

1.2 数据存储的目标

正如 1.1 节所述，数据存储具有极高的重要性，因此一代又一代的人对其进行持续的创新设计，以达到高性能、高易用性、高可靠性等目标。本节将简单介绍这些目标以及数据存储的相关软硬件设计，这些内容也将贯穿整本书的其他章节。

1.2.1 高性能

数据存储的性能指标主要包括吞吐率与延迟，其中吞吐率指单位时间内数据存储系统能完成的操作数目，而延迟是指完成单个操作所需要的时间。高性能数据存储追求更高的吞吐率与更低的延迟，这是由持续增长的上层应用需求所驱动的。例如，"双十一"购物节的成交额逐年提升，这就要求存储系统的吞吐率匹配其上升的趋势；在延迟方面，用户越来越关注服务质量，因此存储系统要尽快地完成每一个数据访问操作，最小化用户所能感知的延迟。

为了达到高性能指标，需要对存储硬件和存储软件共同进行设计。如图 1.1 所示，现有的存储硬件种类多样，在性能、容量和价格方面各有优劣，例如 HDD（Hard Disk Drive，硬盘驱动器）的延迟为 10 ms 左右，而 SSD 的延迟仅有 10～100 μs。因此，提升存储系统性能最自然的方法就是采用更快速的存储硬件。但这面临着两个关键问题：首先，存储硬件的性能越好，通常它的成本会越高，导致整体系统价格昂贵，难以普及使用；其次，存储硬件的吞吐率越大，一般其容量会越小，这将限制整体系统能容纳的数据量，难以满足持续增长的海量数据的需求。因此，高性能目标的达成还需要存储软件的设计。

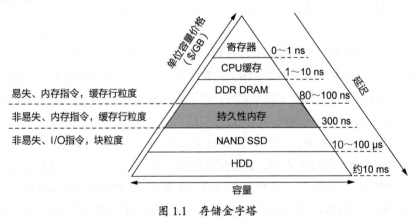

图 1.1 存储金字塔

由于单个存储硬件的性能有限，存储软件经常将大量存储硬件组合起来，以提供更高的吞吐率。最早的技术包括美国加利福尼亚大学伯克利分校提出的 RAID 技术[1]。其中 RAID 0 将数据分散至多块磁盘，同时发挥多块磁盘的性能。除此之外，分布式存储系统也被普遍使用，该存储系统通过网络将多台存储服务器连接起来，向外部提供极高的聚合吞吐率，例如图 1.2 展示了我国超级计算机"神威·太湖之光"的分布式文件系统架构，它由 80 个 I/O 转发节点、144 个存储节点，以及 72 个磁盘阵列构成，每个磁盘阵列包含 60 块磁盘。

提升性能还可以通过充分利用数据局部性原理设计缓存、预取等机制。数据局部性包括时间局部性和空间局部性：时间局部性是指当某份数据被访问后，在不久后将被再次访问，例如在线购物平台上某些热门商品对应的数据会被频繁地读写；空间局部性是指当某份数据被访问后，其相邻的数据也将在不久后被访问，例如当某个文件被访问后，和它处于同一个文件夹中的其余文件也很有可能被访问。利用时间局部性，存储软件在各个层级设计高效的缓存机制，将经常被访问的数据放置在更快速的系统组件中，由此能同时提升吞吐率和降低延迟。例如，在单个存储服务器中，Linux 文件系统将文件数据以页缓存（Page Cache）的形式缓存在内存中，并通过 LRU（Least Recently Used，最近最少使用）算法等替换算法提高缓存的命中率；在数据中心中，经常存在由 Memcached 等软件构建的分布式缓存集群，用于作为后端基于磁盘的存储系统的读缓存。利用空间局部性，存储软件也在各个层级设计了预取机制，也就是将未来可能要访问的数据提前从低速组件调换至高速组件。例如 Linux 文件系统采用了 readahead 预取算法，当文件被顺序访问时，会将后面的内容提前调至页缓存中。

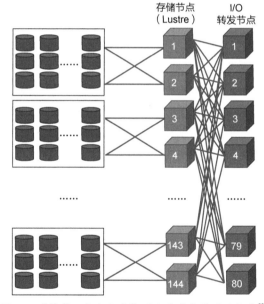

图 1.2 "神威·太湖之光"的分布式文件系统架构[2]

1.2.2 高易用性

数据存储另一大目标就是高易用性，即上层应用应该方便地与存储系统"打交道"，将数据以一种便捷的方式写入存储系统，并支持后续的高效读取。为了提供高易用性，人们设计了不同的数据存储接口，如图 1.3 所示。其中语义最简单的是块接口，即整个存储空间被抽象成大小相等的数据块，每份数据块具有唯一的数字标识符，应用通过数字标识符读写对应的数据块。块接口难以表达大部分应用的数据语义，因此通常作为其他存储接口的底座，而不直接暴露给上层应用。键值接口的易用性高于块接口：它维护键值对的集合，每份键值对包括键和值两部分，均是长度可变的数据块，应用通过键来定位至对应的键值对，进行插入、更新、查询以及删除等操作。由于语义清晰、用法灵活，键值接口被广泛使用，例如亚马逊将在线购物相关的数据存储在键值系统 Dynamo[3]中。文件接口将数据组织成目录树结构，主要包括目录文件和普通文件，应用可以创建、删除和读写文件。其中普通文件存储着文件数据，目录文件记录着该目录下的普通文件以及其他目录文件的名字，每个文件具有权限等属性，用于访问控制。文件系统这种层次化结构十分适合普通的计算机用户，因此几乎所有的桌面操作系统都自带文件系统，为用户提供管理数据的易用方式。此外，为了进一步方便用户使用，还存在针对键值接口和文件接口的扩展，比如有的键值存储系统支持通过多个键查询同一份数据，即二级索引功能；有的文件系统支持事务语义，即保证多个文件操作的原子性。

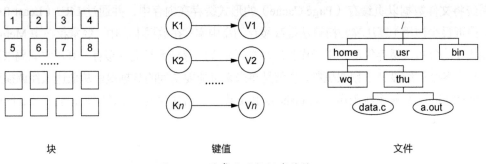

块　　　　　　　　　　　　键值　　　　　　　　　　　　文件

图 1.3　3 种常见的数据存储接口

除了存储接口方面，支持数据共享也是易用性的关键。存储阵列虽然解决了容量和性能的限制，但无法进行数据共享，即位于不同位置的用户无法访问同一份数据。随着网络技术和存储协议的发展，数据存储开始朝网络化共享的方向迈进。例如 NAS（Network Attached Storage，网络附属存储）支持通过局域网共享文件。此外，更大规模的分布式存储系统也在追求极致的共享能力，例如，Facebook 的分布式文件系统 Tectonic[4]能够提供数据中心级别的数据存储功能，同时支持不同应用，达到了极高的资源利用率。

1.2.3　高可靠性

数据存储的高可靠性是指在系统面对异常情况时，数据不丢失且服务不中断。异常情况有很多种，包括磁盘失效、服务器崩溃、网络故障及人为事故等，根据 Facebook 的报告，在一个拥有 3000 台服务器的生产集群中，一天最多会有 110 台服务器崩溃。若数据存储的可靠性没得到保证，会造成严重的后果，例如，2017 年亚马逊的 S3 存储系统发生了持续 5 小时的故障，影响数十万个网站的正常访问，造成约 1.5 亿美元的损失。

实现高可靠性的基本方式是提供数据冗余，主要包括多副本和纠删码两种机制。如图 1.4 所示，在多副本机制中，每份数据被重复存储在多个不同位置，因此当某个位置的数据由于某种异常事件无法被访问时，其余位置的数据仍然能够提供服务；而在纠删码机制中，系统将多份数据通过某种编码方式计算出若干份校验块，并将这些数据与相关校验块存储在不同位置；当无法访问某份数据时，其内容可通过校验块和其余数据重新计算获得。相比于多副本机制，纠删码机制具有更低的存储空间开销，但计算和恢复开销更高。对于一个成熟的存储系统，在每个层级都具有相应的可靠性保障：在存储设备层，利用 LDPC（Low-Density Parity-Check Code，低密度奇偶校验码）等纠错机制检测数据是否出现错误并尝试修复数据；在服务器层，基于 RAID 机制的磁盘阵列机制可以容忍某个存储设备的失效；在集群层，通过分布式多副本机制或分布式纠删码处理服务器的异常事件。此外，数据还有可能被周期性地备份和归档。

多副本

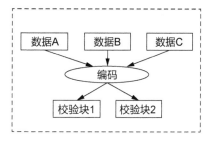

纠删码

图 1.4 多副本与纠删码

尽管上述机制从理论上能保证数据存储的可靠性，但存储软件是由程序员通过代码编写而成的，若代码中存在漏洞，仍然会造成数据内容发生错误。例如存储软件并发访问处理不当会导致数据内容混乱。因此，为了获得高可靠性，存储软件还需要进行大量的正确性测试，甚至采用一些形式化的手段。亚马逊构建新一代对象云存储系统时，运用了轻量级的形式化方法去验证存储软件在接口语义、数据一致性、并发访问正确性等多个方面是否符合预期[5]。

1.2.4　其他目标

除了高性能、高易用性和高可靠性，数据存储还需满足如下的目标。

高性价比。数据存储追求极致的性价比，希望在更低的单位价格下提供更高的性能。为了达到高性价比，常用的做法是进行存储分级，即将热数据保存在高速存储设备上（如 SSD），而将冷数据保存在低速存储设备上（如磁带）。

高安全性。数据存储还需要考虑安全性，以防止用户隐私数据被泄露等严重事件的发生。为了获得高安全性，常用的做法包括数据加密、访问控制、隐私计算等。

高可扩展性。正如前文所述，分布式存储系统通过组合多台服务器，实现高性能数据访问。设计分布式存储系统的重要目标之一就是高可扩展性，即当加入新的服务器时，系统整体性能能够按相应比例提升。为了达到高可扩展性，存储软件需要避免某些服务器成为性能瓶颈，常用的做法包括负载均衡机制、数据动态迁移机制等。

参考文献

[1] PATTERSON D A, GIBSON G, KATZ R H. A case for redundant arrays of inexpensive disks (RAID)[R/OL]. (1987-12)[2023-04-05].

[2] LIN H, ZHU X, YU B, et al. Shentu: processing multi-trillion edge graphs on millions of cores in seconds[C]//SC18: International Conference for High Performance Computing, Networking, Storage and Analysis. IEEE, 2018: 706-716.

[3] DECANDIA G, HASTORUN D, JAMPANI M, et al. Dynamo: Amazon's highly available key-value store[J]. ACM SIGOPS operating systems review, 2007, 41(6): 205-220.

[4] PAN S, STAVRINOS T, ZHANG Y, et al. Facebook's tectonic filesystem: efficiency from exascale[C]//19th USENIX Conference on File and Storage Technologies (FAST 21). 2021: 217-231.

[5] BORNHOLT J, JOSHI R, ASTRAUSKAS V, et al. Using lightweight formal methods to validate a key-value storage node in Amazon S3[C]//Proceedings of the ACM SIGOPS 28th Symposium on Operating Systems Principles. 2021: 836-850.

第2章
存储盘与存储介质

在计算机中，存储介质用于记录二进制数据的状态。计算机中的程序和数据以二进制的方式被记录，不同的存储介质通过元件的不同物理状态来表示"0"和"1"，并且支持"0"与"1"两个状态之间的切换。

存储介质分为磁存储、电存储和光存储等。磁存储利用磁颗粒的磁极性来记录数据。磁介质有两个磁化方向，分别表示数据"0"和"1"。常见的基于磁存储介质的存储盘包含磁盘和磁带等。电存储利用存储单元中存储电子的多少来表示数据。电子数量的多少影响感知位线上的电平高低，从而表示数据"0"和"1"。常见的基于电存储介质的存储盘包括闪存（Flash Memory）和DRAM（Dynamic Random Access Memory，动态随机存储器）等。光存储利用激光照射介质发生物理或化学变化，从而改变介质的某些性质以表示"0"和"1"。常见的基于光存储介质的存储盘包括CD、DVD（Digital Versatile Disc，多用途数字光盘）和BD（Blu-ray Disc，蓝光光盘）等。

在计算机系统里，存储层次结构通过将不同的存储设备组合到一起，给处理器虚拟出速度快、容量大的存储资源。图2.1所示为几种典型的存储介质及其延迟性能。广义的存储包括内存（也称为主存，Main Memory）和外存（也称为次级存储，Secondary Storage）。目前，内存以DRAM为主，延迟性能为几十纳秒级别；外存主要有闪存和磁盘（HDD），延迟性能分别为几十微秒和毫秒量级。

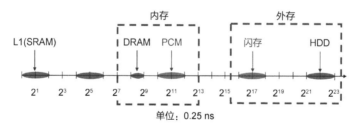

图 2.1　几种典型的存储介质及其延迟性能

本章将介绍几种主要的存储盘与存储介质，包括磁盘、SSD和主存。

2.1　磁盘

磁盘是一种基于磁存储的存储盘，也被称为HDD或机械硬盘等。1956年，IBM生产出了第一款磁盘产品——IBM 350。这款产品容量仅有5 MB左右，包含50片24 in（1 in≈2.54 cm）的盘片，访问延迟接近1 s。这块磁盘以单体设备独立存在，还没有作为一个部件被集成进入系统。

1973年，IBM推出了IBM 3340磁盘，也被称为温切斯特（Winchester）磁盘，简称温盘。在温盘的设计中，磁头、盘片和转轴封装在密闭空间里（填充惰性气体），转动磁碟通过浮起磁头进行读写。这种封装形态对磁盘的批量生产提供了支持，因而温盘被认为是现代磁盘的模型，其设计一直沿用至今。

1997 年，巨磁阻（Giant Magneto Resistive）技术被提出，并被用于磁盘。这种技术使用了具有更强磁阻效应的材料和多层薄膜结构，将磁盘的存储密度从 $3\sim5$ GB/in² 提升到了 $10\sim40$ GB/in²。这种技术极大地推动了磁盘的大容量设计。因为巨磁阻效应的发现，法国物理学家阿尔贝·费尔（Albert Fert）与德国物理学家彼得·格林贝格（Peter Grünberg）获得了 2007 年诺贝尔物理学奖。

经过过去近 70 年的发展，磁盘在容量、性能和可靠性上均取得了长足的发展。目前，磁盘在大规模存储系统中仍然占据主要的位置，在容量型存储系统中仍具有比较优势。

2.1.1　磁盘的组成与结构

磁盘主要包含两部分：机械部分和电子部分，如图 2.2 所示。

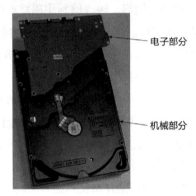

图 2.2　磁盘的组成

磁盘机械部分包括底座、主轴电机、盘片、音圈电机、磁头组、顶盖等部分，如图 2.3 所示。所有的盘片平行地安装在同一个转轴上，盘片的两面分别对应一个磁头，所有磁头关联在同一个磁头组上，磁头组尾部有一个音圈电机，驱动整个磁头组围绕同一个轴承旋转摆动。

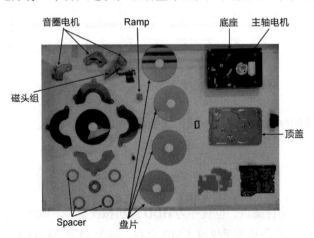

图 2.3　磁盘机械部分的组成

电子部分包括主控 SoC（System on a Chip，单片系统）、电机驱动芯片、RV（Rotation Vibration，

转动振动）传感器、Shock 传感器、DRAM、Flash ROM（Read-Only Memory，只读存储器）等器件，如图 2.4 所示，其中的 RV 传感器通常只用在企业级磁盘上。

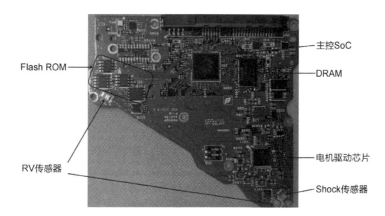

图 2.4　磁盘电子部分的组成

2.1.2　磁盘性能

磁盘通过磁头对盘片上的磁介质进行感应与转换，从而完成数据读写。写数据时，磁盘的写磁头将电信号转化成磁信号，将盘面上的磁介质颗粒去磁化，让其按照一定的规律排列。读数据时，磁盘的读磁头通过感应磁场的变化，将磁信号转化成电信号，从而识别出数据。

在磁盘工作时，盘片高速旋转产生的升力使磁头悬浮在盘片上方。磁头的核心元件是读磁头和写磁头，读磁头是一种对磁场变化很敏感的传感器，写磁头是一个缠绕在磁芯上的线圈，通过电流改变磁颗粒的磁化方向。具体而言，在写数据时，"0"或"1"数据流以脉冲电流形式通入写磁头线圈，使磁头下方盘片上的磁性介质层的磁化方向发生改变，实现数据写入，即电磁转换；在读数据时，读磁头感应旋转的盘片上方磁场的变化，输出变化的电压信号，实现数据读取，即磁电转换。

磁盘的读性能与磁盘内部构造密不可分，主要的访问延迟来自磁盘的机械部件。图 2.5 展示了磁盘的结构。磁盘通过寻道（Seek）和旋转（Rotation）两个机械操作以扇区（Sector）为粒度读数据。这两个机械操作可以从磁盘内部构造的两部分来理解，一部分是盘片部分，另一部分是磁头部分。

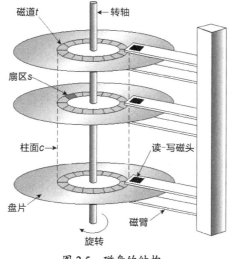

图 2.5　磁盘的结构

在盘片部分，多个盘片（Platter）平行地围绕转轴（Spindle）旋转。转轴旋转带动盘片旋转，被称为旋转（Rotation）操作。每个盘片的正反两面，被称为盘面（Surface），每个盘面上附着磁性介质，用于记录数据。盘面被划分为若干个同心圆，每个同心圆被称为磁道（Track）。磁道被切分为固定大小的扇区，即磁盘的最小访问单位。

在磁头部分，每个盘面对应一个磁头（Head），磁头对其对应的盘面进行读写。不同盘面上的磁头组成一个磁头组。每个磁头由对应的磁臂（Arm）进行驱动，在盘面上不同的磁道上移动，即寻道操作。例如，目前的磁盘中磁头的飞行高度低于 10 nm，飞行速度接近 200 km/h，寻道精度为 50 nm 左右，寻道速度为毫秒级。

除了旋转操作和寻道操作之外，磁盘的访问延迟还包括数据传输的时间和控制器处理时间。因而，磁盘访问延迟可以通过式（2.1）计算。

$$T_{\text{disk service time}} = T_{\text{seek time}} + T_{\text{rotation time}} + T_{\text{data transfer time}} + T_{\text{controller time}} \tag{2.1}$$

其中，$T_{\text{disk service time}}$ 为预计的数据访问时间，$T_{\text{seek time}}$ 为寻道时间，$T_{\text{rotation time}}$ 为旋转时间，$T_{\text{data transfer time}}$ 为数据传输时间，$T_{\text{controller time}}$ 为控制器处理时间。

寻道时间是磁头定位到特定磁道的时间。寻道时间有不同的表示方式，包括最大寻道时间（$T_{\text{full stroke time}}$）、平均寻道时间（$T_{\text{average time}}$）、相邻磁道寻道时间（$T_{\text{track-to-track time}}$）等。最大寻道时间是指磁头从盘面上的一侧磁道移动到另一侧磁道的时间，是盘面上径向移动最大距离所需的时间。平均寻道时间是指磁头在盘面上不同磁道之间移动的平均时间。相邻磁道寻道时间是指磁头在相邻两个磁道上移动的时间。

旋转时间是盘片旋转到磁头定位扇区的时间。旋转时间由转轴的转速决定。通过磁盘规格文档中给出的转速可以计算出旋转时间。磁盘规格中的转速通常有 5400 r/min、7200 r/min、15000 r/min，转速在业界常用 rpm（rounds per minute，每分钟转的圈数）来表示。$T_{\text{rotation time}}$ 为旋转半圈的时间，计算公式为 $T_{\text{rotation time}} = 0.5 / (\text{转速}/60000)$，单位为 ms。例如，5400 r/min 的磁盘 $T_{\text{rotation time}}$ 为 5.6 ms，7200 r/min 的磁盘 $T_{\text{rotation time}}$ 为 4.2 ms。

数据传输时间是数据从磁介质传输到主机的时间。数据传输时间包括内部传输时间和外部传输时间。内部传输时间与磁盘转速相关，可通过以下公式进行估算：数据传输量/（单磁道的存储容量×转速）。外部传输时间与磁盘接口相关，可以通过以下公式进行估算：数据传输量 / 接口带宽。例如，SATA 2.0 接口理论带宽为 300 MB/s，传输 1 MB 数据的外部传输时间估算为 3.33 ms。

控制器处理时间主要是指数据在电子部件中的处理延迟。与机械部件的延迟相比，这部分延迟相对较小，通常可以忽略。

在磁盘的处理过程中，磁盘的读写请求延迟也与磁盘负载有关。磁盘读写请求延迟与磁盘负载的关系为 $T_{\text{avg. response time}} = T_{\text{disk service time}} / (1 - \text{磁盘利用率})$。磁盘的利用率是当前读写请求的数量与磁盘最大吞吐率的比值。通常，在磁盘利用率达到 70% 之后，磁盘读写请求的延迟会出现比较明显的增大。磁盘延迟与磁盘负载的关系如图 2.6 所示。

从磁盘访问延迟的计算公式中可以发现磁盘的性能与盘片的转速、磁头的寻道速度和数据的传输量相关度较高。其中，有两个比较重要的特性。

数据访问的连续性（局部性）对磁盘性能的影响：在访问数据时，磁盘需要在寻道和旋转后定位到相应的数据块进行读写。如果每次访问的地址比较随机，那么每次访问均需要进行寻道和旋转操作，而实际用于磁头与盘片间数据读写的时间较少，也就是数据有效读写时间较少。因而，数据访问越连续（局部性好），磁盘越能发挥性能优势。

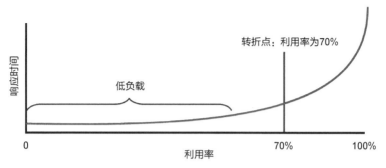

图 2.6　磁盘延迟与磁盘负载的关系[1]

数据访问块的大小对磁盘性能的影响：在一次数据访问中，寻道时间、旋转时间和控制器处理时间相对固定，而传输时间跟数据量的多少相关。当数据量较大时，传输时间在总时间中占比较高；当数据量较小时，传输时间在总时间中占比较低，大部分时间花费在寻道、旋转等操作，数据访问有效带宽较低。因而，数据访问块越大，磁盘越能发挥性能优势。

这两个特性对存储软件的设计比较关键。例如，在文件系统的设计中，常用技术包括增加数据访问块的大小、改善数据访问的局部性，以及相应的预取、缓存等，均与磁盘的特性密不可分。

2.1.3　磁盘固件

磁盘的电子部件有主控 SoC 芯片，用于信号处理、检错纠错、驱动电机等；在控制器上也运行了相应的固件，用于地址映射、请求排队与调度、缓存等功能。下面将介绍磁盘固件中的地址映射、磁盘缓存和磁盘调度 3 个方面的内容。

1.　地址映射

磁盘向操作系统导出了一个线性的一维地址空间，通常称为 LBA（Logical Block Address，逻辑块地址）。磁盘的固件需要将操作系统所看到的一维线性地址转换为磁盘内部的扇区地址。在磁盘内部，通常采用 CHS 描述磁盘扇区的 PBA（Physical Block Address，物理块地址）。CHS 代表柱面（Cylinder）、磁头（Head）和扇区（Sector），通过这 3 个维度的参数可以定位到内部的特定扇区。磁盘固件中的地址映射功能完成从 LBA 到 PBA 的映射。

从 LBA 映射到 CHS 的一种简单的映射关系可以表示为

$$柱面编号（Cylinder\#）= \frac{LBA}{Cylinder\_Sectors} \tag{2.2}$$

$$磁头编号（Head\#）= \frac{LBA\%Cylinder\_Sectors}{Track\_Sectors} \tag{2.3}$$

$$扇区编号（Sector\#）= LBA\%Track\_Sectors \tag{2.4}$$

其中，Cylinder#、Head# 和 Sector# 分别为柱面编号、磁头编号和扇区编号。Cylinder_Sectors 和 Track_Sectors 分别表示每个柱面中的扇区个数和每个磁道内的扇区个数。

在实际的磁盘中，地址映射关系相对复杂。为了支持优化存储密度、提高访问性能等，地址映射中还包括分区（Zone）、重映射（Remap）、偏移（Skew）等常见的技术。

（1）分区

在磁盘中，不同磁道的周长是不同的。有两种方式在磁道中划分扇区，一种方式是固定扇区数，另一种方式是固定位密度，即每个扇区采用固定的长度。上述简单的映射关系是假设每个磁道固定扇区数，但是这浪费了周长较长的磁道（即外圈磁道）的存储密度。如果采用每个磁道固定扇区数，那么 CHS 的计算会比较麻烦。因而，在磁盘中采用分区的方式是两者之间的折中方式。

分区将盘面上不同半径的磁道划分为多个区域，每个区域中按照每磁道固定扇区数的方式划分扇区，不同区域之间每磁道的扇区数不同，尽可能获得较高的位密度。通过这种方式，在存储密度和地址映射便利性之间取得平衡。

在带有分区的情形下，LBA 到 CHS 的转换仅需要记录几个分区的起始地址即可。其计算方式为

$$\text{Zone\_LBA} = \text{LBA} - \text{Zone\_StartLBA} \tag{2.5}$$

$$\text{Cylinder\#} = \text{Zone\_StartCylinder} + \frac{\text{Zone\_LBA}}{\text{Cylinder\_Sectors}} \tag{2.6}$$

$$\text{Head\#} = \frac{\text{Zone\_LBA}\%\text{Cylinder\_Sectors}}{\text{Track\_Sectors}} \tag{2.7}$$

$$\text{Sector\#} = \text{Zone\_LBA}\%\text{Track\_Sectors} \tag{2.8}$$

其中，Zone_LBA 为当前分区中 LBA 的偏移，Zone_StartLBA 和 Zone_Start Cylinder 分别为当前分区的起始 LBA 和起始柱面号。

（2）重映射

在磁盘中，地址映射需要处理扇区故障。如果一个扇区出现故障，磁盘需要重映射故障扇区到新的扇区，以进行数据读写。在磁盘中，通常在每个磁道上预留一个或多个扇区，用于扇区的重映射。

在有扇区重映射的情形下，磁盘固件需要记录一个重映射表。重映射表中记录了故障扇区的地址到新扇区的地址。在 CHS 地址转换时，通过查找重映射表以确定扇区是否发生了重映射，并获得发生重映射的扇区的新地址。

（3）偏移

在磁道进行切换时，在磁头移动的过程中，盘片依然在旋转。所以，当磁头在不同磁道之间进行切换时，磁头开始读取时已经不是下一个相邻扇区了。为了解决这个问题，可以采用偏移的做法。如图 2.7 所示，依据磁道切换的时间，在下一个磁道编号时，向后偏移一定数量的扇区数。磁道切换需要时间，同样在盘面切换、柱面切换中也会有类似的问题。因而，偏移同样可以在盘面或柱面切换时使用。

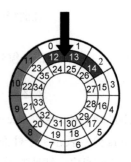

需要访问两个磁道　　　　　　　读完第一个磁道后　　　　　　　切换磁道后

图 2.7　带偏移的地址块映射示意

在有偏移的情形下，逻辑地址到物理地址的转换中需要计算出相应的偏移位置，从而合并到已有计算结果中。

2. 磁盘缓存

磁盘在设备内部会保留一定大小的嵌入式内存，用于数据的缓存，典型的磁盘缓存大小为 2~64 MB（注意，操作系统中也将主存对磁盘的缓存称为磁盘缓存，与本小节的磁盘缓存是不同的概念）。磁盘缓存跟大部分缓存的作用类似，既包括了写数据的缓冲，也包括了读数据的缓存。

（1）写缓冲

主机将数据发给磁盘，磁盘可以将数据先缓冲在磁盘缓存中，然后给主机返回完成的通知。磁盘在后台将数据再写入磁盘介质。通过这样的方式，主机看到的磁盘写性能有明显的提升。这样的缺点是，因为磁盘缓存是易失的，在系统掉电时可能会丢失数据。为防止数据丢失，主机可以关闭磁盘缓存，或者启用显式调用 sync 等同步操作。

（2）读缓存与预取

主机与磁盘之间的接口性能通常大于磁盘内部介质的访问性能。因而，磁盘缓存的另一个作用是提供读缓存。磁盘可以通过预取操作，将磁盘介质上的数据先行读取到磁盘缓存中。在主机发送读请求到磁盘时，数据读缓存可以提高数据在磁盘缓存中命中的概率，从而降低读延迟。

3. 磁盘调度

磁盘接收到磁盘读写请求的地址是分散的，磁盘的调度算法通过调度读写请求的顺序，减少请求的平均访问时间，提高磁盘整体吞吐率，并增强不同请求之间的公平性。

（1）FCFS 算法

FCFS（First Come First Serve，先来先服务）算法不改变读写请求的顺序，按照请求到达的顺序依次进行服务。先来先服务算法的优势是公平性很强，请求的延迟相对较低，但缺点是磁盘的整体吞吐率不高。

（2）SSTF 算法

SSTF（Shortest Seek Time First，最短寻道时间优先）算法是选择读写请求中离当前磁道最近的请求进行服务。该算法的优势在于能够降低磁盘寻道的时间，提高磁盘的整体吞吐率，但缺点是公平性难以保证，会出现"饿死"现象，即出现请求一直得不到响应的情形。

（3）扫描（SCAN）算法

扫描算法，也被称为电梯算法，是从磁盘盘面上的一端一直移动到另一端，在移动的过程中处理相应的读写请求；然后再跳回到起始的一端，按同样的方向移动，服务请求。扫描算法的优点在于磁盘整体吞吐率较高，也不会出现"饿死"现象。

循环扫描（C-SCAN）算法与扫描算法类似，不同之处在于循环扫描在磁头从一端移动到另一端后，并不跳回到起始的一端，而是从所在位置反向移动到起始的一端，在移动的过程中进行读写请求的服务。

（4）前看（LOOK）算法

前看算法与扫描算法类似，区别在于前看算法从一端移动到另一端时仅移动到所有请求中最大磁道号即可停止，而不是一直移动到盘面的最末端。这样的方式相比于扫描算法，可以减少不必要的磁头移动。

循环前看（C-LOOK）算法是前看算法的变种，与循环扫描算法类似，从一端往另一端移动时，并不是跳回到起始的一端，而是服务完一个方向后反向移动，并在移动过程中服务请求。

目前，硬盘的技术仍然在发展之中，如何提高磁盘的密度是关注点。例如，SMR（Shingled Magnetic Recording，叠瓦式磁记录）、HAMR（Heat-Assisted Magnetic Recording，热辅助磁记录）、MAMR（Microwave-Assisted Magnetic Recording，微波辅助磁记录）等新技术。

2.2 SSD

SSD 是采用非易失性存储芯片的存储盘。当前 SSD 中主要采用闪存（Flash Memory），也可以采用 PCM（Phase Change Memory，相变存储器）等其他非易失性存储芯片。

闪存是一种 EEPROM（Electrically-Erasable Programmable Read Only Memory，电可擦编程只读存储器）。闪存自 1984 年由日本东芝公司提出，至 2005 年后逐步受到关注。闪存包含 NOR（或非型）闪存和 NAND（与非型）闪存两种，NAND 闪存使用较为广泛。若无特殊说明，本书中提及的闪存均指 NAND 闪存。

SSD 由控制器、闪存（NAND Flash）、DRAM、电源、备电电容、连接器及固件等组成，其结构如图 2.8 所示。连接器是 SSD 与主机交互的物理接口。控制器负责在前端提供 SATA（Serial Advanced Technology Attachment Interface，串行先进技术总线附属接口）、SAS（Serial Attached Small Computer System Interface，串行小型计算机系统接口）、PCI-e（Peripheral Component Interconnect express，快速外设部件互连）接口或 NVMe 协议模块与主机交互，进行协议解析和数据传递，内部负责数据的组装和状态管理，后端提供多通道挂接多个闪存，负责对闪存的数据存取、可靠性管理等，同时作为 DRAM 控制器提供缓存读写接口。电源部分负责把主机提供的电源转换为 SSD 内部器件工作所需要的各种不同电压值的电源，同时和备电电容配合提供掉电时的备电功能；一般企业级 SSD 才具有备电电容，消费级 SSD 不提供备电电容，因此不具备异常掉电保护功能。固件负责管控整盘资源，前端按照协议完成和主机的交互，内部通过闪存转换的地址映射、垃圾回收、磨损均衡等模块实现对闪存的管理，同时通过温度监控、电压监控等实现可靠性相关功能。闪存是 SSD 的主要存储器件。

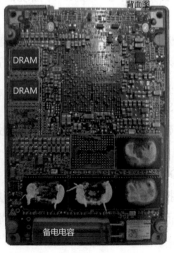

图 2.8　SSD 的结构

2.2.1 闪存单元与结构

闪存单元与传统 CMOS（Complementary Metal Oxide Semiconductor，互补金属氧化物半导体器件）单元相比，增加了一层浮栅（Floating Gate），如图 2.9 所示。浮栅与衬底（Subtrate）之间有一层氧化物绝缘层，称为隧穿层。闪存单元通过施加电压将电子充入浮栅。由于隧穿层的存在，电子不容易逃逸，因为浮栅可以较为稳定地保持电子的状态，从而表示闪存单元的状态。

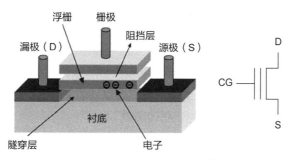

图 2.9　闪存单元的结构[2]

闪存单元通过感应和改变浮栅中电荷的多少对数据进行读写。写入数据时向浮栅注入电荷形成电荷势阱，以表示数据"0"；浮栅中未注入电荷表示数据"1"。读数据时通过感知位线上的电平高低来识别"0"和"1"。

闪存单元可根据每个存储单元存储比特的多少分类，包括 SLC（Single Level Cell，单级单元）、MLC（Multi Level Cell，多级单元）、TLC（Triple Level Cell，三级单元）和 QLC（Quad Level Cell，四级单元）等，如图 2.10 所示。SLC 表示一个存储单元只存储 1 比特。这时候只需要区分浮栅上是否存有一定量的电荷即可。MLC 表示一个单元存储 2 比特。这时候不但要区分该单元是否存储了电荷，还需要判断其存储了多少电荷，且需要控制对浮栅编程的电荷数量。TLC 表示一个存储单元存储 3 比特。QLC 表示一个存储单元存储 4 比特。以 TLC 模式举例，将 TLC 存储的比特，分为 Lower Bit、Upper Bit 和 Extra Bit，读取 Lower Bit 需要一个读电压即可，读取 Upper Bit 和 Extra Bit 则需要多个读电压。

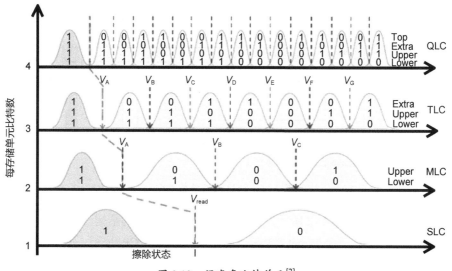

图 2.10　闪存多比特单元[2]

闪存具有如下特性。

写前擦除： 在闪存中，闪存单元的编程为单向编程，即仅支持从状态"1"写为状态"0"，而不支持从状态"0"写为状态"1"。闪存在重写一个页前，需要进行擦除操作。闪存以页为单位读写，以块为单位擦除。

读写粒度与擦除粒度不同： 闪存的读、写及擦除操作的延迟差异较大。单个闪存页的读平均延迟为十微秒量级，写平均延迟为百微秒量级，而擦除的平均延迟在毫秒量级。

磨损问题： 闪存单元具有有限次的 P/E（Programming/Erase，擦/写）操作，即每个闪存单元具有有限的寿命。闪存单元在接近擦写次数极限时，无法可靠存储数据状态。这被称为闪存的耐久性（Endurance）问题。尽管存储密度得以提升，单位容量价格降低，但闪存的耐久性问题却愈加严峻。每个 SLC 闪存单元可承受 100000 次 P/E 操作，每个 MLC 闪存单元可承受 10000 次 P/E 操作，而每个 TLC 闪存单元可承受的 P/E 操作次数仅为 1000 次。

为避免 P/E 操作引入的延迟，闪存采用异地更新的策略进行页重写，即将新的页重定向到空闲闪存页，并标记当前页为无效页，以进行后续回收。

在 SSD 内部，闪存芯片通过不同的通道连接到闪存控制器，如图 2.11 所示。在闪存芯片中，单个芯片封装了多个颗粒，每个颗粒可独立执行指令。每个颗粒包含多个闪存片，每个闪存片拥有独立的寄存器，可提供多闪存片之间的流水指令执行。

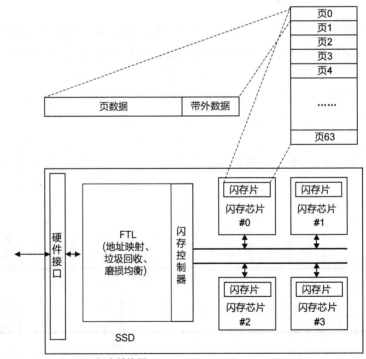

注：FTL 即 Flash Translation Layer，闪存转换层。

图 2.11　SSD 内部结构示意

NAND 芯片内部结构如图 2.12 所示，该图展示了一个 Target 的结构。一个封装的 NAND 芯片内部可能包含多个 Target，每个 Target 都由一个独立的片选信号 CE#控制，每个 Target 可能包含多个 LUN（Logic Unit Number，逻辑单元号）/芯片（Die），通常为 1 个、2 个、4 个或 8 个等，LUN

是执行指令的最小单元，不同的 LUN 可以并行地执行指令。每个 LUN 内，可以被划分为一个或者多个平面，每个平面对应一组闪存块和一个缓存。闪存块是执行 P/E 操作的最小单位，由若干个 WL（Word Line，字线）控制的存储单元组成。页（Page）是执行读/写操作的最小单位，对于 TLC 而言，一个 WL 对应 3 个页，包括数据部分和冗余部分（带外数据）。除了不同 LUN 之间可以并行执行指令外，同一个 LUN 内部的不同平面也可以并行执行一些操作。

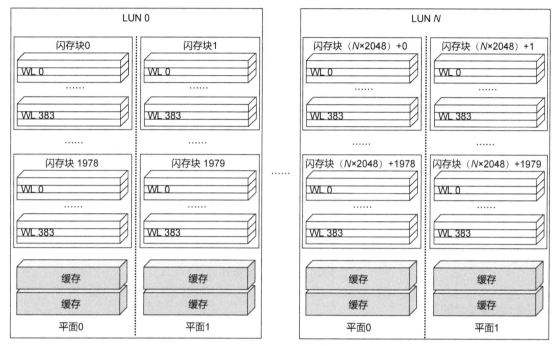

图 2.12　NAND 芯片内部结构

通过不同级别的并发，SSD 可提供充足的访问带宽。这一特性被称为 SSD 的内部并发特性。表 2.1 给出了 SSD 与磁盘的性能比较。

表 2.1　SSD 与磁盘的性能比较[3]

类型	设备型号	读带宽/（MB·s⁻¹）	写带宽/（MB·s⁻¹）	读延迟/ms	写延迟/ms
磁盘	Seagate Savvio	202	202	2.000	2.000
SATA SSD	Intel X25-E	250	170	0.075	0.085
PCI-e SSD	Fusion-io ioDrive Octal	6000	4400	0.030	0.030

2.2.2　FTL

SSD 采用 FTL 对闪存的读、写、擦操作进行管理，并向软件系统提供读写接口。FTL 主要包含地址映射、垃圾回收和磨损均衡等功能。除此之外，SSD 内还需要支持 ECC（Error Correction Code，纠错码）纠错、坏块管理等功能。

1. 地址映射

地址映射记录了 SSD 逻辑地址与闪存物理地址的映射关系，支持闪存异地更新。地址映射有页级地址映射、块级地址映射和混合地址映射 3 种。

（1）页级地址映射

页级地址映射以闪存页为粒度进行重映射。页级地址映射避免了闪存块合并过程中的页复制，但需要较大的映射表。

页级地址映射即为每个LPN（Logical Page Number，逻辑页号）创建一个表项映射到SSD的PPN（Physical Page Number，物理页号）上，如图2.13所示，页级地址映射的优势在于每个LPN都可以映射到任意一个PPN上。但是映射表开销非常大，这种映射方式映射表的大小为SSD总容量/单个PPN大小×每条映射的大小。由于每个闪存页通常为4KB，一条映射也需要几字节来存放，页级地址映射的映射表通常占闪存总容量的千分之一。

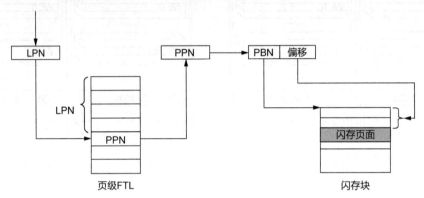

图2.13　页级地址映射

（2）块级地址映射

块级地址映射以闪存块为粒度进行重映射。其优势在于映射表较小，但需要维护闪存块内数据的顺序，因而需要进行闪存块合并，引发许多不必要的页复制。

由于以块粒度进行映射，在进行地址转换时需要将逻辑地址分为LBN（Logical Block Number，逻辑块号）和块内偏移两部分，LBN通过FTL表项转换为PBN（Physical Block Number，物理块号），然后拼接块内偏移得到物理页级地址，如图2.14所示。对于LBN相同的页来说，它们一定在同一个物理块上，这就导致了在映射发生改变时可能需要移动大量的页。块级别的地址映射有效减少了映射表大小。

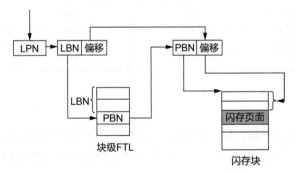

图2.14　块级地址映射

（3）混合地址映射

混合地址映射则是页级地址映射和块级地址映射的折中方式。

混合地址映射有不同的混合方式。通常，混合地址映射用页级地址映射存储新的数据或热数据，用块级地址映射存储旧的数据或冷数据。

数据的更新操作会先以日志的形式写入日志块，当日志块用完时，会合并这些块中的有效数据，然后写入数据块，对于部分文件的频繁读写，日志块的设计减少了擦除的次数，降低了擦除开销。而混合的映射机制有效降低了映射表的大小，如图 2.15 所示。

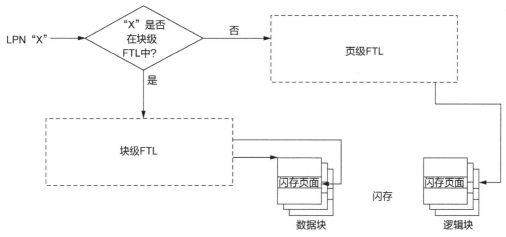

图 2.15　混合地址映射

2. 垃圾回收

垃圾回收负责选择并擦除失效的闪存页，以恢复空闲状态，等待新数据写入。垃圾回收可以以前台与后台两种方式运行。前台运行的垃圾回收是指 SSD 的空闲空间低于设定阈值，从而引发的强制垃圾回收方式。后台运行的垃圾回收是指垃圾回收线程周期性启动以擦除无效闪存块的方式。这两种方式可同时在单个 FTL 中实现。在垃圾回收过程中，FTL 首先需要选择合适的待擦除闪存块（Victim Block），然后将其中的有效页复制至其他闪存块的空闲页中，最后擦除该闪存块。有效页的移动将带来 SSD 内部的额外写入，这既引入额外延迟，影响闪存性能，也增加闪存磨损次数，降低闪存寿命。这也被称为 SSD 的写放大（Write Amplification）问题。因此，垃圾回收在选择待擦除闪存块时尽可能选择有效页面较少的闪存块。

闪存以块粒度进行擦除，但实际进行垃圾回收时的开销不止一个块擦除的开销。闪存以页粒度进行读写，并且需要在擦除一个页后才能进行下一次写操作，由于同一个块内不同页的读写情况并不完全一致，一个块上可能同时存在有效页和无效页，因此在擦除时需要考虑将有效页移动到其他块，再进行擦除。因此，垃圾回收的开销是有效页移动的开销加上块擦除的开销。

3. 磨损均衡

由于闪存具有耐久性问题，为保证 SSD 中数据的可靠存储，SSD 将其中擦写次数达到设定值的闪存页标记为失效。SSD 的寿命是该设备能够提供足够可用空间的时间。为了延长 SSD 的寿命，FTL 采用磨损均衡策略将擦写操作尽可能均衡到所有的闪存页。磨损均衡策略包括静态和动态两种。静态磨损均衡选择所有闪存块（包括空闲闪存块和已使用闪存块）中擦写次数较少的闪存块进行空间分配和数据写入。而动态磨损均衡仅从空闲闪存块中选择擦写次数较少的闪存块进行空间分配和数据写入。

4. ECC

BCH 算法以发明它的 3 位数学家的名字命名，这 3 位数学家分别为玻色（Bose）、雷-乔杜里（Ray-Chaudhuri）和霍昆海姆（Hocquenghem）。在数据写入过程中，BCH 算法利用一个代数公式对原始数据进行顺序循环编码并存储在 NAND 介质中。在数据读取过程中，BCH 算法利用数学原理进行循环计算读取数据，并判断其正确性和可纠正的错误。BCH 算法的核心是利用原始数据建立多项式码字 C_I，并且计算生成冗余数据 C_R，冗余数据与编码数据之间建立和为 0 的严密校验关系，当编码数据出现少量错误时，则可通过解多项式的计算方式恢复错误数据。

LDPC 本质是一种线性纠错编码，可以实现编解码时间与码长的线性化，并利用稀疏矩阵迭代运算进行信息冗余和纠错。LDPC 算法相对于以往的信息编码算法，突出特点是引入了硬判决和软判决机制。LDPC 硬判决过程利用单次读电压获取 NAND 介质的 "0" 或 "1" 的可能性，并实现数据线性译码。而 LDPC 软判决接收到的信息是 LLR（Log-Likelihood Ratio，对数似然比）序列，LLR 序列是一串实数序列，每一个实数代表该比特是 "0" 或 "1" 的概率值。正数代表该比特是 "0" 的概率值，其值越大则是 "0" 的可能性越大。负数代表该比特数是 "1" 的概率值，其绝对值越大则是 "1" 的可能性越大。LDPC 译码器利用这一串 LLR 序列，将 LLR 序列中大于等于 0 的位置记为 0，将小于 0 的位置记为 1，得到一串 0/1 的序列，然后乘以校验矩阵，若全为零，则得到正确码字，退出迭代，否则继续迭代，直到迭代出正确码字或者达到最大迭代次数为止。LDPC 软判决通过动态调整 NAND 介质内部读取电压值的量化分级获得 0 或 1 的多种可能的值，从而尽可能利用信道的有效软信息。多次软判决可有效改善编码信噪比增益，从而提高 LDPC 算法的解码成功率。基于 NAND 闪存介质的 LDPC 算法则可提高对介质错误的容忍，从而改善 SSD 的可靠性。

2.3 主存

主存（Main Memory），也称为内存，通过高速的内存总线直接与 CPU 连接。CPU 通过 Load/Store 指令对内存进行数据读写。目前，主存主要采用 DRAM 介质，也出现了新型字节型非易失性存储器，如 PCM、RRAM（Resistive Random Access Memory，阻变式存储器）、MRAM（Magnetroresistive Random Access Memory，磁性随机存取存储器）等。下文主要介绍 DRAM，最后简要介绍非易失性存储器。

2.3.1 DRAM 组成与结构

DRAM 用 MOS（Metal-Oxide-Semiconductor，金属氧化物半导体）来存储一个二进制位数据。目前，常见的 DRAM 采用了 1T1C 的结构，如图 2.16 所示，即包括 1 个晶体管（Transistor）和 1 个电容（Capacitor）。数据被存储在 MOS 晶体管 T 源极的寄生电容 C 中，例如，用电容 C 中有电荷表示 "1"，无电荷表示 "0"。

DRAM 的每个存储单元通过二维行列结构（$2^m \times 2^n$）进行组织，如图 2.17 所示。DRAM 读写请求的数据地址包含行地址（m）和列地址（n）。DRAM 首先对行地址进行解析，选中 DRAM 中的一行（Row），也被称为一个页（Page），并通过读放大器（Sense Amplifier）将一行的数据从二维行列结构中读取到行缓存（Row Buffer）中。然后再对列地址进行解析，从行缓存中选择列地址对应的数据块进行传输。

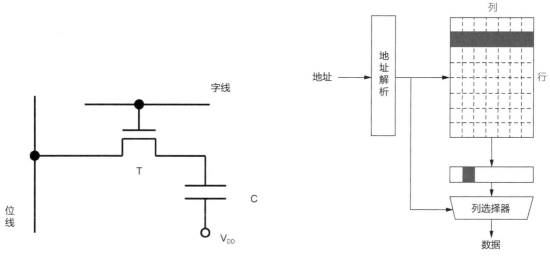

图 2.16　DRAM 单元结构示意　　　　　　　图 2.17　DRAM 二维行列结构

上述 DRAM 的组织方式给出了一个 DRAM 路（Bank）中的读/写操作。在路之上依次组织成芯片（Chip）、秩（Rank）、DIMM（Dual In-line Memory Modules，双列直插式内存组件）和通道（Channel），然后与 CPU 连接。下面从 CPU 的角度，详细介绍 DRAM 内存的组织与结构，如图 2.18 所示。

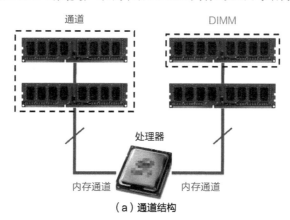

（a）通道结构

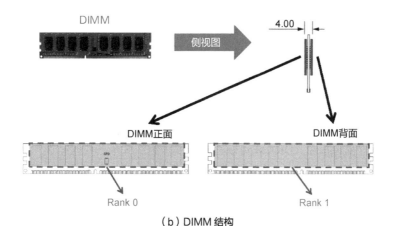

（b）DIMM 结构

图 2.18　DRAM 结构层次

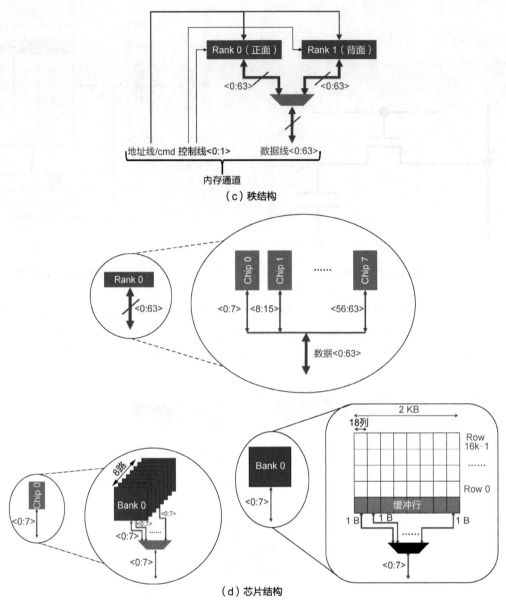

（c）秩结构

（d）芯片结构

图 2.18　DRAM 结构层次（续）

　　一个 DRAM 的芯片包含若干个路。同一个芯片中不同路共享控制线、地址线和数据线。因为芯片设计面积等方面的限制，芯片引脚的个数有限，因而每个芯片通常支持的数据位宽为 4～16 比特。

　　为了支持更大的位宽，DRAM 将不同的芯片组织成秩的结构，每个秩内部的不同芯片同时进行读写，从而获得更大的位宽。在同一个秩中，不同芯片共享地址线和控制线，只是提供的数据不同。例如，对于 8 比特位宽的芯片，DRAM 可以在一个秩中组织 8 个芯片同时读写，以支持 64 比特位宽的读写。

　　在 DRAM 的物理内存条上，如 DIMM 内存条，包含一个或多个秩。例如，在一个 DIMM 内存条上，看到正反两面，每面各 8 个芯片，每一面上的 8 个芯片各自组成一个秩，该内存共包含两个秩。

　　物理内存条是可以直接插在主板上的物理设备，并通过总线与 CPU 相连。为了提高内存访问性能，CPU 可以通过多套总线连接物理内存条。每套总线被称为通道。

CPU 与 DRAM 的连接目前主要采用了 DDR（Double Data Rate，双倍数据速率）同步内存接口。DDR 的数据带宽与数据总线的频率与位宽相关。数据总线用于在计算机各功能部件之间传送数据，数据总线的位宽（总线的宽度）与总线时钟频率的乘积，与该总线所支持的最高数据吞吐（输入/输出）能力成正比。表 2.2 列出了 DDR 数据带宽。

表 2.2　DDR 数据带宽

型号	内存时钟频率/MHz	I/O 总线时钟频率/MHz	传输速率/（MT·s^{-1}）	理论带宽/（GB·s^{-1}）
DDR-200, PC-1600	100	100	200	1.6
DDR-400, PC-3200	200	200	400	3.2
DDR2-800, PC2-6400	200	400	800	6.4
DDR3-1600, PC3-12800	200	800	1600	12.8
DDR4-2400, PC4-19200	300	1200	2400	19.2
DDR4-3200, PC4-25600	400	1600	3200	25.6
DDR5-4800, PC5-38400	300	2400	4800	38.4
DDR5-6400, PC5-51200	400	3200	6400	51.2

注：MT/s 即每秒百万次。

2.3.2　DRAM 刷新

DRAM 通过在电容上保存电子的多少来记录 "0" 和 "1" 两个状态。但是，DRAM 在读取内存单元时，内存单元中电容上的电子会随着时间推移逃逸，称为破坏性读出，这就要求 DRAM 定期将内存单元里的数据读取后再写入，称为刷新（Refresh）操作。

破坏性读出的特性要求 DRAM 读操作之后需要将原有数据再次写入。在 DRAM 中，数据在 DRAM 路中会通过读放大器将数据读取到行缓存中，此时原有 DRAM 行中的数据丢失。在读取完成之后，DRAM 需要从行缓存中将数据再次写入原有的 DRAM 行，这个操作也被称为预充电（Pre-charge）。通过这个操作，在读取之后仍然在原有行中保留之前的数据。

DRAM 存储单元在一段时间内保存数据的能力被称为保持力（Retention）。为了能够正确保存数据，DRAM 通过刷新操作定期对 DRAM 行中的数据读取并重新写入。例如，在 DRAM 单元的保持力基本都超过 64 ms 时，DRAM 需要保证每一行在 64 ms 间隔内被刷新。

DRAM 的刷新操作包括集中式刷新和分布式刷新，如图 2.19 所示。集中式刷新是每隔一段时间，停止内存的外部读/写操作，由内存控制器将内存行逐一刷新。这样的优点在于实现简单，缺点在于外部读写延迟大。分布式刷新是对内存所有行交替进行刷新操作和外部读/写操作，在刷新时间间隔内均匀分散。

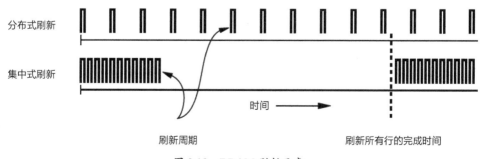

图 2.19　DRAM 刷新示意

2.3.3　内存控制器

内存控制器将 CPU 发送的内存读写请求调度分发至内存芯片上，包括事务调度（Transaction Scheduling）、地址转换（Address Translation）、命令调度（Command Scheduling）、信号时序管理等步骤，如图 2.20 所示。除了正常的外部 DRAM 读写请求之外，DRAM 内存控制器还需要管理刷新操作。

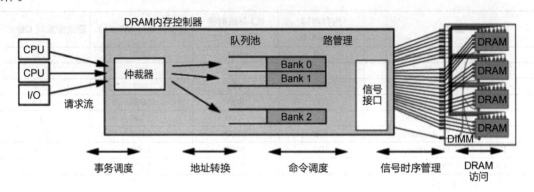

图 2.20　DRAM 内存控制器结构[1]

内存控制器既可以部署在内存条内，也可以在 CPU 里。在内存条内部署内存控制器，可以支持不同的内存介质特性，而且可以降低 CPU 芯片的能耗，但其缺点是访问延迟相对较高，而且由于主机端的语义信息缺失，多核之间的内存访问请求调度的信息较少，从而影响内存带宽的性能。在 CPU 里部署内存控制器，与在内存条内部署内存控制器的方式相比，优缺点相反。

在内存控制器里，内存请求的调度是影响内存性能的一个重要因素。内存请求调度与所有调度策略有着类似的目标：提高吞吐率、降低延迟和保证公平。与其他调度不同的是需要考虑内存的特性，具体需要考虑的因素包括请求的行缓存命中或缺失状态、请求到达先后顺序、请求的类别（预取请求/读请求/写请求）、请求优先级等。

其中，请求的行缓存命中或缺失状态是内存调度中需要考虑的比较独特的因素。在 DRAM 内存中，行缓存管理有两种基本策略：开放行（Open Row）和关闭行（Closed Row）。

在开放行策略中，访问某一内存行之后，数据保留在行缓存中，不需要回写（即预充电）到内存行中。在这种策略下，如果下一个请求访问同一内存行，则行缓存命中，这样节省了回写的开销。如果下一个请求访问不同的行，则行缓存缺失，需要先进行回写，然后激活新的行，最后进行数据访问操作，延迟相对较高。

在关闭行策略中，每次内存访问之后，所访问的内存行的数据由行缓存回写到原有内存行中。在这种策略下，如果下一个请求访问同一内存行，则仍然需要先激活该内存行，然后读，最后回写，造成了较高的延迟。如果下一个请求访问不同行，则需要先激活该内存行，然后读，最后回写，与开放行策略相比避免了关键路径上的回写开销。

2.3.4　非易失性存储器

近年来，随着材料和器件等的发展，一些非易失性存储器也随之出现，并逐渐应用，这对计算机系统和存储系统的结构和性能带来影响。下面简要介绍 PCM、RRAM、MRAM。

1. PCM

PCM 是一种采用相变材料作为存储介质的非易失性存储器。图 2.21 左图展示了 PCM 一个单元的基本结构，该结构由两个金属层及它们之间的硫族化物、加热器组成。图 2.21 右图所示为其对应的结构示意图。

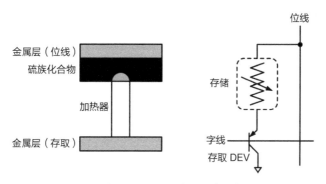

图 2.21　PCM 单元及其结构

PCM 的读写操作是通过向存储单元施加特定强度和持续时间的电流脉冲实现的。其中写操作包含置位（Set，写"1"）和重置（Reset，写"0"）。置位时，加热器向 PCM 单元施加强度较低但持续时间较长的电流脉冲（见图 2.22），使其温度在硫族化物的结晶点（约 300 ℃）与熔点（约 600 ℃）之间，此时相变材料的部分编程区域将变成晶态，即存储了二进制数据"1"。而重置时，加热器向 PCM 单元施加强度高但持续时间短的电流脉冲，使温度高于硫族化物的熔点，此时编程区域将变为非晶态，即存储了二进制数据"0"。由于 PCM 单元在置位状态和重置状态的阻值差异较大，可通过采用较低强度的电流脉冲来区分。具体而言，执行读操作时，向 PCM 单元施加强度低且时间短的电流脉冲，获取该存储单元的电阻值，并通过阻值大小区分"1"或"0"。此外，为了避免达到硫族化物的结晶点或熔点，读操作使用的电流脉冲的强度和持续时间均小于写操作。

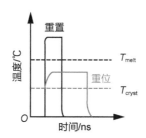

图 2.22　PCM 单元读/写操作所需要的电脉冲

PCM 的特性如下：其集成度较高，具有良好的空间扩展性，可在 20 nm 技术节点下继续缩小单元规模；在存储密度方面优于 DRAM；另外，它的访存延迟与 DRAM 相近，但静态功耗极低。

2. RRAM

RRAM 是一种通过改变存储单元的阻值来存储数据的非易失性存储器。图 2.23 展示了 RRAM 单元的基本结构，该结构由上电极、下电极和夹在中间的金属氧化物层构成。通过施加一个外部电压，

RRAM 单元可以在低电阻状态和高电阻状态之间切换，分别用来表示存储的二进制数据"1"和"0"。

图 2.24 所示为 RRAM 单元的电流-电压（I-V）曲线。当对存储单元通入正向电压时，其由高电阻状态（逻辑"0"）切换为低电阻状态（逻辑"1"），称为置位（Set）操作。当对存储单元通入负向电压时，其由低电阻状态（逻辑"1"）切换为高电阻状态（逻辑"0"），称为复位（Reset）操作。从存储单元中读取数据时，只需要施加一个不影响存储器状态的较小的读取电压来检测单元是在高阻态还是在低阻态。

图 2.23　RRAM 单元的基本结构

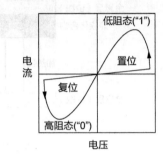

图 2.24　RRAM 单元的 I-V 曲线[4]

RRAM 具有存储密度大的优势，一个存储单元可以存储 1 比特（SLC）或者 2 比特（MLC）数据。同时，一个存储单元的面积最小可以达到 4F2。另外，阻变存储器读取速度与 DRAM 相当，但写速度远慢于 DRAM。

3. MRAM

MRAM 是一种利用磁电阻来存储数据的非易失性存储器。图 2.25 左图展示了 MRAM 单元的基本结构，该结构由两个铁磁层夹着一个隧穿势垒层（绝缘材料）组成三明治形态。其中一个铁磁层被称为参考层，它的磁化方向沿易磁化轴方向固定不变。另一个铁磁层被称为自由层，它的磁化方向有两个稳定的取向，分别与参考层平行或反平行。图 2.25 右图显示了其对应的结构示意图。

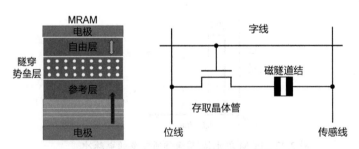

图 2.25　MRAM 单元及其结构

由于有量子隧道效应存在，磁存储器薄绝缘层可以流过小电流。当电子穿越绝缘体势垒时保持其自旋方向不变，即两层磁性材料磁矩正平行时（如图 2.26 上图所示），材料呈现低电阻状态，用来表示二进制数据"0"；反之，当两层磁性材料磁矩反平行时（如图 2.26 下图所示），材料呈现高电阻状态，用来表示二进制数据"1"。读取数据时，根据磁化方向是否一致而变化的特性，可以判别数据位是"0"还是"1"。

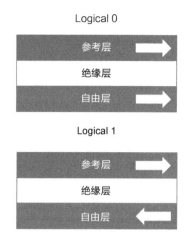

图 2.26　MRAM 存储数据的逻辑示意图

在性能方面，MRAM 与 SRAM（Static Random Access Memory，静态随机存储器）类似，具备高速读写能力。在可靠性方面，由于磁体本质上是抗辐射的，MRAM 本身具有极高的可靠性，即存储单元本身可以免受软错误影响。在存储密度方面，MRAM 可以做到与 DRAM 相似的密度。另外，MRAM 不存在漏电情况且不需要消耗能量来进行刷新，具备低功耗的特点。

2.4　其他存储介质

2.4.1　光存储

光存储利用激光照射介质发生物理或化学变化，从而改变介质的某些性质以表示不同数据。目前，光存储包括 CD、DVD、BD、AD（Archival Disc，归档光盘）等。光盘通常是适用于一次性写入和多次读出的存储介质。因此，光盘通常用来存储不易改写的数据，如归档数据、冷数据等。出于成本因素，构建存储系统通常选用存储密度较高的光盘，如 BD 和近年来新出现的高密度光介质，而像 CD、DVD 等不适合用来构建存储系统。

光存储系统的核心部件为光盘和光驱，光盘可以被光驱加载，光驱可以使用半导体激光器将数据写入光盘或利用反射光从光盘读取数据。由于使用了激光，光存储可以实现无接触式读写，并且在读写过程中激光可以自由跳跃到盘片表面任意位置，因而可以实现随机访问。

早期的 CD 为只读格式，制作光盘时信息以压印在聚合物表面的浅凹坑的形式存储，光盘表面涂有一层反射性金属薄膜，读取时通过反射光的变化表征凹坑存在与否，即数字"0"与"1"变化。只读光盘可以满足音视频的版权分发需求，无法满足备份需求，具有一次写入多次读取功能的 WORM（Write Once Read Many，单写多读）光盘应运而生。WORM 光盘通过反射率、吸收率等光学性质的变化读取信息，写入原理为使用聚焦激光束在光盘表面烧蚀凹孔制作永久标记。

CD 出现于 20 世纪 70 年代，以 CD-ROM（Compact Disc Read-Only Memory，只读存储光盘）为主，直径约为 12 cm，容量约 150 MB，读写带宽为 4.3 Mbit/s。后来也出现了 CD-R（Compact Disc Recordable，可录 CD 光盘）和 CD-RW（Compact Disc Rewritable，可擦重写 CD 光盘）等。DVD 相比 CD 容量更高，每一层可容纳 4.7 GB 的数据，带宽约为 11 Mbit/s。DVD 也出现了多

种不同形态的光盘，包括双层光盘，容量接近翻倍，双面双层光盘提供更高容量，以及可写和可重写 DVD 等。BD 在 12 cm 的盘片上单层存储容量达 25 GB，双层为 50 GB，带宽为 36 Mbit/s。BD 采用可重写光盘格式。AD 为双面存储结构，盘片每一面有三层存储层，共计 6 层。每一个存储层为介电保护层/存储层/介电保护层的三明治结构，氧化物存储材料在存储速度和存储容量上都取得巨大改善，并进一步延长了盘片的耐久性。光盘的每一个存储层包含一系列同心的螺旋凹槽和凸台，在早期的光存储技术中通常只会在沟槽进行数据存储。为了最大化每一层的存储容量，AD 同时使用凹槽和凸台进行数据存储，实现单层存储密度翻番，因而 AD 在存储容量上取得跳跃式发展，第一代 AD 单盘容量便达到 300 GB。AD 能够承受温度和湿度的变化并防水防尘，可以确保光盘数据稳定存储 50 年。

2.4.2 磁带

磁带是一种磁存储介质，支持顺序读取，不支持随机访问，容量相对较大。磁带库由多个磁带组织成的设备，包含机械臂、驱动器、磁带插槽和条形码阅读器。机械臂实现磁带的拆卸和装填操作。在工作时，机械臂将磁带移动到相应的磁带插槽中。磁带库可以包含多个驱动器，支持多个服务器的并行工作。磁带驱动器对单个磁带进行读/写操作。每个磁带用条形码标签标记。条形码阅读器通过阅读磁带上条形码识别单个磁带。

磁带的优点在于容量大、单位容量成本低、节能且可靠性高。目前，单卷磁带可以保存大约 15 TB 的数据，一个磁带库可以保存几百 TB 的数据。磁带数据写入后，在不进行读写时不需要供电，能耗较低。同时，磁带的出错率也相对较低。

磁带的缺点在于不支持随机读写，适用于备份数据的顺序写入，但对随机读不友好。开放式的磁带环境，容易受到环境中温度、湿度和粉尘影响，导致磁带磨损等问题。表 2.3 综合对比了 3 种冷存储备份介质。

表 2.3　冷存储备份介质综合对比

对比项	机械硬盘的参数	开放式磁带的参数	蓝光存储的参数
介质成本	0.0128 美元/GB	0.013 美元/GB	0.017 美元/GB
访问延迟	10 ms	60 s	1 s
读写带宽	150 MB/s	300 MB/s	45 MB/s
介质保存时间	5 年	10 年	50 年
介质保存环境	需要空调	需要空调	不需要空调
30 年耗电量（读写 100 TB 数据）	108000 kW·h	3500 kW·h	3200 kW·h

2.5　本章小结

在计算机中，存储系统通过存储层次结构将不同的存储介质虚拟成一个统一的存储器，因而不同的存储介质可以在一个计算机中并存。在计算机的发展历史中，存储介质出现了很多种类，从大容量到高性能，不同种类满足不同需求。目前，传统的磁盘存储仍然向着更大密度和更大容量的方向发展，新型非易失性存储器也向着更低延迟、更高带宽的方向快速发展。存储介质是存储系统的硬件基础，存储介质的发展推动了存储系统和计算机系统的发展。未来，新型存储介质的出现会给新存储系统设计带来新机遇与新挑战。

2.6 思考题

1. 磁盘的顺序读写性能远高于随机读写。请结合磁盘的物理构造解释产生这一现象的原因。

2. 磁盘调度方法中，SSTF 算法的主要缺点是什么？试提出一种克服该缺点的方法。

3. NOR 闪存与 NAND 闪存主要的区别是什么？

4. 闪存通过在每个存储单元中存储更多比特以增加存储密度。请问这种存储密度的增加会带来哪些负面影响？

5. 磁盘与 SSD 都在其内部进行了地址映射，请问二者的目的有何异同？

6. 每个闪存页具有一个较小的空闲区域，被称为带外（Out-of-Band）区域。思考带外区域可用于实现哪些功能。

7. 假设一台计算机同时包含闪存和 PCM 两种存储器，请给出数据存放的策略（即哪些数据应存放在闪存中，哪些应存放在 PCM 中）。

8. 试提出一种方法，用以减少 DRAM 运行时需要的刷新操作次数。

参考文献

[1] JACOB B, WANG D, NG S. Memory systems: cache, DRAM, disk[M]. Burlington: Morgan Kaufmann, 2010.

[2] RINO M, CRIPPA L, MARELLI A. Inside NAND flash memories[M]. Dordrecht: Springer , 2010.

[3] 陆游游, 舒继武. 闪存存储系统综述[J]. 计算机研究与发展, 2013, 50(1): 49-59.

[4] ZAHOOR F, ZULKIFLI T , KHANDAY F. Resistive random access memory (RRAM): an overview of materials, switching mechanism, performance, multilevel cell (MLC) storage, modeling, and applications[J]. Nanoscale Research Letters, 2020, 15: 1-26.

第3章
存储阵列

存储阵列随着 IT（Information Technology，信息技术）的发展和数据需求的增长逐步演变而来[1]。最早的存储仅指计算机和服务器当中的磁盘，随着数据量逐渐增大，单独的一块或多块磁盘已经无法满足应用对容量的诉求，而磁盘作为计算机的部件，过高的故障率也无法满足越来越苛刻的可靠性诉求。因此，将磁盘从服务器中分离出来，集中进行池化管理，构成统一的存储空间，并对所有主机提供数据存取服务，成为业界的共识。最早的存储阵列以 JBOD（Just a Bunch Of Disks，外置磁盘框）的形态面世[2]。

存储阵列作为外置存储系统的主要整机形态，由硬盘单元、控制器、接口卡等硬件模块和软件系统共同组成，以双控制器或多控制器共享硬盘框构成一个引擎的基本单位，通过硬盘框的扩展实现容量的纵向扩展（Scale-up），通过控制器的扩展实现性能规格的横向扩展（Scale-out），通过 RAID 等冗余技术实现硬盘容错和数据分布，如图 3.1 所示。

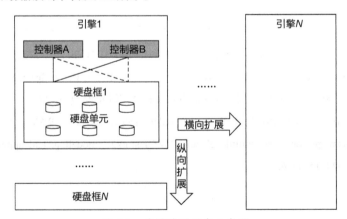

图 3.1　存储阵列形态示意图

3.1　硬件架构

存储阵列的硬件一般是基于双机冗余架构构建而成的集群存储系统，集群存储系统要满足数据的高并发输入输出，保证用户能够随时随地地访问硬盘等存储介质，同时要为存储阵列内的各种高阶功能特性提供足够的算力支持。介质技术的发展驱动存储阵列的硬件形态演进，从原来的以 HDD 为主的磁盘阵列，逐渐演进到基于 HDD 和 SSD 的混合存储阵列，最新已发展出了全闪存的存储阵列。尽管底层介质有差异，但作为存储阵列，它们的基础硬件架构基本一致。

3.1.1 整机架构

存储阵列的硬件整机可以分解成整机架构（机框）、互连背板、控制器模块、接口模块、硬盘框和硬盘单元、散热模块、电源模块等组成部分，如图 3.2 所示，每个部分都具有特定的功能，都是存储阵列必须要有的硬件组件。例如，电源模块为阵列提供电源转化能力，硬盘单元为阵列提供存储空间，散热模块为阵列提供热耗散能力。

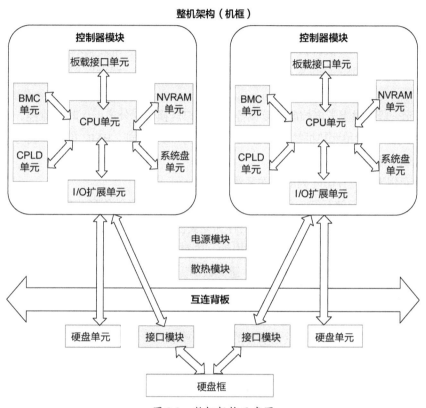

图 3.2　整机架构示意图

3.1.2 控制器模块

控制器模块是存储阵列的核心部件，承担了为存储阵列提供计算能力、管理能力等主要的功能。控制器模块内部通常包括 CPU（Central Processing Unit，中央处理器）单元、I/O（Input/Output，输入输出）扩展单元、板载接口单元、BMC（Bubble Memory Controller，磁泡内存控制器）单元、CPLD（Complex Programming Logic Device，复杂可编程逻辑器件）单元、系统盘单元、NVRAM（Non-Volatile Random-Access Memory，非易失性随机访问存储器）单元等。

CPU 单元包括 CPU 和内存。当前的 CPU 一般为 x86 或 ARM 架构，当前主流内存规格为 DDR4（Double-Data-Rate Four，八倍数据速率），CPU 与内存配合，对存储阵列的高性能业务进行运算。CPU 同时提供丰富的 I/O 接口，包括 PCI-e 3.0、PCI-e 4.0、SAS 3.0、SATA 3.0、SGMII（Serial Gigabit Media Independent Interface，串行吉比特媒体独立接口）、SPI（Serial Peripheral Interface，串行外设接口）、LOCALBUS、LPC（Low Pin Count，低引脚）等总线接口，用于对接前端主机、后端硬盘和管理芯片等。

I/O 扩展单元用于对控制器模块的 I/O 接口进行扩展，当 CPU 提供的 PCI-e 通道数不足以满足存储阵列对 PCI-e 通道的诉求时，可以通过 I/O 扩展单元进行扩展，以支持更大的系统规格和更强的能力。

CPU 单元或 I/O 扩展单元在存储阵列中还会承担数据镜像的功能，用于存储阵列中的两个控制器模块的数据备份，任何一个控制器模块发生故障后，另一个控制器模块可以接管故障模块的业务，达到系统高可靠的目的。

板载接口单元的功能类似接口模块，只是该接口功能直接集成到控制器模块。

BMC 单元负责控制器模块甚至整个存储阵列的带外管理。带外管理包括系统基本信息、电源模块、散热模块、各部件温度监控、单板上下电、电压监控、错误监控、固件升级等各种管理功能。

CPLD 单元一般提供上下电控制、复位控制、接口转换、对外串口、时钟监控、大小系统看门狗、双 BIOS 切换、硬盘单元热插拔状态管理、指示灯控制等功能，BMC 单元一般与 CPLD 单元配合，共同管理硬件系统。

系统盘单元用于存放存储阵列的操作系统。

NVRAM 单元用于存储存储阵列异常掉电时的数据，因为存储阵列的数据会在 CPU 缓存、内存和硬盘之间传输或存放，而 CPU 缓存和内存为易失性介质，设备无供电时，其中的数据会丢失，所以当外部供电异常时，存储阵列可以使用电池、电容中储备的电量，将存放在 CPU 缓存、内存等易失性介质里的数据写入 NVRAM 单元，避免数据丢失。

3.1.3 接口模块

接口模块用于存储阵列硬件与其他硬件的对接，或者用于扩展一些特殊功能，如图 3.3 所示。

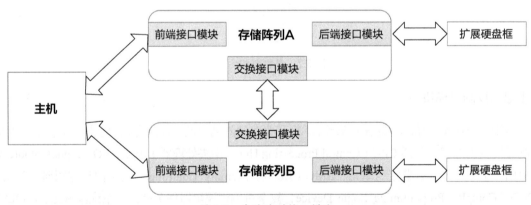

图 3.3　存储阵列接口模块

与其他硬件对接的接口模块按照用途可分为前端接口模块、后端接口模块、交换接口模块。前端接口模块负责连接存储阵列与主机侧硬件，用于获取主机侧存储的数据，并传递给存储阵列的硬件。后端接口模块负责连接存储阵列与级联的硬盘单元，用于扩展存储场景。因为存储阵列的硬件本身的存储容量有限，当需要更多的存储空间时，可以将数据存储到扩展的硬件设备中，此时就需要通过后端接口模块进行硬件间的连接。交换接口模块负责连接多个存储阵列，用于扩展存储阵列的运算能力、存储能力等。

与其他硬件对接的接口模块按照接口协议分类，可分为 FC（Fibre Channel，光纤通道）接口模块、ETH（Ethernet，以太网）接口模块、SAS 接口模块等；按照接口模块支持的接口数量，可分为两端口接口模块、四端口接口模块等；按照接口模块的物理形态，可分为定制接口模块和标准接口模块，例如 PCI-e 全高全长接口卡、PCI-e 半高半长接口卡都是业界标准的接口模块。

随着网络技术的发展，接口模块在持续演进，例如出现了前端 RoCE（RDMA over Converged Ethernet，聚合以太网上的 RDMA）接口模块和后端 RDMA（Remote Direct Memory Access，远程直接内存访问）接口模块，存储阵列基于高速接口模块实现端到端的性能加速。接口模块种类和数量多是存储阵列的关键竞争力之一。

3.1.4 硬盘框和硬盘单元

硬盘框由硬盘单元、级联模块、框级芯片、框级散热模块等组成，其中硬盘单元主要包括 HDD 和 SSD 两大类。硬盘单元的尺寸主要分为 2.5 in 和 3.5 in。

硬盘接口分为 ATA（Advanced Technology Attachment Interface，先进技术总线附属接口）、SATA 接口、SAS 接口、NVMe 接口，当前主流接口为后 3 种，SAS 接口和 NVMe 接口是 SSD 的主要接口。

机械硬盘的硬盘框相对简单，主要由硬盘单元和级联模块构成，而闪存的硬盘框则复杂了很多。其背后的驱动力是闪存出现了新的 NVMe 接口，并且闪存的性能相比机械硬盘有指数级提升，因此闪存的硬盘框需要增加对 NVMe 接口的支持，同时提供极强的对外吞吐能力和高速网络接口，否则无法彻底发挥出介质性能，甚至需要提供一定的算力以实现全闪存阵列（所有硬盘都是闪存盘的存储阵列）的业务创新，例如将重构等数据密集型后台任务卸载到硬盘框内执行，以进一步提高系统的性能表现。于是，一类面向闪存设计的集成了框级算力芯片和高速网络接口的新型硬盘框应运而生，业界通常称其为智能硬盘框。

此外，硬盘框的高密度设计对容量密集型场景也尤其重要，即在单位空间内提供更高的硬盘密度，更高的硬盘密度通常意味着更高的容量密度，这有利于数据中心场景中节约占地空间和能耗，但同时也对硬盘框的散热和结构设计提出了新要求。例如，传统的硬盘框通常采用竖直背板设计，竖直背板存在开窗小、风阻大、双面连接器相互干涉、硬盘数量有限等诸多问题，且传统的 2.5 in 硬盘厚度达到 14.8 mm，在标准 19 in 机柜设备内，2U 的空间很难支撑部署硬盘数突破 25 个盘位。因此，新的水平背板正交连接结构被引入，如图 3.4 所示，硬盘连接器和控制器连接器正交连接，无干涉，提升硬盘连接器密度，再配合更薄（9.5 mm）的新型 NVMe 盘设计，使得 2U 空间内可以容纳下 36 个盘位，盘密度获得了大幅提升，同时散热能力也得到了改善。

3.1.5 散热模块

存储阵列的散热模块主要是指风扇等风冷部件，阵列风扇通常有两类：离心风扇和轴流风扇。由于风扇的转速对散热效果和系统功耗都有明显影响，风扇模块一般要提供风扇转速检测和风扇智能调速等基本功能。风扇转速检测是风扇智能调速的基础，风扇智能调速是指基于业务负载的高低变化和风扇转速对风扇进行实时转速调节，以实现散热和功耗的最佳动态平衡。

随着绿色节能的理念发展，未来的存储阵列散热模块也逐渐会从风冷技术过渡到风液混合技术，如何平衡高性能和低能耗之间的发展矛盾是下一代存储阵列散热设计面临的重要挑战。

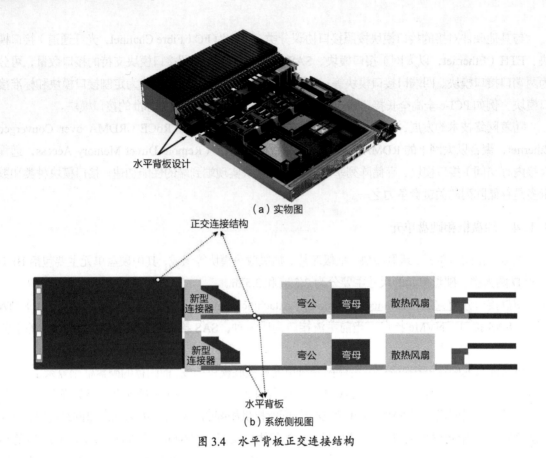

（a）实物图

（b）系统侧视图

图 3.4　水平背板正交连接结构

3.2　软件架构

存储阵列软件系统的目标是在不可靠的存储硬件上，提供高可靠、高性能、易管理的存储服务。一个典型的存储阵列软件通常由多个子系统组成，其中最重要的是 RAID 子系统和缓存镜像子系统，二者决定了存储阵列中最关键的数据读写流程和高可靠保护机制，对系统的性能、可靠性、扩展性等关键质量属性有决定性作用。

3.2.1　RAID 子系统

RAID 子系统是存储阵列中最基础的子系统，其主要基于 RAID 冗余能力，使不可靠的大量硬盘组成可靠的本地数据存储单元，对外提供统一的存储空间。镜像是最原始的保护方式，通过将一份数据写入两个甚至更多的硬盘，当发现硬盘发生故障时，可通过其中一个正常的数据副本读取数据，新写入的数据则继续保持 2 份或更多的副本冗余，以确保数据始终可靠。

1. RAID 算法原理

RAID 技术最初由美国加利福尼亚大学伯克利分校的大卫·帕特森（David Patterson）、加斯·A. 吉布森（Garth A. Gibson）和兰迪·卡茨（Randy Katz）于 1988 年提出[3]，是一种将多个物理存储设备组织为一个大容量的逻辑存储组合，并结合不同的数据布局方式，提供高并发访问和一定容错能力的存储技术。根据数据布局方式和操作的不同，可以将 RAID 技术分为 RAID 0、RAID 1、RAID 2、RAID 3、RAID 4、RAID 5、RAID 6 等。下面分别介绍 RAID 0～RAID 6 的配置方式及性能特点。

RAID 0：RAID 0 将文件切分并进行条带化处理，从而分散存储在多个存储设备上，因此 RAID 0 可以充分利用总线和存储设备的带宽，从而提高访问并发能力，但是却没有容错能力。图 3.5 所示为 RAID 0 示例，块 1（A1）～块 8（A8）循环存储在两个不同的存储设备上，因此两个存储设备上的数据可以并发访问，但是任何一个存储设备发生故障都将导致数据丢失。因此，RAID 0 可用于对访问性能要求较高却没有容错需求的应用场景。

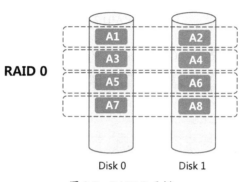

图 3.5　RAID 0 示例

RAID 1：为了提升数据存储的可靠性，RAID 1 将相同数据写入两个存储设备，因此 RAID 1 也被称为"镜像"（Mirror），如图 3.6 所示。可见，RAID 1 能够容忍单个存储设备的完全失效，但是其存储效率仅有 50%。此外，RAID 1 也导致读写性能不均衡：虽然能够提高读性能（对于相同数据的并发读操作可以由两个存储设备同时服务），但是也增加了额外的写操作（对于一份数据的更新操作需要同步更新其镜像数据），因此其写操作的性能由所需时间最长的存储设备决定。由此可见，RAID 1 更加适用于具有容错需求且可接受存储开销损耗的应用场景。

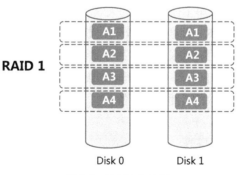

图 3.6　RAID 1 示例

RAID 2：不同于 RAID 0 的块级别（Block-Level）条带化处理，RAID 2 采用了位级别（Bit-Level）条带化处理。RAID 2 使用汉明码（Hamming Code）生成冗余的校验位从而实现位级别的数据检错和纠错，并将数据位和校验位存放在不同的存储设备上[4]。为了进行数据并发读取，RAID 2 控制器要求每个存储设备都按照相同的角度进行同步旋转。由于 RAID 2 控制器的实现较为复杂且要求严苛，同时 RAID 2 所实现的位级别容错已经可以由设备内置的 ECC 功能提供，目前业界较少使用 RAID 2。图 3.7 所示为 RAID 2 示例，其中 A1～A4 为数据位，A_{p1}～A_{p3} 为对应的校验位。

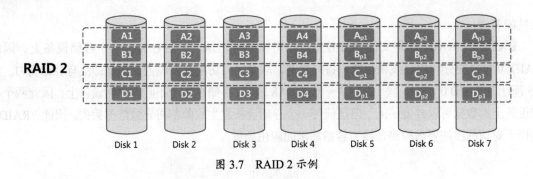

图 3.7　RAID 2 示例

RAID 3：RAID 3 采用了字节级别（Byte-Level）的条带化处理，将数据分散存储在多个存储设备上，并将其校验位统一存放于一个专用存储设备，如图 3.8 所示，从而可容忍任意单个存储设备的失效。

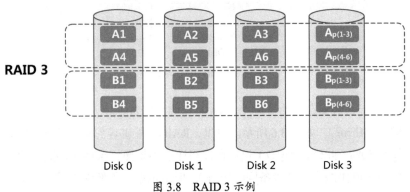

图 3.8　RAID 3 示例

RAID 4：RAID 4 采用了块级别的条带化处理，并将相应的奇偶校验块集中存储在专用存储设备上，因此 RAID 4 能够容忍任意单个存储设备的失效。在访问性能上，数据以块级别进行条带化处理并存储于多个存储设备，因此 RAID 4 具有较好的随机读性能。由于对数据块的写操作都需要及时更新所对应的校验块，因此集中存储校验块的专用存储设备的写操作性能决定了 RAID 4 写操作的性能上限。图 3.9 所示为 RAID 4 示例，同一虚线框中的块（例如 A1、A2、A3 和 A_p）处于同一条带，Disk 3 是存储所有条带奇偶校验块的专用存储设备。

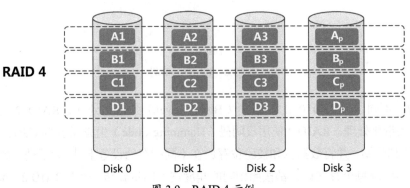

图 3.9　RAID 4 示例

RAID 5：RAID 5 采用块级别条带化处理和分散校验，从而避免所有奇偶校验块的更新集聚于同一存储设备，同时也保留了容忍单个存储设备失效的容错能力。相比于 RAID 4，由于所有存储设备都保存奇偶校验块，对奇偶校验块进行更新的 I/O 操作将分散到所有存储设备之中。RAID 5 的布局可因数据块和校验块的放置策略与其他 RAID 技术不同，为了将奇偶校验块均匀分布，可将每个条带的第一个数据块沿着存储设备编号循环放置，同时将每个条带的校验块从条带末尾开始，随着存储设备编号而循环前移。为了便于读者理解，图 3.10 所示为 RAID 5 示例，在图中，将每个条带的数据块从左（编号最小的磁盘）至右（编号最大的磁盘）放置，而奇偶校验块则从右至左循环放置，从而实现校验块的均匀分布。

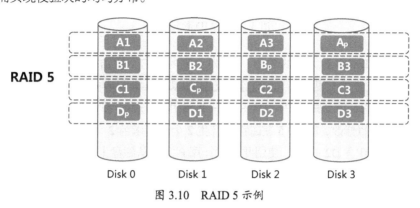

图 3.10　RAID 5 示例

RAID 6：RAID 1 至 RAID 5 都仅能够容忍单个存储设备的失效，为了进一步提升容错能力，RAID 6 为每个条带增加了一个奇偶校验块，并将条带中的块都存储于不同存储设备上，从而实现了可容忍任意两个存储设备失效的能力。RAID 6 根据其数据块和校验块的布局方式的不同，以及校验块生成策略的差异而具有不同的变种，例如 EVENODD 码和 RDP 码等。图 3.11 所示为一个构建于 5 个磁盘的 RAID 6 示例，其中每个条带包含两个奇偶校验块，可见每个条带的两个校验块都从最右边的两个磁盘开始存储，并随着条带编号的增加循环向左移动。

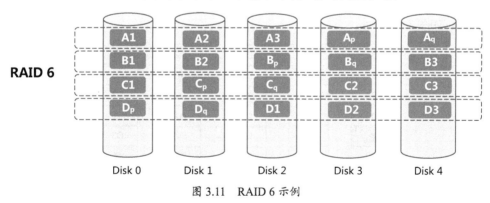

图 3.11　RAID 6 示例

2. RAID 数据更新

当需要修改 RAID 中的数据时，要同时修改 RAID 的多个数据，以确保 RAID 分条始终一致。分条一致指一个条带的多个数据块满足 RAID 的算法关系，例如，RAID 1 的多个副本数据完全一致；RAID 5 的 P 为其对应的所有数据的异或结果；RAID 5 需要同时更新修改的数据列和对应的校验列数据，如图 3.12 所示。

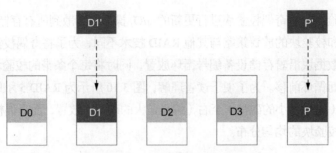

图 3.12　RAID 数据更新

图 3.12 中 D0～D3 和 P 为旧的数据，D1'为主机写入的新数据，系统需要写入的数据为 D1'与 P'，其中 P'的生成方式有两种：RAID 小写方式和 RAID 大写方式。

RAID 小写方式的计算公式为 P' = D1 + D1' + P，使用此方式计算 P'需要从磁盘上读取 D1 与 P，针对单个磁盘上的少量修改，RAID 5 在磁盘上产生 2 个读请求与 2 个写请求。RAID 大写方式的计算公式为 P' = D0 + D1' + D2 + D3，使用此方式计算 P'需要从磁盘上读取 D0、D2、D3，一般单次修改数据量较大，且能够覆盖多个磁盘的数据时采用此方式。

RAID 6 和纠删码的更新写与 RAID 5 类似，不再详述。

RAID 更新写会带来明显的硬盘 I/O 放大的问题，一个用户数据的读写 I/O 往往在内部产生多个硬盘 I/O 放大，因此存储阵列的软件系统针对如何减少 RAID 更新写 I/O 放大进行了大量专业的设计，例如通过缓存技术对数据进行聚合排序和批量处理等。

此外，RAID 更新写还会遇到校验盘的性能瓶颈问题：对于采用单独校验盘的形式（例如 RAID 3 和 RAID 4），每次更新写都一定会写校验盘，因此如果不做任何处理，校验盘会成为所有硬盘中 I/O 访问次数最多的热点硬盘，进而导致系统出现性能瓶颈。为了消除校验盘的性能瓶颈，通常会划分条带，每个条带的校验列放在不同的磁盘上，通过 RAID 条带化处理，使得成员磁盘的负载基本相当，如图 3.13 所示。

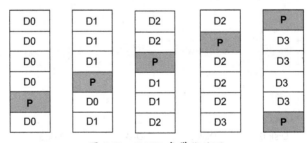

图 3.13　RAID 条带化处理

此外，RAID 更新写还存在其他问题，需要存储阵列的软件系统提供容错功能，例如写洞（Write-Hole）问题。在 RAID 5 更新写的过程中，假如系统出现异常（如系统掉电），导致某些列未写成功（如 D1'写成功而 P'未写成功时系统掉电），那么磁盘上的数据为 D0、D1'、D2、D3、P，此时为分条不一致状态，此现象被称为写洞。如果不尽快恢复分条一致，当发生硬盘故障，系统重构恢复数据时会恢复出错误的数据，如上述 D2 磁盘发生故障，根据重构公式计算出新的 D2 = D0 + D1' + D3 + P 为错误数据，因此而导致数据不一致的严重问题。存储阵列的设计必须解决写洞问题，一般通过 NVRAM 做日志备份来解决。

3. RAID 空间管理

除了基本的 RAID 算法外，RAID 子系统作为存储阵列中最重要的子系统还需提供其他关键的功能，例如高效的空间管理、面向硬盘故障和硬盘扩容的重构与均衡机制等。

在空间管理机制上，早期的 RAID 子系统通常将一组硬盘单元直接组成 RAID 组。这种以硬盘作为最小空间管理单元的方式虽然简单高效，但随着介质技术的发展，存储阵列管理的硬盘容量越来越大，硬盘数量也越来越多，当这些大容量硬盘由于出现故障需要进行数据重构时，传统 RAID 组的弱点便会凸显。一个弱点是由于传统 RAID 组的重构只能由组成 RAID 组的几块成员盘参与，重构速度受限，重构的周期也会随之增长，以 7200 r/min 的 4 TB 磁盘为例，采用 RAID 5 (8D+1P) 技术的重构时间在 40 小时左右，如此长的重构时间会带来较大的运维隐患。另一个弱点是虽然硬盘数量越来越多，但存储阵列对主机提供的 LUN 空间也只能从 RAID 组中进行分配，因此受限于 RAID 组的成员盘数量，单个 LUN 的性能也容易出现瓶颈，无法享受硬盘数量增多的性能收益。

因此，业界逐渐出现 RAID 空间管理机制的优化设计，一类厂商进行小幅度改良，底层仍然采用传统的以硬盘为单元的方式构成，但在上层将多个 RAID 组聚合成一个空间池，再将整个空间池的空间切分成小粒度的管理单元(例如 8 MB)，然后将这些小粒度的管理单元重新组合映射成 LUN 的用户可见空间。这样的改良可以有效解决 LUN 的性能瓶颈问题，单个 LUN 的空间打散到了更多的硬盘上，不过重构仍然只由底层的几块硬盘参与，重构时间仍然没有得到改善。

另一类厂商针对 RAID 空间管理进行了彻底的重构优化设计，采用底层硬盘管理和上层资源管理两层虚拟化的管理模式，如图 3.14 所示。第一层虚拟化是指在组成 RAID 前就将存储池中的硬盘划分成小粒度的数据块，基于这些数据块而非整块硬盘来构建 RAID 组，使数据均匀地分布到所有硬盘上。第二层虚拟化和前面提到的改良型设计类似，在 RAID 组向上映射组织为 LUN 空间前，再进行一次细粒度切分，将多个 RAID 组的空间切分成小粒度单元，打散后重新组合映射成 LUN 空间。这样的设计同时解决了传统 RAID 组的两大弱点，在发生硬盘故障时，几乎所有硬盘都能同时参与重构，大幅提升了重构速度，缩短了重构时间，同时也一并解决了 LUN 在所有硬盘上均衡分布的性能瓶颈问题。目前新兴的存储阵列大多已采用这样的两层虚拟化设计来构建 RAID 子系统的空间管理功能。

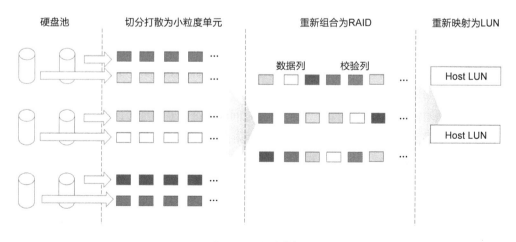

图 3.14　两层虚拟化

RAID 子系统的技术演进和介质本身的发展息息相关，除了 RAID 空间管理机制本身的演进外，随着新型闪存介质的兴起，RAID 子系统也逐渐融入了大量面向闪存的特殊设计。首先，在硬盘空间使用效率上，考虑到闪存高昂的成本，往往需要在 RAID 子系统的数据布局设计时考虑对重删压缩等数据缩减技术的支持，这对 RAID 空间管理的粒度和内部的索引技术提出了新的挑战。其次，由于闪存盘存在擦除寿命的问题，与之相关的磨损均衡、反磨损均衡、系统级垃圾回收等技术也被引入现代存储阵列的 RAID 子系统当中。

3.2.2　缓存镜像子系统

缓存镜像子系统主要为存储阵列提供高效的缓存加速层及面向双控或多控的高可靠的镜像缓存机制，缓存技术本身是一种通用技术，在各类 IT 系统中都广泛存在，而存储阵列上的缓存除了传统的读写加速功能外，还需要通过特殊的缓存镜像技术和掉电缓存保护技术实现数据的安全可靠。

我们常常在两个或者多个速度不匹配的单元间，增加一层缓存用来放置数据，减少速度不匹配带来的协调开销，从而提升整体性能。常见的缓存有 CPU 的 L1/L2 Cache、Linux 中 VFS（Virtual File System，虚拟文件系统）的 PageCache、文件系统中的 INode Cache 等。在存储阵列系统中我们使用缓存主要解决用户主机处理和介质响应之间的性能不匹配问题，尤其早期的磁盘不管在 I/O 的吞吐率还是响应延迟上都性能较差，缓存的引入成为存储阵列对外提供高效数据访问的必然。

1. 缓存镜像子系统如何提升存储阵列性能

缓存镜像子系统通常基于 DRAM 介质来构建缓存层，通过数据访问的局部性原理来提升性能。局部性原理主要表现在时间和空间两个方面[5]。其中时间局部性原理是指，当一块数据被访问后，该数据有很大可能性在不久的将来被再次访问，例如存储阵列中存在一些热点数据被频繁访问。空间局部性原理是指，当一块数据被访问后，其相邻的数据有很大可能性在不久的将来被访问，例如存储阵列的全盘扫描操作。通过利用数据的时间局部性原理，存储阵列可以通过缓存镜像子系统的缓存技术来提升效率；而利用数据的空间局部性原理，缓存镜像子系统通常会采用内容预取技术，提前将未来访问的数据读入缓存层。

存储阵列缓存层的价值就在于利用局部性原理，使用有限的高性能昂贵介质，提高用户关注的一项或者多项性能指标，这些性能指标通常指 IOPS（Input/Output Operations Per Second，每秒完成读写请求的次数）、带宽（每秒完成读写请求的数据量）和延迟（一次读写从发起请求到返回响应的时间）。

为了分别对读请求和写请求进行加速，缓存在内部又被分为读缓存和写缓存。写缓存利用 DRAM 的低延迟特点，将主机的写 I/O 操作在这一层终结，写入缓存后即可返回主机，可以将写 I/O 操作的延迟从直接写磁盘的 10 ms 以上降低到 1 ms 以内。读缓存则同样利用 DRAM 的低延迟特征，并且采用统计方法对每一个 I/O 操作的读写频率和时间间隔进行监测统计，基于统计特征再结合数据冷热算法将热点访问的数据驻留在缓存层，将访问相对较少的冷数据从缓存层淘汰掉，以确保被频繁访问的数据大概率能在缓存层就得到访问，而不需要读取底层的磁盘，进而实现整体 IOPS 性能的提升。在存储阵列中，由于磁盘磁道顺序访问的特点，读缓存还通常会提供内容预取技术来提升带宽性能，如图 3.15 所示。内容预取是指当读缓存识别到当前的数据访问模型为顺序模型时，即连续 N 个读请求是依次访问一段连续的 LBA 地址时，就会提前把即将要访问的后续 LBA 地址的大段数据读取到缓存中，后续的读请求到来时就可以直接从缓存中获得数据，而无须访问磁盘，可以有效地提高这类访问模型下的带宽性能和降低延迟。

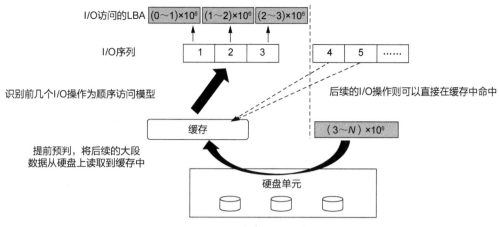

图 3.15　内容预取技术

2.　缓存镜像子系统如何提升存储阵列可靠性

写缓存虽然能降低写延迟，但需要考虑复杂的系统可靠性问题。存储阵列通常采用面向高可靠性冗余双控制器或多控制器设计，数据写入某一个控制器的缓存后就返回主机应答成功。当这个控制器发生故障时，由于数据还未真正写入硬盘，即便另一个控制器接管业务也无法访问正确的数据，会导致严重的数据访问错误。为避免这种情况，存储阵列引入镜像缓存技术，写缓存中的临时数据在返回主机应答前需要镜像到另一个控制器的写缓存中进行备份。镜像缓存的关键在于高效地在各个控制器之间进行数据同步，否则将严重地拖累系统性能。因此，早期的镜像缓存通常采用计算机高速总线的 PCI-e 技术来实现数据镜像，以确保数据传输足够高效，如图 3.16 所示。

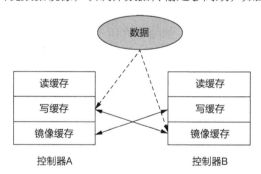

图 3.16　镜像缓存示意

此外，基于 DRAM 介质的缓存层虽然提供了强劲的性能加速能力，但其掉电易失性仍然引入了新的系统可靠性问题，一旦存储阵列发生断电，缓存中还未写盘的数据就会丢失，因此缓存镜像子系统还需要引入掉电缓存保护技术。控制框集成了高冗余的电池，一旦外部断电，电池可以支持控制器将还未来得及写入硬盘的数据存放到保险箱硬盘，避免数据的丢失。保险箱盘专门用于保存存储系统的配置信息和日志，以及系统掉电后缓存中的数据。存储阵列的保险箱盘通常有两类设计：内置的保险箱盘和外置的保险箱盘。内置指在每个控制器内置少量独立的硬盘来提供保险箱盘功能，外置指在所有外部硬盘中自动选择几块硬盘来提供保险箱盘功能。由于保险箱盘需要的容量空间并不大，因此外置的方式一般会在选出的硬盘上截取一小部分空间来实现，这些硬盘剩余的空间仍然可以对外提供用户可见容量。

3. 缓存镜像子系统新趋势

随着网络技术、介质技术、集群技术的发展，缓存镜像子系统也逐渐呈现出新的技术特点。例如，RDMA 技术的发展使得镜像缓存的数据通道从原来基于 PCI-e 的设计发展到基于 RoCE、IB（Inifini Band，无限宽带）等 RDMA 的高速网络实现，以获得更强的扩展性和灵活性；存储阵列的集群规模也从原来的双控架构扩展到 8 控、16 控甚至更大规模，继续提升系统可靠性，写缓存也发展出横跨多个控制器的多副本镜像技术，以提供允许多个控制器同时发生故障或多个控制器依次发生故障的更高可靠性能力；为了充分发挥闪存介质的低延迟特点，缓存层的数据组织形式也从传统的按照 LBA 地址来组织内存页发展为新兴的日志型缓存组织结构，以降低写缓存的延迟，确保全闪存的存储阵列可以提供稳定的低延迟性能体验。

3.3 高性能与高可靠性设计

3.3.1 应用场景

存储阵列在整个 IT 系统中一直扮演着存储关键数据的重要角色，是金融、政企、运营商等大型组织核心生产系统的重要组成部分。由于存储阵列主要面向对延迟和吞吐率敏感、对业务连续性要求较高的关键应用设计，相比其他存储系统，存储阵列往往具备高性能、高可靠性的特征，这些特征在部件、整机、软件系统等多个维度均有体现。

存储阵列主要应用于对响应时间及 IOPS 敏感的工作负载，典型的使用场景包括主流数据库、事务型应用程序等，常常为 Oracle 数据库、虚拟化平台等企业应用场景提供持久化存储。

1. 数据库

企业数据库通常是其核心业务系统，如图 3.17 所示，例如 ERP（Enterprise Resource Planning，企业资源计划）、CRM（Customer Relationship Management，客户关系管理）等 OLTP（Online Transaction Processing，联机事务处理）关键应用，需要保障 7×24 小时高可用、低延迟的业务连续性，因此性能、可靠、安全是数据库应用首先考虑的因素。在很长的时期内，存储阵列都是 Oracle、DB2 等商业数据库的最佳存储平台。

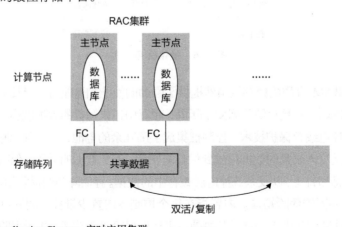

注：RAC 即 Real Application Cluster，实时应用集群。

图 3.17　数据库场景

数据库的典型负载为高 IOPS 吞吐率、低延迟响应的负载,因此存储阵列和应用服务器通常采用 FC 网络连接,以卷的方式把存储空间映射给主机,以获得较好的数据传输效率和数据处理速度。由于数据库的重要性,为避免其业务中断带来的难以估量的商业损失,实际部署时往往会使用存储阵列提供的快照、复制、双活等备份容灾特性对数据库卷提供多重保护。

2. 虚拟化平台

随着虚拟化技术的成熟,虚拟化已成为众多数据中心的共同选择。VMware 是当前最流行、使用最广泛的虚拟化平台,企业常常选择基于 VMware 构建虚拟化平台,在其之上运行各类开发测试应用程序,如图 3.18 所示。同时借助 VMware 强大的管理平台,企业数据中心可轻松实现虚拟化并进一步建成企业私有云体系。因此,基于 VMware 的虚拟化平台成为企业数据中心最重要的应用场景之一,其中最典型也最重要的两个应用场景就是服务器虚拟化 VSI(Virtual Server Infrastructure,虚拟服务器基础设施)和桌面虚拟化 VDI(Virtual Desktop Infrastructure,虚拟桌面基础设施)。

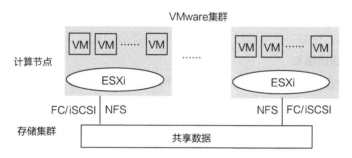

注:VM 即 Virtual Machine,虚拟机;iSCSI 即 Internet Small Computer System Interface,互联网小型计算机系统接口;NFS 即 Network File System,网络文件系统。

图 3.18　虚拟化场景

虚拟化平台的典型负载以中小 I/O 的随机访问为主,同时在使用中的一些特定时段还存在典型的性能集中场景,例如启动风暴、登录风暴等。这些时刻虚拟化平台会产生大量的 I/O 请求,需要存储平台具备良好的突发业务处理性能。同时,虚拟机的系统卷、数据卷往往存在大量的重复数据,因此存储阵列提供的重删压缩等数据压缩技术能够帮助企业减少存储空间占用,配合精简配置(Thin Provision)、克隆、快照等功能特性,大幅改善 TCO(Total Cost of Ownership,总拥有成本)并提升运营效率。

3.3.2　高可靠性冗余切换子系统

控制器是存储阵列的核心硬件单元,因为控制器上集成了 CPU、内存、接口卡等关键部件,因此控制器的故障是存储阵列高可靠性设计最需要考虑解决的问题之一。

面向控制器故障的高可靠性设计主要包括两个维度,第一个维度是对业务不中断的容忍度要高,第二个维度是发生故障时的设备性能、告警等与用户体验相关的能力要好。

第一个维度可以分为如下 4 个层次。

Level 1:单个控制器发生故障不能导致业务中断。

Level 2:一个多控制器的集群(控制器数≥2),任意两个控制器发生故障不能导致业务中断。

Level 3:一个多引擎的集群,任意一个引擎发生故障不能导致业务中断。这里的引擎是指存储阵列内通常会把两个或多个控制器组合成一个紧耦合的引擎单元,从硬件上看就是一个控制框，框内集成了多个控制器（通常为 2 个或 4 个）。横向扩展时以引擎为单位进行扩充，故障倒换时优先在引擎内完成，因此，一个多引擎的集群，单个引擎发生故障能够保持业务不中断也是衡量高可靠性的标准之一。

Level 4：一个多控制器的集群，控制器依次发生故障，只剩下最后一个控制器工作时，仍然能保持业务不中断。

第二个维度可以分为如下 3 个层次。

Level 1：性能归零或大幅跌落的时间小于 30 s，上报链路断开告警，主机支持多路径切换。

Level 2：性能归零或大幅跌落的时间小于 5 s，上报链路断开告警，主机支持多路径切换。

Level 3：性能归零或大幅跌落的时间小于 1 s，无链路断开告警，主机多路径不切换。

如果能同时在第一个维度实现 Level 2 以上的故障容忍能力，在第二个维度实现 Level 3 的良好用户体验，就能真正实现在控制器发生故障时提供高可靠性，满足最苛刻的核心生产系统的业务连续性要求。

为实现上述目标，存储阵列可通过多种技术对控制器故障进行专门的可靠性设计。

1. 控制器故障快速感知

首先要提供控制器故障快速感知的能力，存储阵列可通过底层硬件加速技术来实现，其主要原理为当控制器发生故障的时候，操作系统会截获故障并快速感知，在复位之前关闭前后端卡和级联卡，然后向其他节点通知本节点的故障信息（以硬件通知的方式），从而实现系统快速感知，通常可以做到 200 ms 内快速感知故障并上报到系统各组件。

2. 缓存镜像技术（包含持续镜像）

存储阵列一般需要支持缓存镜像技术，以实现在某个控制器发生故障后，其他控制器能够平滑接管业务，其中最关键的就是缓存模块提供的写缓存技术。写缓存技术主要作用就是提供回写能力，即 I/O 接口将数据写入缓存后，向用户返回"写成功"的应答消息。在某些情况下，缓存的使用者可以容忍数据的丢失，但大多数情况是需要缓存自身提供数据的可靠性保证。对于存储阵列的高可靠性要求，缓存子系统通常会做两个方面的增强：首先通过数据镜像的方式增加冗余副本，提高可靠性；其次采用内存数据保电的方式，降低掉电丢数据风险，提高可靠性。

数据镜像是指在集群中选择一对控制器组成镜像关系，当数据写入其中一个控制器的缓存时，需要通过一定的镜像通道（可能是背板通道或其他通信通道）将数据镜像写到对端控制器的缓存中，才能向主机返回"写成功"的应答消息。

除普通的数据镜像机制之外，一些更先进的存储阵列还会支持可靠性保障更高的持续镜像技术。如图 3.19 所示，正常情况下，控制器 A 上的数据块 1、2* 和控制器 B 的数据块 1*、2 形成镜像关系。当单个控制器（A）发生故障，控制器 B 上的 1*、2 为单副本，为了保证双副本的冗余关系，会找到控制器 C 和控制器 D 再次形成镜像；当又一个控制器（D）发生故障时，剩下的控制器 B 和控制器 C 上的数据块会分别在对方上建立副本，保证缓存数据的双副本冗余关系。

当同一个控制框内正常工作的控制器为 2 个或以上时，可以在控制框内进行持续镜像。也就是当一个控制框内一个控制器发生故障后，只剩下最后一个控制器时，会跨控制框在其他控制框上挑选控制器作为副本对象，直至整个阵列只剩下一个控制器为止。持续镜像是实现控制器故障容忍能力达到 Level 4 的关键技术，可以保证单个控制器发生故障后，即使客户未及时更换控制器，之后再次或多次发生控制器故障，也不会导致数据丢失和业务中断，最大限度地保证了业务连续性。

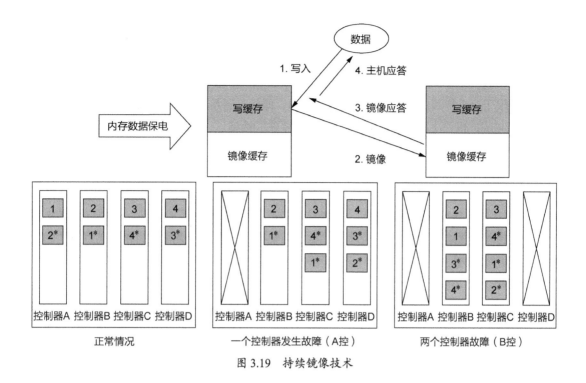

图 3.19 持续镜像技术

3. 控制器故障快速切换

有了控制器故障快速感知技术和缓存镜像技术，存储阵列还需要提供故障快速切换的能力。也就是系统感知到故障后，要尽快让新的控制器接管发生故障的控制器的业务，才能在发生故障时，使用户体验达到 Level 3 的水平。系统内业务运行的实例都有自己的元数据，这些元数据会存储到硬盘上，但为了减少接管时长，可以将影响系统接管的一些关键元数据进行元数据镜像，在结对的控制器上提前缓存这些元数据。发生故障时优先从元数据镜像的节点接管业务，接管过程从内存中直接恢复元数据，减少对硬盘数据读取的依赖，从而实现快速接管。

3.3.3 高性能集群子系统

从全系统性能均衡的角度来说，存储阵列的集群子系统有两类架构，一类是非均衡架构，另一类是均衡架构，其中均衡架构又细分为两种，一种是部分对称均衡架构，另一种是全对称均衡架构。

非均衡架构和均衡架构的核心区别是业务是否具备整集群的均衡打散能力，任意一个卷是否能弹性获得整集群的性能，而不会受限于集群中单个控制节点的资源瓶颈。

1. 非均衡架构

许多厂商的存储阵列都采用了非均衡架构，不管是双控共享后端硬盘框还是多控共享后端硬盘框，一个卷或者文件系统都归属于某一个特定的控制器，其他控制器仅作为高可用性备份。在故障切换时，卷或者文件系统切换到其他备份的控制器，业界又把这种非均衡架构称为 AP（Active-Passive）访问模式。采用这种设计的存储系统，如果从非归属的控制器下发某个卷或文件系统的业务，存储系统会把这些业务先转发到这个卷或文件系统归属的控制器上，再进行读写数据等相关处理。

这种模式往往带来两个问题。首先，对组网部署有一定的要求，每个控制器都要和归属的卷或文件系统所映射的主机建立连接，否则可能出现业务从卷或文件系统的非归属控制器下发，导致存储系统内部产生大量 I/O 转发，浪费转发通道资源，进而严重影响性能。其次，单个 LUN 或文件系统的性能受限于单个控制器的处理能力，难以扩展，即便存储系统的其他控制器的 CPU 等硬件资源还有大量空闲，也无法再提升单个 LUN 或文件系统的性能。

2. 均衡架构

随着产业需求的发展和存储技术的进步，一些大型企业的核心生产系统发展成为大规模存储系统，需要具备超大容量和超强性能，因此面向这些场景的存储阵列往往支持多控制器扩展的 Scale-Out 能力。当集群规模越来越大，控制器越来越多，单个卷或文件系统的性能无法随集群扩展而提升的矛盾变得越来越突出，于是另一类均衡架构在这些需要极高性能和极高可靠性的核心领域中得到广泛应用。

均衡架构是指任意的卷或文件系统并不归属于系统中某一个控制器，而是按照不同的地址段、数据分片或目录等更细的粒度映射打散到系统中的每一个控制单元，因此所有的业务能在整个集群内实现均衡分布，使得任意端口接入的存储卷或文件系统都能获得集群规模的性能，任意卷或文件系统的性能不会受限于单个控制节点的资源瓶颈，以满足日益增加的主机应用的弹性扩展的性能诉求，业界又把这种均衡架构设计称为 AA（Active-Active）访问模式或 AA 均衡架构。

均衡架构又分为两类，部分对称均衡架构和全对称均衡架构。存储系统内的均衡打散可以分为 3 个层次，第一个层次是前端网络，第二个层次是控制器，第三个层次是后端盘框。部分对称均衡架构主要是指仅在第二个层次进行了均衡打散的设计，即卷或者文件系统的数据能够按照一定的粒度分发打散到所有控制器上，业务在各个控制器上的处理是均衡分布的，但业务在前端的接口卡或者后端的盘框资源上并不一定能做到均衡分布。例如，前端接口卡归属于特定的某个控制器，后端的硬盘框归属于特定的某些引擎（通常一个引擎有成对的控制器或 4 个控制器），有这样的归属约束会导致业务在前端网络和后端盘框资源上无法做到完全均衡打散，从某一个前端接口进入的业务只能由它归属的控制器处理，因为其端口无法和其他控制器互通，因此要实现真正的全均衡，需要所有的卷和所有的前端端口进行交叉组网，组网的复杂度非常大。同样，后端硬盘框归属于某一个引擎，也会导致在一些极端场景中的可靠性下降，例如整个引擎发生了故障，由于无法访问后端盘框导致整个业务中发生中断。

全对称均衡架构是指在上述 3 个层次都能做到均衡打散，前端接口卡不局限于归属单一的控制器，后端盘框也不局限于归属单一的控制器或引擎，因此业务可以从任意端口发起，打散到所有控制器上，并且分布到全局所有的硬盘上，能够实现真正意义上的全对称均衡打散，在具备良好性能弹性的同时，易用性和可靠性也进一步提升。

均衡架构依赖硬件和软件上的综合实现，在硬件上又分为松耦合和紧耦合两种设计流派，在软件上其核心是均衡打散算法的设计。

均衡打散算法是实现均衡对称架构的关键，好的均衡打散算法能够让数据在系统的各个组件都保持较好的均衡度，如图 3.20 所示。由于卷或文件系统不再和控制器有归属关系，客户只需要确定存储系统需要的总的存储容量需求、性能需求，不用再关注容量和性能在存储系统内部的分布，从而实现存储系统资源的极简规划。

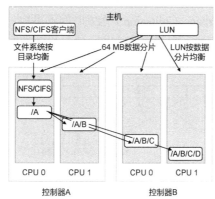

注：CIFS 即 Common Internet File System，通用互联网文件系统。

图 3.20 均衡打散算法

对于卷，业界常用的均衡打散算法是对卷进行数据切片，将一个卷的逻辑地址按照固定的粒度（如 64 MB）进行切片，基于切片再结合其他因子，通过一定的散列算法打散到各个控制器处理单元。对于文件系统，则通常基于目录或文件的粒度，将不同的目录或文件打散到各个控制器处理单元。

均衡打散算法的关键除了确保较好的均衡度，还需要考虑各类故障场景下的快速切换和接管，因此全局的视图管理、分区管理、元数据设计都是其必不可少的部分。

3.3.4 重定向写与垃圾回收技术

随着介质的发展，传统的机械硬盘逐渐被闪存盘所替代，在全闪存存储阵列上解决 RAID 写更新带来的写惩罚的性能问题有了新的设计思路，即采用 RoW（Redirect on Write，重定向写）机制。

RoW 机制指对所有数据都使用新写模式，从而避免因传统 RAID 写流程所需要的数据读和校验写而产生写惩罚，可有效降低写操作所带来的阵列控制器 CPU 开销和 SSD 的读写延迟。相比于传统的 RAID 覆盖写方式，RoW 机制所采用的满分条带写方式可有效提升各种 RAID 级别的整体性能。

图 3.21 以 RAID 6（4+2）为例，展示了 RoW 机制对已有数据进行改写的过程，改写写入的数据为 1、2、3、4。采用传统覆盖写方式需要对每个数据所在的物理空间 RAID 分组进行修改写操作。以物理空间 RAID 分组 2 为例，当新写入数据 3 时，需读取校验列 P、Q 和原始数据 d，基于冗余算法计算得到新校验位 P'和 Q'，再将 P'、Q'和数据 3 写入物理空间 RAID 分组 2 中。而采用 RoW 满分条带写方式写入数据 1、2、3、4 时，如图 3.21 所示，可基于 1、2、3、4 计算 P、Q，作为新的 RAID 分条带写入硬盘，再修改 LBA 的指针指向新的 RAID 分组，整个写入过程不需要进行额外的预读操作。

对应传统 RAID，以 RAID 6 为例，当数据更新发生时，需要先读原数据块与校验数据块 P 和 Q，再写入新数据块与新校验数据块 P'和 Q'，因此会产生 3 次读 I/O 和 3 次写 I/O。通常对于传统 RAID（xD+yP）的随机小 I/O 写，其读写放大为 y+1。

但重定向写会导致一个新的问题出现，当修改的数据被重定向到新的空间时会导致垃圾的出现，也就是原有的数据已经失效但仍然占用物理存储空间，这些数据对于存储系统而言即是垃圾。

由于 SSD 盘内的垃圾回收（Garbage Collection）触发时间不可控，如果只使用 SSD 盘的垃圾回收机制，则系统的性能影响也不可控。在 SSD 盘存在大量垃圾的情况下，随时可能触发多个 SSD 盘的垃圾回收，进而导致严重的性能下降。

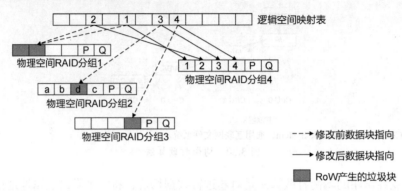

图 3.21　RoW 机制

为了解决这个问题，业界通常会采用全局垃圾回收技术，系统定期检查每个物理空间 RAID 分组的垃圾速率，将有效数据从高垃圾速率的物理空间 RAID 分组移动到新物理空间 RAID 分组，当有效数据全部移动，SSD 被告知擦除原有的块，旧的物理空间 RAID 分组被回收。这就减少了垃圾回收过程中移动的数据量，降低了系统 SSD 盘内垃圾回收带来的性能影响，这就是为什么目前一些全新的高端全闪存阵列能够提供稳定的性能。

为更进一步降低垃圾回收对系统性能的影响，某些全闪存存储阵列会提供冷热分流技术。冷热分流技术的基础是存储系统中的数据存在冷热之分。例如，系统的元数据一般更新较为频繁，属于热数据，产生垃圾数据的概率较高；而用户数据一般修改较少，属于冷数据，产生垃圾数据的概率较低。因此，业界目前使用硬盘驱动和控制器配合，采用多流技术，将冷热数据存储在不同块中，从而增大块中数据同时无效的概率，减少垃圾回收过程中需要迁移的有效数据的大小，进而提升 SSD 的性能及可靠性。如图 3.22 所示，采用多流技术后，冷热分流使得垃圾搬移量大大减少。

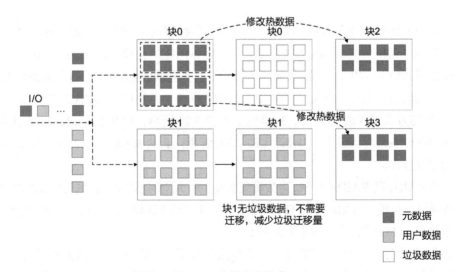

图 3.22　冷热分流技术

3.4 本章小结

存储阵列作为 IT 基础设施发展历程中十分重要的设备形态，有效地满足了人们对信息获取和数据存储效率不断提升的诉求，成为数据库、虚拟化等跨时代应用的最佳拍档，使能了一代数字经济的繁荣。今天，存储阵列仍然在不断进化，在闪存等新型介质和 RoCE 等新兴网络技术的驱动下，存储阵列正在往全闪存和全 IP 方向发展，尽管有各类新兴的存储形态出现，但存储阵列依托软硬协同的专业设计和丰富的企业特性，在极致性能、极致可靠、极致效率的场景下仍然有明显优势，不仅在传统的关键核心生产系统中占有重要地位，也开始尝试向新兴的容器和云化应用拓展，存储阵列的持续演进是数据基础设施建设浪潮中不可忽视的一股重要力量。

3.5 思考题

1. 存储阵列的控制器模块通常由哪些核心单元组成？这些单元的主要功能分别是什么？

2. 为什么 RAID 数据更新会产生明显的硬盘 I/O 放大问题？如何设计存储系统的写入机制以有效降低 RAID 数据更新的写惩罚问题？

3. 基于传统 RAID 算法的空间管理存在哪些弱点？针对这些弱点可以如何改进设计？

4. 读写缓存提升存储阵列性能的原理是什么？在提升性能的同时缓存引入了什么问题，可以如何解决？

5. 可以从哪些维度和层次对存储阵列的控制器高可靠性设计进行评价？

6. 非均衡架构存在什么问题？全对称均衡架构和部分对称均衡架构的本质区别是什么？

7. 在 RAID 6（8+2）场景下，计算传统覆盖写机制的读写放大和 RoW 写机制的读写放大分别是多少？

8. 为什么硬盘驱动和控制器软件配合的多流技术可以优化垃圾回收的性能？

参考文献

[1] MAIER D, VANCE B. A call to order[C]//BEERI C. In Proceedings of the twelfth ACM SIGACT-SIGMOD-SIGART symposium on Principles of database systems (PODS '93). New York: Association for Computing Machinery, 1993:1-16.

[2] WILKES J, GOLDING R, STAELIN C, et al. The HP autoRAID hierarchical storage system[J]. ACM Transactions on Computer Systems. 1996, 14(1):108-136.

[3] CHEN P, LEE E, GIBSON G, et al. RAID: high-performance, reliable secondary storage[J]. ACM Computing Surveys, 1994, 26(2):145-185.

[4] KATZ R, CHEN P. RAID-II: Design and implementation of a large scale disk array controller[R/OL]. (1992-01-01)[2023-04-10].

[5] DENNING P. The locality principle[J]. Communications of the ACM, 2005, 48(7):19-24.

第4章
存储协议

存储协议连接主机与存储设备，负责主机与存储设备之间的通信及数据交互。目前，计算机存储架构主要采用存储块协议，按照固定数据块大小的倍数对存储设备进行数据访问。典型的存储块协议包括 SCSI 协议和 NVMe 协议。根据主机与存储设备的通信链路类型，上述典型存储协议可扩展为基于不同承载链路的专用存储协议。本章将围绕 SCSI 协议、NVMe 协议、二者的链路承载协议，以及内存互连协议，详细剖析存储协议的协议模型和关键指令集等内容。

4.1 SCSI 协议

SCSI 协议是一种实现主机和周边设备连接和数据传输的标准集合，至今已经历了三代的迭代演化，分别命名为 SCSI-1、SCSI-2 以及 SCSI-3[1]。SCSI 协议是一种点对点的接口协议，支持多主机、多周边设备的点对点连接。SCSI 协议定义了主机和周边设备数据交互所需的指令集、通信协议、电气模型及通信接口等。SCSI 协议理论上支持主机与任意设备之间的通信和数据交互，但出于商业考虑，SCSI 协议主要应用于存储设备的通信和数据交互。

4.1.1 SCSI 协议概述

SCSI 协议是一个庞大的协议体系，其标准体系架构如图 4.1 所示。自上而下，SCSI 标准体系架构分别定义了包括 SCSI 设备指令集、SPC（SCSI Primary Commands，SCSI 主要指令集）/SCSI 指令集安全特性、SAM（SCSI Architecture Model，SCSI 架构模型）及 SCSI 物理链路映射的四层结构。

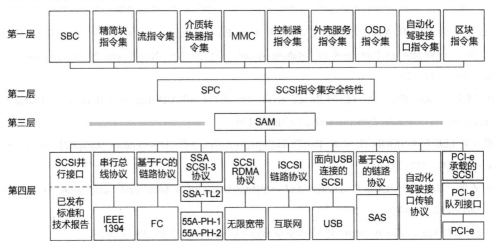

图 4.1 SCSI 标准体系架构[1]

在 SCSI 标准体系架构第一层中，SCSI 设备指令集定义了面向不同类型连接设备所需的必要指令集，包括面向块设备的 SBC（SCSI Block Commands，SCSI 块指令集）、面向多媒体设备的 MMC（Multi-Media Commands，多媒体指令集）及面向对象存储设备的 OSD（Object-Based Storage Devices，对象存储设备）指令集等。

在 SCSI 标准体系架构第二层中，SCSI 共用指令集定义了所有 SCSI 设备类型通信模型的 SPC 及其安全特性。

在 SCSI 标准体系架构第三层中，为实现不同 SCSI 设备之间的通信，SAM 提供了 SCSI 体系架构的抽象视图，为不同 SCSI 设备之间的通信提供通用标准和规范。

在 SCSI 标准体系架构第四层中，SCSI 链路映射定义了 SCSI 协议在不同承载链路中的实现细节，包括基于 FC 的链路协议、基于 SAS 的链路协议及 iSCSI 链路协议等。

4.1.2 SCSI 服务模型

SCSI 的通信服务过程符合传统的 C/S（Client/Server，客户端/服务器）模型。客户端作为启发器（Initiator）向服务器的目标设备（Target）发起请求指令，并等待目标设备反馈响应信息，最终建立"请求/响应"模型，图 4.2 展示了基于 SCSI 协议的基础分布式服务模型。

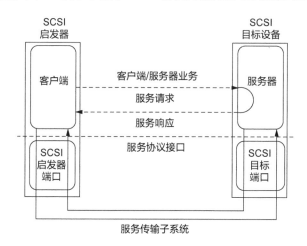

图 4.2　基于 SCSI 协议的基础分布式服务模型[1]

其中，虚线箭头表示单个指令在客户端和服务器之间的"请求/响应"事务，实线箭头表示单个指令通过服务传输子系统（Service Delivery Subsystem）实现客户端和服务器之间的物理通信过程。

SCSI 服务模型之间的通信事务可表示为一个过程调用，客户端发送过程调用服务请求，服务器针对服务请求反馈输出数据及过程调用响应状态。具体过程如下：第一步，客户端通过 SCSI 启发器端口（SCSI Initiator Port）向服务器发送服务请求；第二步，服务传输子系统负责传递服务请求；第三步，服务器通过 SCSI 目标端口（SCSI Target Port）接收服务请求并执行请求业务；第四步，服务器向客户端传递响应信息和响应结果；第五步，客户端再次接收来自服务器的服务请求响应结果或失败提醒，若当前服务器发出失败提醒，则表明当前服务器存在响应故障。在传统的计算机存储系统中，主机和存储设备分别作为客户端和服务器，二者之间通过 SCSI 服务模型建立通信和数据交互。

SCSI 协议支持多主机多设备的点对点通信，因此，SCSI 服务模型可进一步扩展为 C/S 模型。如图 4.3 所示，SCSI 启发器设备（SCSI Initiator Device）提供多个应用客户端（Application Client），SCSI 目标设备（SCSI Target Device）提供多个逻辑单元（Logical Unit），每个逻辑单元内部包含设备服务器（Device Server）和任务管理器（Task Manager）。具体服务过程如下：第一步，应用客户端将设备服务请求或任务管理请求封装为过程调用；第二步，应用客户端向 SCSI 目标设备的某一逻辑单元发送该设备服务请求或任务管理请求；第三步，SCSI 目标设备的逻辑单元接收请求并实现指令处理或任务管理；第四步，SCSI 目标设备的逻辑单元向应用客户端发送设备服务响应或任务管理响应。

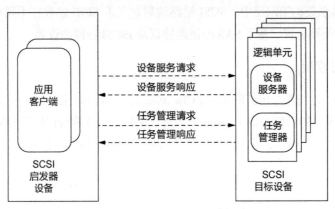

图 4.3　SCSI C/S 模型[1]

SCSI C/S 模型通信交互过程依赖于 SCSI 域模型，如图 4.4 所示，多个 SCSI 设备通过服务传输子系统相互连接。其中，SCSI 设备可实例化为客户端启发器、服务器目标设备及相关基础支持设施。服务传输子系统负责指令、数据、任务管理函数等信息的传输。SCSI 设备实例化为目标设备后，其内部包含多个逻辑单元，每个逻辑单元维护各自的目标设备。

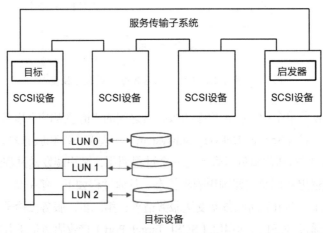

图 4.4　SCSI 域模型[1]

为实现多个 SCSI 设备相互连接场景下的设备寻址，SCSI 协议对服务传输子系统实现了三级地址划分，分别是总线号（Bus ID）、设备号（SCSI Device ID）和逻辑单元号（LUN ID）。其中，总线号用于区分服务传输子系统中的不同 SCSI 总线，设备号用于区分 SCSI 总线上连接的不同 SCSI

设备，逻辑单元号用于区分每个 SCSI 设备中对应的目标设备。基于 SCSI 协议的寻址原理，不同 SCSI 设备之间可建立有效的通信和数据交互通路。

4.1.3　SCSI 指令集

为实现 SCSI 设备之间的通信和数据交互，SCSI 标准体系架构定义了一系列 SCSI 指令集，主要由两部分组成，分别是 SCSI 设备指令集和 SCSI 共用指令集[1]。

SCSI 设备指令集定义了面向不同连接设备的 SCSI 专用指令集。其中，主要的 SCSI 设备指令集包括：SBC 和 SSC（SCSI Stream Commands，SCSI 流指令集）。SBC 面向块设备（如 HDD、SSD、CD-ROM 等）定义了一套通过逻辑块访问设备的接口，如 FORMAT UNIT 命令可以将设备格式化为指定的逻辑块格式，READ 命令可以从设备中指定位置读取若干逻辑块的数据，WRITE 命令可以将若干逻辑块的数据写入设备中的指定位置，COMPARE AND WRITE 命令可以实现比较并写入的原子操作。SSC 面向流式设备（如磁带），定义了一套基于顺序访问模型的接口，如 ERASE 命令可以擦除部分或全部介质，LOCATE 命令可以将介质定位到指定位置。

SCSI 共用指令集定义了与设备无关的 SCSI 指令集，例如，INQUIRY 命令用于查询目标设备和逻辑单元的相关信息，REPORT LUNS 命令用于获取逻辑单元列表，TEST UNIT READY 命令用于检查逻辑单元状态。

4.1.4　SCSI 读写流程解析

本小节我们将进一步描述基于 SCSI 的基本读写流程。在实现 SCSI 读写过程中，SCSI 启发器和 SCSI 目标设备需要先建立通信会话，然后基于该通信会话实现读写指令和数据传输。

如图 4.5（a）所示，SCSI 数据读流程包括以下 7 步。

① 应用程序向 SCSI 启发器发出 SCSI 读操作命令。

② SCSI 启发器获取总线使用权，选择目标设备并进行地址寻址。

③ SCSI 启发器向 SCSI 目标设备并发出 CDB（Command Descriptor Block，指令描述块）信息。

④ SCSI 目标设备接收 CDB 信息后，执行数据读操作并准备发送数据。

⑤ SCSI 目标设备执行数据传输。

⑥ 完成数据传输，数据读取至启发器，目标设备反馈数据传输完成命令。

⑦ SCSI 启发器向应用返回读操作完成命令。

如图 4.5（b）所示，SCSI 数据写流程包括以下 8 步。

① 应用程序向 SCSI 启发器发出 SCSI 写操作命令。

② SCSI 启发器获取总线使用权，选择目标设备并进行地址寻址。

③ SCSI 启发器向 SCSI 目标设备发出 CDB 信息。

④ SCSI 目标设备接收 CDB 信息后，分配数据缓存并准备接收 SCSI 启发器数据。

⑤ SCSI 目标设备向 SCSI 启发器反馈可以传输信号。

⑥ SCSI 启发器执行数据传输。

⑦ 完成数据传输及数据写入后，SCSI 目标设备反馈完成命令。

⑧ SCSI 启发器向应用返回写操作完成命令。

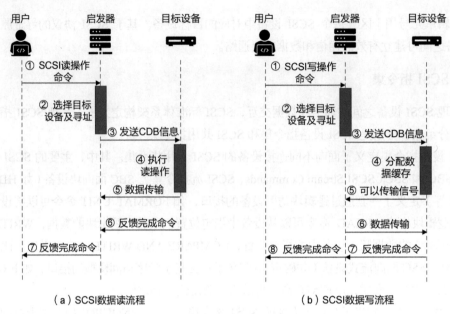

（a）SCSI数据读流程 （b）SCSI数据写流程

图 4.5 SCSI 读写流程

4.2 SCSI 链路承载协议

4.2.1 SAS 协议

SAS 协议是一种点对点的串行 SCSI 技术，采用标准的 SCSI 指令集并兼容 SATA 设备。SAS 协议通过在两个通信设备之间建立专用链路的方式实现更高效的通信和数据交互，从而避免了传统 SCSI 协议并行总线链路导致的通信链路状态判断过程，进而提高数据在专有通路上的传输带宽。

如图 4.6 所示，SAS 协议层次架构主要分为 6 个部分，自上而下分别是 SAS 应用层（SAS Application Layer）、SAS 传输层（SAS Transport Layer）、SAS 端口层（SAS Port Layer）、SAS 链路层（SAS Link Layer）、SAS PHY 层（SAS PHY Layer）和 SAS 物理层（SAS Physical Layer）。

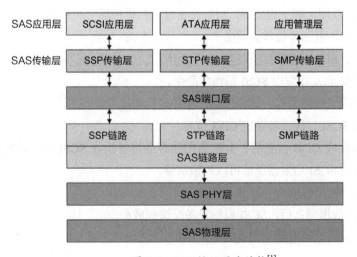

图 4.6 SAS 协议层次结构[1]

应用层：SAS 应用层维护了传输层之上的所有应用软件对 SAS 协议的使用细节，包括应用程序、文件系统驱动、SCSI 驱动及微端口驱动等。应用层负责向传输层发送请求，并指定了协议帧格式、具体指令类型，并接收来自传输层的应答反馈。

传输层：一方面，SAS 传输层接收来自应用层的请求，并将请求封装为协议帧发送至端口层；另一方面，SAS 传输层接收和解析来自端口层的协议帧，并发送至应用层。传输层支持 3 种具体协议类型，分别是 SSP（Serial SCSI Protocol，串行 SCSI 协议）、STP（SATA Tunneled Protocol，SATA 隧道协议）和 SMP（Serial Management Protocol，串行管理协议）。其中，SSP 承载 SCSI 协议，STP 兼容 ATA 指令集，SMP 作为管理协议负责 SAS 设备间的通信管理。

端口层：SAS 端口层负责向链路层和传输层提供传输接口，并描述了如何处理建立连接和断开连接。

链路层：SAS 链路层主要负责建立和管理设备之间的连接链路，主要职责包括对 SAS 帧的封装和解析。根据传输层的协议类型差异，链路层同样可分为 SSP 链路、STP 链路和 SMP 链路。

PHY 层：PHY 层主要负责数据传输比特流的编码、时钟偏移管理和带外信号处理等。PHY 层主要面向底层物理连接，向上隔离了物理连接的细节。

物理层：物理层主要负责描述 SAS 物理连接线路、接口及收发器的相关规范。

基于 SAS 协议层次架构，SAS 设备之间可通过组网实现多设备互连通信。图 4.7 所示为 SAS 拓扑组网模型。基本的 SAS 组网模型包含 4 个部分，分别是 SAS 启发器设备（SAS Initiator Device）、SAS 扩展器设备（SAS Expander Device）、SAS 目标设备（SAS Target Device）及 SAS 域（SAS Domain）。

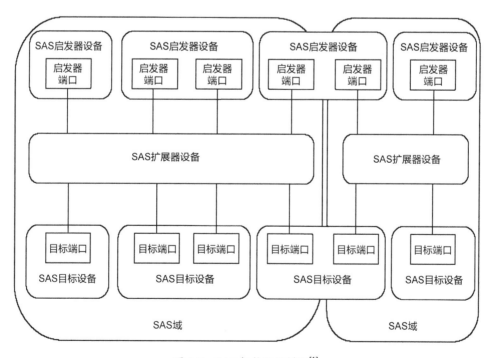

图 4.7　SAS 拓扑组网模型[1]

SAS 启发器设备和 SAS 目标设备通过 SSP/STP/SMP 接口发送和接收数据；SAS 扩展器设备可

实现 SAS 设备的扩展，从而支持更大规模的 SAS 设备组网通信；SAS 域由多个 SAS 设备、物理链路及 SAS 扩展器构成。

4.2.2　FC 协议

在介绍 FC 协议之前，我们需要先了解 SAN（Storage Area Network，存储区域网络）[2]的基本概念。SAN 是一种以网络为中心的数据存储架构，通过网络实现外接存储设备与服务器的连接，从而构建一个网络化存储系统。早期的 SAN 主要采用 FC 作为连接载体，因此，基于 FC 的 SCSI 承载协议应运而生，即 FC 协议[3]。FC 协议于 1988 年由 ANSI X3T9 任务组提出，该协议为 SAN 提供了一种高性能、高可靠的数据传输协议。

FC 协议的层次架构如图 4.8 所示。FC 协议分为 5 层结构，分别是 FC-0（物理层）、FC-1（传输协议层）、FC-2（信号协议层）、FC-3（通用服务层）和 FC-4（协议映射层）。

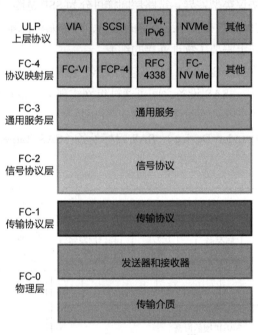

图 4.8　FC 协议层次结构[3]

FC-0：该层定义了物理传输链路的可用介质、发送器和接收器接口等。

FC-1：该层定义了数据编码方式和链路传输协议，包括编解码方式和差错控制等。

FC-2：该层定义了信号协议，包括数据传输的基本规则和传输机制，并且定义了数据帧格式、流控机制和服务质量保障等。

FC-3：该层定义了一系列面向应用的通用服务能力，包括广播、加密和压缩等。

FC-4：该层定义了光纤通道与 ULP（Upper Layer Protocol，上层协议）的交互接口，例如 SCSI 协议。

FC 协议应用于网络存储，目前 FC 网络支持 3 种拓扑结构，分别是点对点（Point to Point）网络、仲裁环（Arbitrated Loop）网络、交换式光纤（Switched Fabric）网络。

点对点网络拓扑结构通过一根光纤直接连接通信节点端口（Node Port），通信双方分别是启发器和目标设备，是 FC 网络拓扑中最简单和最高效的拓扑结构。

仲裁环网络拓扑结构是 FC 协议早期的一种网络拓扑，两个环节点端口（Node Loop Port）需要通信时，则对环进行独占，从而导致其他设备无法通信。因此，仲裁环网络拓扑结构通信效率相对较差。

交换式光纤网络拓扑结构是基于交换机的网络拓扑结构，交换机完成数据报的转发，是大型数据中心中常用的网络拓扑结构。该网络拓扑结构的设备地址分配由交换机完成，最大支持的节点规模为 224 个节点。整个网络的传输性能受限于网络规划，良好的网络规划可以较好地发挥主机（对应启发器）和存储（对应目标设备）的性能，否则易出现性能拥塞问题。交换式光纤网络拓扑结构是 3 种网络拓扑中性能和规模扩展性最好的一种拓扑结构。如图 4.9 所示，通信节点通过节点端口与交换式光纤网络中的光纤端口（Fabric Port）连接的方式接入光纤网络。并且，光纤网络中可支持光纤环端口（Fabric Loop Port）与仲裁环网络进行连接。

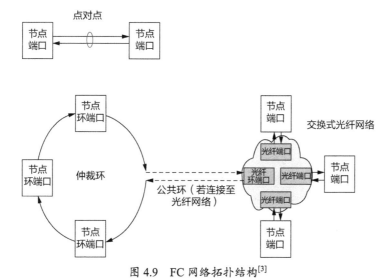

图 4.9　FC 网络拓扑结构[3]

4.2.3　iSCSI 协议

4.2.2 节介绍了 SCSI 协议在 FC 上的映射协议，除此之外，SCSI 协议同样可实现基于 TCP/IP 网络的映射。本小节介绍 iSCSI 协议，该协议是基于 TCP/IP 网络传输的 SCSI 协议，通过以太网实现设备互连[4]。iSCSI 协议采用 C/S 架构，客户端是 iSCSI 启发器，通常部署在主机侧，服务器是 iSCSI 目标设备，通常部署在存储设备侧。

基于 iSCSI 协议的通信过程如下：启发器在接收到 SCSI 客户端的 SCSI 指令后，将其封装成 iSCSI 报文并通过以太网发送给 iSCSI 目标设备；然后，iSCSI 目标设备收到 iSCSI 报文，解析出 SCSI 指令后执行，并把执行结果封装成 iSCSI 报文返回给 iSCSI 启发器，iSCSI 启发器再把执行结果提交给 SCSI 客户端。iSCSI 协议层次结构如图 4.10 所示。

由于 iSCSI 协议的承载链路是以太网，iSCSI 的 PDU（Protocol Data Unit，协议数据单元）被封装为 TCP 报文的数据部分，从而通过 TCP/IP 实现报文收发。基于 iSCSI 的 TCP/IP 报文结构如图 4.11 所示。其中，TCP 报文头结构中的目的端口为 iSCSI 目的主机的端口号。iSCSI 包被封装为 TCP 报文中的数据部分。

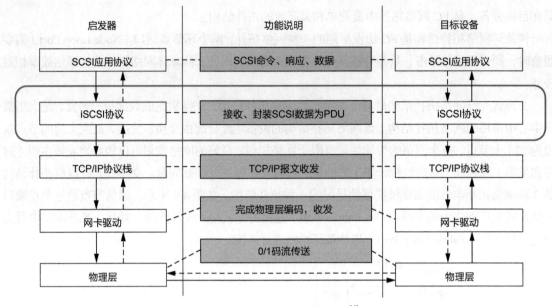

图 4.10　iSCSI 协议层次结构[4]

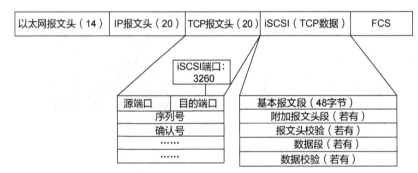

图 4.11　基于 iSCSI 的 TCP/IP 报文结构[4]

iSCSI 网络结构如图 4.12 所示。iSCSI 网络结构充分利用了以太网的网络优势，iSCSI 启发器和 iSCSI 目标设备利用现有以太网结构实现设备之间的通信和数据交互。在底层网络连接中，iSCSI 协议复用以太网中的 TCP/IP 网络协议，从而降低了 iSCSI 协议在网络环境下的开发和应用成本。

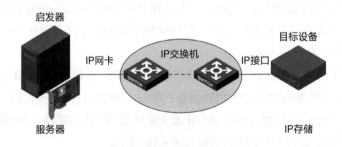

图 4.12　iSCSI 网络结构[4]

目前，iSCSI 协议已被各大存储厂商和服务器操作系统所支持，其主要原因在于，一方面，以太网良好的兼容性和组网能力为 iSCSI 协议提供了基础链路保障；另一方面，TCP/IP 的高度可扩展性使得 iSCSI 协议可快速应用于传输网络，从而以较低的成本实现数据远程传输。

4.3 NVMe 协议

NVMe 协议是一种为 SSD 定义的用于存储访问和传输的协议。在 SSD 出现的早期，基于闪存的 SSD 利用传统的 SATA/SAS 协议来最大限度地减少对现有的基于 HDD 的企业服务器的存储系统的改动。然而，这些协议都不是为以 NAND 闪存为代表的高速存储介质设计的。随着 SSD 介质的发展，介质访问延迟大大降低，传统的 SATA/SAS 协议在链路、协议栈和软件栈上的开销占比更高，NVMe 协议的出现正是为了解决传统协议不适用于高速存储介质这一问题。

NVMe 协议使用 PCI-e 总线访问 SSD[5]。一方面，存储设备通过高速总线与 CPU 直连，有效降低了控制器和软件接口的延迟；另一方面，不同于传统的单个指令队列机制，PCI-e 总线支持数以万计的并行指令队列。NVMe 协议定义了一套高效的指令交互机制，并适应以中断或轮询模式运行的操作系统设备驱动程序，从而实现更高的性能和更低的延迟[6]。目前，PCI-e Gen 3.0 链路可提供比 SATA 接口快 2 倍以上的传输速度。随着在市场中的大量应用，NVMe over PCI-e 接口协议被 NVMe 标准组织进行了标准化，以满足各制造厂商的兼容诉求。NVMe 协议利用了各种计算环境中的非易失性存储器，它是面向未来的，可扩展以与尚未发明的持久内存技术一起使用。

NVMe 协议的最新版本为 2.0，于 2021 年 6 月 3 日发布。NVMe 2.0 协议由 NVMe 基础规范、NVMe 传输层规范、NVMe 指令集规范、NVMe 管理接口规范组成，其相互关系如图 4.13 所示。NVMe 基础规范定义了主机软件通过各种基于内存的传输和基于消息的传输与非易失性内存子系统通信的协议。NVMe 传输层规范定义了 NVMe 协议（包括控制器属性）与特定传输协议的绑定（如 PCI-e 传输层规范、RDMA 传输层规范、TCP 传输层规范、FC 传输层规范等）。NVMe 指令集规范定义了扩展 NVMe 基础规范的数据结构、功能、日志页面、指令和状态值（如 NVM 指令集、键值指令集、分区命名空间指令集等）。NVMe 管理接口（NVMe-MI）规范为所有 NVMe 子系统定义了一个可选的管理接口。

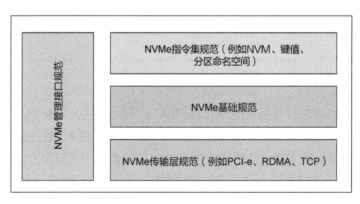

图 4.13　NVMe 协议规范系列[5]

4.3.1 NVMe 设备模型

NVMe 存储设备模型包括以下 5 类对象。

子系统（Subsystem）：包含多个域（Domain）、多个控制器（Controller）、0 个或者多个命名空间（Namespace）、多个接口（Port）。此外，也包含 NVM 介质控制器、控制器和 NVM 介质间的接口。包含多个域的 NVM 子系统，需要支持对非对称命名空间的访问。

域：共享状态（例如电源状态、容量信息）的最小不可分割单元，划分边界一般是通信边界（例如故障边界、管理边界）。

耐久组：NVM 子系统中的部分 NVM 根据其耐久性进行分组管理。包含一个或多个 NVM 集合（Set）。其用途包括管理不同的磨损均衡、不同的属性介质（混合介质）等。

NVM 集合：NVM 集合在逻辑上（甚至可能在物理上）与其他集合区分开来，当前主要用途是与 PLM（Predictable Latency Mode，可预测延迟模式）特性配合，获得稳定的 I/O 延迟。一个 NVM 集合可创建一个或者多个命名空间。

命名空间：可以由主机直接访问的格式化非易失性存储区域，对应 SCSI 协议中的 LUN。每一个命名空间完全属于某一个 NVM 集合。

图 4.14 所示为一个包含多个域的 NVM 子系统示例，该图展示了各类对象之间的相互关系。

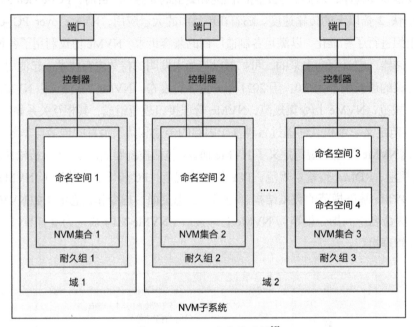

图 4.14　NVM 子系统示例[5]

以一块双端口 NVMe SSD 设备模型为例，如图 4.15 所示，整块 NVMe SSD 可以视作一个 NVM 子系统，该子系统具有两个 PCI-e 接口，分别连接两个 NVMe 控制器，通过这两个控制器，可以访问 SSD 盘内的命名空间；盘内根据介质属性不同（SLC、TLC 闪存）划分为 2 个耐久组（耐久组 Y 和 Z），SLC 对应的耐久组 Z 可以提供更高的访问性能，可以用于存放热点数据等；TLC 对应的耐久组 Y，根据闪存通道划分为 2 个 NVM 集合（NVM 集合 A 和 B），对外提供 2 种不同访问延迟保障的存储区；NVM 集合再划分为若干逻辑区域，即命名空间，不同命名空间可以格式化为不同大小的扇区，采取不同的数据一致性保护策略等。

4.3.2　NVMe 队列模型

在 NVMe 协议标准的多项技术中，多队列技术是提升 NVMe 性能的一个核心方法。通过多队列技术，NVMe 可以按照任务、调度优先级和 CPU 核负载等管理和分配不同的队列，实现存储系统的高性能访问。

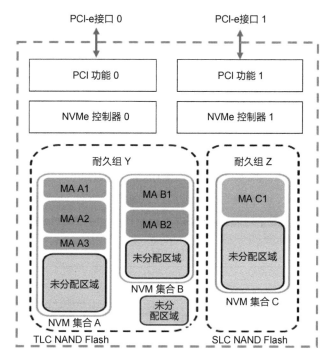

图 4.15 NVMe SSD 设备模型[5]

图 4.16 展示了 NVMe 的多队列模型，主机和设备（NVMe 控制器）通过一组 NVMe 队列进行指令交互。NVMe 中的队列包括 SQ（Submission Queue，提交队列）和 CQ（Completion Queue，完成队列），每个 SQ 和 CQ 都是一段内存，以循环缓冲区的结构进行组织。每个队列有一个头指针和一个尾指针，当两者指向同一个地址时，队列为空。主机软件将指令放入 SQ 中，控制器按顺序从 SQ 中获取指令，将完成的 I/O 请求放入相关的 CQ 中。

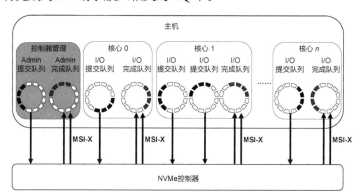

图 4.16 NVMe 的多队列模型[5]

当使用基于内存的传输队列模型时，多个 SQ 可以使用相同的 CQ。当使用基于消息的传输队列模型时，每个 SQ 都映射到一个 CQ。I/O 队列的 SQ 和 CQ 数量可以是 1∶1，也可以是 N∶1，即 CQ 支持共享；Admin 队列的 SQ 和 CQ 必须是 1∶1 关系。只有属于管理指令集或 Fabrics 指令集的指令可以提交到 Admin 提交队列。

一个 NVMe 控制器支持一个 Admin 队列和 65535 个 I/O 队列，每个队列最大支持 65535 个指令（称为队列深度，或未完成指令的数量）。而在 SATA 和 SAS 中，单个队列分别支持 32 个和 256 个指令。NVMe 队列深度的设计，增加了计算机与存储设备的通路，从而大幅提升 SSD 的 IOPS 性能。

4.3.3　NVMe 指令集

如图 4.17 所示，NVMe 中定义了 3 种类型的指令：Admin 指令、I/O 指令和 Fabrics 指令。Admin 指令包括 I/O SQ 和 CQ 的创建指令、删除指令，以及终止指令等；一个 I/O 队列使用一个 I/O 指令集，包括 NVM 指令集、键值指令集或分区命名空间指令集等；Fabrics 指令集对应特定的 NVMe over Fabrics 操作，包括建立连接、身份验证及获取或设置属性。所有 Fabrics 指令都可以在 Admin SQ 上提交，而其中一些 Fabrics 指令可以在 I/O SQ 上提交。不同于 Admin 指令和 I/O 指令，Fabrics 指令由控制器处理。

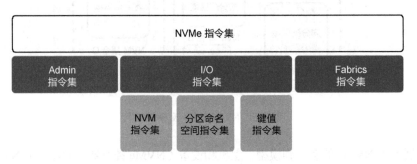

图 4.17　NVMe 指令集[5]

我们以读取（Read）指令为例来分析指令的数据结构。读取指令属于 I/O 指令，其功能是从 I/O 控制器在指定的 LBA 读取数据和元数据。该指令可以指定要检查的保护信息作为读取操作的一部分。如果指令使用 PRP（Physical Region Page，物理区域页）进行数据传输，则使用元数据指针、PRP 条目 1 和 PRP 条目 2 字段。如果指令使用 SGL（Scatter Gather List，分散聚合表）进行数据传输，则使用元数据 SGL 段指针和 SGL 条目 1 字段。

4.3.4　NVMe over PCI-e

NVMe over PCI-e 使用 PCI-e 作为 NVMe 传输层，PCI-e 为 NVMe Admin 指令和 I/O 指令通过内存映射方式进行传输提供了可靠通道。与大部分通用 PCI-e 设备一样，NVMe over PCI-e 依赖常见的 PCI-e 功能，例如，用于数据传输和寄存器访问的内存映射 I/O、PCI-e 配置空间、PCI-e MSI（Message Signaled Interrupt，信息信号中断）/MSI-X 等。

图 4.18 展示了 NVMe over PCI-e 指令交互过程，包括 8 个步骤。

① 主机软件（即驱动软件）提交一个或多个指令到 SQ 尾部指针指向的 SQ 条目中。

② 主机软件将更新后的 SQ 尾部指针写入该 SQ 对应的 Doorbell 寄存器，通知 NVMe 控制器新 I/O 的产生。

③ NVMe 控制器从 SQ 头部位置取走若干指令进行执行，可以通过多种算法实现取指令，例如 Round Robin 算法、带优先级权重的 Round Robin 算法等。

④ 执行指令。读写数据一般使用 PCI-e 设备上的 DMA（Direct Memory Access，直接内存访问）

引擎。

⑤ NVMe 控制器将指令完成结果写入对应的 CQ 尾部指针指向的 CQ 条目中。

⑥ NVMe 控制器产生 MSI/MSI-X 中断通知主机软件。

⑦ 主机软件从 CQ 头部位置取走指令完成结果。

⑧ 将更新后的 CQ 头部写入 CQ 对应的 Doorbell 寄存器，通知 NVMe 控制器释放 CQ 条目。

可以看出，对于主机而言，只需要提交指令到 SQ，并处理 CQ 中的指令完成结果，其他由 NVMe 控制器自动完成，主机软件可以非常简单地实现上述功能。

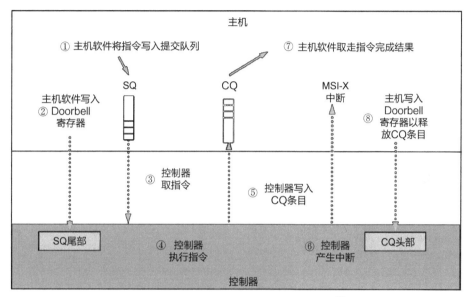

图 4.18　NVMe over PCI-e 指令交互过程[6]

NVMe 用于 SSD 接口时，带来了软件栈的变化。图 4.19 对比了 NVMe 与 SCSI 协议的软件栈，在 Linux 内核中，NVMe 驱动可以直接对接块层，省去 SCSI 层的软件开销。同时，由于 NVMe 协议支持多队列，可以更好地利用 CPU 多核，减少 I/O 路径上的资源竞争，极大提升 IOPS 和降低延迟。

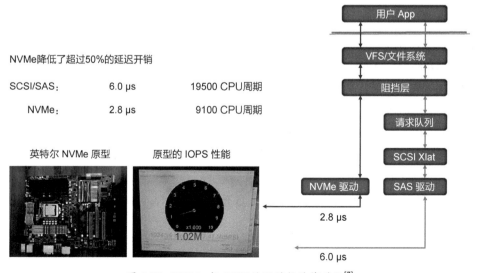

图 4.19　NVMe 与 SCSI 协议的软件栈对比[7]

4.4 NVMe over Fabrics

随着 SSD 的发展，本地 NVMe SSD 性能得到极大提升，但是传统基于 SCSI 的 SAN 网络仍然使用 SCSI 体系的 FC、iSCSI 协议。这意味着主机侧仍然在使用 SCSI 协议，无法充分利用 NVMe 并发高、命令精简的优势。因此存储业界在 2016 年发展出了 NVMe over Fabrics（NVMe-oF）协议，将 NVMe 承载到网络中，拉远并完全兼容 NVMe 体系结构，不需要 NVMe 到 SCSI 的转换，以此大幅提升存储访问性能[7]。

NVMe-oF 协议定义了一个通用架构，支持在不同的传输网络上访问 NVMe 块存储设备。通过 NVMe-oF 协议前端接口，能够实现规模组网扩展，在数据中心内远距离访问 NVMe 设备和 NVM 子系统，如图 4.20 所示。NVMe over Fabrics 支持多种传输协议，包括 RDMA、FC、TCP 网络。

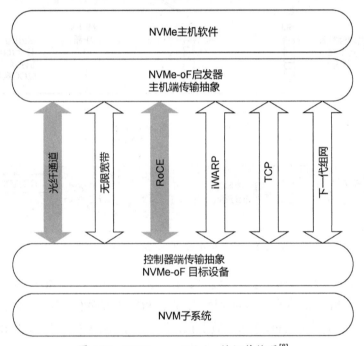

图 4.20　NVMe over Fabrics 协议传输层[8]

NVMe over RDMA 包括 RoCE、无限宽带（IB）和 iWARP（Internet Wide Area RDMA Protocol，互联网广域 RDMA 协议）。NVMe over RoCE 基于融合以太网的 RDMA 技术承载 NVMe 协议。NVMe over RDMA 协议比较简单，直接把 NVMe 的 I/O 队列映射到 RDMA QP（Queue-Pair，队列对），通过 RDMA SEND、RDMA WRITE、RDMA READ 3 个语义实现 I/O 交互。

NVMe over FC 协议标准为 FC-NVMe，FC-NVMe 和 FC-SCSI 同样都基于 FC 协议，其 I/O 交互基于 Exchange。FC-NVMe 能最大化继承传统的 FC 网络，复用网络基础设施，基于 FC 物理网络发挥 NVMe 新协议的优势。

NVMe over TCP 基于现有的 IP 网络，采用 TCP 传输 NVMe，实现在网络基础设施不变情况下的端到端 NVMe。

各种传输层协议的对比如表 4.1 所示。

表 4.1　NVMe-oF 传输层协议对比

协议	网络要求	性能	应用场景
FC-NVMe（NVMe over FC）	传统 FC 网络升级软件	中等。传输层不变，主要依赖多队列和主机协议栈简化，相比 FC-SCSI 略有提升	基于 FC 网络基础设施支持 NVMe-oF
NVMe over RoCE	无损以太网	高。基于 RDMA 技术实现高性能	IP 数据中心存储组网，配置无损网络支持 NVMe-oF
NVMe over IB	IB 网络	高。基于 RDMA 技术实现高性能	高性能计算等 IB 网络升级支持 NVMe-oF
NVMe over TCP	普通以太网	低。基于 TCP 传输层不变，主要依赖多队列和主机协议栈简化，相比 iSCSI 略有提升，支持网卡芯片卸载 TCP 实现更好性能	完全复用传统 IP 网络支持 NVMe-oF

目前支持 NVMe-oF 的传输层协议各有优缺点，在一段时间内是共存互补关系，不同的应用场景和需求可以采用不同传输网络。对比 4 种方案，基于以太网的 RoCE 比 FC 性能更高（更高的带宽、更低的延迟），同时兼具 TCP 的优势（全以太化、全 IP 化），因此，NVMe over RoCE 是 NVMe-oF 协议最优的承载网络方案，也已成为业界 NVMe-oF 协议的主流技术。

4.4.1　NVMe over RDMA

RDMA 利用相关的硬件和网络技术，支持直接从远程计算机的内存中访问数据，而不需要操作系统的介入，具有高带宽、低延迟和低资源消耗率的优势。在网络融合大趋势下出现的 RoCE，使高速、超低延迟、极低 CPU 使用率的 RDMA 得以部署在目前使用最广泛的以太网上。本小节以 NVMe over RoCE 为例来介绍 NVMe over RDMA。

RDMA 网络协议栈如图 4.21 所示，包括两个版本的 RoCE（V1 和 V2）、IB 和 iWARP。NVMe over RDMA 中最主要的一种是 NVMe over RoCE，在无丢包 IP 网络上承载 NVMe-oF 业务，其中，RoCE V2 是一种网络层协议，引入 IP 解决扩展性问题，可以跨二层组网，实现路由功能。业务网络和存储网络都归一到 IP 网络，这样易于管理运维，由于 RoCE 网络有无丢包要求，IP SAN 通常可以独立规划网络，也可以融合 SAN 和业务网络。当前主流 RoCE 应用都支持 RoCE V2。

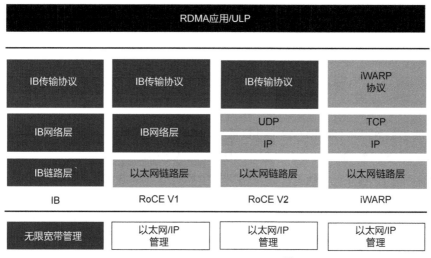

图 4.21　RDMA 网络协议栈[9]

NVMe over RDMA 直接在 RDMA 多队列上实现了 NVMe 多 I/O 队列，RDMA 的 SQ/CQ 和 NVMe SQ/CQ 一一对应，实现端到端多队列，无须定义新的报文格式，NVMe 协议报文直接作为 RDMA 数据传输。图 4.22 所示为 NVMe over RoCE V2 的队列映射。

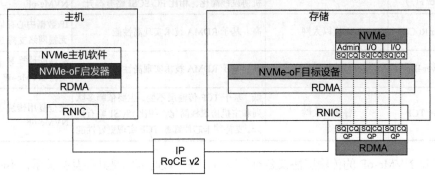

注：RNIC 即 RDMA Network Interface Controller，RDMA 网络接口控制器。

图 4.22 NVMe over RoCE V2 的队列映射

RDMA 技术相对传统的 TCP/IP 协议栈有三大优势，如图 4.23 所示。第一，内核旁路。用户态应用直接操作网络设备接口，不需要系统调用，因此没有内核态和用户态的切换开销。第二，CPU 不参与数据处理（卸载）。数据传输流程不需要软件参与，由网卡完成数据处理，不消耗 CPU 计算能力资源。第三，零复制。数据不需要在网络协议栈的各层缓冲区之间来回复制，减少了处理时间。

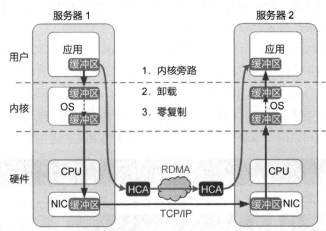

注：HCA 即 Host Channel Adapter，主机通道适配器；NIC 即 Network Interface Card，网络接口卡。

图 4.23 RDMA 数据流卸载[10]

图 4.24 展示了 NVMe over RDMA 读 I/O 流程，包括 4 个步骤。

① 主机构造 NVMe-oF 读命令，并放到 RDMA 的队列中。

② 目标设备将读命令从 RDMA 的队列中取出，构造 NVMe 读命令，填入 SSD 的 SQ，通知控制器。

③ SSD 完成读命令，通过 DMA 写入目标设备缓冲区，并返回 CQ 条目通知目标设备，之后目标设备通过 RDMA 写操作向主机推送数据。

④ 目标设备构造 CQ 条目，写入主机的 CQ，通知主机读命令执行完成。

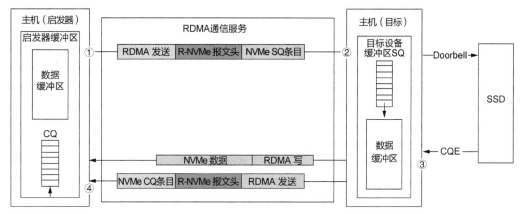

图 4.24 NVMe over RDMA 读 I/O 流程[11]

数据缓冲区之间的数据复制是由网卡完成的，从 CPU 的角度来看，实现了零复制。

图 4.25 展示了 NVMe over RDMA 写 I/O 流程，包括 5 个步骤。

① 主机构造 NVMe-oF 写命令，对于较小的数据（比如小于 8 KB)，可以用立即数方式传送（可选），并写入 RDMA 队列。

② 目标设备从 RDMA 队列收到 NVMe-oF 写命令，若为立即数，则数据已收到，翻译为 NVMe 命令，写入 SSD 的 SQ，并通知控制器。

③ 启动 RDMA 读操作从主机获取要写入的数据，数据接收完成之后，写入 SSD 的 SQ，通知控制器。

④ SSD 写入完成，返回 CQ 条目。

⑤ 目标设备构造 CQ 条目，写入主机 CQ，通知主机写入已完成。

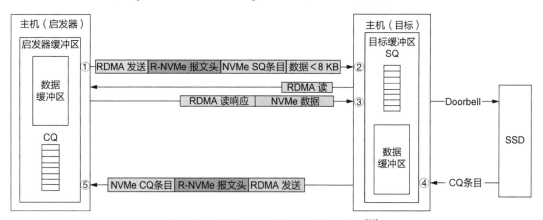

图 4.25 NVMe over RDMA 写 I/O 过程[11]

4.4.2 NVMe over TCP

使用 TCP 作为 NVMe 传输层，只能使用消息语义，与 FC 协议一样，无内存语义。支持 TCP 之后意味着 NVMe 体系已经与 SCSI 完全对等，适应几乎所有网络。NVMe over TCP 最大的优势是基于现有的 IP 网络。图 4.26 所示为 NVMe over TCP 软件栈，NVMe over TCP 支持 Linux 系统原生的标准 TCP 网络协议栈，无须对系统的硬件设施和软件做任何修改。

能够以低延迟进行高带宽通信，同时在存储阵列之间获得物理隔离，然后添加一个包含 TCP

的普通交换网络进行传输，NVMe over TCP 适用于超大规模数据中心，不需要修改底层网络基础设施，即可实现大规模部署，具有简单高效的优点。目前，NVMe over TCP 在基于闪存的超大型存储部署环境中应用较多，特别是当必须通过现有的高带宽交换网络快速访问大量低延迟数据时，NVMe over TCP 支持快读的数据访问，并允许数据分布在多个数据中心，从而提供电网、冷却和本地化高可用性架构的趋势，而不会增加正常情况下产生的光纤网络扩建成本。

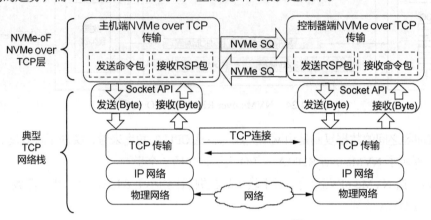

图 4.26　NVMe over TCP 软件栈[8]

　　NVMe over TCP 连接建立流程如图 4.27 所示。主机和控制器首先建立标准 TCP 连接，然后建立 NVMe 连接。在这个过程中，多个并行的 NVMe I/O 队列被映射到多个并行的 TCP/IP 连接，即每条 TCP 连接对应一个 NVMe 队列。这种 NVMe 和 TCP 之间的映射实现了简单的端到端并行架构。

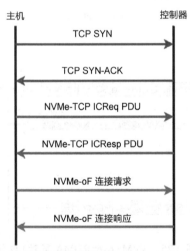

注：ICReq 为初始化连接请求，ICResp 为初始化连接响应。

图 4.27　NVMe over TCP 连接建立流程[8]

4.4.3　NVMe over FC

　　NVMe over FC 协议属于 FC-NVMe，和 FC-SCSI 同样基于 FC 协议，直接把 NVMe 报文封装到 FC 协议报文中。FC-NVMe 将 NVMe 指令集简化为基本的 FC 协议指令。

　　FC-NVMe 能最大化利用 FC 的基础设施，包括交换机和网卡，通过升级固件和驱动实现支持 FC-NVMe，或者性能提升。FC-NVMe 为 NVMe-oF 协议提供了与基于 SCSI 的光纤通道相同的结构、可预测性和可靠性特性。此外，NVMe-oF 协议流量和传统的基于 SCSI 的流量可以在同一个 FC Fabric 网络上同时运行，演进更加平滑，而不必大规模更换基础网络设施。NVMe over FC 组网架构如图 4.28 所示，可以在一个网络中同时支持 FC SCSI 和 FC-NVMe。FC-NVMe 基于 FC，同 FC 一样也面临一些挑战：厂商垄断，网络技术封闭，业界两大厂商均为外国厂商；带宽不足，存储性能存在瓶颈，FC 网络当前最大只有 64 Gbit/s 带宽，相对网络 100~200 Gbit/s 速率发展慢；运维复杂，依赖原厂支持，FC 运维人员稀缺，运维依赖原厂响应。

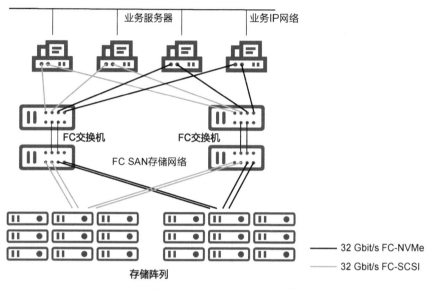

图 4.28　NVMe over FC 组网架构

　　FC-NVMe 协议层次如图 4.29 所示。两个节点之间通过 FC 网络实现节点间通信和数据交互。单节点内部分为四层结构，分别是 NVMe 主机软件层、NVMe-oF 层、FC-NVMe 层及虚拟节点端口层。NVMe 主机软件层规定了 NVMe 节点的软件和子系统规范，NVMe-oF 层规定了基于网络传输的 NVMe 协议扩展框架，在此之下，FC-NVMe 层进一步针对 FC 进行了接口标准定义和传输标准的规范，并最终通过节点接口接入 FC 网络。

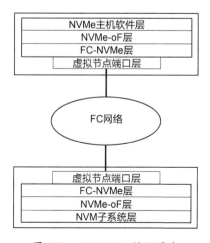

图 4.29　FC-NVMe 协议层次

从图 4.29 也可以看出，FC-NVMe 协议通过软件规范定义的方式继承了成熟的 FC 网络，并通过 FC 网络的物理优势发挥了 NVMe 协议的性能优势。

4.5　内存互连协议

指数级增长的数据总量促使全球半导体行业面临重大的基础架构转变，以突破当前的性能、效率和成本桎梏。当前，主流服务器体系结构正在向解聚合的、池化的架构演进。数据中心的硬件资源池化技术，通过缓存一致性互连总线连接各类资源（如内存、GPU 等），并支持独立扩展形成资源池。这样的池化架构可以实现灵活的按需分配资源与扩展，以达到提升资源利用率、降低系统成本的目的。池化架构将会给诸多数据需求量日益增长的大数据计算、图计算、人工智能等应用场景带来显著价值。

传统体系结构中的硬件资源难以在服务器之间相互共享。如图 4.30 所示，右侧服务器资源在空闲时难以共享给左侧服务器。为了满足峰值的硬件需求，往往需要在物理服务器中配置超额的硬件资源，导致在常规场景中数据中心的硬件资源利用率普遍较低[11]，如图 4.31 所示。此外，在维护、升级现有服务器时，由于传统接口的限制，往往需要粗粒度的硬件更换，甚至整机更换。通过资源解耦，可以实现按需灵活配比，丰富计算和内存实例，降低维护与升级成本。

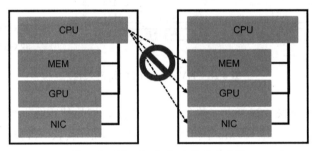

图 4.30　传统架构资源利用难度高

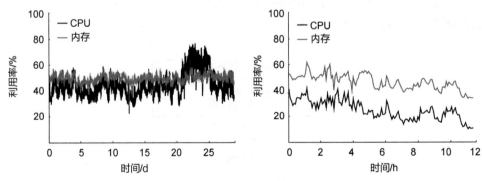

图 4.31　数据中心资源利用率[12]

硬件解聚合、池化架构、系统互连等概念已经有了较为广泛的研究，其中包括针对刀片服务器等特殊体系结构的探索[12]，但因为互联网带宽与延迟有限，没有进一步发展。由于近年来 RDMA 等高速网络技术的兴起，解聚合技术引发了业界新一轮的关注[13-14]。这里以解聚合内存为例，目前的研究大多利用了虚拟内存子系统，利用页缺失陷入内核，操作 RDMA 的软件栈实现内存页在不同本地内存和远端内存之间的取回、预取和逐出等数据迁移操作。对于其他资源的共享方案也有着类似的基本流程：通过操作系统和设备驱动配合维护本地 CPU 内存、设备内存、远端内存之间的数据一致性。

上述基于高速网络技术的资源共享方案没有改变服务器的体系结构，有较好的硬件前向兼容性，但却带来了系统中断、上下文切换、软件栈、网络数据传输等微秒级别的关键路径延迟开销。而基于缓存一致性互连的硬件解聚合方案则期望通过改变服务器的体系结构，使处理器等计算设备可以直接访问远端数据，而不需要在访问关键路径上依赖专用驱动等软件参与，以完全硬件化的方式降低时延至亚微秒级别。

虽然具备上述优势，但基于缓存一致性互连的硬件解聚合概念或设计方案在产生后的多年时间里仍未得到广泛的应用。现在，工业界的大部分厂商在推动落地的方向上达成了重要共识：使用 CXL 协议作为各个设备之间的协议。

4.5.1　CXL 协议概述

CXL 协议目前已经发展到 3.0 版本，提供了设备之间的低延迟且保障一致性的数据访问。目前，CXL 协议的物理层与 PCI-e 的 PHY 物理层相同，如图 4.32 所示，在一定程度上降低了支持 CXL 协议的硬件改动成本，方便接入成熟的 PCI-e 生态。虽然有着相同的物理层，但在对外接口方面，CXL 与此前的 PCI-e 有着较大区别。CXL 定义了 3 类协议接口：CXL.io、CXL.cache 和 CXL.mem。其中 CXL.io 为不保障一致性的 I/O 接口，用以初始化、发现、枚举设备，并访问设备寄存器。从功能角度而言，CXL.io 与 PCI-e 有相同的作用和设备交互流程。CXL.io 作为控制面的基础协议，适用于所有 CXL 设备。

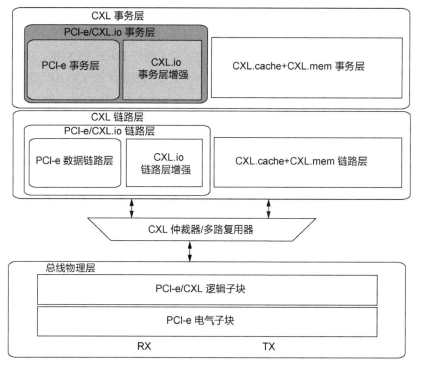

图 4.32　CXL 复用了 PCI-e 的物理层和总线[16]

CXL.cache 使设备可以有效地访问并缓存主机的内存数据以提高性能。例如，基于 CXL.io 和 CXL.cache，NIC 可以直接缓存 CPU 的内存数据，外部主机有 RDMA 写请求时可以避免跨总线向 CPU 写入数据，直接写入 NIC 缓存即可返回结果。以此避免频繁调用软件驱动迁移数据、维护一致性。CXL.mem 则使主机可以直接使用 Load/Store 指令来访问设备内存，从而避免了此前基于页交换技术扩展内存空间所带来的软件栈开销。

CXL 协议的这 3 类协议可以针对不同的硬件设备特性进行组合。CXL 协议面向的设备大致可分为 3 类。

类型 1：带算力的小内存设备，如可编程网卡。这类设备本身没有大量的内存资源可供主机或者其他设备使用，而需要频繁访问主机（CPU）内存的数据进行复杂的原子运算、执行相应任务。这类设备适用于 CXL.io 和 CXL.cache 的组合，通过支持设备一致性缓存主机内存数据来提升系统性能。

类型 2：带算力的大内存设备，如 GPU。这类设备有算力与内存资源，与主机的交互较为复杂，适用于 CXL.io、CXL.mem 和 CXL.cache 的组合，支持主机和设备之间相互的内存数据访问与缓存，以提升异构负载下的系统性能。

类型 3：无算力大内存设备，如内存池。这类设备可以扩展内存容量、提高内存资源访问带宽、不占用本地内存插槽的情况下提升持久性内存容量等，适用于 CXL.io 和 CXL.mem 的组合。

相较于 CXL 协议相对复杂的协议接口，在基于 CXL 构建的解聚合架构下的编程接口可以由异步软件驱动等简化为统一内存空间的共享内存接口，实现用户程序透明的架构扩展、硬件维护与升级，降低池化架构的使用成本。

4.5.2 CXL 类型 1

类型 1 设备对数据访问模式有特殊需求，而此前 PCI-e 的生产者和消费者数据传输模型难以满足需求。例如，设备无法基于 PCI-e 对主机内存数据进行原子操作 Fetch 和 XOR，而类型 1 设备基于 CXL.cache 可以缓存 CPU（图 4.33 中的主机部分）内存数据到设备（图 4.33 中的虚线路径），并在拥有缓存行所有权的情况下完成原子操作。基于该机制，设备理论上可以实现任意的数据访问模型和原子指令。

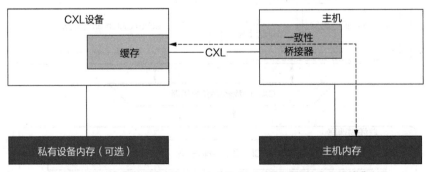

图 4.33　类型 1：设备可以缓存主机（CPU）内存的数据[16]

当主机需要访问被设备缓存的内存数据时，根据协议主机暂时没有缓存行访问权限，由此触发嗅探，发送事务请求从设备重新获得缓存行的访问权限与最新数据。缓存行的粒度和主机内部缓存管理粒度与可嗅探的粒度有关，一般为 64 字节。

此类设备一般具有数据的输入（入站数据）功能，如 RDMA 网卡等。设备端写入主机数据的大致流程为：① 设备端发起数据写请求，检索设备缓存，缓存未命中；② 设备端 CXL 总线控制器发送缓存行请求事务至主机；③ 主机端 CXL 总线控制器解析事务，从主机缓存（Cache）或主机内存中读取数据，在主机处标注主机无该缓存行所有权；④主机端返回请求数据。因此，在主机端有该缓存行的数据访问请求时则会解析到主机当前没有缓存行访问权限，而向设备发起缓存行请求事务，进而避免了一致性问题。

4.5.3 CXL 类型 2

类型 2 设备在类型 1 的基础上增加了对主机可见的设备内存，如图 4.34 所示。该类设备主要从设备内存中以极高的带宽读写数据执行任务，以实现性能加速。该类设备期望能够在不带来过多软件、同步损耗以至降低影响设备加速效果的情况下，依赖 CXL.mem 实现主机对设备内存的访问（包含数据写入、修改和结果数据的读取，图 4.34 中点划线路径）。CXL 协议将映射在缓存一致性协议地址空间的设备内存称为 HDM（Host-managed Device Memory，主机管理的设备内存）。

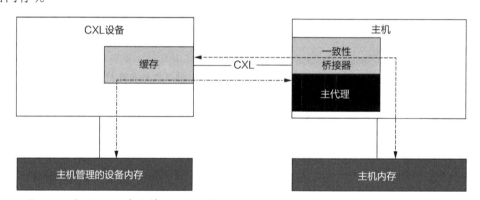

图 4.34　类型 2：设备支持访问与缓存主机内存的同时支持将设备内存映射为 HDM，
以支持主机直接访问（Load/Store 指令）[16]

与 HDM 相对的是基于传统 I/O 接口的 PDM（Private Device Memory，设备私有内存），如 GPU 显存。由于此前显存是设备私有的，主机无法根据协议直接访问并缓存设备内存数据，这意味着主机需要通过软件驱动控制设备将 PDM 复制至主机内存后才能通过指令进行读写访问。由主机到 PDM 的过程相同，需要软件驱动控制设备进行复制。CXL 协议支持的 HDM 将显著减少主机与设备之间的内存复制。

HDM 同样需要保证一致性，若每次数据访问都进行嗅探等操作将提高总线负载。考虑到虽然 HDM 是设备内存，但针对某一块 HDM，主机有可能比设备有更高的访问频率，故针对该块 HDM 可以执行偏向主机的（Host Bias）一致性模型，即设备访问 HDM 时需要向主机发送请求处理一致性问题，而主机则可以将 HDM 当作本地内存使用。与之相对的，在偏向设备的（Device Bias）一致性模型中，HDM 不会被缓存至主机，故设备不需要发送一致性请求。

CXL 支持上述两种有偏向的（Bias Based）一致性模型，以提升不同访问模式下的系统性能。类型 2 设备需要以一定粒度管理 HDM 的一致性模型（使用 Bitmap 以 1 比特代表 1 页的模型），需要模块发送同步请求刷写主机缓存，需要支持发送同步请求后再进行设备内存访问的访存方式。需要注意的是，设备可以自行实现两种一致性模型的管理机制，如软件协同控制或硬件自动选择等，管理一致性模型表。CXL 设备根据一致性模型表，对于偏向设备的 HDM，在响应主机数据访问请求的事务包中指定主机不可缓存；对于偏向主机的则相反。在设备访问 HDM 时，首先查表，发现是偏向设备则直接访问，偏向主机则发送同步请求后再访问数据。

4.5.4　CXL 类型 3

类型 3 设备无算力，一般不需要在设备端缓存主机内存，故不需要 CXL.cache，而主要依赖 CXL.mem 响应来自主机的内存访问请求（图 4.35 中的点划线路径）。此类设备一般为可字节寻址的数据存储池，例如内存池或持久性内存池。

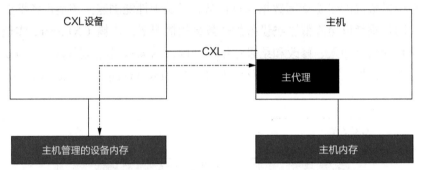

图 4.35　类型 3：设备主要基于 CXL.mem 接口提供内存扩展[16]

在处理器（主机）可以缓存设备数据的情况下，访问该类设备的流程大致为：① 访存（读或写等）指令未能命中处理各级缓存（Cache）；② 对于读类型指令，需要翻译为读请求，对于写类型指令，仍然需要翻译为读请求，将缓存行读取至 CPU 缓存，在 CPU 内部完成写修改；③ 读请求经由内存管理单元查询，发现请求目的地址处于 CXL 总线地址空间，后翻译读请求并转发至 CXL 总线控制器；④ 由 CXL 总线控制器生成 CXL 访存事务，并由 CXL 总线将事务发送至设备端 CXL 总线控制器；⑤ 在设备端，由设备内部的访存事务翻译、地址映射、DRAM 控制器（若为持久性内存池，则是持久性内存控制器）等模块完成数据的读取；⑥ 设备 CXL 总线控制器返回完成信号读取得到的缓存行数据。写请求的流程大致相同。

4.6　本章小结

存储协议定义了应用程序、主机系统与存储设备之间的交互规则。本章针对存储协议的发展进行详细的阐述，分别介绍了 SCSI 协议、SCSI 链路承载协议、NVMe 协议、NVMe over Fabrics 及最新的内存互连协议。这些关键的存储协议满足了计算机存储系统发展过程中用户对数据访问存储的性能和可靠性等方面的需求，充分发挥了计算机新型硬件的性能特性。随着新兴的存储设备和存储形态的出现，当前的存储协议正在不断发展迭代，以内存互连协议为代表的新型存储协议正在快速发展，如何将传统存储协议与新型存储架构相融合，进一步支持计算机存储系统的快速发展将成为存储协议发展过程中的重要驱动力。

4.7 思考题

1. 比较 SCSI 协议中的 SAS 协议和 FC 协议。分析它们在物理连接、数据传输方式、支持的设备数量等方面的差异，并讨论在构建存储网络时选择协议的考虑因素。

2. 以 iSCSI 为例，详细说明它是如何在 TCP/IP 网络上传输 SCSI 命令和数据的。

3. NVMe 协议中的队列模型是什么？为什么它对提高存储性能至关重要？

4. 解释 NVMe 协议在 SSD 上相对于传统的 SATA 和 SAS 接口，为什么能够提供更高的性能？

5. 解释 NVMe over Fabrics 如何克服传统网络存储的瓶颈，以及它如何在访问远程存储时提供低延迟和高带宽。

6. 思考 NVMe over Fabrics 在 HPC（High Performance Computing，高性能计算）环境中的应用。它如何支持 HPC 应用中对低延迟和高吞吐量的要求？

7. 详细说明 CXL 协议的设计目标，并解释其在存储连接方面的优势。

8. CXL 协议定义了 3 种协议接口：CXL.io、CXL.cache 和 CXL.mem，针对不同硬件设备的特性，可组合使用 3 种协议接口。请分别分析针对带算力的小内存设备（如可编程网卡）、带算力的大内存设备（如 CPU）和无算力的大内存设备（如内存池），可以如何组合使用 3 种协议接口来提升性能？

9. 列举 CXL.io、CXL.mem、CXL.cache 接口在高性能计算环境中的优势和适用场景。说明它们如何为处理器、存储和加速器之间的协同工作提供灵活性，以及具备哪些性能优势。

参考文献

[1] WORDEN D J. Storage networks [M]. Berkeley: Apress, 2004.

[2] KHATTAR R K, MURPHY M S, TARELLA G J, et al. Introduction to storage area network, SAN[R/OL]. (1999-08)[2023-04-10].

[3] ZHANG F. High-speed serial buses in embedded systems[M]. Singapore: Springer, 2020.

[4] HUFFERD J L. iSCSI: The universal storage connection[M]. Boston: Addison-Wesley Professional, 2003.

[5] NVMe. NVMe specifications overview[EB/OL]. (2021-06-03)[2023-05-07].

[6] NVMe. NVMe over PCIe transport specification[EB/OL]. (2022)[2023-05-07].

[7] ELLEFSON J. NVM express: unlock your solid state drives potential[EB/OL]. (2013-08)[2023-04-11].

[8] NVMe. NVMe over fabrics (oF) specification [EB/OL]. (2021-06-03)[2023-05-07].

[9] KIM J, FAIR D. How ethernet RDMA protocols iWARP and RoCE support NVMe over fabrics [EB/OL]. (2016) [2023-05-07].

[10] DAVIS R. Accelerating flash storage with open source RDMA [EB/OL]. (2019)[2023-05-07].

[11] SHPINER A, KIM J, SPENCER T, et al. Understanding NVMe over fabrics on TCP [EB/OL]. (2016)[2023-05-07].

[12] SHAN Y, HUANG Y, CHEN Y, et al. LegoOS: a disseminated, distributed OS for hardware resource disaggregation[C]//USENIX, 13th USENIX Symposium on Operating Systems Design and Implementation. CARLSBAD: ACM SIGOPS. 2018: 69-87.

[13] LIM K, CHANG J, MUDGE T, et al. Disaggregated memory for expansion and sharing in blade servers[J]. ACM SIGARCH computer architecture news, 2009, 37(3): 267-278.

[14] GU J, LEE Y, ZHANG Y, et al. Efficient memory disaggregation with infiniswap[C]// USENIX, 14th USENIX Symposium on Networked Systems Design and Implementation. Boston: ACM SIGOPS. 2017: 649-667.

[15] AMARO E, BRANNER-AUGMON C, LUO Z, et al. Can far memory improve job throughput?[C]//ACM. 15th European Conference on Computer Systems. New York: ACM. 2020: 1-16.

[16] CXL. Compute express link: the breakthrough CPU-to-device interconnect[EB/OL]. (2023)[2023-05-24].

第5章
键值存储

键值存储系统（Key-value Store），也被称为键值数据库（Key-value Database），是以键值为基本单位进行数据存储、索引与查找的存储系统。与传统的关系型数据库不同的是，键值存储系统中的每条记录仅包括键（Key）与值（Value）这两个字段（Field）。键在键值数据库内全局唯一，用于查找记录；值为非结构化的二进制字符串，其语义在键值数据库内一般是不透明的。

键值存储系统现已成为许多计算机系统、软件的基础组件之一，在存储服务器、文件系统、大型数据仓库等系统中都能看到它作为其中的功能组件。例如，存储服务器可以使用键值数据库来存储 LUN 逻辑偏移和物理空间分配的映射信息，文件系统可以用其存储目录结构和文件属性信息，数据仓库可以用其保存入仓数据等。一些新型数据服务，如分布式事务数据库、图数据库和时序数据库等，也常见使用键值数据库作为其存储组件。

键值存储系统是非关系型数据库（Non-SQL，有时也被称为 Not Only SQL，简写为 NoSQL）家族中的重要一员。非关系型数据库涵盖不以关系模型来描述数据的一类数据库。除了键值数据库外，常见的非关系型数据库还包括 MongoDB、CouchDB 等文档存储、Neo4j 等图数据库、Graphite 等时序型数据库，以及 Cassandra、HBase 等列式存储数据库。NoSQL 通常提供比关系型数据库更弱的一致性保证和更弱的 ACID（Atomicity, Consistency, Isolation and Durability, 原子性、一致性、隔离性和持久性）保证，但其往往能支持分布式，且能获得更强的可用性和可扩展性。

5.1 基本操作

键值存储系统的基本操作包括插入（put）、查询（get）和删除（delete）。put 向存储系统中插入新的键值对，get 查询键所对应的值，delete 删除键和其关联的值。部分键值数据库还将 put 的语义细分为 insert 和 update：前者仅在键不存在时执行插入操作，后者仅在键存在时执行覆写操作。

除此之外，部分键值存储系统还可能支持一系列拓展的接口。常见的拓展接口包括批量接口，如 MultiGet 接口和 BatchWrite 接口等，调用批量接口往往比多次调用基本接口有更高的性能。批量接口还可能保证返回的集合来自于一致的版本。范围查找接口，如 NewIterator(lower, upper)接口返回 lower 和 upper 两个键之间的所有数据。持久化接口，如 Sync 接口支持用户显式地指定何时确保数据的非易失性。由于持久化具有较大开销，暴露出 Sync 接口给予数据库将多个记录合并写入的优化空间，可以大大减少持久化带来的开销。快照接口能以较低的开销创建当前数据库的一个快照，对快照的查询结果反映的是快照创建那一刻数据库的状态。部分键值存储系统还提供了事务接口，其提供的语义丰富程度、隔离级别强弱各有差异。

5.2　键值索引

键值存储数据库在实现上可以大致分为存储模块和索引模块两部分。其中存储模块决定了记录的存放位置和写入格式等，索引模块提供键记录于存储设备上的位置信息。索引模块是从主数据中衍生出来的附加结构，不会影响数据内容，但其往往决定了数据的访问效率，因而具有重要作用。键值存储数据库还可能包含其他模块，例如页缓存、并发控制模块、网络模块等，本节并不讨论。

5.2.1　散列索引

散列表（Hash Table）也叫哈希表，是将键直接映射到存储位置的数据结构。散列表利用散列函数（Hash Function）将输入的键映射成散列值（Hash Value），散列值是一个整数，决定了存储位置。每个存储位置被称为桶（Bucket），可以存放一个或多个记录。由于定位存储位置的操作简单，散列表具有相当快的查找速度。

一般而言，我们希望散列函数能将键均匀地映射到各个桶内，以此获得更高的空间利用率和更高的查询性能。为此，我们希望散列函数能够满足均匀性和随机性。前者指将所有的键输入散列函数中，能被均等地映射到所有的桶中；后者指散列函数不要求键有特定分布，也不依赖输入的键之间满足关系。

1.　散列冲突

由于每个桶的存储空间是有限的，故新插入的键可能会映射到一个已满的桶中。此时，我们称发生了散列冲突，产生了桶溢出（Bucket Overflow）。当发生桶溢出时，不同的散列表有不同的处理手段。

例如，在典型的链式散列方式中，每个桶以单向链表的方式维护多个桶用来存放数据。在探测法（Probing）方式中，系统会尝试将记录插入与溢出桶有关的其他桶上，链式散列结构属于闭地址法（Close Addressing），而探测法散列结构属于开地址法（Open Addressing）。

开地址法适用于以读和插入为主的负载，而不适用于有删除操作的负载，这是因为键可能存放在多个桶中，删除操作比较麻烦。开地址法的典型使用场景包括构建编译器的符号表等。由于键值数据库必须良好地支持删除操作，一般不采用开地址法。

2.　可扩充散列表

动态散列（Dynamic Hashing）技术允许散列表动态地扩容与缩容，从而适应数据量增大或缩小的需要。它不需要用户提前预知散列表所需的最大空间，对空间的利用率更高。它同时还能避免因记录的插入而导致的性能下降。

第一种动态散列技术为可扩充散列（Extendable Hashing），它在 1979 年由罗纳德·费金（Ronald Fagin）[1]提出。可扩充散列通过桶的动态分裂与合并来适应数据库大小的变化。相比锁住整张散列表并分配两倍空间的朴素扩容做法，可扩充散列表的扩容每次仅作用于一个桶上，因此其对并发的读/写操作影响更小，性能的抖动更低。

可扩充散列可以视作使用前缀树（Trie）来管理散列值比特串的实现。结构上，可扩充散列表包括目录（Directory）和桶两个部分。在查询时，首先会计算键的散列值，再将散列值作为索引在目录中索引得到目录项，目录项所指向的桶则是键所对应的桶。其中，一个目录项仅指向一个桶，一个桶可能同时被多个目录项指向。每当插入的键被映射到满桶时，系统会分配一个新的桶，并将满桶内约一半的键迁移到新的桶中。同时，目录和目录项也需要做相应的修改。

在删除一个记录时，系统按照类似于查询的方式定位到相应的桶，然后将匹配的记录从桶中删去。若删除后桶的负载较低，必要时系统会把较空的桶合并，该过程类似于扩容的逆过程。

3. 布谷鸟散列

另一种支持动态扩容的散列表是布谷鸟散列（Cuckoo Hashing）表，它由帕斯穆斯·帕格（Pasmus Pagh）和弗莱明·弗里奇·罗德勒（Flemming Friche Rodler）[1] 在 2001 年提出，其基本结构如图 5.1 所示。该散列表在解决散列冲突时，会将表内已经存在的某个记录推到表内的其他位置上。该行为与布谷鸟将其他鸟类的蛋推出鸟巢的生活习性相似，因而得名。

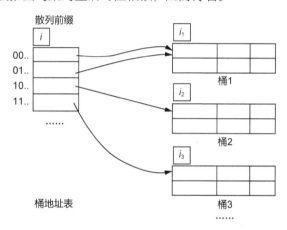

图 5.1　布谷鸟散列表基本结构

与其他散列表的实现不同的是，布谷鸟散列使用两个不同的散列函数 h_1 和 h_2，将键映射到 L1 和 L2 两个位置上。当查询和删除一个键时，系统会同时检查两个位置以判断记录是否存在。当插入一个键时，系统会优先尝试插入 L1，若失败再尝试插入 L2。若两个位置的尝试都失败，则系统会分别尝试将 L1 或 L2 腾空，以留出位置给新键。腾空的方式是尝试将占据了该位置的记录推到它的另一个备选位置中。记录的备选位置也可能是不空的，故腾空操作可能会级联地挪移一系列的记录。该级联挪移会在记录序列成环时停止，或是迁移的键数目超过预设值时停止。若腾空失败，则需要分配一个两倍空间的新散列表，并将原有的所有记录迁移到新的散列表中。

布谷鸟散列在实现上有许多变体。例如，可以采用 3 个散列函数，而非两个，来进一步增加散列表的负载因子。例如，可以允许每个桶存放多条记录以提升负载因子；还可以额外维护一个溢出缓冲区，用于存放无法成功插入表中的记录。

实践中，布谷鸟散列比使用线性探查法的散列表慢约 20%～30%，原因主要在于额外多检查一个位置可能带来额外的缓存缺失。

4. 使用散列表作为索引

使用散列表作为索引时，可以将值设置为存储设备上的位置标识，例如存储设备号和块号等。

使用散列表作为索引的优点为其具有较高的点查询性能。缺点有 3 个：第一，散列表中的键是无序的，范围查询需要扫描整个散列表；第二，散列冲突和动态扩容让访问性能抖动严重，尾延迟较高；第三，往往需要完整地将散列表放置于内存上才能达到较好的性能，这隐含了内存需要足够大以存放所有键的要求。如果部分内存不足以存放整张散列表，或不足以存放所有的键，则在查询散列表的过程会产生大量的随机小粒度读写，这些随机读写对存储介质十分不友好。

5.2.2 B+树索引

B+树是一个平衡的多叉树，它由根节点、内部节点和叶子节点构成，其结构如图 5.2 所示。B+树可以看作为块存储设备优化的 B 树变体，其优化理念主要体现在减少搜索树时所需的 I/O 操作次数上。为了减少 I/O 操作次数，需要尽可能地降低树的深度，因而需要树节点有尽可能高的扇出（Fan Out）系数。B+树为此做出的改进是，将值移除出内部节点而仅存储于叶子节点中。这一改变可以节省出更多空间存放键与孩子节点指针。此外，B+树与 B 树相比，其叶子节点还维护了兄弟指针，这一优化大大加速了范围查询。对 B+树的使用最早可追溯到 1973 年 IBM 的 VSAM 软件。

P_1	K_1	P_2	......	P_{n-1}	K_{n-1}	P_n

图 5.2　B+树结构

B+树中一个内部节点包含 $n-1$ 个键（$K_1, \cdots, K_{n-1}$）和 n 个指向孩子节点的指针（$P_1, \cdots, P_n$）。这 $n-1$ 个键将当前节点管理的键空间分割成了 n 份，并划分给它的 n 个孩子节点。节点中的键和指针都是有序存放的，即对 $i<j$，有 $K_i < K_j$，且 P_i 孩子节点内的所有键都小于 P_j 孩子节点内的所有键。这一特性反映了 B+树记录的有序性。对叶子节点而言，前 $n-1$ 个指针指向了 $n-1$ 个记录的存放位置，最后一个指针 P_n 指向相邻的后一个兄弟节点。于是，P_n 将所有的叶子节点以链表的形式链接在一起，以方便范围查询（Range Query）。从另一角度看，B+树的非叶子节点可以看成是为叶子节点构成的多级稀疏索引。

在 B+树中查询键 K 时，会从根节点出发，递归地从当前节点前往某个孩子节点，直到最终到达叶子节点。因此，B+树的查询开销与树的深度成正比。若能在叶子节点中找到该键，则查询命中，否则记录缺失。

在 B+树内进行范围查询的过程与点查询类似。在查询 K_1 到 K_n 范围内的记录时，会首先找到第一个不小于 K_1 的键，再不断地前往下一个更大的键，直到到达的键大于 K_n。由于 B+树的叶子节点内维护了兄弟指针，故其范围查询操作的开销较低。

向 B+树中插入或更新记录时，会尝试对叶子节点进行更新，这一过程有可能导致叶子节点的大小超过所允许的大小（一般为存储设备的块大小）。为此，B+树需要执行节点分裂，将其拆分成两个半满的叶子节点。叶子节点分裂后，需要向父节点插入指向新叶子节点的指针，以维持树结构的一致性；对父节点的更新可能会级联地发生，进而导致多个节点被修改。

理论上，一棵存储了 N 个记录的 B+树，其深度不超过 $\left\lceil \log_{\left\lceil \frac{n}{2} \right\rceil}(N) \right\rceil$。实践上，B+树的一次查询往往仅需要若干次 I/O 操作即可完成。B+树的节点大小一般设成存储设备的块大小，通常为 4 KB。

假设键的长度为 12 B，指针的大小为 8 B，则一个节点可以存放超过 200 个键与指针。即使 B+树中存储了 1 百万个记录，一次查找也只需要访问 $\lceil \log_{200} 1000000 \rceil = 3$ 个节点。根节点往往会长期驻留在内存上，故上述例子实际只需要 2 次磁盘 I/O 操作即可。

B+树有几个变种。第一个变种是记录内联，B+树的叶子节点不再存储指向记录的指针，而是存储记录本身。这一变种的好处在于，减少一次从叶子节点指针到记录的间接访问，可以减少一次对存储设备的随机 I/O 操作。由于记录被内联地存储在叶子节点上，作为代价，叶子节点可以存放的记录数目将大大减少，叶子节点的页分裂事件将更加频繁。

第二个变种是前缀压缩。使用前缀压缩后，B+树的非叶子节点不再存储完整的键，而是存储一个足够长的键的前缀，使该前缀足以将节点的子树区分开来。由于键被压缩，节点的扇出系数会更高，B+树的深度会更低，从而访问所需要的存储设备 I/O 操作次数也会更少。

5.2.3　LSM 树索引

散列索引和 B+树索引并不能在所有的场景下都取得较好的性能。对于散列索引而言，当内存无法完整地放下整张散列表时，索引访问的效率会大大下降。由于散列表所需要的空间正比于所有键的大小之和，故将散列表全部放在内存上是不实际的。对于 B+树而言，它在写密集型负载和小粒度键值负载下性能不好。其中，写密集型负载会造成对存储设备的随机写入，对存储设备不友好。由于 B+树以块为粒度管理数据，小键值的负载会造成严重写放大现象。

LSM（Log-Structured Merge，日志结构合并）树是一种优化写密集型负载的索引结构，在小键值的负载下同样具有较优的性能。该索引结构被普遍用于主流的键值数据库，例如 RocksDB[2]、LevelDB 等。它最早由帕特里克·奥尼尔（Patrick O'Neil）于 1996 年提出[3]。RocksDB 和 LevelDB 等存储数据库所使用的 LSM 树与原始论文所提出的雏形相比，有较多的改进。他们所使用的 LSM 树主要由 3 部分组成，即 MemTable（Memory Table）、SSTable（Sorted String Table）和 WAL（Write Ahead Log，写前日志）。其中 MemTable 是存放在内存中的有序关联数组，用于存放最近写入的记录。当 MemTable 的大小超过预设时，会不再接受新的记录加入，并等待序列化成 SSTable 以写入存储设备中。写入的记录还会同时添加到 WAL 中，以保证崩溃一致性。

MemTable 可以使用任意的有序关联数组实现，例如红黑树、AVL 树、跳表等。大多数实例中 MemTable 一般使用跳表实现，主要的原因在于相比于平衡树结构，跳表在多线程并发时具有更高的访问性能，跳表结构如图 5.3 所示。

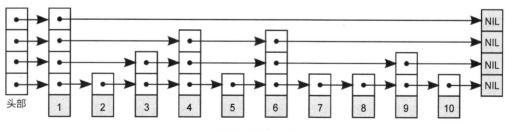

图 5.3　跳表结构

LSM 树结构如图 5.4 所示，向 LSM 树中插入数据时，会首先将记录插入 MemTable 中，并向 WAL 提交插入操作；WAL 会异步地将积累到的操作以 WAL 的形式持久化。当 MemTable 满了之后，就会转变为不可变的 MemTable，并等待被序列化成 SSTable 持久化到存储设备当中。MemTable 之所以设计成有序结构，是因为其最终需要序列化为有序的 SSTable 结构；SSTable 保持有序是为了加快查询速度。

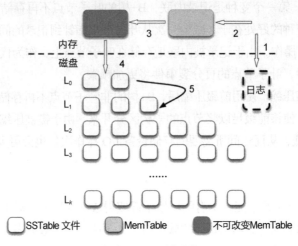

图 5.4　LSM 树结构

随着记录不断地插入 LSM 树，系统内会堆积越来越多的 SSTable。若不对这些 SSTable 做进一步的管理和合并，那么系统所需要的存储空间会越来越大。更严重的是，此时一个键可能会分布在每一个 SSTable 当中，严重影响查询性能。为了解决这些问题，LSM 树会以层级的方式管理这些 SSTable，并定期执行 SSTable 的合并，从而优化查找性能。

具体而言，LSM 树将 SSTable 划分到 $k+1$ 层中进行管理。其中最顶层记为 L_0，最底层记为 L_k。这 $k+1$ 层形如金字塔状，顶层所占用的空间小，存储的记录更新；底层占用的空间大，存储的记录更旧。相邻两层的空间大小满足预设的比例系数，称为扇出系数，一般设为 10。每当一层所占空间超过预设时，就会触发合并，将该层的 SSTable 合并至下一层中。合并时，相同的键只会保留最新的一个，被删除的键会被移除，合并后得到的新 SSTable 仍会保持内部有序。L_0 的 SSTable 不由任何层合并而来，而是由满的 MemTable 序列化而来。

若两个 SSTable 所存储的键的范围不重叠，则称它们不相交。我们将同一层内互不相交的 SSTable 的集合称为一个 Sorted Run。从定义可知，一个 Sorted Run 内部的所有记录都是有序的；任意两个 Sorted Run 之间则因记录重叠而不保证有序。对于 L_0 而言，由于每个 SSTable 都由 MemTable 转化而来，两两之间都可能相交，每个 SSTable 属于一个独立的 Sorted Run。其他层的 Sorted Run 数目与 LSM 树选择的 SSTable 合并算法相关，可能一层只有一个 Sorted Run，也可能会有多个。

Sorted Run 的数目是评估 LSM 树内记录有序性的重要指标。Sorted Run 的数目越少，则整体上看记录排列更加有序，读请求的开销就会更低；作为代价，SSTable 的合并算法就需要付出更高的开销以维持较高有序性，对写密集型负载不友好。反过来，Sorted Run 的数目越多，则记录排列更无序，读请求的开销就会更高；但此时合并算法的开销就会更低，对写密集负载更友好。

常见的合并算法有两种：单层式压缩（Leveled Compaction）和层级式压缩（Tiered Compaction）。两个算法在权衡系统有序性时做了不同的取舍。其中单层式压缩相比层级式压缩，记录的有序性会更强。单层式压缩如图 5.5 所示。

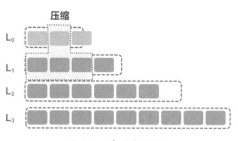

图 5.5　单层式压缩

单层式压缩的特点是它可以保证除 L_0 层外，每层仅含一个 Sorted Run。由于（除顶层外）所有层均不存在重复的键，故空间放大系数也较为合理，在负载具有写偏移现象时优势会更加显著。具体而言，每次合并操作都会将 L_i 的若干个 SSTable，和 L_{i+1} 中所有与之相交的 SSTable 进行合并，在完成合并后，得到的新 SSTable 会写到 L_{i+1} 中。

层级式压缩在合并 L_i 的 SSTable 时，不会涉及 L_{i+1} 的 SSTable，因此它不会也无法像单层式压缩算法一样保证每层只有一个 Sorted Run。这牺牲了读操作的性能。但由于每次合并操作涉及的 SSTable 数目更少，其合并带来的写放大效应不如单层式压缩严重。具体而言，层级式压缩仅将 L_i 的若干个 SSTable 进行合并，并将结果直接存放至 L_{i+1} 中。

另一种特殊的合并算法是 FIFO（First In First Out，先进先出）压缩，它与单层式压缩和层级式压缩都不同：它并不保证写入的数据是持久的。旧的数据会在合并中被丢弃。FIFO 拥有最低写放大系数和最低的合并开销，对写密集型负载十分友好，其典型的使用场景是用于存储服务器的运维日志。具体而言，FIFO 压缩将所有的 SSTable 都维护在 L_0 层。合并时，系统会删除最旧的 SSTable，这类似其他基于 TTL 的管理算法。

表 5.1 总结了使用单层式、层级式和 FIFO 3 种算法的写放大、空间占用率和 I/O 开销等数据。

表 5.1　3 种算法对比[2]

算法	写放大	最大空间占用率	平均空间占用率	有布隆过滤器时平均每次读取的 I/O 次数	无布隆过滤器时平均每次读取的 I/O 次数	每次遍历的平均 I/O 次数
单层式	16.07	9.8%	9.5%	0.99	1.7	1.84
层级式	4.8	94.4%	45.5%	1.03	3.39	4.80
FIFO	2.14	N/A	N/A	1.16	528	967

1. 布隆过滤器

在 LSM 树中查找一个键时，需要对每一层和对层内的每个 Sorted Run 搜索一次键，这一过程需要大量的读 I/O 操作。为了加速这一过程，大部分的 LSM 树都使用了布隆过滤器（Bloom Filter）。

布隆过滤器具有空间开销很低的概率数据结构，它由伯顿·霍华德·布隆（Burton Howard Bloom）于 1970 年提出。布隆过滤器可以用于判断一个元素是否在一个集合中，但布隆过滤器给出的结果会存在假阳性（False Positive）。假阳性指布隆过滤器可能会误报元素存在于集合内，而实际上元素并不存在，但布隆过滤器不会给出假阴性（False Negative）的结果，即认定一个存在于集合内的元素不存在。

布隆过滤器一般由 m 比特构成的数组构成，它们初始化为全零。向布隆过滤器添加键时，会使用 k 个不同的散列函数，将键映射到 k 个不同的散列值上，然后将这 k 个位置上的比特置为 1。查询键时，会计算 k 个散列值，并判断这 k 个位置上的比特是否全为 1。若全为 1，则有很大的概率表明该键存在于集合内；若不全为 1，则说明该键必定不存在于集合内。布隆过滤器并不支持删除一个键，因为它无法判断这 k 个位置中哪些位置的比特应该被清零。

与维护一个实际的集合相比，布隆过滤器具有巨大的空间优势。这是因为维护集合至少要求其存储所有的键，而维护布隆过滤器仅需要常量的空间开销。据计算，以每个键平均 9.6 比特的开销估算，布隆过滤器的假阳率即可降到 1%。如果每个键平均付出 14.4 比特的开销，假阳率可以降到 0.1%。布隆过滤器相比集合还有巨大的时间优势，其查询时间为 $O(k)$，且与集合内键的数目无关。另外，布隆过滤器对 k 个位置的查询是不相互依赖的，可以并行化处理。

LSM 树会为 SSTable 维护布隆过滤器以加速读请求。从结构上说，一个 SSTable 内会包含若干个数据块，其中每个数据块又包含了若干个键值对。SSTable 为每个数据块单独维护一个布隆过滤器，存储在 SSTable 的内部。在从存储设备上读取数据块之前，会先查询布隆过滤器，跳过那些布隆过滤器认定为不存在的块。由于大多数 LSM 树都会维护对布隆过滤器的缓存，且布隆过滤器的空间占用很低，故查询布隆过滤器的过程很可能不需要额外的 I/O 操作。

2. LSM 树与 B+树的比较

LSM 树与 B+树读写性能比较如图 5.6 所示。LSM 树通常有更大的写吞吐率，且在小键值的负载下表现优秀；而 B+树有更大的读吞吐率。LSM 树会将插入的记录合并写入 WAL 中，该合并减少了写放大。LSM 树对 SSTable 的写入永远是顺序的，对磁盘等存储介质而言十分友好。相比之下，B+树的写操作会随机地分散到磁盘块上。LSM 树服务读请求时需要逐层、逐 Sorted Run 地搜索多次，开销较高；而 B+树仅需要沿着根节点搜索到叶子节点，故 B+树的读性能更强。

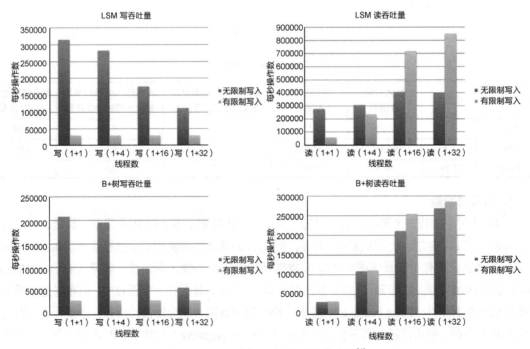

图 5.6　LSM 树与 B+树读写性能比较[4]

LSM 树通常可以被压缩得很好，故其空间开销一般比 B+树更低。B+树容易因为碎片化的现象而留下未使用的存储空间，尤其是页拆分容易导致页不满。相比之下，LSM 树不是面向页的，其 SSTable 合并算法会定期重写 SSTable 以去除碎片。

B+树和 LSM 树都有源自不同因素的写放大现象。B+树的写放大来自以页为单位的记录管理。即使记录内仅有几个字节发生了变化，也需要重新写入一个完整的页。LSM 树的写放大现象来自 SSTable 的多次压缩。其中，LSM 树的写放大开销发生在后台，而 B+树的写放大开销发生在前台。

LSM 树的合并操作会严重干扰前台请求的性能，表现为吞吐率抖动和尾延迟提高，相比之下 B+树的读写延迟更稳定。

5.3 数据布局

为了保证持久性，键值数据库需要将记录持久化到存储介质中。当发生记录的更新时，一般有两种更新方式。一种是将新值直接写入原来的存储位置，这种方式称为原地更新（In-place Update）；另一种是在新的位置写入新值，这种方式称为异地更新（Out-of-place Update）。对于异地更新，本节会介绍常用的数据布局形式，被称为日志结构（Log-Structured）。

5.3.1 原地更新的数据组织

大多数存储设备都支持一定大小的原子写入粒度。原子写入是指对存储设备的一次写操作要么完全发生，要么完全不发生，不会处于写了一半的中间态；该保证需要在系统崩溃时仍保持成立。我们假设存储设备的块大小为 4 KB，通常而言，存储设备能够对对齐的块粒度的写入保证原子性。于是，我们可以利用存储设备提供的原子写入保证对数据进行原地更新。

原地更新的数据组织的例子如下。例如在采用散列索引时，记录往往存储在单独分配的块上；采用 B+树索引时，记录存储在块大小的叶子节点上。如果发生了记录的更新后，块仍能容纳更新后的数据，那么就可以采用原地写入的方式进行更新。

原地更新有许多好处。第一个好处是记录的存储位置没有发生变化，因此系统无须更新索引。第二个好处是原地更新不创造失效的块，因此不需要付出垃圾回收的代价。

原地更新也有其不足和限制。首先，如果记录过大而散布于多个块上，又或是块不足以容纳更新后的数据，那么就无法进行原地更新，否则更新途中的崩溃会导致数据产生不一致的现象。其次，如果更新操作本身就涉及多个块，那么也无法进行原地更新，例如 B+树的节点分裂等。在 5.4 节中将介绍额外的机制以支持涉及多个块的原地更新。

5.3.2 日志结构的数据组织

在日志结构的数据组织形式中，所有的插入、更新和删除操作都会以日志记录的形式顺序地写入存储介质。为了服务读操作，日志结构的数据组织形式会配合索引结构运行。索引结构会指向有效且最新的日志项，其余未被指向的日志项则都是无效的。

在数据库运行的过程中，被覆写的键和被删除的键所对应的日志项都是无效数据，但会占用存储空间。为此，日志结构的数据组织需要定期地执行垃圾回收算法来回收无效日志所占据的空间。

典型的垃圾回收算法是遍历整个索引，将所有有效的日志项复制出来，并连续地写入新的存储位置。由于日志项被复制到了新的位置，索引也需要相应地更新。在完成了复制后，原日志空间就可以被全部回收了。

日志结构的数据组织的好处是，所有的写操作都是顺序写入的，这对大多数存储设备（尤其是磁盘）而言十分友好。由于异地更新的特性，修改数据时会保留原数据的副本，这对并发访问和崩溃恢复都更加友好。作为代价，日志结构的数据组织需要承担垃圾回收所带来的开销。

5.4 崩溃一致性

崩溃一致性指的是系统在崩溃时仍然保持一致的特性。具体而言，系统在经历崩溃后仍要保证原子性和持久性。前者指崩溃期间正在进行的更新操作要么完全生效，要么完全不生效；后者指崩溃前已经成功的更新操作不能丢失。此时，需要有机制在系统崩溃后将系统带回到一致的状态当中。当更新操作涉及多个块的写入时，更新途中的崩溃可能导致写入仅对部分块生效。更新涉及多个块在实践中十分常见，例如对 B+ 树索引的更新可能导致节点分裂，对平衡树索引的更新导致树的旋转，对大小超过块粒度的记录进行更新等。

5.4.1 WAL

保证崩溃一致性的一个方式是使用 WAL。本质上，WAL 是一个通过两次写操作来保证崩溃一致的方法：修改操作会先写到别的存储位置上，以保证系统在任意时刻内至少存在一个正确的版本。WAL 可分为重做日志（Redo Log）和回滚日志（Undo Log）两种。

假设我们要对 n 个块执行写入。重做日志的做法是在发生实际的写入之前，先将这 n 个块的新值和地址全部写入日志。当重做日志完整地写完并持久化后，才可以实际地写入这些块。当系统在任一时刻发生崩溃时，可能发生以下情况。

- 重做日志不完整。系统将这些不完整的日志删去，视为未发生更新操作。
- 重做日志完整。无论数据块是否已经完成写入，系统都完整地重新执行一遍数据块的写入。之后，视为完整地进行更新操作。

验证重做日志完整性的方法有很多。第一种方法是为每个日志项预留校验和（Checksum）字段。仅当校验和匹配时，才认为日志是完整的。第二种方法是使用一个特殊的日志项来标记在它前面的日志项是完整的，该特殊的日志项被称为提交日志项（Commit Log Entry）。

回滚日志的做法和重做日志相反。假设要对 n 个块执行写入，回滚日志的做法是在写入某个块之前，先将块的旧值和地址写入回滚日志。仅当这一条回滚日志项写完后，才能执行对该块的写入操作。当所有 n 个块的实际写入都完成时，向日志中写入一个提交日志项，标记所有操作已经完成。当系统在任一时刻发生崩溃时，可能发生以下情况。

- 回滚日志的提交记录已写入。此时，无须做任何事情，视为完整地发生更新操作。
- 回滚日志的提交记录未写入。系统执行回滚，向所有的块写入其旧值。之后，视为未进行更新操作。

重做日志和回滚日志各有优劣。重做日志要求完整地写完所有重做日志项后，才能执行实际的更新操作。这意味着，系统需要提前知道更新操作涉及的所有块地址和新值。事实上，系统并不总能完整地知道这些信息：例如在一个交互式的事务当中，接下来要更新的块取决于用户接下来对系统的输入，这是无法提前得知的。相比之下，回滚日志不需要提前知道更新操作所涉及的任何块，它只需要在实际写入一个块之前，先将回滚日志项写入回滚日志即可。然而，回滚日志的性能往往不如重做日志，这是因为重做日志项可以合并成一次大的 I/O 请求一次写入，而回滚日志项必须按顺序依次写入。另外，使用回滚日志时还必须额外写入一个提交日志项，而重做日志并不需要提交日志项。

5.4.2 影子页

影子页是 CoW（Copy-on-Write，写时复制）技术的一种，它避免对任何块进行原地更新。当需要对块进行更新时，影子页技术总是分配一个新的块，并将新值写入新块。随后，系统使用某种原子的方法让新块代替旧块。例如，系统通过原子地更新指针的方式，让新块生效。当系统任一时刻崩溃时，可能发生以下情况。

- 新分配的块生效。无须做任何事情，视为完整地进行更新操作。
- 新分配的块未生效。丢弃新分配的块，视为完全未进行更新操作。

影子页存在的问题是对于二叉树等数据结构，影子页的生效需要修改父节点内的指针。而修改父节点的操作同样需要再次使用影子页技术来保证崩溃一致性。因此对一份数据的修改可能会级联地引起对多个页的修改。

5.5 本章小结

键值存储系统具有简洁的接口语义、卓越的性能，在大数据时代支撑了大量重要应用。键值存储系统的核心涉及数据存储的方方面面：在索引方面，键值存储系统常采用散列表、B+树或 LSM 树，其中 LSM 树由于支持范围查找、适合外存设备被广泛采用；在数据布局方面，键值存储系统采用原地更新或异地更新的方式，其中异地更新包含日志结构；在崩溃一致性方面，通过写前日志和影子页等方式维护一致性的版本，从而容忍服务器崩溃等异常事件。未来，键值存储系统会同时利用多种存储介质（如持久性内存等），以达到极致的性价比，这需要重新审视现有的索引、数据布局和崩溃一致性等机制。

5.6 思考题

1. 开地址法和闭地址法有哪些不同？从空间效率和缓存性能两个方面进行讨论。

2. 向空的散列表插入 N 个键值对，求其最好和最坏的查找长度（分别讨论散列表使用开地址法和闭地址法的情况）。

3. 布谷鸟散列与链式散列相比，有哪些优势和缺陷？在实际应用时需要如何权衡？

4. 思考如何将布谷鸟散列的思想应用到布隆过滤器上。

5. 试计算 B+树的读放大和写放大。设数据集大小为 N，记 B+树的节点大小为 B。

6. 试计算 LSM 树的读放大和写放大。设数据集大小为 N，记 LSM 树层间的扇出系数为 k，每层的单个 SSTable 大小均为 B。

7. 试举例说明哪些应用适合使用 B+树，哪些应用适合使用 LSM 树。

8. LSM 树的两种压缩方法各适用于不同的场景，哪种负载适合使用单层式压缩？哪种负载适合层级式压缩？

参考文献

[1] PAGH R, RODLER F F. Cuckoo hashing[C]//AUF DER HEIDE FM. Algorithms — ESA 2001. Heidelberg: Springer, 2001, vol 2161.

[2] DONG S, KRYCZKA A, JIN Y, et al. Evolution of development priorities in key-value stores serving large-scale applications: the {RocksDB} experience[C]// USENIX Association. 19th USENIX Conference on File and Storage Technologies (FAST 21), 2021:33-49.

[3] O'NEIL P, CHENG E, GAWLICK D, et al. The log-structured merge-tree (LSM-tree)[J]. Acta Informatica, 1996, 33(4):351-385.

[4] GORROD A. Btree vs LSM [EB/OL].(2017-08-24)[2023-04-25].

第6章
文件系统

用户可以直接操作和管理外存设备上的数据，但这种方式烦琐、易出错、可靠性较差。同时，多道程序和分时系统的出现要求以方便可靠的方式来共享大容量外存设备上的文件数据。文件系统就是为了满足上述需求而设计的。本章主要介绍文件系统的基本概念及基本实现，并给出一个文件系统实例介绍单机文件系统的实现，分布式文件系统将在第8章介绍。

6.1 文件系统基本操作

具体来说，文件系统是操作系统中负责存取和管理信息的模块，它用统一的方式管理用户及系统信息的存储、检索、更新、共享和保护，并为用户提供一整套方便有效的文件使用和操作方法。

文件系统的主要功能包括以下3个方面。

命名空间：实现文件的按名存取，在一个全局命名空间中建立、维护和检索文件和目录，并为用户提供访问接口。

存储管理：实现文件存储空间的分配与回收，以及管理逻辑地址与存储物理地址之间的映射。

高级特性：实现文件的共享与保护，以及保障数据的可靠性和一致性。

文件是一组存储在外存设备上的与文件名字符串相绑定的数据集合。文件的大小可以远超计算机内存的大小，而文件的寿命则一般远超一次计算任务的时间，有时甚至超过机器本身的寿命。在文件内部，数据通常被组织成一个由字节或数据块构成的一维数组。应用程序也可以在这个一维数组之上构造复杂的数据存储模式。通常文件需要支持多个进程，甚至是多个计算机同时访问文件数据。除了数据本身之外，每一个文件还有相应的文件元数据信息来描述文件数据的各种属性。通常文件的元数据存储在一个 inode(index node，索引节点)数据结构中。每个 inode 有一个全局唯一的标识符叫 inode 号。文件的元数据通常包括文件的 inode 号、文件的名称、文件类型、文件大小和数据块大小、文件的访问控制信息和所属用户的标识、文件的创建和修改时间，以及数据块的存储位置信息。

目录是一种特殊类型的文件，它的数据记录了一组文件和目录的信息。如果在目录 A 中存储了目录 B，目录 B 被称为目录 A 的子目录，而目录 A 被称为目录 B 的父目录。目录中的每一个子目录或文件被称为一个目录项，每一个目录项记录了这个子目录或文件的名称和它对应的 inode 号。图 6.1 所示为文件系统目录树示例，通过该 inode 号进一步定位该子目录或文件的元数据和数据。通常相关联的文件会被存储到同一个目录中，而相关联的目录会被存储到同一个父目录中，由此形成了一个目录树结构来有效地管理数据。每个目录都有两个特殊的目录项，分别是"."和".."。其中"."表示当前目录，".."表示该目录的父目录。

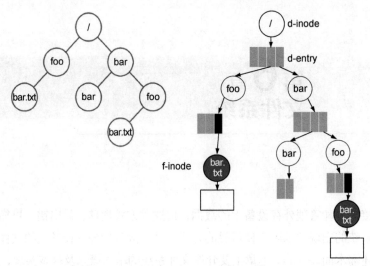

图 6.1　文件系统目录树示例[1]

基本的文件操作如下。

Create：创建文件，需要为文件分配存储空间和 inode 号，并在目录中创建相应的目录项。

Delete：删除文件，需要释放文件占用的存储空间和 inode 号，并在目录中删除相应的目录项。

Open：打开文件，需要将待访问的文件和其所有父目录的元数据信息加载到内存中，并将文件元数据关联到一个文件句柄（File Handle）。

Close：关闭文件，需要取消文件句柄与文件元数据之间的关联，并将所有修改持久化到外存中。

Read：从文件指针位置开始，将文件在外存上的数据读取到内存。

Write：从文件指针位置开始，将应用在内存上的数据写入外存。

Append：以追加的方式写入数据。

Seek：修改当前文件指针的位置。

Rename：重命名文件，可以将文件移动到其他位置。

Getattr：获得文件的元数据信息。

Setattr：修改文件的元数据信息。

基本的目录操作如下。

Mkdir：创建新目录。

Rmdir：删除一个目录（通常目录必须为空）。

Link：在一个目录中创建一个目录项链接到一个存在的文件。

Unlink：删除目录项中链接到文件的目录项。如果没有其他链接指向该文件，将文件删除。

Readdir：读取目录的目录项。

Rename：重命名目录，可以将目录移动到其他位置。

6.2　文件系统实现

在 6.1 节中，我们从用户视角了解了文件系统中的两个概念——文件和目录，以及文件系统提供的接口，本节中，我们将从文件系统的内部来进一步了解构建文件系统需要考虑的问题。

6.2.1　一个简单的文件系统

文件系统可以基于磁盘（如 ext4、NTFS 等）或基于网络（如 NFS 网络）构建，在 Linux 系统中还有一些虚拟文件系统（如 procfs），文件系统的介质不同，其设计也会发生相应变化。在本小节中我们从一个基于磁盘的简单的文件系统开始讨论。

我们假设磁盘像内存一样可以在任意位置进行任意大小字节的数据读写。接下来我们要创建第一个文件，此时我们面临的问题是：如果只存放一个文件，我们需要记录什么？

答案是文件的大小。如果记录一个文件大小需要占用 8 B，那么我们可以将文件以图 6.2 所示的方式保存下来。

图 6.2　单文件存放

只需要读取前 8 B 就能知道文件长度，读取后续 n B 就能读取文件数据。这样存放一个文件需要 $8+n$ B 的空间。读取一个文件需要进行两次磁盘读操作。如果此时向文件追加数据，则需要先获得文件长度（读前 8 B），向文件追加内容（写在 $8+n$ B 后），此时文件长度发生变化，需要修改最初记录的文件长度（修改前 8 B），一共两次写操作，一次读操作。

如果现在要存放多个文件，假如我们直接像存放第一个文件一样，把第二个文件放在后面，第一个文件可以直接通过前 8 B 获得长度，读取第 8 B 以后部分得到文件内容，那么第二个文件应该怎么办？要先找到存放第二个文件长度的地方，再读取文件内容，如图 6.3 所示。

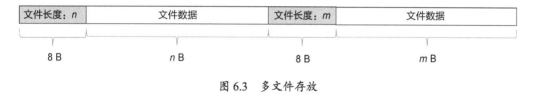

图 6.3　多文件存放

如果文件非常多，我们在找第 k 个文件时就需要找到前 $k-1$ 个文件，这样太慢了。不如我们把每个文件的起始位置也记录下来，我们把文件起始位置、长度这些描述文件信息的数据称为元数据。由于目前我们给每个文件记录的元数据都是长度和起始位置，占用空间是相同的，不如将其全部存放到开头这样就能迅速找到任何一个文件了。在 UNIX 文件系统中，索引节点（inode）[2]的结构如图 6.4 所示。

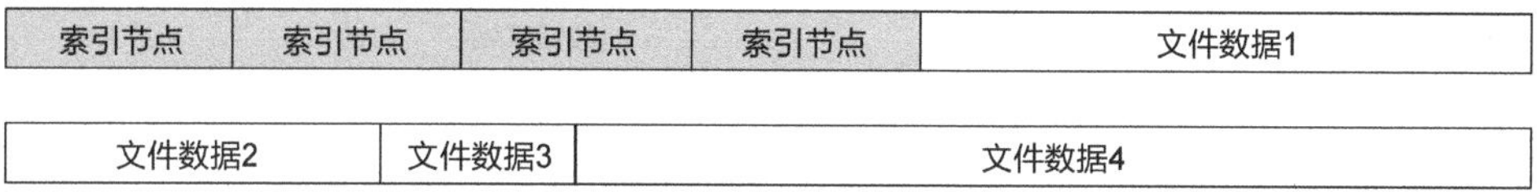

索引节点	索引节点	索引节点	索引节点	文件数据1

文件数据2	文件数据3	文件数据4

图 6.4　索引节点的结构

由于索引节点格式规整，假设一个索引节点大小为 16 B，当我们要访问第 3 个文件时，我们算出第 3 个文件索引节点的起始位置，16 B×2=32 B，通过读取索引节点获得第 3 个文件的起始位置和长度，通过索引节点中的起始位置读取第 3 个文件的内容。这时候，读取一个文件依然需要两次磁盘读操作。

有了索引节点结构抽象以后，我们可以存放更多的文件元数据，在真实文件系统中索引节点还会存放访问时间、权限、创建时间等信息。图 6.5 所示为 Linux 操作系统中的一个例子，以 hello.txt 文件为例，第一列第一个字符 "-" 表示这个文件是普通文件，如果是 d 表示这是一个目录，后续字符记录的是文件的读、写、执行权限，第二列记录的是文件的链接个数，第三、四列分别是文件所属用户和组，第五列是文件大小，第六、七、八列是文件的修改时间，最后一列是文件名称。

```
root$ ls -alF
total 1504
drwxr-xr-x  19 root root     4096 Jul 14 14:29 ./
drwxr-xr-x  19 root root     4096 Jul 14 14:29 ../
drwxr-xr-x   2 root root     4096 Aug 20  2021 boot/
drwxr-xr-x   9 root root     2820 Jul 14 14:29 dev/
drwxr-xr-x 114 root root     4096 Jul 14 14:29 etc/
-rw-r--r--   1 root root     4096 Jul 14 15:44 hello.txt
```

图 6.5　Linux 文件元数据信息示例

上面的例子还存在一个问题，处于图 6.4 所示的情况下，如果需要再增加一些文件，索引节点就没有地方放了，因此索引节点数量应该更多一些，并且需要一开始就分配好空间，这样一来这个文件系统文件数量是具有上限的，但是这并不是一个严重的问题，包括我们现在所使用的 NTFS、ext3 等文件系统支持的文件数量都是在初始化时就决定了的。

因此我们专门将磁盘分成两个部分，分出一片区域存放索引节点，另一片区域存放数据，如图 6.6 所示。

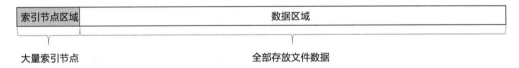

图 6.6　增加了索引节点的文件系统结构

如前文所述，索引节点数量可以在文件系统初始化时指定，但是指定的这个数量我们也需要将其记录下来，此外文件系统也有总大小、类型、空闲空间等信息，这些信息是整个文件系统的全局信息，独立于文件。这与文件数据不同，也不属于索引节点，因此，我们还要找一个地方把这些数据存下来。通常在文件系统中，这样的全局信息存放在超级块（Super Block）中，在上述磁盘划分的基础上，再添加其他区域，如图 6.7 所示。

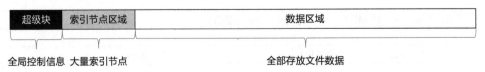

图 6.7　添加全局块后的文件系统

磁盘实际上是以扇区（通常 512 B）为最小的存储单位，读写粒度都不能小于扇区大小。在上文介绍的文件系统里，我们做了磁盘可以随机以任何粒度读写的假设。现在，在我们的文件系统基础上还需要继续修改，以支持扇区粒度的读写。

在文件系统看来，磁盘就是一个个扇区，文件系统如果也按照扇区大小或者其整数倍（我们将其称为块）进行存取数据，那么磁盘读写会更加方便。

我们以 1 KB 为一个块的大小来修改我们的文件系统，对于超级块来说，数量总共只有一个，占用一两个块并不会浪费多少空间，对于索引节点来说，索引节点中信息并不多，一个索引节点大小通常为 128 B，一个块内可以放下 8 个 inode。对于文件来说，增加了对齐的要求，让每个文件开头按照块大小对齐，每个文件最多会浪费最后的（1024 - size%1024）字节（size 为文件大小）的空间。这样文件系统就变为了图 6.8 所示的格式。

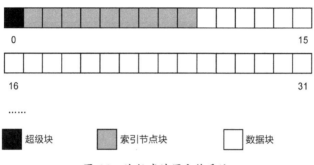

图 6.8　块粒度读写文件系统

目前文件系统中存在一个个块，这些块的使用情况只有对应的索引节点知道，但是如果需要快速分配一个新的空间给新文件，应该怎么办，是否需要访问所有文件？这样的开销太大，我们应该把每个块的分配情况记录下来，而索引节点的分配情况也是这样，需要专门的地方记录。

上述文件系统已经可以完成文件的创建、修改、读取等功能，但是目前文件还缺乏一个有效的组织形式，如果所有文件都放在一起，那么将会是一团糟。我们在管理文件时还需要一个重要的功能——目录。

实际上实现目录功能不需要对文件系统进行太多修改，目录也是一种文件，只不过其中记录的内容为文件名称到其他文件索引节点信息的映射，这里的其他文件也可以是其他目录。当我们读取目录时，可以从中读取到文件的名称和对应的 inode 号，这样就可以找到这个目录下的文件信息了。而当我们在一个目录下创建文件时，在目录里新增一个条目，记录新文件的名称和索引节点的对应关系，这样就实现了创建文件的功能。

在没有创建目录时，文件应该在哪呢？文件系统需要一个入口才能依次找到其他的文件，因此还需要一个根目录，根目录索引节点通常是固定的，其编号存放在超级块中，在根目录下我们可以管理其他文件，这样所有的文件、文件夹都可以递归地从根目录找到。

添加了目录之后，对文件的操作又发生了一些变化，以根目录下的 file 文件为例，打开 file 文件需要经过读取根目录索引节点、读取根目录数据、读取 file 索引节点、读取 file 数据。可以发现，在有了目录之后，打开一个文件前需要打开其目录，从其目录中读取文件数据，而打开目录的过程也是打开文件的过程，直到根目录为止。对文件的修改操作也会涉及对目录内容的修改。创建文件则会修改索引节点信息、索引节点分配信息。

可以发现，单次文件操作实际上并不只是对单个文件进行了修改，还会涉及索引节点、索引节点分配信息、数据块、数据块分配信息、其上层目录信息的修改。

至此，我们已经构建了一个较为简单但是功能齐全的文件系统。图 6.9 所示为完整的简单文件系统结构。

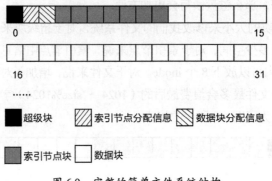

0   15

16   31

......

■ 超级块   ▨ 索引节点分配信息   ▧ 数据块分配信息

■ 索引节点块 □ 数据块

图 6.9 完整的简单文件系统结构

在现在的文件系统基础上，我们需要继续思考以下问题：如何给文件分配磁盘空间，如何通过索引节点索引文件？

在本小节中，我们只是将磁盘分为了几个部分，建立了不同部分之间的关系，但是在创建修改文件时，文件数据会被动态增删，数据区需要一个动态的分配机制。文件大小也会千差万别，索引节点中应该如何记录数据块的位置？这部分将在 6.2.3 节中继续讨论。

6.2.2 命名空间管理

将数据以文件为单位存储在外存设备上只是构建文件系统的第一步，进一步地如何让应用程序根据需要找到相应的文件，这便是文件系统的命名空间管理所关注的问题。文件系统提供了一个用于命名并查找文件的命名空间。命名空间的管理是否高效直接决定了在面临 TB 级的数据和几千万个文件时，应用程序是否能够高效地访问自己所需的数据。

通常文件系统采用目录树的方式管理命名空间。相比于扁平的基于键值索引的命名空间管理方式，目录树的层级结构能够处理更为复杂的数据组织。对于中等规模的数据集，由于树结构的深度随着数据规模的增加而增长缓慢，所以通过目录树索引文件能够获得较好的性能。当数据集变得过大时，文件系统也可以通过分割目录树的方式来细化命名空间管理，从而支持更大规模的数据。

文件系统目录树中有且只有一个根目录，那便是目录树的根。目录树中的非叶子节点对应文件系统的目录，叶子节点对应文件系统中的文件。在目录树中，每一个文件都有一个与之对应的路径名（Path Name）。路径名是一个字符串，这个字符串由从根目录到目标文件的路径上所有中间目录的名称和目标文件的名称通过分隔符连接而成。从根目录出发的路径被称为绝对路径（Absolute Path Name），例如/home/alice/db/data。当目录树的层次较多时，每次都从根目录开始查找文件会导致较高的延迟，为此我们给每个应用程序引入了当前目录的概念。而相对路径（Relative Path Name）是由应用程序的当前目录到目标文件路径上的所有中间目录的名称和目标文件的名称通过分隔符连接而成，例如 db/data。因而使用相对路径可以缩短文件查询时的路径长度。

在一台计算机中，我们可以在很多外存设备上部署多种类型的文件系统，但是整个操作系统只有一个全局命名空间。这个命名空间所属的文件系统被称为根文件系统（Root File System），它在系统启动时被初始化。当我们想要访问一个外存设备上的文件系统时，我们需要先将这个文件系统合并到全局命名空间中，这便是文件系统的挂载（Mount）操作。当我们将一个文件系统挂载到全局命名空间的一个目录上后，所有对该目录下的访问都会被这个文件系统处理。相应地，我们可以通过文件系统卸载（Unmount）操作来将一个已连接的文件系统从全局命名空间中分离。

在同一个外存设备上，我们也可以使用多个文件系统来管理数据。一个外存设备可以被划分成多个分区，其中的每一个分区是一个独立的逻辑设备，可以使用一个文件系统对其进行格式化。我们使用外存设备的第一个或第二个数据块来存储分区表来索引这些分区的信息。分区表中的每一项记录了一个分区的起始 LBN 和分区的长度。通常情况下，分区表由操作系统的设备驱动程序进行处理。文件系统的请求是相对于其所在的分区而言的，设备驱动层会自动地将这些请求相对于分区的起始位置进行转换。

然而通过目录树的方式管理文件系统的命名空间仍然面临着一些难题。首先，目录树难以扩展来支持超大规模的文件。虽然我们可以通过切分目录树的方式细化目录树管理，但目录子树之间可能会负载不均。同时每个目录子树本身仍然面临着相同的扩展性问题。其次，当一个目录的目录项条目数量过大时，例如在图像处理时会将视频的每一帧存储为一个文件放在同一个目录中，此时在目录中查找文件会变得十分缓慢。简单地说，我们可以通过将大目录划分为多个子目录来加速查找。最后，我们往往根据文件的特征将文件存放在某个特定的目录下。由于一个文件只能存放在一个目录中，我们就无法通过文件的多个特征来索引这个文件。可能的解决方案是在多个目录下通过链接的方式索引同一个文件。

6.2.3 存储管理

在 6.2.1 节中，我们将文件系统中的块划分为了数据块、索引节点块等，不同的文件大小各不相同，占用的数据块数量也可能不同，因此需要考虑如何给文件分配数据块、如何管理空闲空间。

1. 空间分配

（1）连续分配

最简单的情况是将文件数据全部连续地放在一起，这样只需要找到第一个数据块就能找到整个文件。

文件存储在磁盘连续的块中，如图 6.10 所示，因此 inode 只需要记录文件起始数据块和文件大小就可以找到文件的任何一块数据。连续分配要求一个文件的所有块都在磁盘上连续。

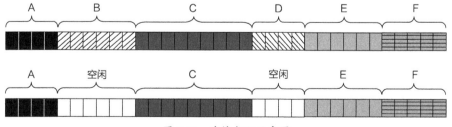

图 6.10　连续分配示意图

连续分配的优点如下：简单、索引迅速，只需要记录第一个文件块的位置和文件长度就可以找到文件；对随机访问支持较好，由于文件连续存放，索引计算方便，单个文件块不需要复杂的查找操作，因此随机访问性能较好；逻辑地址到物理地址映射简单，假设我们需要找到某个文件第 pos

字节的数据，文件起始块为 start，单个块大小为 BSIZE，那么数据应该位于（pos/BSIZE）+start 块内，块内偏移为 pos % BSIZE。

连续分配的缺点如下：删除文件会带来碎片，与内存分配产生的碎片问题相似，如图 6.10 所示，在删除 B 文件后，如果新创建的文件长度大于 B，那么就没法使用这块空间，如果新文件长度小于 B，就会产生一段更小的空闲空间，而碎片整理将会消耗大量时间。创建或增加文件长度时，可能带来较大开销，在文件创建时就要预先分配好所有需要使用的空间，而增加文件长度时，如果当前文件后续的块已经被分配了，那么需要重新在磁盘上寻找一片连续的空间来存放整个新文件，如图 6.10 中 E 文件所示的情况。NTFS 文件系统中对大文件的存储采用连续分配的方式。

（2）链式分配

连续分配对于数据读取非常友好，但是并不利于数据的增删修改，这就像数组一样，索引迅速，但是增删元素困难。如此一来，我们不难想到一种与数组相对的数据结构——链表，那么存储空间是否可以模仿链表的形式来分配呢？

文件分散在不同的磁盘块中，就像链表一样，通过指针连接，如图 6.11 所示。由于链表可以从第一块依次找到后续块，inode 中需要记录文件起始数据块、文件长度、文件末尾数据块即可。

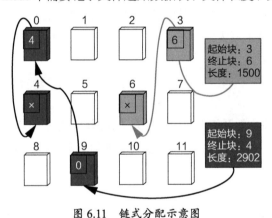

图 6.11　链式分配示意图

链式分配的优点如下：磁盘空间利用率高，由于数据可以不连续存放，分配空间时可以选择任何一个空闲块；增删文件内容较为容易，增加文件内容时只需要将新的块连接到链表中即可。

链式分配的缺点如下：随机访问效率很低，所有块访问都需要从第一个块开始向后遍历；可靠性差，整个链中，只要一个数据块丢失，后续数据块都无法找到。

Xerox Alto 文件系统采用的是链式分配。

（3）索引分配

连续分配容易产生磁盘碎片、不利于文件长度追加。链式分配使得文件随机访问的效率较低。想同时保证文件访问效率又希望文件修改代价较低，于是出现了索引分配这样的折中。

索引分配将每个数据块的位置都通过指针存放下来，inode 中存放数据索引，如图 6.12 所示。相比之前的两种分配方式，索引分配需要存储更多的数据块指针。

索引分配的优点如下：磁盘空间利用率高，类似链式分配，文件数据块不需要全部是连续的，可以给文件分配任何一个空闲数据块；随机访问效率较好，通过索引的方式，可以较快地找到每个文件数据块的位置。

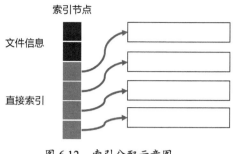

图 6.12　索引分配示意图

　　索引分配的缺点是带来额外的空间消耗。无论文件大小，都需要索引块来记录数据块位置。当文件较小时这个问题更加明显。

　　单个索引块的大小是有限的，其中存放的指针数量也是有限的，文件大小上限会受到索引块大小的限制，为了支持更大的文件，我们可以采用一种间接索引的方式，如图 6.13 所示。

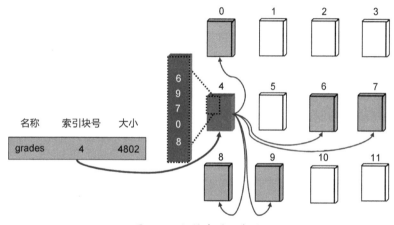

图 6.13　间接索引示意图

　　部分数据块直接索引，当这些块不够存放文件数据时使用间接索引，间接索引指针指向一个全是索引的数据块，这个块里的指针指向真正的数据块，由于指针开销不大，一个块内能存放大量指针，支持的文件大小就会提升很多倍，如果二级间接索引依然不够存放足够大的文件，还可以增加三级索引……

　　间接索引层次越多，支持的文件也会越大，但是随机访问文件带来的开销也会变大，使用直接索引，访问文件只需要访问一次 inode 就能找到数据块所在的位置，而使用间接索引可能需要多次访问索引节点，也会带来额外的开销。

　　ext2 文件系统采用的是多级索引分配的方式。

2. 空闲空间管理

　　磁盘中存在一些空闲的块，在给文件分配数据块时，如果顺序扫描所有块，那么带来的开销将会是巨大的，我们需要将空闲信息记录下来，以实现快速分配文件数据块。

　　（1）通过位图管理

　　对于一个块来说，只有被使用和未被使用两种状态，位图在占用空间较少的情况下，快速地记录、查询及修改一个块的状态信息。

1 比特就可以表示一个块的使用状况，用 0 代表未被使用，1 表示已使用，位图占用的空间大小取决于磁盘大小和块大小。例如一个使用 4 KB 为块大小的文件系统，磁盘大小为 80 GB。需要的位图空间为 80 GB/4 KB × 1 bit=2.5 MB。

（2）通过链表管理

空闲块既然空着，同样也可以用来存放空闲信息，节省一些磁盘空间，通过链表的形式将所有空闲块串联起来，与文件块分配时采用的链式管理相似。通过链表管理则无须记录额外的信息，但是由于链表的随机访问性能较差，很难快速判断某个块是否空闲，存储数据时难以充分利用数据的局部性。

（3）空闲块管理过程中可能出现的问题

空闲块信息需要同时在操作系统和磁盘上维护，这带来了一致性的问题，空闲块信息发生变化时需要及时写入磁盘，否则一旦发生崩溃，可能导致存储空间泄露或者数据丢失。写回磁盘则带来了较高的延迟开销。实际上空闲空间管理是拖慢文件系统的重要因素。

6.3　文件系统实例：ext2

ext2 是 Linux 系统中经典的文件系统[1]，本节将以 ext2 为例介绍一个真实文件系统的实现。

1. ext2 文件系统磁盘数据结构

在磁盘分区上创建 ext2 文件系统时，分区会被分为多个块，其中第一块是系统占用的引导块，不由文件系统管理，其他块会被分为多个块组，如图 6.14 所示。

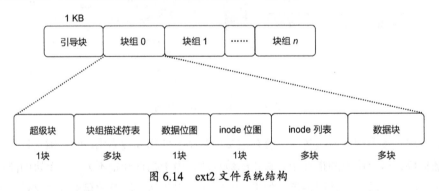

图 6.14　ext2 文件系统结构

由于一个块组中数据位图块大小是固定的，其表示的数据块可用数量也是有限的，因此一个分区可能需要分为多个块组。一个块组中有超级块、块组描述符表、数据位图、inode 位图、inode 列表、数据块几部分。其中超级块和块组描述符都是块组 0 中超级块和块组描述符的复制，是对整个文件系统状态的描述。其他几部分的功能与 6.2 节中描述一致。

2. ext2 的目录树结构

ext2 文件系统中，目录是一种特殊的文件，目录中存放了目录项，目录项是文件名称与 inode 的映射关系，目录项与 inode 不同，其对应关系不是一一对应的，在 Linux 系统中，因为存在链接机制，所以可以通过不同的名称访问同一个文件，也就是说可能多个目录项指向同一个 inode，ext2 目录树结构如图 6.15 所示。

一个目录下可能有大量文件，在查找文件时如果顺序查找匹配所有文件，效率非常低，因此 ext2 目录中通过散列表来匹配文件名称，在增加少量空间花费的情况下实现了快速增删文件的效果。

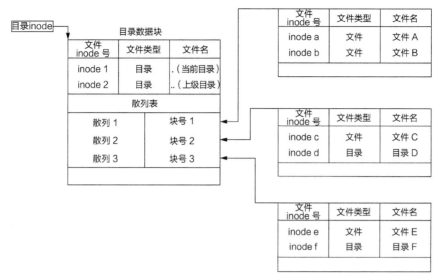

图 6.15　ext2 目录树结构

通过目录的形式，ext2 文件系统将所有文件组织为树形结构。

3. ext2 数据块的寻址方式

ext2 采用多级索引的方式存放数据，最多支持三级间接索引。磁盘索引节点中通常有 15 个索引指针。其中 12 个为直接索引，剩下 3 个分别为一级间接索引、二级间接索引、三级间接索引。多级间接索引结构如图 6.16 所示。

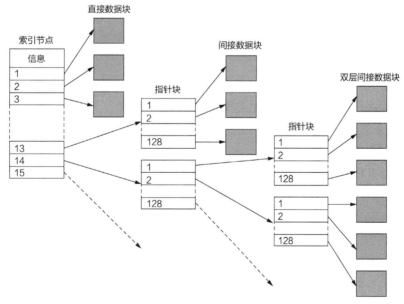

图 6.16　多级间接索引结构

文件的存放方式有以下 4 种情况：如果文件大小小于等于 12 个数据块的大小，采用直接索引的方式；如果文件大小超过 12 个数据块的大小，采用一级间接索引方式；如果采用一级索引不足以存放整个文件，则采用二级间接索引方式；如果采用二级索引也不足以存放整个文件，采用三级间接索引方式。

以块大小为 1 KB 为例，一个数据块中能存放 1 KB/4 B=256 个指针。如果采用直接索引方式，需要 12 个数据块；如果采用一级索引方式，需要 256 个数据块；如果采用二级索引方式，需要 256^2 个数据块；如果采用三级索引方式，需要 256^3 个数据块。因此，单个文件最大为（$12+256+256^2+256^3$）× 1 KB≈16 GB。

6.4　本章小结

文件系统通过提供层级目录树的抽象，为上层应用提供了一个方便可靠的共享数据的方式。与键值存储系统相比，文件系统的内部实现更为复杂，包括如何建立、维护和检索文件系统的命名空间，如何进行文件存储空间的分配、回收和映射等。未来，文件系统会针对不同的场景进行优化：在互联网、人工智能数据集管理等场景，优化文件系统对海量小文件的处理能力；在高性能计算等场景，优化文件系统对大块数据的读写带宽。

6.5　思考题

1. 文件系统中的超级块有哪些功能？
2. 一个存储设备上会同时存在多个文件系统吗？如果会，请简述如何实现。
3. 文件系统存在软链接和硬链接两种链接方式。了解这两种方式，并简述文件系统是如何实现它们的。
4. 数据中心服务、大模型训练等应用均可能会导致深目录（路径层级变深）和胖目录（目录内文件数量增多）的出现。文件系统在处理深目录和胖目录时性能均会下降。分析性能下降的原因，并给出解决方案。
5. 分布式文件系统常以键值对的方式存储文件路径；本地文件系统（例如 ext4）则采用目录树的方式管理文件路径。为何会出现上述实现上的区别？
6. 许多文件系统（例如 APFS）支持快照功能，即保存文件系统在某一时间点的所有状态。简述如何在文件系统中实现这一功能。
7. F2FS（Flash Friendly File System，闪存友好文件系统）是为闪存存储设备设计的文件系统。简述 F2FS，并总结其为闪存设备做了哪些针对性优化。
8. ext4 是使用最为广泛的文件系统之一。简述 ext2、ext3 至 ext4 的发展中主要引入的变化。

参考文献

[1] 博韦, 西斯特. 深入理解 Linux 内核（第三版）[M]. 陈莉君, 张琼声, 张宏伟, 译. 北京: 中国电力出版社, 2007.

[2] ARPACI-DUSSEAU R, ARPACI-DUSSEAU A. Operating systems: three easy pieces[EB/OL].(2020-08-08)[2023-04-10].

第7章
网络存储体系结构

随着计算机相关技术的发展，计算机承载的业务日趋繁重，对存储系统在容量、速度等方面也提出了更高的要求。存储阵列通过在单个设备内堆叠更多的存储单元，以追求更高的容量和速度。然而，存储阵列解决了单一磁盘的容量和性能局限，但是并没有从整个存储系统角度考虑，其扩展性、稳定性，以及共享访问等方面的问题并未得到很好的解决。随着存储协议（例如 SCSI 协议、FC 协议等）的发展，存储网络化已经成为必然的发展方向。从最初的直连式存储到集中式网络存储（例如网络附属存储和存储区域网络），再到通过分布式架构进行横向扩展的并行存储、P2P（Peer-to-Peer，对等网络）存储及云存储架构，本章将沿着历史的进程为读者逐一介绍网络存储体系结构的发展。

7.1 DAS

DAS（Direct Attached Storage，直接附属存储）是一种存储设备与计算机直接相连而不通过任何网络或者网络设备的存储方式。事实上，DAS 是在网络存储诞生之后才被赋予的称谓。人们所熟知的 HDD、SSD 等与计算机直接相连的存储设备均可以称作 DAS。

按照存储设备与计算机的相对位置，可以将 DAS 分为内部 DAS 和外部 DAS。

内部 DAS：存储设备位于计算机内部，如图 7.1 所示。内部 DAS 的物理存储空间较小，一般用于系统启动等用途。

图 7.1　内部 DAS

外部 DAS：存储设备位于计算机外部，但不是通过网络与计算机相连。一个存储设备可以被多个计算机共享，如图 7.2 所示。与内部 DAS 相比，外部 DAS 能够提供更大的存储空间。

DAS 虽然不依赖网络或者网络设备与计算机连接，但是可以通过各种不同的接口与计算机连接。在内部 DAS 中，存储设备常使用 HBA（Host Bus Adapter，主机总线适配器）和计算机连接。HBA 能够提供高速的连接，同时可以减轻处理器在数据存储任务上的负载。在外部 DAS 中，常用的接口协议包括 SCSI 协议和 SATA 协议。SCSI 协议能够提供高性能和高可靠性，广泛应用于服务器和工作站中。但是 SCSI 协议较为复杂和昂贵。相比较之下 SATA 协议成本较低，并被广泛用于个人计算机。在容错和存储容量方面，外部 DAS 可以连接多个磁盘，并通过 RAID 技术实现磁盘阵列来扩充容量，同时保证数据容错能力。

图 7.2　外部 DAS

通过内部和外部 DAS 结合的方式，DAS 可以提供一定的容量和容错能力。但是受限于物理性能，DAS 具有扩展性差、距离受限等缺陷。因此，DAS 适用于存储系统必须直接连接到服务器且对数据存储需求较小的场景，或者服务器较为分散，难以通过网络连接的场景。

7.2　NAS

NAS（Network Attached Storage，网络附属存储）是一种连接到基于 IP 局域网的文件系统共享设备。NAS 源于用户对于共享文件的需求。然而，在多台计算机间共享文件并不是一件容易的事情。例如，当某一个用户关闭计算机后，这台机器上的文件将变得不可访问。为了解决这一个问题，出现了专有的存储服务器，用户可以通过网络来访问专有的存储服务器，以获取相应的数据，这就是早期 NAS 的雏形。NAS 的核心思想是将存储设备和服务器分离，数据被单独管理。

7.2.1　架构特点

NAS 架构如图 7.3 所示，其中包含一个专有的存储服务器及网卡。在这个存储服务器上，通常管理着一个存储阵列，例如 RAID 子系统，还有专门为 NAS 系统简化后的操作系统，该操作系统运行着为 NAS 优化的文件系统。

客户端可以使用基于 IP 网络的网络文件协议向 NAS 系统发出多种文件级别的 I/O 请求，以此对 NAS 系统中的文件进行操作。NAS 系统和客户端的通信协议一般有 NFS 协议、CIFS 协议等。

NAS 的设计可以将文件 I/O 操作卸载到专用的存储服务器上，从而减少了客户端上的数据管理负担，释放了客户端上的处理器及内存资源。同时，依赖网络文件协议的标准化定制，NAS 可以兼容多个平台，具有很强的灵活性。

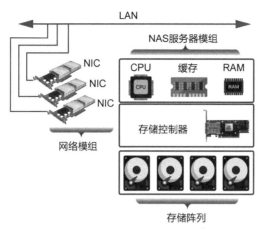

图 7.3　NAS 架构

7.2.2　网络文件协议

1. 协议类型

NAS 系统通过多种网络文件协议供客户端操作文件，其中常用的有 NFS 协议和 CIFS 协议，分属 Linux 和 Windows 两大阵营。

NFS 协议由美国 SUN 公司在 1984 年提出。使用 NFS 协议可以让用户使用类似于本地文件访问的方式访问远程服务器上的文件。NFS 协议是基于 RPC（Remote Procedure Call，远程过程调用机制）的，同时采用了 C/S 模型。NFS 协议是在 UNIX 系统和 Linux 系统中最流行的网络文件协议，具有高性能、高灵活性等优点。

CIFS 协议是微软公司提出的网络文件协议，在 Windows 主机间进行网络文件共享常用此协议。与 NFS 协议不同的是，CIFS 协议面向网络连接，对网络可靠性要求较高。同时，CIFS 协议是一种有状态协议，对故障的敏感性较高。

2. I/O 操作的流程

在 NAS 中，一次 I/O 操作的流程如图 7.4 所示。

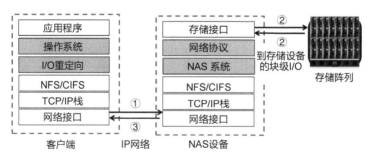

图 7.4　NAS I/O 操作的流程

① 客户端发出的 I/O 请求会被封装到 TCP/IP 报文中，并且通过网络发送到 NAS 系统。

② NAS 系统将 I/O 请求转化成块级 I/O 操作，以此对实际的物理存储区域执行相应的请求。

③ NAS 系统将 I/O 请求执行的结果封装成文件协议，并放入 TCP/IP 报文中传送给客户端，返回执行结果。

与通用的服务器不同，上述 I/O 操作将由 NAS 系统中专用的操作系统和文件系统进行处理。这些专用的操作系统和文件系统对于多用户的连接和并发的 I/O 操作进行了优化。同时，这些操作系统和文件系统基于开放标准协议，可以被不同的供应商所使用。

7.2.3 应用场景

NAS 系统可以被用作中小型企业的中心化存储系统。这可以降低企业的数据存储和管理的成本。同时，通过 NAS 系统，企业可以更好地实现数据的共享、备份、容错等功能。NAS 系统还适用于并发频繁的文件共享访问场景，NAS 系统能够在提供高性能访问的同时，提供基于文件级别的安全性保障。

NAS 系统也被广泛应用于个人消费者的多媒体数据存储中。个人消费者可以在家庭中安装基于家庭局域网的 NAS 系统。与传统的机架式存储设备不同，NAS 设备的体积更小，价格更加便宜，配置更加灵活。随着 NAS 设备价格的降低，家庭式 NAS 设备也越来越流行。

7.3 SAN

SAN 将计算机和存储设备通过专用链路连接起来，从而实现将数据的存储和管理集中到相对独立的 SAN 内[1]。SAN 架构由存储设备、网络和服务器 3 部分组成，如图 7.5 所示。广义上来讲，任何将计算机、存储专用网络、存储设备互连的存储形式均可称作 SAN，只是随着 FC 协议商业上的成功，人们习惯于将基于 FC 协议的网络存储架构特指为 SAN 架构。

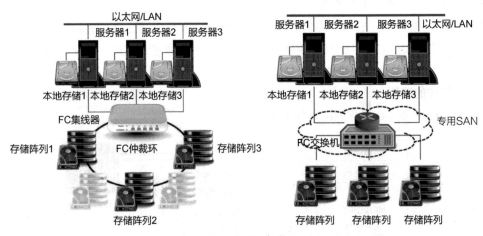

图 7.5　SAN 架构

7.3.1 架构特点

SAN 可以使用多种不同的存储设备（如 HDD、SSD 等），将这些存储设备组成存储阵列并通过 RAID 系统管理以增加存储容量，同时提供较高的容错性。基于 FC 的 SAN 需要专用网络，且成本较高。随着 iSCSI 技术的出现，SCSI 协议可以直接运行在 IP 网络上，在以太网上对数据进行操作的性能得到了提高。因而，基于 TCP 的 SAN（IP-SAN）被提出，如图 7.6 所示。IP-SAN 可以降低网络架构建设的成本，同时具有较高的性能，性价比较高。SAN 中的服务器负责与存储设备进行通信，在这些服务器上运行的操作系统和文件系统对 SAN 中的数据进行操作。同时，一个或多个服务器上还会运行 SAN 管理软件对服务器、存储设备和网络进行组织和管理。

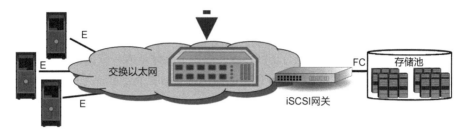

图 7.6　IP-SAN 架构

7.3.2　核心组件

1. 管理软件

SAN 中的软件管理层负责对服务器、存储设备和网络进行管理。管理软件位于一台或者多台服务器上。按照数据路径和控制路径是否相同，管理软件可以分为带内管理软件和带外管理软件[2]，如图 7.7 所示。带内管理软件在相同的网络中传输数据和控制信息，而带外管理软件则会使用专门的网络对 SAN 进行管理。

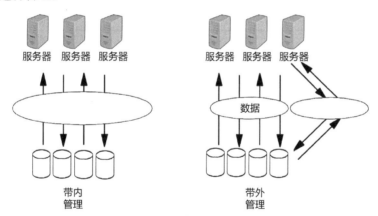

图 7.7　管理软件工作模式

带内管理软件容易实现，但是它可能成为 I/O 路径上的系统瓶颈。同时，带内管理软件的容错性也较差，当存储网络发生故障时，相应的管理信息将不能被成功送达对应的存储设备，从而失去对相应存储设备的管理能力。

带外管理软件不依赖存储网络，当存储网络发生故障时，带外管理软件仍然可以管理存储设备，进而对存储网络故障进行处理。但是，带外管理软件不能自动感知 SAN 中的拓扑结构，并且需要在服务器上增加代理软件与管理软件进行通信。

2. 文件系统

SAN 不提供文件的抽象，数据以数据块的方式被传输，因此，服务器需要通过本地文件系统管理 SAN 提供的网络存储设备。当多个文件系统同时访问 SAN 中的存储设备，并且共享使用 LUN 的时候，SAN 中的数据将会出现错误。因此，需要专门的文件系统管理物理存储空间在多台机器之间的共享。

SDFS（Shared-Disk File System，共享磁盘文件系统）提供了多台机器直接访问磁盘的功能。SDFS 增加了并发控制和隔离机制，来确保多个客户端同时访问磁盘的时候不会出现数据损坏和丢失的情况。

7.3.3　应用场景

SAN 使用块级别的方式对数据进行访问，因此适用于存储量大、数据访问频繁的场景。SAN 具有高可扩展性、高容错、容灾的特性，所以也适用于对数据安全要求较高的场景，如金融行业和数据中心等。在云场景下，底层的存储通常也使用 SAN，数据中心会使用 SAN 将存储资源连接起来，共享昂贵的存储资源，提高现有存储设备的利用率。与 DAS 和 NAS 相比，SAN 降低了管理存储资源的成本。

7.3.4　NAS 与 SAN 对比

NAS 和 SAN 是网络存储体系结构的典型代表，均基于冗余存储阵列，在架构上具有一定的相似之处，因此，本节对二者从多个维度进行详细的对比，如表 7.1 所示，以供读者加深理解。

表 7.1　NAS 与 SAN 对比

比较项	NAS 的情况	SAN 的情况
接口	文件	块
成本	低（以太网）	高（FC 专用网络）
CPU 占用率	低	高（主机端需要运行文件系统）
部署难度	容易	复杂

7.4　对象存储

对象存储将数据块进行更高级别的抽象，对外提供了一套新的标准访问接口，有机融合了 NAS 可跨平台和 SAN 扩展性良好的优势，广泛应用于大规模集群系统。

7.4.1　架构特点

对象存储架构可以分为用户组件和存储组件两部分，如图 7.8 所示。用户组件负责向用户应用程序提供一些逻辑的数据结构，比如文件、路径及如何访问这些数据结构的接口；存储组件位于智能存储设备上，负责物理磁盘上具体数据块的组织。用户对存储设备的访问接口变为对象接口。这不同于传统的文件系统，文件系统的存储部分位于主机侧，对用户提供块接口。

对象存储在数据共享、自管理和安全性方面具有如下特性。

数据共享：存储对象具有文件和块的优点，对象存储设备中的对象可以像数据块一样被直接访问，同时，对象接口还能像文件一样在不同操作系统平台上实现数据共享。

自管理：对象存储设备的存储空间不再需要运行在主机上的文件系统管理，而由存储设备自己管理和分配。最直接的效果是将空间管理从存储应用中剥离，存储设备具有自管理特性，进而可以通过重新组织数据来提高性能，调整备份、失败恢复等的策略。

安全性：对象是关于一个存储设备的逻辑字节集合，它包含存储方法、数据属性和存储安全策略等。因此，对象存储系统在基于文件的数据布局、服务质量和安全性等方面有很大的改善。

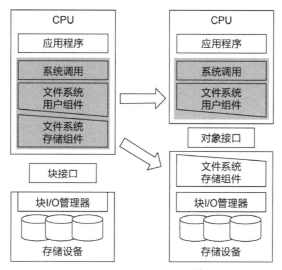

图 7.8 对象存储架构[3]

7.4.2 核心组件

对象存储重新划分了数据存储的访问、控制、管理等基础存储功能，将原本文件系统的数据布局（即逻辑到物理的映射关系）在对象这一层次实现，涉及的核心概念包括以下几种。

对象：对象存储系统中存储数据最基本的单位，也是最核心和基础的概念。对象负责存储一个或多个文件数据，同时包含数据的相关属性，这些属性用于定义基于文件的访问方法、安全策略等。每个对象都有唯一的对象标识，客户端通过对象标识、起始位置、数据长度等参数来访问该对象。对象有多种类型，例如根对象用于定义存储设备的基础属性，组对象为一个对象集合提供目录抽象，用户对象则存储实际的数据。

OSD：OSD 具有一定程度的智能，配备单独的 CPU、内存、网络系统和磁盘系统。OSD 的核心功能包括 3 个方面。第一，OSD 用于存储数据，能有效地管理与对象相关的数据并将它们放置在磁盘中。值得注意的是，OSD 不提供块接口，当客户端发起数据请求时，根据其唯一 ID 和偏移量进行数据访问。第二，OSD 具备智能数据布局的功能，这依赖于 OSD 内配备的专门 CPU 和内存资源，它们协同工作以优化数据分布，进而提升磁盘性能。第三，OSD 负责管理对象元数据，对象元数据的结构类似于传统的 inode，通常包含有关数据块和对象长度的详细信息。与这些元数据位于文件服务器权限之下的传统 NAS 系统相比，对象存储架构将这种管理功能集中在系统内，显著减少了客户的开销。

MDS：MDS（Metadata Service，元数据服务器）用于指导客户端与对象之间的交互，主要提供 3 个功能。一是对象存储访问。MDS 构建并维护文件目录树，使客户端能够直接与对象交互，MDS 在这个过程中会授予客户端访问权限，每个访问请求在获得许可之前都会经过 OSD 的验证。二是管理文件和目录。MDS 为存储系统内的文件建立了层次结构，支持目录和文件的创建、删除及访问控制等。三是维护客户端缓存一致性。为了提高客户端性能，对象存储文件系统通常包含客户端缓存机制。每当客户端缓存的文件发生更改时，MDS 就会通知客户端，提示缓存刷新以避免因缓存数据不一致而引起的问题。

对象存储文件系统的客户端：与传统文件系统类似，计算节点需要运行对象存储文件系统的客户端，进而提供访问 OSD 的能力，该客户端允许应用程序像访问标准 POSIX 文件系统一样对 OSD 进行读写操作。

7.5 并行存储

并行存储主要应用于 HPC 领域。高性能计算集群通过互连技术将大量计算机系统连接在一起，通过并行计算技术将所有被连接系统组织起来共同处理大型计算问题，其运算速度极高。例如，我国的超级计算机"神威·太湖之光"的峰值运算速度达到了每秒 12.5 亿亿次。高性能计算对处理器、内存、存储等均有极高的要求。长期以来，存储技术一直是信息技术发展的短板，在高性能计算领域，这一问题更为显著：当成千上万的处理器单元在完成大型计算任务时，存储系统有限的 I/O 并发能力将难以满足计算集群的数据访问需求，严重制约着系统整体性能。并行文件系统正是在这一背景下被广泛研究与应用，其包含的数据缓存与共享、细粒度并发控制、对并行计算编程模型的原生支持等技术在提升存储 I/O 并行能力方面扮演重要角色。本节将分别介绍并行存储系统的架构特点及其包含的核心关键技术。

7.5.1 架构特点

超算系统存储结构始终随其计算能力演进。早期系统规模较小时，在计算节点上直接挂载文件系统客户端即可满足 I/O 需求。随着计算规模增大，超算系统开始引入 I/O 节点，计算节点将 I/O 请求转发至 I/O 节点代为执行。随着基于闪存的固态盘逐步普及，在 I/O 节点上配置 SSD 用以提供聚合读写带宽成为新的趋势。当前，新型网络和存储硬件技术发展迅速，超算存储系统结构正经历新一轮变革。

以我国"神威·太湖之光"超级计算机为例，其使用开源文件系统 Lustre 作为后端存储系统。Lustre 使用 MDS 和 OSS（Object Storage Server，对象存储服务器）分别存储元数据和数据。MDS 和 OSS 按两个一组实行主-从备份，每组服务器管理若干存储节点上的 MDT（Metadata Target，元数据目标）及 OST（Object Storage Target，对象存储目标），如图 7.9 所示。

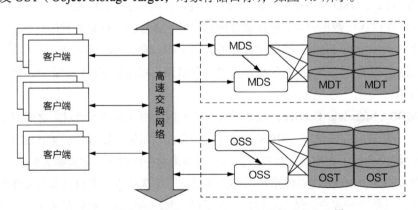

图 7.9 "神威·太湖之光"的 Lustre 存储系统架构[4]

7.5.2 关键技术

大规模并行文件系统（例如 Lustre、GPFS 等）是高性能计算使用最为广泛的存储系统，是高性能计算机的重要组成部分。由于需要对海量数据进行处理、分析，以及在长时间计算过程中定期保存中间结果，高性能计算机对文件系统的吞吐量和并发能力的需求也在不断提升。尽管计算任务能够分配至千万个核上并发执行，但文件系统受限于软件栈设计和 CPU 计算能力，其并发 I/O 能力难以同步扩展，导致 HPC 应用存储操作效率低下、I/O 负载间相互干扰，使之成为制约计算任务性能的主要瓶颈，存储墙问题严峻。并行文件系统的核心关键技术主要包括以下方面。

并行 I/O： 在高性能计算场景下，大量处理器核执行任务时，将向并行文件系统发起并行 I/O 请求，因此，提升存储系统并行 I/O 能力至关重要。并行 I/O 的基本思想是尽可能将数据分布至多个存储节点，利用多个存储设备的并行访问及并行通道获得聚合 I/O 带宽，从而充分发挥丰富的硬件资源能力。在文件数据的组织及分布方面，常见的方式包括循环放置、散列机制、用户自定义等，选择合适的文件散布方式对 I/O 节点负载平衡、I/O 并发访问等具有显著影响。

元数据管理： 工作进程在访问文件数据时，必须提前访问元数据服务器，获取相关文件数据的位置信息。由于元数据服务器通常需要管理整个文件系统的全局视图，目前主流文件系统均采用集中式架构，通过单个元数据服务器管理整个文件系统实例的元数据。该架构避免了在元数据处理过程中引入分布式事务，具有架构简单、稳定可靠的优点。然而，该架构下所有的元数据请求均需要发送至单个元数据服务器，容易成为单点性能瓶颈，扩展性受限。还有一种分布式元数据架构，该架构下元数据被分散到多个元数据服务器，不同元数据服务器负责不同部分的元数据处理。现有的元数据分散机制包括子目录划分机制（例如 CephFS[5]等）和基于散列的划分机制（例如 IndexFS[6]等）。分布式架构下多个元数据服务器可以并行处理客户端发起的元数据请求，然而，文件系统目录树结构的相邻层次是存在依赖关系的，例如，某些元数据操作（例如创建、删除或重命名文件等）需要同时修改多个元数据项，如果这些元数据项被分散至不同的服务器，则需要依赖分布式事务机制进行协调修改。因此，分布式架构大幅增加了元数据管理的复杂度。总结来说，具体采用何种架构，应该基于 HPC 业务实际的负载特性进行综合权衡分析。

缓存技术： 高性能计算集群一般采用存算分离架构，计算节点发起的数据访问请求均需要通过网络传输至存储节点，引发大量网络 I/O 操作，导致数据访问带宽受限，延迟上升。随着 NVMe 高端固态硬盘等新型存储介质的出现，在计算节点配备高速存储介质进行读写缓存的方案受到了广泛的关注。例如，在读密集业务场景下，计算节点缓存可以利用数据访问在时间和空间上的局部性，通过预取技术提前将数据读取至计算节点，减少跨网数据访问引入的延迟及带宽消耗。其中，文件访问模式的判定对预取的高效与否起关键性作用。在写密集业务场景下，容易发生突发性写性能瓶颈。例如，气象、地球科学等领域的科学计算应用会阶段性地向并行文件系统输出大量中间结果；同时，为了防止系统故障，还会定期地写检查点文件。以上写模式均具有突发性、高并发性的特点。为此，计算节点侧的存储设备还可以被用作突发性写缓存（Burst Buffer）。突发性写缓存用来处理突发性写请求，从而克服中间结果或检查点文件写入速度过快的问题。等待计算过程结束之后，写缓存中的数据将被刷写至后端存储节点，并清空写缓存。

7.6　P2P 存储

21 世纪以来，P2P 技术在即时通信、文件共享、流媒体等领域快速发展，并成为构建大规模互联网应用的重要技术之一。本节将围绕 P2P 存储系统的架构特点、相关技术发展及典型应用场景进行介绍。

7.6.1 架构特点

P2P 存储系统是一种去中心化架构，其存储节点以一种功能对等的方式组织成一个存储网络。在传统的 C/S 架构中，请求访问由客户端发起，服务器接收并处理，而在 P2P 网络架构下，各节点不再有"客户端"和"服务器"形式上的区分，每个节点既是请求的发起端也是请求的处理者，去掉了中心化的概念，如图 7.10 所示。

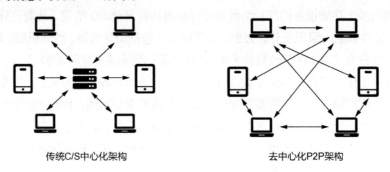

传统C/S中心化架构　　　　　　去中心化P2P架构

图 7.10　P2P 存储系统与传统存储系统架构对比

P2P 存储系统架构具有如下特性。

去中心化：P2P 存储系统将存储资源对等分布在所有节点上，不需要像传统存储系统一样引入集中式的元数据服务器等，因此具有去中心化的特点。

可扩展性：在 P2P 存储系统中，用户数量的增加不仅意味着服务需求的增加，也意味着系统资源总量和服务能力同步扩充，从而自始至终都能满足用户需求，理论上具有无限扩展的能力。

可用性：由于存储服务天然分散在各用户节点，部分节点或网络发生故障对其他部分造成的影响很小，从而具备较强的可用性。

隐私性：P2P 存储系统不需要中心化节点进行请求的集中处理，因此，用户的个人存储数据遭到窃听和泄露的可能性大幅减小。

负载均衡：在一个去中心化的对等架构下，数据请求不再需要发往服务端进行集中处理，每个服务器既是客户端也是服务端，并且存储资源均匀分布在各个节点，从而实现了整个系统的负载均衡。

7.6.2 关键技术

P2P 存储系统的关键技术包括结构化覆盖网络、数据分发技术及数据冗余技术。

1. 结构化覆盖网络

结构化覆盖网络的目标是将各节点在应用层进行统一互连和组织，保证任意两个节点之间可以相互通信，同时可以容忍任意节点的动态加入和退出。为了保证各节点网络互通，首先需要通过全局共识的命名空间管理各节点，并给每个节点提供全局唯一的命名。P2P 网络中的节点名称一般为命名空间中的一个唯一数值。以 Chord 路由算法[7]为例，其命名空间为一个环形空间，如图 7.11 所示，当新的节点加入系统时，它会从环中选择一个位置，将其数值作为自己的唯一标识符。当节点获取唯一标识后，节点间的邻接关系也被确定，通过左右邻接关系可以进一步获取其 IP 地址。例如，节点 13 和节点 3 为节点 0 的左右相邻节点，由于更早加入的节点 13 和节点 3 已经获取其各自的邻接关系，进一步地，节点 0 可以知道整个系统内各节点的信息。通过上述方法，整个系统的各节点路由表均会被同步更新。节点退出过程的处理相对复杂，本小节不赘述。

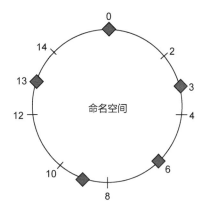

图 7.11　结构化覆盖网络的命名空间

2. 数据分发技术

在结构化覆盖网络中存储数据，还需要对数据命名，从而决定其具体的存储位置。同样地，数据命名方式与节点命名方式类似，例如，如果文件 A 的命名为 7，则其应该存储在命名为 7 的节点上。然而，当前并没有节点 7 存在，因此，可以定义一个基于区间的负责机制，可以简单定义排在这些文件对应位置之后的最近一个节点负责这些文件的存储。负责文件 7 的节点为节点 9。然而，一旦某些节点加入或退出后，上述文件到节点的映射关系也会相应发生变化，导致部分数据无法访问。为此，主要存在两种数据分发机制，即 DHT（Distributed Hash Table，分布式散列表）直接数据分发和基于目录的简洁分发。

DHT 直接数据分发是指将数据直接存放在负责该数据所对应位置的节点。当某一节点离开系统后，其后继节点代为负责其存储的数据。该方法实现简单，但缺陷很明显：在系统成员发生变化时，会引入大量的数据移动，导致网络带宽的浪费。基于目录的简洁分发则将数据随意分发至网络中的任意无关节点上，然后将这些节点的位置映射作为目录信息存放在基于 DHT 机制所对应的节点中。当读取数据时，先通过目录节点获取文件的具体映射关系，然后访问数据实际存储的节点进行数据读取。这种间接数据分发方式配合数据冗余技术保证了在节点成员变化时仅需要挪动少量目录信息，而不用挪动数据本身。然而，间接分发机制增加了网络跳数，对响应延迟有一定的影响。

3. 数据冗余技术

在一个 P2P 覆盖网络中，海量存储节点可以自由加入和退出系统，因此，P2P 存储系统必须引入数据冗余技术来克服节点动态变化带来的可用性问题。

目前，使用最为广泛的数据冗余技术包括多副本冗余和纠删码冗余。其中，多副本冗余技术即同时保存要存储数据的多份副本，并存储在安全的节点中。纠删码是指将要存储的数据先切分为 k 份，然后通过编码算法生成 r 份校验数据，并将（$k+r$）份数据分布到安全的不同节点上。通过纠删码技术，任意 t 份数据（$t \geqslant k$）均可以用来恢复原始数据。

7.6.3　应用场景

P2P 存储系统主要用于文件共享场景，用户上传一个文件，其他节点下载文件，网络中节点越多，下载的速度越快。P2P 存储系统最早项目是 Napster，20 世纪 90 年代由几个大学生开发，用于 MP3 音乐共享，该项目不是严格的 P2P 存储，MP3 文件的位置采用集中式存储，MP3 文件内容被打散存储个人计算机上，用户访问通过集中服务器访问文件位置，再通过 P2P 方式找对等节点读取 MP3 文件，这构成了 P2P 存储访问方式的初始原型。真正的 P2P 网络是 Gnutella，开发于 2000 年，每个节点都是对等节点，数据包经过一次路由后存活次数会减一，用于防止数据包因为不正确的路由表导致无限循环传输。

7.7 云存储

在全球信息化步伐加快的大背景下，人们对数据的需求也随之提高。在整个互联网的运作过程中，产生了越来越多的数据。如何对这些数据进行高效安全的存储和管理，就成为存储系统的新挑战。为了应对这些挑战，云存储的概念应运而生。

云存储的核心就是对大规模数据的存储和管理。在云存储的构建方面，它结合了分布式存储、冗余存储、负载均衡、虚拟化等技术，构造出一个高可用、低成本、可定制、易扩展的存储平台，通过 Web 接口，为不同的用户提供个性化的服务。

云存储通过 Web 接口，给用户提供一个安全可用的线上存储服务，用户不需要自己对底层的存储架构进行管理，可以使用第三方服务提供商提供的存储服务。存储平台的管理运行由专业的第三方服务提供商来进行。

云存储的发展是伴随云计算发展而来的。云计算提供 3 种服务模式，如图 7.12 所示，分别是 IaaS（Infrastructure as a Service，基础设施即服务）、PaaS（Platform as a Service，平台即服务）和 SaaS（Software as a Service，软件即服务）。而云平台提供的云存储服务目前属于 IaaS 和 SaaS。

图 7.12　云计算基础架构分类

所谓的 IaaS 是把计算机基础功能作为一项服务提供给用户，用户不需要自己构建一个数据存储中心，而是通过租赁的方式，从服务提供商租用基础设施，然后通过网络去调用这些功能。从云存储的角度来看，就是租用第三方的大规模数据存储功能。例如亚马逊的 S3（Simple Storage Service，简单存储服务）就是一个典型的 IaaS。它是一种对象存储服务，采用存储桶的方式来存储对象，可以在存储桶中存储任意数量的对象。

SaaS 服务提供商将应用软件搭建在自己的服务器上，用户可以根据需求进行定制。定制完成后，用户无须搭建自己的软件系统，通过网络来使用服务提供商提供的软件功能即可。目前也有许多服务提供商提供 SaaS 级别的存储服务，例如 Google Docs、腾讯文档等。Google Docs 是谷歌的办公套件，提供协作办公功能，可以将本地编辑好的文档上传到云端，由云端来对文档进行保存。

　　用户通过使用云存储服务进行数据存储，节省了采购服务器的费用，以及在搭建存储平台过程中耗费的大量人力物力。云存储作为一种新型的存储模式，在未来的信息化进程中具有广阔的发展前景。

7.7.1　架构特点

　　云存储在架构上与传统存储结构也有明显的不同，其架构如图 7.13 所示。

图 7.13　云存储架构[8]

　　首先，云存储与传统的存储相比，更像是提供了一个存储功能的服务。云存储的底层通常是采用分布式集群进行搭建的。提供服务时，采用硬件虚拟化技术，对用户隐藏真实的计算机硬件，在真实硬件设备上创造一个模拟的计算机环境，满足不同用户的存储需求。传统存储平台的架构往往是每个平台都针对一个特定的应用领域，采用的都是专门的硬件进行搭建。

　　其次，云存储能够存储海量的数据，而且还具备高可扩展性，可以根据需求增加集群中的机器来增加存储容量。传统的存储架构通常可扩展性差，用户自己进行维护和管理的成本巨大。

　　再次，在数据管理方面，数据管理层是云存储的关键部分。云存储平台采用分布式存储技术实现多个设备之间的协作。在这些技术的加持下，云存储厂商能够保证向用户提供安全可靠的存储服务，通过对存储的数据进行加密、备份、异地容灾等，保证用户存储在云端的数据在不可预知场景下的数据可用性和数据完整性。传统的存储通常也有信息安全风险的问题，在存储系统进行升级时，还会面临服务暂停的问题。

　　最后，用于云存储的硬件设备的选择是多种多样的，各种性能、型号的存储设备都可以用于数据存储层的搭建，彼此之间通过网络连接到一起。

7.7.2　应用场景

1. 公有云

　　公有云一般是指由第三方服务商拥有和运营，通过互联网为多个用户提供服务的云计算服务，也是最常见的云部署方式。公有云中的所有软硬件资源和其他支持性基础结构一般都部署在企业外部，属于云服务提供商所有，并由其管理和控制。公有云通常用于为用户提供基于 Web 的电子邮件、网上办公应用、存储及开发环境等服务。目前市场上的主流公有云存储服务有亚马逊公司的 S3、阿里云、华为云、百度网盘等。

公有云的核心属性是资源共享服务，这些资源以免费或按量付费的方式按需提供给用户。对于用户来说，不需要投资建设基础设施就可以通过按需付费的方式使用服务，大大降低了数据上云门槛和投资使用成本。

公有云主要有以下优势。

低成本：用户无须购买软硬件资源，免除了资源的运营和维护成本，仅需要对使用的服务付费。

高可靠性：云服务提供商拥有大量服务器和专业的服务保障团队对资源进行持续维护，能够确保服务免受故障影响。

可扩展：公有云服务可以为用户按需提供资源，能够满足用户的业务规模发展需求。

基于以上优势，对于大多数初创公司和中小型企业，使用公有云服务往往是最佳选择。企业能够免受各种基础设施问题的干扰，只需要聚焦自身业务发展和创新，能够大大降低投资成本和基础设施的维护复杂度。

2. 私有云

与公有云不同，私有云是为企业客户单独使用而构建的云服务。基础设施归企业客户所有，企业客户通过私有云把云技术当作一种手段来集中管理各种存储资源，通过对存储资源的高效使用来满足不同业务的特定需求，实现对数据、安全性和服务质量的最有效控制。私有云一般部署在企业数据中心的防火墙内或一个安全的主机托管场所，在私有网络上运行和维护，为所属的企业用户提供完全独立的访问权限。

私有云的核心属性是专有资源，私有云所属企业能更加方便地对存储资源进行虚拟化和自定义，以供企业内各部门或业务共享，从而满足企业特定服务的特定需求。

私有云主要有以下优势。

灵活性：企业可自定义云环境以满足特定业务需求。

安全性：资源由企业独享，因此能获得更高的控制力和更高的隐私级别。

基于以上优势，私有云的使用对象往往为政府机构、金融机构及其他具备业务关键性运营且希望对环境拥有更大控制权的中型、大型组织。企业用户可以围绕自己的实际业务需求来定制化构建，能够实现更高的灵活性和隐私级别。

3. 混合云

混合云存储就是将私有云和公有云的存储连接到本地资源，其架构能在私有云和公有云之间进行数据共享，是公有云与本地或私有云的组合架构。混合云存储将软硬件和连接器等绑定在一起，能够像本地存储一样管理相应的数据资源。混合云存储包括混合云 CPFS 存储、混合云存储阵列、混合云分布式存储等多种形态。混合云存储阵列融合了公有云存储和传统存储阵列的优点，简单、灵活、高效且可靠，有云分层、云同步、云缓存等多种功能。客户不用更改原来的 IT 架构，也不需要关注本地设备和云存储之间的协议兼容性就可以使用存储阵列。还提供跨区域的多副本保护，用来确保数据的可靠性。

混合云有以下优势。

灵活性：能够根据不同的程序和负载调整架构，也可以根据不同场景的需要在公有云和传统架构之间进行数据迁移。

成本低：可以根据需要选择在公有云或私有云环境中运行工作负载，降低长期成本，节省预算。

可拓展性：可以根据需求的变化来拓展资源及优化性能，提供了较多的可拓展存储选项，较容易满足业务增长需求。

混合云存储架构基本要素有 4 个：公有云，每个混合架构都至少有一个公有云组件，它提供硬件基础设施的功能；私有云或本地服务器，为需要基础设施的组织提供服务，比公有云的成本高；集成商，整个数据中心架构每个元素要能够进行通信，可以使用 WAN（Wide Area Network，广域网）、VPN（Virtual Private Network，虚拟专用网）和 API（Application Program Interface，应用程序接口）来完成；数据架构，规范数据层和连接过程，为数据的生命周期提供统一方法。

7.8 存储虚拟化

随着存储系统规模的扩大，各类业务的存储需求已经发生天翻地覆的变化，传统"烟囱式"的 IT 基础架构已经愈发难以满足业务需求。首先，在采购存储基础设施时一般需要考虑未来 3～5 年（甚至更长时间）的业务需求，同时要兼顾最高负载情况下的系统资源需求，这导致在初次采购时系统资源供大于需，资源浪费严重；其次，传统模式下不同业务一般会构建自己专属的 IT 系统，硬件资源无法在不同业务之间直接共享，硬件资源利用率低下；最后，当某一业务的规模突然增大时，存储系统的扩展性也面临巨大挑战。存储虚拟化技术的出现正是为了应对上述问题，当然，随着云计算、数据中心等新的基础设施的发展，存储虚拟化的内涵也随之发生了很大的变化，它已由早期的经典存储虚拟化，发展到现今的 SDS（Software Defined Storage，软件定义存储）和 HCI（Hyper-Converged Infrastructure，超融合架构）等。

7.8.1 基本概念

从广义上来讲，存储虚拟化是与存储系统相伴而生的：早期人们使用磁盘时，是根据它的 LBA 进行存储访问，也就是一种从线性逻辑地址空间到三维空间（柱面、磁道、扇区）的虚拟化。目前，对于"存储虚拟化"这一概念尚未形成统一的权威定义，简单来讲，存储虚拟化就是在物理存储系统和服务器之间增加一层逻辑抽象，使得服务器不直接与存储硬件进行交互，存储硬件的增减、拆分、合并等对服务器完全透明。存储虚拟化技术隐藏了存储系统内部的复杂性，同时摆脱了对物理存储设备的各方面限制，通过标准化访问、统一的数据管理及存储资源的全局整合对存储资源进行池化管理、全局共享。目前的存储虚拟化已应用到整个存储系统的不同层面，早已突破了早期存储虚拟化的内涵和外延。

按照 SNIA（Storage Networking Industry Association，存储网络工业协会）的分类方法，存储虚拟化可以按照 3 个标准进行分类：虚拟化对象、虚拟化发生位置、虚拟化实现方式，如图 7.14 所示。虚拟化对象包括磁盘、磁带驱动器/库、数据块、文件系统、文件或记录。磁盘虚拟化可以使磁盘的使用者不用了解磁盘的内部硬件细节，通过块地址就可以访问磁盘。数据块虚拟化一般指对多块硬盘建立 RAID 并划分逻辑卷，每个逻辑卷就像是一个完整的物理硬盘，使用者无须关心硬盘细节及 RAID 的具体组件过程，可以像使用硬盘一样读写逻辑卷，并同时获得 RAID 对数据的保护能力。文件系统虚拟化的典型代表有基于 Linux 内核的 VFS，它是由 SUN 公司在定义 NFS 时创造的。VFS 允许操作系统使用不同的文件系统管理存储设备，它定义了物理文件系统与服务之间的一套标准接口层，将具体文件系统的细节进行抽象，使得不同的文件系统在 Linux 内核及系统中运行的其他进程看来是相同的。

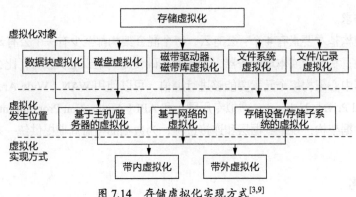

图 7.14　存储虚拟化实现方式[3,9]

按照虚拟化发生位置来分，存储虚拟化分为基于主机/服务器的虚拟化、基于存储设备/存储子系统的虚拟化和基于网络的虚拟化。其中，基于主机/服务器的虚拟化使服务器的存储空间可以跨越多个异构的磁盘空间，一般用于不同阵列之间的镜像保护。其主要缺点是占用主机计算资源较高，对应用性能造成一定的干扰，同时存在操作系统和应用的兼容性问题。基于存储设备/存储子系统的虚拟化一般通过在存储控制器上增加虚拟化功能进行数据保护、数据迁移等，其优势是对主机透明，不占用主机资源，数据管理功能丰富等，其缺陷也很明显，即仅能对设备内部实现虚拟化，不同厂商设备之间无法实现互操作。基于网络的虚拟化通过在 SAN 中添加虚拟化引擎实现，可用于异构存储系统的整合及数据的统一管理。其优点与基于存储设备的虚拟化类似，缺点在于部分厂商的数据管理功能较弱，成熟度较低。

就虚拟化实现方式来说，根据存储虚拟化中传输元数据的控制路径与传输数据的数据路径是否相同，可以分为带内（In-Band）虚拟化和带外（Out-of-Band）虚拟化。带内虚拟化技术将数据访问和虚拟化管理功能（包括复制、镜像和持续数据保护）合并到一起，即存储虚拟化是在从主机到存储设备的网络路径内实现的。带内虚拟化技术的优势在于服务器和存储设备之间兼容性高。另外，虚拟化和数据管理功能通过专用硬件实现，从而避免了对主机计算资源的占用。然而，其缺点在于虚拟化设备内部的故障可能导致系统服务完全停止。相反，带外虚拟化技术会在读取或写入数据之前完成虚拟化过程。虚拟化引擎放置在从主机到存储设备的访问路径之外。因此，与带内虚拟化相比，带外虚拟化仅能基于存储网络实现。带外虚拟化技术的优势是其在虚拟化设备发生故障时具有高可用性，确保提供不间断的系统服务。然而，该方法会导致系统资源的消耗。此外，大多数采用这种方法的产品通常缺乏强大的数据管理功能。

SNIA 对存储虚拟化的分类法表明存储虚拟化正在以不同形式适应着各种用户环境的需要，也反映了存储虚拟化技术的复杂性。各类存储虚拟化也存在着基本的共性：提供一套方法，隐藏底层存储部件的复杂结构，提供一些高级存储服务。存储虚拟化技术可以使逻辑设备的能力不再受单个物理设备的限制，可动态扩展逻辑设备的容量和性能，并可采用多种方法对整个系统的存储资源进行优化，降低 TCO，从而能够全面提升存储系统的服务质量。

7.8.2　关键技术

存储虚拟化催生了许多新技术、新产品和新公司。早在 1987 年，美国加利福尼亚大学伯克利分校就提出了 RAID 技术，其最初目标是增强存储性能，并提供磁盘失效后的数据可恢复性。RAID

技术是存储虚拟化发展的里程碑。存储虚拟化因其广泛采用而吸引了大量研究者的目光。这些主要的研究工作可分为以下 3 类。

数据布局优化：已有的数据布局优化大致可为两种，在所有磁盘之间均匀分布数据块和校验块，代表性技术包括 RAID 4 和 RAID 5；利用数据局部性，例如，左对称 RAID 5 可以将 k 个连续的数据块访问分散到 k 个不同的磁盘上。研究者提出的校验分散（Parity Declustering）布局利用尽量少的磁盘来进行数据恢复，以便其余磁盘能够服务应用 I/O 请求。这种布局被进一步扩展和优化，例如被进一步用在 Panasas 文件系统中。也有一些工作设计对负载特征或者应用场景敏感的数据布局。比如磁盘缓存磁盘 DCD[10]使用额外的一块磁盘作为缓存，将小的随机写转化成大的日志写。惠普公司的 AutoRAID[11]将存储空间分割成 RAID 1 和 RAID 5 两种，通过区别对待读/写操作来实现提高存储带宽且降低数据冗余开销。ALIS[12]和 BORG[13]识别出频繁访问的数据块和数据块序列，并把它们以连续的方式放在一块专用区域里。

存储重构优化：很多研究者认识到缩短脆弱的数据重构窗口的重要性，提出了改善重构性能的诸多方法。首先，一些研究工作集中于在盘组范围内设计更好的数据布局。例如，卡恩（Khan）等人提出了一种循环 Reed-Solomon 编码[14]来最小化数据恢复和降级读所需的 I/O 操作。梅农（Menon）和马特森（Mattson）提出了一种称作分布式空闲盘的技术[15]，利用并行的空闲盘来提高存储性能。其次，还有一些方法优化存储重构的工作流程，如面向磁盘的重构（DOR）[16]和流水化重构（PR）[17]等方法。最后，一些任务调度技术[18]可以用于优化存储重构的速率控制。国内学者也提出了基于优先级的多线程重构优化[19]、并行的倾斜子阵列（S2-RAID）结构[20]、降级 RAID 集的快速重构方法[21]等存储重构优化方法。

存储扩展优化：存储系统的扩展效率也是一些研究者一直在探索的问题。当有新盘加入一个存储系统中，需要迁移数据来重新获得一致的数据分布。第一类存储扩展方法是使用随机 RAID[22]，这类方法显著减少了数据迁移量，但是多次扩展之后就会产生数据分布不均衡的问题。更多的存储系统使用确定性的布局来组织数据。如冈萨雷斯（Gonzalez）等人提出一种逐步同化的算法来控制 RAID 5 的扩展执行开销[23]，但该方法为保证数据一致性而采取的逐一、串行的数据迁移方式和元数据的同步更新，导致数据迁移效率较低。清华大学存储团队发现了循环 RAID 扩展过程中的可乱序窗口特性[24-25]，进而提出了一系列高效扩展方法，该方法显著提高了存储系统的扩展效率。

7.9 软件定义存储

7.9.1 基本概念

在介绍 SDS 之前，首先要弄清"软件定义"这一概念。所谓软件定义，就是用软件去定义硬件的功能，通过软件给硬件赋予各种虚拟化、灵活、定制化的功能，实现系统运行效率和资源利用效率的最大化。例如，在网络领域，SDN（Software Defined Network，软件定义网络）是一种将网络资源抽象到虚拟系统中的 IT 基础架构方法，它将网络转发功能和网络控制功能分开，从而创建可集中管理和可编程的网络。SDN 允许运维团队通过集中化面板来控制复杂网络拓扑中的网络流量，从而免去了手动处理每个网络设备的烦琐。

同理，SDS 是一种强调将存储软件与硬件分隔开的存储架构，其核心就是存储虚拟化技术，它能够将数据中心的服务器、存储、网络等资源通过软件进行定义，并能够自动分配管理这些资源。SDS 的核心特点在于：首先，SDS 消除了软件对专用硬件（例如 NAS 或 SAN）的依赖性，能够在行业标准系统或 x86 平台上执行；其次，SDS 强调软件的核心地位，即完全通过软件手段实现存储虚拟化技术中包含的核心功能，包括卷管理、RAID、数据保护、快照、镜像、复制等。如图 7.15 所示，现有的 SDS 主要分为 3 个层次：应用层、控制层、存储架构层。存储架构层负责将不同类型的存储介质和系统进行抽象和整合，为控制层提供抽象的存储资源。控制层负责对存储资源进行分类和划分，根据数据中心的需求对存储资源进行分配。应用层为各种应用提供不同的存储接口，以满足各种应用对于存储的需要。

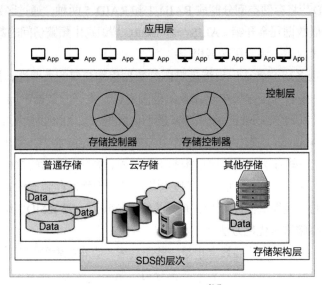

图 7.15　SDS 的层次[26]

现有的 SDS 具有如下特点。

横向扩展的架构：能够支持存储空间动态地增加和减少。

统一的硬件：能够支持加入不同的存储资源，包括本地的存储设备和网络的存储设备。

基于资源池的管理：所有的存储资源都应该被整合为一个统一的逻辑空间，并且可以根据资源的需求动态地进行分配。

存储资源抽象：能够将所有的存储设备整合为一个统一的资源，并且支持各式各样的存储接口。

自动化：能够根据用户需求自动地定义不同类型的存储并进行动态扩展。

可编程：提供众多的 API 供控制用户访问存储资源，能够让用户的应用程序自动化地完成对于存储资源的管理。

自定义的存储策略：可以对不同的用户提供不同的安全性、可靠性和服务质量。

7.9.2　代表性系统

现有的 SDS 方案都将控制层和数据管理层分开，存储公司或厂商的不同在于其性能、容量和扩展性等方面，主要有以下几种解决方案。

IBM Storwize 的主要特点是有众多的 API 来支持虚拟化环境，帮助企业高效处理海量增长的数据。在存储层，提供了文件和块的存储访问接口，并为云存储提供了可扩展的存储管理。

  EMC 公司提出了存储即服务的概念，主要的特点是简化了存储管理的复杂性，可在存储资源池中直接提供文件、对象和块的访问，并且能够动态地加入新的存储阵列。对用户而言，不同的虚拟机为不同的用户提供抽象的存储访问。此外，EMC 公司的存储虚拟化软件平台 ViPR 提供了开放访问的 API，不同于 IBM 公司提供的上层接口，EMC 公司还提供了下层的接口，供不同的存储厂商或者企业适配各自的硬件存储产品。在抽象的存储访问接口方面，ViPR 还支持用于大数据分析的 ViPR-Hadoop 接口。

  Nexenta 公司提出了 SMARTS 解决方案，其主要特点是提供了丰富的安全和可靠性接口，实现了存储设备的克隆、快照、备份、端到端的校验、自适应数据恢复等诸多功能。此外，还提供用于用户访问的 GUI（Graphical User Interface，图形用户界面），提供较好的扩展性，并且能够集成到 OpenStack、VMware 等云服务基础架构设施中。

  Atlantic USX 是一个主要为虚拟机提供存储平台的 SDS 方案，通过在存储介质和虚拟机之间构建一个虚拟层，用 HyperDup Content-aware 服务实现数据的重复数据删除和压缩，并且通过优化虚拟机和物理机之间的 I/O 通道，实现虚拟机 I/O 的高效访问。此外，USX 公司提供了整合内存和外存的方案，能够为远程桌面、XenApp 和威睿（VMware）的 Horizon 提供高效的访问。

  Ceph 是一个开源 SDS 解决方案，其特点是利用 CRUSH 算法实现了存储的高效可扩展性，通过在底层实现一个虚拟的对象存储层，能够为上层提供文件、对象和块存储。Ceph 支持对于数据的压缩、克隆、容错等诸多方案，在存储介质方面，可以方便地利用各种异构的存储组成一个统一的虚拟存储空间。Ceph 目前被广泛应用于 OpenStack，能够为虚拟机提供高效的存储访问。

  Gluster 也是一个开源 SDS 解决方案，其特点在于支持各种各样的模块，不同模块之间可以任意组合。Gluster 是一个没有元数据的分布式存储，通过基于目录的动态散列算法，可以将节点扩展至上万个，被广泛应用于超大规模的超算中心和数据存储中心。

  除了上述的 SDS 解决方案之外，还有如 Maxta、Datacore 和 CloudBytes 等 SDS 解决方案。但这些解决方案还不能完全覆盖 SDS 的需求。例如，并不是所有的 SDS 都能够提供完整的对文件、对象和块的访问，或者提供一个统一的存储访问空间。

  总之，现有 SDS 解决方案都尝试在可扩展性、安全性、可靠性和经济性等方面提供解决方案，但依然面临一些挑战。

7.9.3　关键挑战

  到目前为止，SDS 还没有明确的定义。构建一个 SDS 对整个资源的整合和协调能力提出了巨大的挑战，主要包括：动态地分配不同的数据接口，提供块存储、文件存储和对象存储；支持数据的迁移；支持数据的可靠性；支持高级的 API 供用户使用；支持数据压缩和副本；支持存储服务质量保证；提供高效的元数据访问；提供容错性和可靠性；提供系统监控。在未来，随着存储硬件和互联网的发展，SDS 还将面临新的问题。例如，新型非易失性存储器件、新型互连总线 CXL 协议等将被广泛使用到存储系统中，随着存储硬件延时的不断降低，软件因存储带来的开销将越来越大。与高速网络设备结合的同时，SDS 也需要适应一些高速网络设备的发展进行新的调整。例如与物联网结合时，传统的数据存储系统将很难适应物联网对于数据高并发、高速持久化的需求。

7.10 超融合架构

在数据中心中，往往需要构建单独的虚拟计算平台和单独的存储平台，计算平台和存储平台相互独立。其中最为典型的就是 Ceph 和 OpenStack 的虚拟化和存储整合方案。它们最大的特点就是存储和计算分离，彼此是独立的模块。这种架构的优点是可以分别对存储和计算进行扩展；但其缺点是需要分别部署两套系统，增加了额外的管理负担和成本。构建一个数据中心往往需要综合考虑各个软件堆栈的层次协调，消耗巨大的管理成本。为此，业界提出了 HCI 的概念，其中"超"的本质意义是虚拟化，主要体现在由虚拟机提供计算资源，由 SDN 对虚拟机进行组网，由 SDS 为虚拟机提供存储。因此，HCI 包含了 SDS 的思想，还同时囊括了计算、网络等资源的统一软件管理[9]。

7.10.1 基本概念

在传统的虚拟机云平台方案中，计算虚拟化和网络虚拟化是融合的，如 OpenStack 云平台中就实现了 SDN 和虚拟机计算的融合。所以 HCI 中最为本质的是加入了 SDS，主要以分布式文件系统、分布块存储、NAS 集群等为代表。但 HCI 并不是将传统的 SDS 直接与虚拟机计算组合，而是将计算、网络和存储融合在一个统一的平台中，减少管理的复杂性。最为典型的就是一台基于 x86 架构的物理设备能够提供整套的虚拟化方案，并且实现计算、网络的同步横向扩展，实现数据中心的快速部署，如图 7.16 所示。

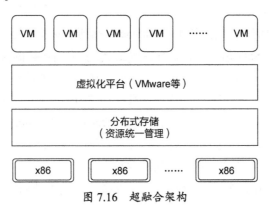

图 7.16　超融合架构

根据 IDC 的定义，HCI 系统是一种新兴的集成系统，其本身是将核心的存储、计算和网络功能整合到单一的软件解决方案或者设备中。现有的 HCI 系统主要是为了实现以下几个目标：按需扩展，数据中心可以根据业务的需求不断更新硬件，实现物理资源的高效利用；快速部署，将软件和硬件融合在一台单独的机器中，机器交互后即可直接使用，不需要复杂的部署；易于管理，提供了统一的管理界面，能够对计算、存储和网络资源进行统一管理，不需要分部门进行运维；弹性扩展，HCI 必须支持分布式的架构，能够实现性能和容量的线性扩展，无节点限制，无单点故障，支持备份、容错和删除等操作。

HCI 的概念最初由 Nutanix 公司提出，其整合方案是在一台物理机中同时提供分布式存储、虚拟网络和虚拟机，并且多台物理机可以进行横向扩展，支持数据在多台物理机之间进行共享、复制、容错和压缩等。HCI 方案只需要直接增加物理机器数量就可以实现数据中心的扩容，不需要进行复杂的软件配置和开销。HCI 方案为小型计算中心的构建提供了快捷简便的通道，在商业上具有巨大的价值。同时，HCI 中需要研究的数据高效访问机制也成为业界研究的热点。

7.10.2　关键技术

现有的 HCI 方案有两种类型。一是纯软件的解决方案，其特点是支持在现有的硬件上实现存储资源的整合，部署时，只需要在现有的硬件上配置软件后即可快速使用。其中典型的是 DataCore 公司的 SANsymphony 和 EMC 公司的 ScaleIO。二是软硬件结合的架构，其特点是将软件和硬件整合到同一台服务器，其中的典型代表是 VMware 公司的 vSAN 和 Nutanix。以 Nutanix 公司的 HCI 方案为例，现有方案中，最为核心的是提出了虚拟控制器（Controller VM）的概念，其主要用于替代 SAN 存储中的控制器。这种虚拟控制器的主要作用有两方面：一是多个节点的虚拟控制器能够组成一个分布式的存储管理模块，提供数据的备份、重复数据删除和副本的功能；二是存储控制器通过虚拟机中的数据能够直接访问控制器，从而避免了传统的复杂软件堆栈开销，在虚拟控制器中，往往通过加入闪存作为本地缓存，支持虚拟机对于数据的低延迟、高并发访问。

存储 HCI 方案也具有固有的缺陷。

横向扩展灵活度受限：HCI 关键特征之一就是易于扩展、最小部署和按需扩容。HCI 中计算能力、存储性能和容量是同步扩容的，无法满足现实中单项能力的扩展，有些厂商还对扩容最小单元有要求，扩展灵活性会受到限制。集群达到一定规模后，系统架构复杂性就会呈非线性增加，集群管理变得更加困难，硬件故障和自修复发生的概率也会大大增加。

存储形态单一：主要体现在仅提供了块存储访问接口，这种接口在大多数情况适用于虚拟机的访问。但是在数据中心，往往还需要提供对于文件和数据库的数据持久化业务，而这些业务往往无法在现有的 HCI 上部署，需要添加额外硬件，构建额外的系统。

难协调 I/O 资源与计算资源：随着网络设备和存储设备性能的提升，网络设备和存储设备对于计算资源的竞争将成为导致虚拟机运行不稳定的首要原因。在高速网络和高速存储中，现有的中断机制将不能满足对于延迟的要求，从而导致无法完全发挥现有的存储网络硬件的性能。

7.10.3　代表性系统

目前，国内外市场主流的 HCI 厂商包括 Nutanix、华为、VMware、SmartX、深信服等，他们在产品功能特性、分布式存储实现方案等方面各有特点，本节通过表 7.2 对比了部分代表性 HCI 产品。

表 7.2　代表性 HCI 产品对比

对比项	Nutanix XC 系列参数	EMC VxRail 系列参数	华为产品参数	SmartX 参数
SDS	NDFS	vSAN	FusionStorage	ZBS
元数据架构	独立元数据服务	—	一致性散列	独立元数据服务
虚拟化计算支持	几乎支持所有的虚拟化平台	仅支持 vSphere	不支持 Hyper-V	不支持 Hyper-V
存储与虚拟化整合方式	存储服务运行于 Hypervisor 上独立的虚拟机里	存储服务作为内核模块运行在 Hypervisor 内部	存储服务运行于 Hypervisor 上独立的虚拟机里	存储服务运行在 Hypervisor 外部
资源消耗水平	4 核心 24 GB 内存	10% CPU 32 GB 内存	≥4 核心 ≥64 GB 内存	3～4 核心 16 GB 内存
管理运维平台	Prism	vCenter	FusionCube Center	Fisheye
交付方式	一体机软件（面向中小型企业）	一体机	一体机	一体机软件

在元数据管理方面，大多数 HCI 产品的分布式块存储架构均收敛至以下两类方案。①独立的元数据服务模块，该模块管理数据块到存储设备之间的映射，负责数据请求的索引查询及更新，数据放置于负载均衡策略等。在 HCI 场景下，计算与存储复用相同的服务器硬件。因此，元数据服务模块可以根据计算和存储发生的相对位置关系进行数据放置策略的优化，使多数 I/O 请求可以在当前服务器内部完成，从而缩减了 I/O 路径，大大降低了网络传输数据的开销。②基于一致性散列算法，该方法通过计算当前数据所在的全路径散列值来决定其具体的存放位置，其主要优点是消除了中心化元数据管理模块造成的性能瓶颈问题，数据访问路径轻量高效；缺点是失去了本地 I/O 优化的机会，同时目录操作比较低效，例如，当重命名一个文件夹时，通常需要重新计算所有子文件的散列值并将其迁移至新的服务器节点。

从存储与虚拟化的整合方案来看，主要分为以下几类：①存储模块作为内核模块内嵌至 Hypervisor，这类架构下存储模块可以不经过 Hypervisor 直接访问存储设备，显著降低性能损耗，代表性产品包括 EMC 公司的 VxRail 等；②存储模块运行在虚拟机内，虚拟机充当 VSA（Virtual Storage Applicance，虚拟存储设备），正常情况下，VSA 访问存储设备需要通过 Hypervisor 进行请求转发，为了提升性能，VSA 会通过 I/O 直通技术直接访问存储硬件，实现了虚拟化与存储解耦，这类方案的代表性产品包括 Nutanix 等；③存储模块运行在 Hypervisor 外部，但和 Hypervisor 隶属同一软件栈，这种架构适用于 KVM（Kernel-based Virtual Machine，基于内核的虚拟机）平台，代表性产品包括 SmartX 等，其优势是 I/O 路径高效，性能高。

7.10.4　概念对比

本小节对容易混淆的几个新兴存储概念进行对比。存储虚拟化强调了将存储设备的物理细节与逻辑抽象进行解耦，并提供各类丰富的存储功能及语义，是各类存储架构的重要技术基础。SDS 和存储 HCI 往往是与数据中心联系在一起的。存储虚拟化一般在专门的硬件设备上使用，而 SDS 则没有设备的限制，以存储虚拟化为基础，其存储具有服务的数据管理功能。HCI 主要是计算加存储的一体化方案，提供尽可能的存储就近计算，HCI 的一个核心组成部分就是 SDS，并通过容器和应用的关系，催生了存储的应用感知和 HCI 存储，其核心也是存储虚拟化的新发展。

7.11　本章小结

随着时代的发展，各类存储架构及概念层出不穷，这些新的存储架构和概念既有一脉相承的共性，也有推陈出新的差异。DAS、SAN、NAS、OSD 等经典存储体系结构定义了差异化的存储与计算之间的接口形态，它们在性能、维护成本、扩展性等方面各有优劣。并行存储系统、P2P 存储系统、云存储则是场景驱动下通过系统设计来适应不同的存储需求。存储虚拟化强调了将存储设备的物理细节与逻辑抽象进行解耦，并提供各类丰富的存储功能及语义，是各类存储架构的重要技术基础。SDS 和 HCI 往往是与数据中心联系在一起的。存储虚拟化一般在专门的硬件设备上使用，而 SDS 则没有设备的限制，是以存储虚拟化为基础，其存储具有服务的数据管理功能。HCI 主要是计算加存储的一体化方案，提供尽可能的存储就近计算，HCI 的一个核心组成部分就是 SDS，并通过容器和应用的关系，催生了存储的应用感知和超融合存储，其核心也是存储虚拟化的新发展。

7.12 思考题

1. 请简述 DAS、NAS、SAN、OSD 之间的区别和联系。
2. SAN 系统管理软件的具体功能包含哪些？其中，带内管理和带外管理两种方式有哪些区别？
3. 相比传统块接口或文件接口，对象存储的对象接口有哪些优势？在实际实施过程中有哪些难点？
4. 相比广泛使用的分布式存储系统，并行存储系统的主要特点是什么？为了提升其并行性，并行文件系统需要着重在哪些维度进行重点设计？
5. 请分别在 IaaS、PaaS、SaaS 这 3 个层次列举一些常见的与存储相关的产品。
6. 请简述存储虚拟化和 SDS 之间的区别。
7. HCI 被提出的背景是什么？有哪些典型的应用场景？
8. 在虚拟机中访问存储设备有哪些技术途径？具体性能如何？

参考文献

[1] SHU J, LI B, ZHENG W. Design and implementation of a SAN system based on the fiber channel protocol[J]. IEEE Transactions on Computers, 54(4), 2005: 439-448.

[2] ZHANG G, SHU J, XUE W, et al. Design and implementation of an out-of-band virtualization system for large SANs[J]. IEEE Transactions on Computers, 2007, 56(12), 1654-1665.

[3] PEGLAR R. Storage virtualization I: what, why, where and how[EB/OL].(2007)[2024-04-15].

[4] HE X, YANG B, GAO J, et al. HadaFS: A file system bridging the local and shared burst buffer for exascale supercomputers[C]// USENIX Association. Proceedings of the 21st USENIX Conference on File and Storage Technologies (FAST'23). USA: USENIX Association, 2023: 215-230.

[5] WEIL S, BRANDT S, MILLER E, et al. Ceph: a scalable, high-performance distributed file system[C]// USENIX Association. Proceedings of the 7th symposium on Operating systems design and implementation (OSDI '06). USA: USENIX Association, 2006: 307-320.

[6] REN K, ZHENG Q, PATIL S, et al. IndexFS: scaling file system metadata performance with stateless caching and bulk insertion[C]//IEEE. Proceedings of the International Conference for High Performance Computing, Networking, Storage and Analysis (SC '14). USA: IEEE Press, 2014: 237-248.

[7] GANESAN P, MANKU G S. Optimal routing in Chord[C]// Society for Industrial and Applied Mathematics. Proceedings of the fifteenth annual ACM-SIAM symposium on Discrete algorithms (SODA '04). USA: Society for Industrial and Applied Mathematics, 2004: 176-185.

[8] ZHOU K, WANG H, LI C. Cloud storage technology and its applications [J]. ZTE Communications, 2010, 8(04): 27-30

[9] 舒继武, 李思阳, 张广艳. 存储虚拟化研究综述[J]. 中国计算机学会通讯, 2017, 13(6): 14-24.

[10] YANG Q, HU Y. DCD—disk caching disk: a new approach for boosting I/O performance[C]//ACM. Proceedings of the 23rd annual international symposium on computer architecture. New York: ACM Press, 1996: 169-178.

[11] WILKES J, GOLDING R A, STAELIN C, et al. The HP AutoRAID hierarchical storage system[J]. ACM Transactions on Computer Systems, 1996, 14(1): 108-136.

[12] HSU W W, SMITH A J, YOUNG H C, et al. The automatic improvement of locality in storage systems[J]. ACM Transactions on Computer Systems, 2005, 23(4): 424-473.

[13] BHADKAMKAR M, GUERRA J, USECHE L, et al. BORG: block-reorganization and self-optimization in storage systems[R/OL]. (2007-07-01)[2023-04-10].

[14] KHAN O, BURNS R, PLANK J, et al. Rethinking erasure codes for cloud file systems: minimizing I/O for recovery and degraded reads[C]// USENIX Association. Proceedings of the 10th USENIX Conference on File and Storage Technologies. Berkeley: USENIX Association, 2012:20.

[15] MENON J, MATTSON D. Distributed sparing in disk arrays[C]//IEEE. Proceedings of the thirty-seventh International Conference on COMPCON. San Francisco: IEEE CS Press, 1992:410-421.

[16] HOLLAND M C. On-line data reconstruction in redundant disk arrays[D]. Pittsburgh: Carnegie Mellon University, 1994.

[17] LEE J Y B, LUI J C S. Automatic recovery from disk failure in continuous-media servers[J]. IEEE Transactions on Parallel and Distributed Systems, 2002, 13(5):499-515.

[18] LUMB C R, SCHINDLER J, GANGER G R, et al. Towards higher disk head utilization: extracting "free" bandwidth from busy disk drives[C]// USENIX Association. 4th Symposium on Operating System Design and Implementation. USA: USENIX Association, 2000, 87-102.

[19] TIAN L, FENG D, JIANG H, et al. A popularity- based multi-threaded reconstruction optimization for raid structured storage systems[C]//USENIX Association. 5th USENIX Conference on File and Storage Technologies, FAST 2007. San Jose: USENIX Association, 2007:277-290.

[20] WAN J, WANG J, XIE C, et al. S2-RAID: parallel RAID architecture for fast data recovery[J]. IEEE Transactions on Parallel and Distributed Systems, 2014, 25 (6), 1638-1647.

[21] WU S, JIANG H, FENG D, et al. Workout: I/O workload outsourcing for boosting RAID reconstruction performance [C]//USENIX Conference. 7th USENIX Conference on File and Storage Technologies. USA: USENIX Association, 2009: 239-252.

[22] GOEL A, SHAHABI C, YUEN DIDI YAO, et al, Scaddar: An efficient randomized technique to reorganize continuous media blocks[C]//IEEE. Proceedings of the 18th International Conference on Data Engineering (ICDE). San Jose: IEEE, 2002: 473-482.

[23] GONZALEZ J, AND CORTES T. Increasing the capacity of raid5 by online gradual assimilation[C]//SNAPI. Proceedings of the International Workshop on Storage Network Architecture and Parallel I/Os. New York: Association for Computing Machinery, 2004:17-24.

[24] ZHANG G, SHU J, XUE W, et al. SLAS: an efficient approach to scaling round-robin striped volumes[J]. Transactions on Storage, 2007, 3(1):1-39.

[25] ZHANG G, ZHENG W, SHU J. ALV: a new data redistribution approach to RAID-5 scaling[J]. IEEE Transactions on Computers, 2010, 59(3): 345-357.

[26] PALANIVEL K, LI B. Anatomy of software defined storage challenges and new solutions to handle metadata, report[EB/OL]. (2013)[2024-04-15].

第**8**章
分布式存储系统

由于数据量的持续增长，单台服务器无法满足应用的存储需求，因此产生了分布式存储系统。分布式存储系统将大量服务器通过网络互连，并将数据分散存储至这些服务器，向上层应用提供特定的存储接口。为了让分布式存储系统获得更高的可靠性、性能，更低的成本，以及绿色节能的特性，除了标准的服务器硬件，众多公司也为分布式存储系统设计开发了专用的硬件。根据存储接口分类，常见的分布式存储系统包括分布式键值存储系统、分布式对象存储系统、分布式块存储系统及分布式文件系统。

8.1 分布式存储系统的典型架构

分布式存储系统的典型架构如图 8.1 所示，包括协调服务器、存储服务器、应用服务器。

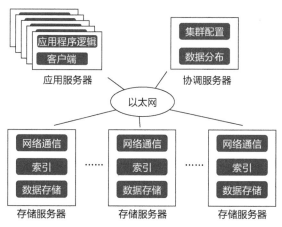

图 8.1 分布式存储系统的典型架构

协调服务器是分布式存储系统的中心化部件，高可靠地记录了整个存储系统的集群配置和数据分布信息。集群配置信息主要包括正常存储服务器的集合，数据分布信息记录着数据分区到存储服务器的映射。在分布式键值存储系统里，一个数据分区一般是一段连续的键空间所包含的键值对数据；在分布式文件系统的目录树管理中，一个数据分区可以是目录树的一个子树。协调服务器监视着存储服务器的存活状态，一般通过心跳操作完成，即存储服务器和协调服务器之间周期性交换信息。此外，协调服务器会根据存储服务器的负载状况进行负载均衡，例如，当协调服务器发现某台存储服务器承受的请求过多时，会生成数据迁移任务，将该存储服务器中的某些数据分区迁移至其他存储服务器。为了避免协调服务器成为分布式存储系统的性能瓶颈，存储服务器和应用服务器往往会在本地缓存集群配置和数据分布信息。

存储服务器根据数据分布信息存储对应数据分区的数据，主要包含 3 个模块：网络通信模块、索引模块和数据存储模块。网络通信模块一般使用成熟的 RPC 库，用于接收和发送网络请求。索引模块用于查询数据的最终所在地，如散列索引或 B+树索引。数据存储模块将数据持久性地存储在非易失性介质上。此外，这些存储服务器上还运行着分布式协议，主要包括分布式副本协议和分布式提交协议等。

应用服务器运行着上层应用程序逻辑，通过客户端调用分布式存储系统的存储接口进行数据存储与查询。为了减少网络访问，客户端有时会缓存存储服务器中的数据。

8.2　分布式存储系统的关键衡量指标

在关键衡量指标方面，除了性能，分布式存储系统还关注扩展性、一致性和可用性。

8.2.1　性能

性能指标主要包括吞吐率、带宽和延迟。

吞吐率，即单位时间内整个分布式存储系统能处理的操作数。

带宽，即单位时间内整个分布式存储系统读写数据的字节数。

延迟，即每个操作从客户端发出请求到收到回复的时间。常用的延迟指标包括中位数延迟和尾延迟（如 99%延迟）。现代分布式应用经常具有较高的请求扇出系数，如渲染一个网页需要产生几十甚至上百个独立的请求，并等待所有请求的回复到达，因此分布式存储系统的尾延迟至关重要，会影响到应用的可见延迟。

8.2.2　可扩展性

分布式存储系统的可扩展性是指当加入更多的存储服务器时，系统的吞吐率、带宽和容量能随之增加的能力。

从工程实践上来看，分布式存储系统实现高可扩展性的关键在于两点。第一是避免数据访问路径引入中心化部件，比如协调服务器，现有分布式存储系统大多将协调服务器中的信息缓存至客户端，减轻中心化瓶颈。第二是避免分布式事务，当一次请求需要多台存储服务器协同完成时，为了保证原子性，需要分布式事务的辅助，造成过长的临界区，这会造成大量冲突的请求被序列化。为此，一些分布式存储系统放宽了操作的原子性语义。

8.2.3　一致性

分布式存储系统的一致性是指不同客户端观察到的操作顺序的一致性程度。常见的一致性等级有强一致性、因果一致性和最终一致性，它们的一致性程度依次递减，但性能依次递增，如图 8.2 所示。

强一致性，也称为线性一致性（Linearizability）[1]，是指所有客户端观察到的分布式存储系统的操作顺序都是相同的，并且该顺序与物理时间一致。在该一致性下，整个分布式存储系统表现出的语义和一台服务器按照请求到达顺序依次执行操作的顺序是一样的。图 8.2（a）展示了在强一致性下，4 个客户端的操作序列，其中客户端 1 和 2 进行数据的写操作，而客户端 3 和 4 进行数据的读操作。对于这 4 个客户端，存在相同的观察顺序：[客户端 1 写(a=5)]，[客户端 2 写(b=1)]，[客户端 3 读(b=1)]，[客户端 4 读(a=5)]，[客户端 4 读(b=1)]，[客户端 1 写(c=2)]，[客户端 3 读(c=2)]，[客户端 3 读(a=5)]，且该顺序与这些操作实际发生的物理时间顺序符合。

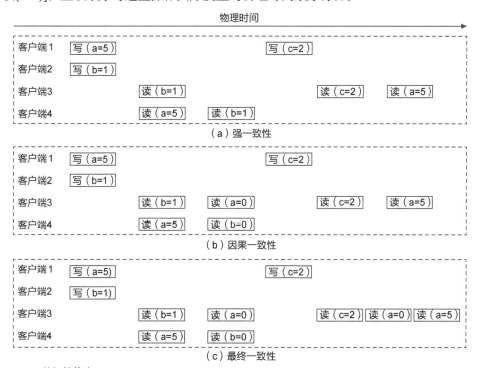

注：a、b、c 的初始值为 0。

图 8.2　一致性等级示例

在因果一致性下，不同客户端观察到的分布式存储系统的操作顺序有可能不同，但每个顺序都符合因果关系。因果关系"→"由以下 3 条规则定义：第一，在同一个客户端内先进行操作 A，再进行操作 B，则 A→B；第二，如果操作 B 读到操作 A 写入的数据，则 A→B；第三，传递性，如果 A→B 且 B→C，则 A→C。图 8.2（b）展示了在因果一致性下，4 个客户端的操作序列。可以看出，客户端 3 观察到的对 a、b 的写顺序是[客户端 2 写(b=1)]，[客户端 1 写(a=5)]，而客户端 4 观察到的是[客户端 1 写(a=5)]，[客户端 2 写(b=1)]。在真实的分布式存储系统中，这种不一致的顺序可能是由于异步的副本协议导致：写操作在到达主副本时就完成并返回给客户端，然后有的客户端从主副本读到最新版本的数据，而有的客户端从从副本读到旧版本的数据。在该例子中，所有的操作满足因果关系，比如[客户端 1 写(a=5)]→[客户端 1 写(c=2)]且[客户端 1 写(c=2)]→[客户端 3 读(c=2)]，根据传递性，[客户端 1 写(a=5)]→[客户端 3 读(c=2)]，因此客户端 3 之后读 a 能够看到 5，这与操作[客户端 3 读(a=5)]相符。

最终一致性是最弱的一致性等级，它只保证当系统不存在写操作时，所有客户端最终都能看到最近更新的数据。图 8.2（c）展示了在最终一致性下，4 个客户端的操作序列。与图 8.2（b）相比，客户端 3 在看到对 c 的更新之后，并不能看到对 a 的更新，违反了因果关系。

8.2.4 可用性

分布式存储系统的可用性是指系统能够提供正常服务的能力，有两种具体的表达方式。

基于时间：正常服务的时间 /（正常服务的时间 + 无法服务的时间）。

基于请求数目：成功执行的请求数目 / 请求的总数目。

由于分布式存储系统运行在大量服务器之上，发生存储设备或服务器崩溃的概率很高。因此为了提供高可用性，分布式存储系统需要能够快速地从崩溃事件中恢复。这里就需要系统具有如下 3 种能力。

存在冗余的数据：通过分布式副本协议或纠删码实现。分布式副本协议将每份数据重复存储在不同的服务器中；纠删码通过对存储在不同服务器的多份数据块进行纠删，生成校验块存储在其他服务器中。在很多情况下，服务器间的崩溃事件是存在关联的，比如一个机架中的服务器会因为机架电源失效而一起崩溃；台风、地震等自然灾害会导致整个数据中心的服务器无法提供服务。因此，对于一些需要极高可用性保证的分布式存储系统，副本数据会分散至不同的可用区域（Availability Zone）。可用区域之间具有强故障隔离，处于不同的数据中心甚至位于不同的大陆。

快速地监测崩溃事件：分布式存储系统通常使用超时机制（Timeout）监测崩溃事件。具体来说，一台服务器（记作 A）周期性发送心跳网络包给其他服务器或协调服务器（记作 B）；当 B 没有按时接收到 A 的心跳网络包，即发生超时事件，则判定 A 服务器已经处于崩溃状态。超时机制在准确性和监测崩溃事件的速度上进行权衡。当设置较小的超时时间时，系统能够很快地监测出崩溃事件，但会频繁地触发误判，例如可能由于 A 出现了软件延迟（如 Java 虚拟机的垃圾回收），无法按时发出心跳网络包，进而被误认为处于崩溃状态；当设置较大的超时时间时，系统能够准确地监测出崩溃事件，但会不够及时，例如可能 A 早已崩溃，但过了超时时间才被发现，导致系统较长时间处于部分数据无法服务的状态。

快速地恢复数据：当监测到某台服务器崩溃后，分布式存储系统需要进行数据恢复，将该服务器原来负责的数据访问请求分担至其余正常的服务器。若系统采用分布式副本协议进行数据冗余，恢复时间一般与系统一致性程度有关：当系统保证的一致性程度较低（如最终一致性时），可以做到即时恢复，因为任何副本都能进行数据读/写操作；当系统保证强一致性时，需要执行恢复协议，保证恢复之后客户端能读取到最新成功提交的数据。若系统采用纠删码进行数据冗余，恢复时需要根据校验块重新算出丢失的数据。

8.3 分布式键值存储系统

分布式键值存储系统是单机键值存储的分布式扩展，该系统将键值对存储在大量的存储服务器中，向应用提供简洁的键值访问接口：通过唯一的主键去查询（get）、插入（put）或删除（delete）对应的键值对。由于键值对之间不存在依赖关系，分布式键值存储系统的操作不需要分布式协调，具有极佳的扩展性；由于键值对的尺寸较小（大多不超过 1 MB），所以一个键值对一般存储于单台服务器中，不需要对数据进行分块，因此一次键值操作只涉及一台服务器，保证了访问的低延迟。

分布式键值存储系统的应用场景极广，常用于大型互联网应用（如在线购物、社交媒体）的后端存储，例如，亚马逊公司使用 Dynamo[2]存储购物网站的数据（包括商品内容、购物车内容等）。此外，分布式键值存储系统还可以支持其他的分布式存储系统，例如，某些分布式文件系统使用分布式键值存储系统存储文件的元数据。分布式键值存储系统依据规模可以分为两种：跨数据中心的分布式键值存储系统和单数据中心的分布式键值存储系统。跨数据中心的分布式键值存储系统（如 Dynamo[2]）经常用于全球性的业务，数据在多个数据中心进行复制冗余，一致性保证比较低，但具有可用性高，可以容忍整个数据中心的崩溃，以及延迟低（用户请求可以交给离用户最近的数据中心服务）的好处。单数据中心的分布式键值存储系统（如 RAMCloud[3]）将键值数据存储在单个数据中心里，一般保证强一致性，并可以利用数据中心内部的特殊硬件（如 RDMA 网卡）进行性能优化。

针对特殊场景，某些分布式键值存储系统会提供一些专门接口以扩展语义。

范围查找：范围查找会返回用户指定键区间的所有键值对。例如，当某个分布式键值存储系统的主键为用户 ID，值为用户数据，则能采用范围查找来获得用户 ID 在[10, 100]区间中的所有用户数据。若分布式键值存储系统支持范围查找，则每个数据分区使用的底层索引一般为有序索引，如 LSM 树和 B+树。

事务操作：事务操作保证对多个键值对的访问是原子性的。这里原子性包括两部分：持久化的原子性，即事务内对多个键值的修改必须全部被持久化在存储介质中，而不会存在部分修改；并发的原子性，即多个事务操作并发执行的结果与这些事务串行执行的结果相同。由于一个事务操作中的多个键值对可能被存储在不同的服务器中，分布式键值存储系统通过轻量级的分布式并发控制协议（如乐观并发控制）及事务日志来保证事务操作的原子性。

二级索引：支持二级索引的分布式键值存储系统允许用户使用二级键访问键值对。例如，某个分布式键值存储系统的主键为用户 ID，二级键为用户出生年月，值为用户数据，则能访问特定出生年月的用户对应的数据。与主键的唯一性不同，通过某个二级键可以访问多个数据。

8.3.1　典型分布式键值存储系统

本小节介绍两款典型的分布式键值存储系统，包括工业界提出的 Dynamo 系统[2]及学术界提出的 RAMCloud 系统[3]，前者主要关注系统的高可用性和高扩展性，后者主要关注系统的低延迟和高吞吐率。

1. Dynamo

Dynamo 是最早的商用分布式键值存储系统之一，它由亚马逊公司提出，主要设计目标是高可用性和高可扩展性。Dynamo 用于亚马逊公司的诸多核心业务，如在线购物；这些业务需要极高的可用性，因此 Dynamo 通过牺牲一致性来保证即使存在服务器崩溃，应用的写操作总能够成功。此外，为了应对持续增长的数据量，Dynamo 支持动态增添服务器，并将键值数据复制在多个数据中心。

（1）系统接口及语义

Dynamo 仅提供最终一致性的语义保证，它主要具有以下两种接口。

get(key)：返回主键 key 对应的键值对及对应的上下文（context）。由于 Dynamo 采用了具有最终一致性保证的副本协议，可能返回多个不同版本的键值对，这时需要用户解决冲突，选择唯一的键值对。上下文包含着键值对的元数据（如版本信息）。

put(key, context, value)：将键值对<key, value>写入 Dynamo 系统，其中 context 是从之前的 get 操作返回的上下文，用于 Dynamo 系统内部检查不同版本键值对之间的冲突。

（2）副本管理机制及读/写流程

Dynamo 使用基于法定人数的副本机制（Quorum-based Replication）提供数据存储的高可靠性。每份键值对会被复制到 N 台服务器中。同时，对于每份键值对具有一个偏好列表（Preference List），里面包含 M 台服务器（M > N）。偏好列表是有序的，其中第一台处于正常状态的服务器作为该键值对的协调者，用于发起数据复制操作。

客户端发起 put/get 操作时，请求会被路由至对应的协调者。协调者将请求广播至偏好列表的前 N 台处于正常状态的服务器（包括协调者本身）。对于 put 和 get 操作，协调者分别需要等待 W 和 R 个回复才能够将操作结果返回给客户端。一般情况下 W+R > N，以保证 get 操作有很大概率返回最新被写入的数据。然而，当服务器崩溃或网络连接不稳定时，协调者和前 N 台处于正常状态的服务器会发生变化，导致不同服务器中某个主键对应的键值对数据可能不一致。Dynamo 通过向量时钟（Vector Clock）追踪不同版本键值对之间的因果关系，用于检查版本冲突。下面首先介绍向量时钟，然后介绍 Dynamo 如何使用向量时钟检查版本冲突。

向量时钟是分布式存储系统中追踪事件之间因果关系的经典方法。假设集群中存在 P 台服务器，分别记作服务器 1，服务器 2，……，服务器 P。其中任意服务器 i 维护一个长度为 P 的数组，被称为向量时钟，记作 V_i。系统初始化时，V_i 中所有元素均为 0。V_i 有以下 3 种更新规则：当服务器 i 发生一个本地事件时（如进行了数据存储），$V_i[i]$ 加 1；当服务器 i 发送网络包时（即发送事件），将 $V_i[i]$ 加 1，并在发送的网络包中携带该向量时钟；当服务器 i 接收到服务器 j 的网络包时（即接收事件），先将 $V_i[i]$ 加 1，并针对所有的 k（$1 \leq k \leq P$），更新 $V_i[k]$ 为 $V_i[k]$ 和 $V_j[k]$ 中的较大值（其中 V_j 是服务器 j 的网络包中包含的向量时钟）。

向量时钟能够准确地捕捉事件之间的因果关系，若事件 A 的向量时钟中每个元素都大于或等于事件 B 的向量时钟对应元素，则 A 和 B 之间存在因果关系，即 B→A；若两个向量不可比较，则两个事件之间不存在因果关系。

在 Dynamo 中，每个版本的键值对会生成一个对应的向量时钟。客户端发起 put 请求时，会携带上次 get 请求返回的上下文；该上下文也含有向量时钟。当某个协调者处理该 put 请求时，会为新的键值对生成向量时钟，并将新键值对和该向量时钟广播至 N 台服务器。对于 get 操作，协调者比较从 N 台服务器返回的 R 个回复中键值对的向量时钟，若 R 个版本的键值对存在因果关系，则向客户端返回其中最新的键值对和对应向量时钟；若某些版本的键值对之间不存在因果关系，则将这些键值对和对应向量时钟全部返回给客户端，客户端通过自己的逻辑解决冲突，确定一个正确的版本，并将其重新写入 Dynamo 系统。为了减少向量时钟的存储空间，Dynamo 做了一些优化：向量时钟中不存储为 0 的值，即使用紧凑的列表而不是服务器长度的数组；此外，Dynamo 限定了每个向量时钟中的最大元素数目，会移出过于老旧的元素。

2. RAMCloud

RAMCloud 是美国斯坦福大学的研究者提出的分布式键值存储系统，它的主要设计目标是实现低延迟。因此，RAMCloud 在 DRAM 中维护所有的数据，并且依赖高速网卡和用户态网络栈进行服务器间通信。

图 8.3 展示了 RAMCloud 的系统架构。RAMCloud 运行在单个数据中心内部，包含多台存储服务器、一台协调服务器及多台客户端服务器。其中每台存储服务器包含 Master 和 Backup 两个组件：Master 将键值对存储在 DRAM 中，并服务客户端的请求；Backup 将其他 Master 中的键值对冗余存储在磁盘或闪存中。协调服务器高可靠地存储着集群配置信息，以及数据分区到存储服务器的位置映射。应用服务器缓存着位置映射，可以直接向存储服务器发出存储请求。

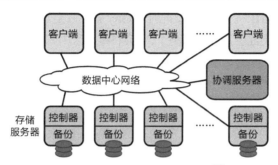

图 8.3　RAMCloud 的系统架构[3]

（1）系统接口及语义

一个 RAMCloud 集群存储着多张具有唯一 ID 和名字的表，每张表包含多个数据分区，一个数据分区中的键值对作为整体被存储在一个 Master 和多个 Backup 中。RAMCloud 具有如下基本访问接口。

createTable(name)：创建名字为 name 的表，返回表的 ID。

getTableId(name)：返回名字为 name 的表对应的 ID。

dropTable(name)：删除对应的表。

read(tableId, key)：查询 tableId 对应的表中主键为 key 的键值对，此外还会返回该键值对的版本。

write(tableId, key, value)：将<key, value>插入或更新到 tableId 对应的表中，并返回键值对的版本。

delete(tableId, key)：删除 tableId 对应的表中主键为 key 的键值对。

此外，RAMCloud 还提供其他接口，以应对不同的使用场景，比如批处理接口，支持一次操作读/写多个键值对；原子操作接口，支持原子性的条件更新以及自增操作；数据分区的管理接口，支持将某个数据分区分裂成多个数据分区，以及将数据分区迁移至另一个 Master。

（2）副本管理机制及读/写流程

RAMCloud 的副本管理机制与它的本地存储方式密切相关。RAMCloud 使用基于日志的方式存储数据。具体来说，对于一个数据分区，Master 在 DRAM 里将其组织成两部分，追加写的日志区和散列索引，其中日志区中存储着键值对，散列索引用于查询日志区中的键值对。日志区由定长（如 8 MB）的日志段组成，是副本机制的基本单元。由于 DRAM 的价格昂贵且掉电后数据会丢失，RAMCloud 将日志段的副本存储在磁盘中。RAMCloud 中基于日志的存储方式具有两个好处：首先，相比于传统的 DRAM 分配器，它减少了 Master 的 DRAM 碎片，提高了 DRAM 的使用率；其次，它让 DRAM 和磁盘中的数据格式完全一样，极大简化了系统的存储管理。但是，基于日志的存储方式会引入垃圾回收的开销，若某一日志段（记作 A）中存在大量无效键值对，RAMCloud 使用清理线程将 A 中的有效键值对移动至新的日志段，然后释放 A 所占用的空间。

　　RAMCloud 使用主从备份（Primary-backup Replication）进行数据副本管理。图 8.4 展示了 RAMCloud 处理写操作的流程。客户端将键值写请求发送至对应的 Master。Master 首先将新键值追加至对应的日志段并更新散列表，然后将该键值对广播至对应的 Backup。Backup 收到键值对时将其写入本地的非易失性缓冲区（如持久性内存）中，并回复 Master。当 Master 收到所有的回复时，即可保证数据被可靠地存储在所有副本中，此时 Master 就能回复客户端，表示该写操作已经成功完成。当 Backup 的本地非易失性缓冲区被写满了，它会将缓冲区中积攒的日志段写入磁盘。RAMCloud 引入非易失性缓冲区是为了同时实现副本操作的低延迟和持久化。对于读操作，客户端将请求发送至对应的 Master，Master 查询对应数据分区的散列表，定位到日志区中的键值对，并返回至客户端。

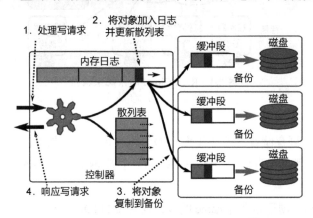

图 8.4　RAMCloud 处理写操作的流程[3]

　　当某台存储服务器崩溃时，它的 Master 中 DRAM 数据将会丢失。此时，RAMCloud 需要从 Backup 中恢复崩溃的 Master 对应的日志段，识别出最新的键值数据，并在 DRAM 中重构出散列表。为了保证高可用性，恢复需要很快完成，因此 RAMCloud 设计了快速并行恢复的机制。具体来说，对于一个数据分区，它的 Master 设法将不同的日志段分散在大量不同的 Backup 中；当恢复这个数据分区时，不同的日志段可以从不同的 Backup 读取，这样能够充分利用大量磁盘的聚合带宽。此外，对于某个崩溃的 Master，RAMCloud 将其存储的数据划分成多份，每一份由一台正常的存储服务器负责，进行恢复重构，这样能够充分利用不同存储服务器的网络和 CPU 资源。

8.3.2　分布式键值存储系统关键技术

　　本小节介绍分布式键值存储系统的关键技术，包括分布式副本技术及分布式二级索引技术。

1. 分布式副本技术

　　分布式键值存储系统利用分布式副本技术提供高可用性。除了 Dynamo 使用的基于法定人数的副本机制（Quorum-based Replication）和 RAMCloud 使用的主从备份（Primary-backup Replication），常用的分布式副本技术还有基于共识协议（Consensus Protocol）的副本机制。

　　如图 8.5 所示，在基于共识协议的副本机制中，每个副本具有命令日志和状态机。其中命令日志记录着用户发出的请求，如键值对更新；状态机按顺序执行命令日志中的请求。只要每个副本的命令日志完全相同，则每个副本的状态机也会完全一致。共识协议用来保证不同副本的命令日志内容相同；常见的共识协议有 Paxos[4]和 Raft[5]。这里简单介绍 Raft 协议的执行流程。

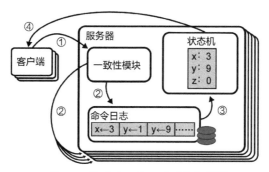

图 8.5　基于共识协议的副本机制[5]

在 Raft 协议中，每个副本服务器会是以下的角色之一：Leader、Follower 和 Candidate。其中 Leader 主导命令日志复制的过程，客户端将请求发送给 Leader，Leader 将请求追加至本地的命令日志，并将其广播至 Follower；Follower 将收到的请求写入命令日志对应位置。当 Leader 收到大多数 Follower 的回复时，即可保证该请求已经成功提交，便可执行该请求至状态机并回复客户端。当 Follower 通过超时机制检测出 Leader 崩溃时，就会变成 Candidate，尝试将自己选举为新的 Leader。Raft 协议将时间划分成递增的编号（记作 Term），通过特定的选举机制保证每个 Term 只会存在一个 Leader。当集群由于网络分区同时存在多个 Leader 时（它们的 Term 不一样），Raft 协议也能保证不会存在某个日志项在不同副本中以不同的内容被提交。

主从备份机制比基于法定人数的副本机制和基于共识协议的副本机制更容易实现。但当存在崩溃的服务器时，主从备份需要特殊的恢复协议，可用性更低。最后，主从备份的延迟更高，因为需要等待所有的从副本回复，而其余两种副本技术只需要等待部分副本回复。

2. 分布式二级索引技术

分布式键值存储系统使用二级索引支持从二级键访问键值数据。二级索引维护从二级键到主键的映射，可以像主索引一样被分散至多台存储服务器，以提高扩展性。二级索引的分散方式有两种，它们的二级索引查询性能和主索引修改性能各有优劣。

在第一种方式中，二级键与对应的主键存在同一台服务器，如图 8.6（a）所示。这种方式被 Cassandra[6]等分布式键值存储系统使用。在这种方式中，由于一个二级键会对应多个主键（二级键 "1997" 对应的主键存在于两台服务器），所以对于二级索引查询操作，客户端需要并行地发送请求至所有的服务器，浪费大量网络资源；但对于主键修改操作，该方式只涉及一台服务器，延迟低且不需要分布式协调。

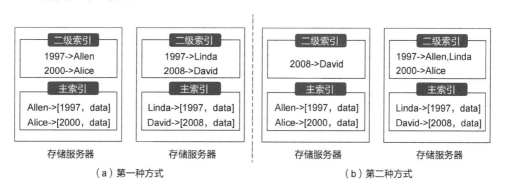

（a）第一种方式　　　　　　　　（b）第二种方式

图 8.6　二级索引的两种分散方式

在第二种方式中，二级索引根据二级键被分散到多台机器，如图 8.6（b）所示。这种方式被 RAMCloud 使用。在这种方式中，二级索引查询操作需要两次网络往返：首先查询对应二级索引所在的服务器，获得对应的主键列表；然后根据这些主键查询对应的主索引所在的服务器，获得目标键值对数据。主索引修改需要多次网络交互：首先发送到主索引对应的服务器（记作 A），查询到旧的二级键；然后 A 发送数据至新的二级键所在的二级索引服务器，请求建立新的二级索引条目；接着 A 将新的键值对写入主索引；最后，A 发送数据至旧的二级键所在的二级索引服务器，请求删除旧的二级索引条目。

8.4 分布式对象存储系统

分布式对象存储系统将对象存储在大量的存储服务器中，提供对象访问接口。分布式对象存储系统允许用户创建存储多个对象的桶。每个对象大小不等，最高可达数 TB，由全局唯一 ID 来识别。全局唯一 ID 可用于模拟文件系统的路径（例如，目录 1/目录 2/文件名）；但与文件系统不同，对象存储不提供对象的重命名服务。分布式对象存储系统提供对对象的读/写操作，还提供对对象内某段范围的访问。为减少对元数据的维护，分布式对象存储系统在接口方面做出了一定的牺牲：对象的更新需要一次性重写整个对象，并且不支持对多个对象的原子更新。此外，虽然分布式对象存储系统提供对元数据操作的接口，比如 LIST 操作（在给定一个起始 ID 的情况下，按 ID 的字典序列出一个桶中的其他对象），但此类接口性能较差。

分布式对象存储系统除了拥有云存储的传统优势（如现收现付、规模经济）外，还向用户提供可单独扩展的计算和存储资源。分布式对象存储系统目前常用于存储非结构化数据，即没有预定义数据模型的数据，比如办公文档、图片、音频、视频等。分布式对象存储系统常用的场景有静态网站托管、数据备份归档、视频点播、大数据分析、企业云盘等。近些年，一些云原生数据湖系统（如 Delta Lake）也将对象存储作为底座，并基于对象存储实现了一套高性能、支持事务语义的表格存储。

8.4.1 典型分布式对象存储系统

本小节介绍两款典型的分布式对象存储系统，包括 Swift 系统及 Ceph RADOS 系统。

1. Swift

Swift 分布式对象存储系统是 OpenStack（一个致力于开发和维护云计算服务的开源项目）的项目之一。Swift 采用一致性散列技术[7]来保证分布式系统的可扩展性和负载均衡，采用副本协议保证系统高可用性。Swift 向用户提供对容器和对象的读/写操作，并且一致性等级为最终一致性。此外，Swift 支持数据在多租户之间共享。

（1）集群架构

Swift 主要由代理服务器、对象服务器、容器服务器、账户服务器和审计守护线程组成。为了使分布式对象存储系统在面临临时故障时仍维持一致的状态，Swift 的数据被复制到多个服务器中，Swift 还使用审计服务来检查系统的一致性状态。

代理服务器（Proxy Server）主要作为 Swift 其余组件的入口。对于每个请求，它将查询账户、容器或对象的具体位置并相应地路由请求。请求的返回值也通过代理服务器返回给客户端。

对象服务器（Object Server）用于存储 Swift 中的对象。它可以存储、检索和删除存储在本地设备上的对象。对象作为二进制文件存储在文件系统上，对象元数据存储在文件的扩展属性（xattrs）中。因此，Swift 要求对象服务器的底层文件系统支持文件的扩展属性。

容器服务器（Container Server）用于存储 Swift 的对象列表。它不存储容器中对象的位置，只存储特定容器中的对象列表。列表存储为 SQLite 数据库文件，与对象数据类似，在集群中有多个副本。容器服务器负责统计容器信息，包括容器内的对象总数和容器的总存储使用量。

账户服务器（Account Server）用于存储 Swift 的容器列表。容器列表的功能和组织形式与容器服务器中的对象列表类似，内容由对象信息变为容器信息。

审计守护线程（Auditors）用于爬取服务器内容来检查对象、容器和账户的完整性。如果发现故障，会将错误的对象隔离，并且从另一个副本中复制对象来替换错误数据。如果发现其他错误，审计服务会记录到日志中。

（2）数据组织

Swift 采用三级（账户/容器/对象）的扁平化组织方式。这种组织方式有利于存储集群的扩展。每个存储服务的用户可以拥有多个账户（Account），一个账户可以包含多个容器（Container），每个容器可以包含多个对象（Object）。为支持可扩展性和负载均衡，Swift 需要将对象分布在不同存储节点，Swift 采用一致性散列算法进行对象数据分布。

一致性散列算法是对普通散列算法的改进。普通散列算法对对象 ID 做散列运算并将散列结果对存储节点数取模，以此作为该对象的存储节点编号。普通散列算法在节点增加或节点删除时会给系统引入巨大的开销。具体来说，节点增加或删除时，原有对象到存储节点的映射关系变得无效，因此系统需要进行大量数据迁移，阻塞存储节点服务用户的对象请求。

一致性散列算法可以解决上述问题，它最早由美国麻省理工学院的卡格（Karger）在 1997 年提出。它通过一个散列环的数据结构实现，每一个散列值对应散列环上的一个位置。存储节点均匀地分布在散列环上，对象的散列值通过散列函数计算，将对象的散列值在散列环上递增查找离该对象的散列值最近的存储节点作为该对象的存储节点。当增加一个存储节点时，在散列环中添加一个新的存储节点，只需将其逆时针相邻的存储节点中的部分对象移动到新节点中，其他对象的映射关系不变。如图 8.7 所示，现有散列环中有 3 个存储节点（1、2、3）和 4 个对象数据（A、B、C、D），其中 A 属于存储节点 2，B 属于存储节点 3，C 和 D 属于存储节点 1，当增加新的存储节点 4 时，计算得到其位置在存储节点 3 和存储节点 1 之间，因此位于存储节点 3 和存储节点 4 之间的对象（C）将被迁移到新的存储节点，其他对象（A、B、D）无须迁移。当删除一个存储节点时，只需要将被删除节点中的对象数据移动到散列环中与其逆时针相邻的存储节点中，其他节点的数据无须迁移。如图 8.8 所示，在新增节点的例子中删除存储节点 3，原本存储节点 3 管理的对象（B）将被移动到存储节点 4 中，其他对象（A、C、D）无须迁移。

一致性散列算法通过虚拟节点来尽可能维持增删节点后的负载均衡。具体来说，每个存储节点被拆成多个虚拟节点，所有的虚拟节点被均匀分散在散列环上；每个存储节点实际管理的对象的散列区间为散列环上多段不连续的区间。通过虚拟节点，一致性散列算法能够在删除一个存储节点时，将该节点存储的对象尽可能分散到其他剩余的存储节点中；在增加一个存储节点时，新的存储节点分担存储其他原有存储节点的对象。

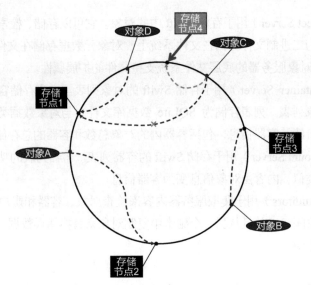

图 8.7　一致性散列算法：增加节点

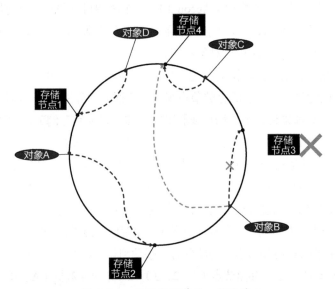

图 8.8　一致性散列算法：删除节点

（3）数据读/写流程

下面以写对象为例介绍 Swift 的数据读/写流程。

① 代理服务器向客户端提供 API，客户端向代理服务器发起写请求。

② 在访问 Swift 服务之前，客户端需要通过认证服务获取访问令牌，并在消息中加入认证令牌。

③ 代理服务器向对象服务器发送写请求。

④ 若写操作成功，对象服务器向代理服务器发送写成功的消息。

⑤ 代理服务器转发写操作的结果给客户端。

2. Ceph RADOS

RADOS（Reliable and Autonomic Distributed Object Store，可靠、自动的分布式对象存储）是 Ceph 的对象存储系统。它提供可靠的对象存储接口，支持动态且异构的存储节点。

（1）集群架构

Ceph RADOS 主要由监控节点和 OSD 存储节点组成，提供的接口能够兼容之前介绍的 Swift 对象存储接口和 Amazon S3 接口。

监控节点维护集群映射，包括存储节点状态、对象到数据节点的映射关系等。存储集群的客户端需要从监控节点中读取集群映射，并根据集群映射关系进行对象寻址。集群映射的监控节点被部署在多个服务器中以保证在单个监控节点崩溃的情况下系统具备高可用性，多个监控节点构成监控节点集群，并通过分布式一致性协议同步各个监控节点中的数据。

存储节点用于存储 RADOS 中的对象。此外，每个存储节点上设有一个守护进程 OSD Daemon，负责检查该存储节点自身状态和其他存储节点的状态并报告给监控节点。OSD Daemon 主动向监控节点发送存储节点状态。

（2）数据组织

存储节点使用本地文件系统存储对象，每个对象对应文件系统中的一个文件。不同于 Swift 利用文件扩展属性存储对象元数据，Ceph RADOS 支持将对象元数据作为键值对存储在本地的键值存储引擎（例如 LevelDB）中，以此来打破文件扩展属性对对象元数据的数量限制。

Ceph RADOS 依靠两个组件完成对象数据分布：存储池（Pool）和 PG（Placement Group，放置策略组）。一个存储池包含多个 PG，每个存储池中的对象采用相同的数据冗余策略（副本策略或纠删码策略）。一个 PG 包含多个对象，一个 PG 内的对象可以分布在多个存储节点中，每个存储节点可以存储不同 PG 的对象。

为支持可扩展性和负载均衡，Ceph RADOS 构建了 CRUSH（Controlled Replication Under Scalable Hashing）算法[8]来管理对象到存储节点的映射关系。

CRUSH 算法以 PG 为粒度管理对象到存储节点的映射关系。算法的输入为 PG 的 ID（PG_ID）、层级化集群映射（Hierarchical Cluster Map）和放置策略（Placement Rules），算法的输出为可选择的存储节点列表。

层级化集群映射描述了存储集群的拓扑结构，拓扑中的叶子节点对应一个存储设备（OSD），拓扑中非叶子节点对应一个设备的容器（被称为 Bucket）。常见的 Bucket 类型有数据中心（Datacenter）、房间（Room）、机柜（Rack）、节点（Host），数据中心包含多个房间，每个房间包含多个机柜，每个机柜包含多个节点，每个节点又可以包含多个 OSD。用户可以为 OSD 指定权重以便控制存储数据量，因此 OSD 的负载与它的权重成正比。Bucket 的权重为其子 Bucket 的权重之和。放置策略向用户提供了自由定义副本放置策略的接口，其定义了 PG 中的对象的副本放置策略。

CRUSH 算法主要分为两步。第一步，CRUSH 算法将每个对象映射到一个 PG。当 PG 数量是 2 的幂时，CRUSH 算法通过将对象的散列值对 PG 数（PG_NUM）取模得到其 PG 的 ID（PG_ID）。当 PG 数量不是 2 的幂时，CRUSH 算法通过将对象的散列值对 PG 数附近的两个 2 的幂[一个小于 PG 数（PG_NUM1），一个大于 PG 数（PG_NUM2）]取模得到两个散列值（hash1，hash2）。若 hash2 小于 PG_NUM，CRUSH 算法以 hash2 作为对象的 PG_ID，若 hash2 大于 PG_NUM 则没有与之对应的 PG，CRUSH 算法以 hash1 作为对象的 PG_ID。这种方法的目的在于尽量减少 PG 数目变化时对象的迁移。下面用一个例子加深对此方法的理解，考虑两个对象 A 和 B，Hash（A）=25，Hash（B）=29。假设一开始有 8 个 PG（PG_NUM = 8），因此 CRUSH 算法计算得到 PG_IDA = 1 和 PG_IDB = 5。当 PG 数目由 8 增加到 12（PG_NUM = 12）时，此时，PG_NUM1 = 8，PG_NUM2 = 16。CRUSH

算法首先计算 A 和 B 的 hash2A = 9 和 hash2B = 13。因为 hash2A 小于 PG_NUM，所以直接将其作为对象 A 的 PG_ID；因为 hash2B 大于 PG_NUM，CRUSH 算法计算对象 B 的 hash1B = 5 作为其 PG_ID。对比 PG 数目增加前后的映射关系，对象 B 的映射保持不变。

第二步，CRUSH 算法为每个 PG 选择对应的 OSD 列表。CRUSH 算法对层级化集群映射从根节点开始逐层分配，分配策略由用户定义的配置策略决定。具体地说，配置策略指定每一层选择的 Bucket 数目和选择的随机算法，CRUSH 算法以一个 Bucket 作为输入，用随机算法从中选出指定数目的子 Bucket，被选出的子 Bucket 作为输入继续执行 CRUSH 算法，直到选出对应的 OSD。随机算法是按照每个子 Bucket 的权重进行选择，目前 CRUSH 算法有 5 种随机算法（Uniform、List、Tree、Straw 和 Straw2），不同的随机算法使用不同的公式选择子 Bucket。Straw2 随机算法是最受欢迎的，因为当改变集群映射关系或配置策略组数量时，它的迁移开销是最小的。

（3）数据读/写流程

下面以写操作为例介绍 Ceph RADOS 的写操作流程，如图 8.9 所示。读操作流程基本相同。

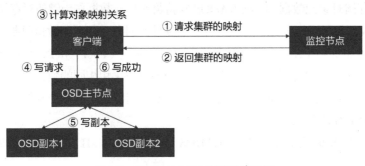

图 8.9　Ceph RADOS 的写操作流程

① 客户端向监控节点请求集群的映射。

② 监控节点向客户端返回集群的映射，这将作为 CRUSH 算法的输入。

③ 客户端计算对象到 OSD 的映射关系。

④ 客户端向 OSD 的主节点发起写请求。

⑤ OSD 的主节点中的 OSD Daemon 负责完成对象数据在副本中的同步。

⑥ 若写操作成功，OSD 的主节点向客户端发送写成功的消息。

8.4.2　分布式对象存储系统关键技术

本小节介绍分布式对象存储系统所涉及的关键技术，包括数据分布技术及负载均衡技术。

1. 数据分布技术

数据分布技术一般需要考虑 3 点：①保证较好的负载均衡，每台服务器存储的数据和接收的请求不会存在较大差别；②当增删服务器时需要迁移的数据量能够尽可能少；③如果考虑副本，副本的分布能够保证较高的可用性。分布式对象存储系统中常见的数据分布式技术有 Swift 使用的一致性散列算法及 Ceph RADOS 使用的 CRUSH 算法。此外，还存在一些对于上述两种算法的扩展，比如 MapX[9]。

MapX 解决的问题是传统 CRUSH 算法中集群扩容时数据迁移量不可控。MapX 的主要方法是在原有 CRUSH 算法之上加入了时间维度的映射机制。具体地说，MapX 记录对象的创建时间和每次集群扩容的时间。每次扩容时，MapX 在层级化集群映射中创建新的虚拟层，并分配新的 PG，这些 PG 包含对于扩容的时间戳信息。新创建的对象会被映射到新的虚拟层，而原有对象的分布位置不变，避免了数据迁移。同时，通过操作原有对象的时间戳可以很容易地将原有 PG 重新映射到新的虚拟层，从而解决潜在的负载不均问题。

2. 负载均衡技术

不同对象的访问频率不同且存在热点，同时热点会随时间变化，因此分布式对象存储系统需要通过负载均衡技术防止某些服务器过载，影响系统整体性能。常用的负载均衡技术主要有以下4种。

数据迁移：当某些服务器过载时，该技术会将过载服务器中的部分对象迁移至其他空闲的服务器。在迁移过程中，对被迁移对象的访问可能会受到一些阻塞。此外，迁移使用的存储带宽和网络带宽也会对正常的任务造成影响。

数据缓存：该技术利用分布式内存系统来缓存热点的对象，由此挡住这些热点对象对分布式对象存储系统的访问流量，以达到负载均衡效果。该技术的主要问题是无法处理热点的写操作，由于分布式内存系统不能进行数据持久化，还需要后端的分布式对象存储系统处理热点对象的写操作。

数据复制：该技术根据对象的热点程度将其复制至多台服务器，这样不同服务器都能够服务热点对象的请求，以避免某些服务器过载。该技术的主要缺点是需要处理副本间的一致性。

数据拆分：该技术将对象拆分成多个定长的数据块，存储在不同服务器中，这些对于热点对象的读/写开销会平摊至多台服务器。然而，该技术存在两个缺点，首先，它只对大对象有效，对于小对象，会极大浪费网络吞吐率；其次，该技术会导致对象读/写尾延迟变高，因为需要等待所有服务器返回。

8.5 分布式块存储系统

分布式块存储系统是一种将服务器集群的存储资源以块接口暴露给外部的分布式存储系统。分布式块存储系统常用的协议包括 FCoE（Fibre Channel over Ethernet，以太网光纤通道）协议、FC 协议和 iSCSI 等标准接口协议。分布式块存储系统将数据以块为单位进行分割，并将每块数据保存到不同的物理位置上，当客户端请求数据的时候，再将一个或多个块的数据进行拼接返回。

分布式块存储系统具有低延迟、高可用性、管理简单、扩展性强等优点。其最常用的场景是作为虚拟机的虚拟磁盘，以兼容现有的单机应用，例如虚拟机的用户在虚拟磁盘之上挂载 Linux 文件系统，并运行单机键值存储系统 LevelDB 作为存储服务。此外，分布式块存储系统也广泛用于数据库、邮件系统等场景。

8.5.1 典型分布式块存储系统

本小节介绍两款典型的分布式块存储系统，包括 Amazon EBS（Elastic Block Store，弹性块存储）系统及 Blizzard 系统[10]。

1. Amazon EBS

EBS 是一种云环境下的分布式块存储系统，旨在配合 EC2（Elastic Compute Cloud，弹性计算云）实例使用。EBS 在 EC2 上可以像普通主机的磁盘一样使用，作为 EC2 实例的系统盘或数据存储盘。EBS 相比于传统的云端存储，更加强调存储的可用性和一致性。可用性意味着每一个客户端操作都应在一定的时间内得到响应；一致性则强调存储的数据应该符合用户的执行语义。

EBS 块存储服务主要有两种，NAS 和实例存储。EBS 主要包括以下 3 种基本操作：创建一个新的 EBS 卷；将 EBS 卷连接到 EC2 实例上；对一个 EBS 卷进行快照。

当 EBS 用于 NAS 的形式的时候，创建 EBS 卷之后，必须先对其进行格式化操作，为 EBS 初始化一个文件系统，之后可以按照传统磁盘的操作进行使用，但不能将 EBS 卷连接到这个服务器上。在需要使用备份的时候，可以通过快照进行快速备份，这种快照机制采用一种增量保存的方式，第一次保存快照数据量较大，而之后的快照仅保存相对于之前快照的更新。

当 EBS 用作实例存储的时候，EBS 会被看作一个块设备，虽然不需要进行格式化，但是实例存储只能和实例绑定使用，不能单独存在。

亚马逊 EBS 主要有以下的几个特征。

高可扩展性：EBS 可以灵活地根据不同系统的需求进行扩展。这种性质主要体现为可以通过快照的方法对于当前 EBS 存储卷进行备份，并使用快照创建新的 EBS 存储卷。

数据备份：EBS 可以通过快照功能来进行备份，使用增量备份的方法，并将备份数据保存到亚马逊 S3 系统上，还可以基于之前的快照来建立新的 EBS 存储卷。

资源可弹性部署：可以随时根据需求增减 EBS 的大小。

2. Blizzard

Blizzard 是一种针对 POSIX 和 Win32 应用进行优化的分布式块存储系统，向上层应用提供虚拟磁盘的抽象。传统应用（即 POSIX 和 Win32 应用）和云原生应用的 I/O 模式和一致性要求有着较大不同，为 Blizzard 的设计带来了诸多挑战。在 I/O 模式方面，云应用（如 MapReduce）主要产生较大的顺序 I/O 请求，而传统应用主要产生大量小的随机 I/O 请求且局部性较差；在一致性要求方面，云原生应用需要的一致性较低，允许部分数据丢失，而对于传统应用，一小部分数据的损坏就会导致元数据不一致，造成严重的后果（如所有的数据都无法被正常索引）。此外，传统应用大量使用 fsync() 系统调用来控制写操作的顺序和持久化，它会阻止后续的写操作直到之前所有写操作完成，限制了磁盘的并发性。因此，Blizzard 需要减少 fsync() 对分布式块存储系统的性能影响。

Blizzard 构建在 FDS（Flat Datacenter Storage，扁平化数据中心存储）[11]之上。FDS 是一款数据中心级别的 Blob 存储系统（Blob 是非结构化的对象），它以 8 MB 的数据段（称为 Tract）为单位对 Blob 进行条带化管理。具体来说，FDS 将一个 Blob 拆分成多个 Tract，其中每个 Tract 被独立存储在某块磁盘上。Blizzard 将虚拟磁盘存储在 FDS 的 Blob 中。但由于 POSIX 应用的 I/O 一般小于 8 MB 的 Tract，为了让 POSIX 应用能够充分利用多块磁盘的并行性，Blizzard 提出了嵌套条带化机制。Blizzard 将虚拟磁盘的地址空间划分成多个 Segment，一个 Segment 包含多个 Tract。Segment 中的数据以块为单位被条带化存储在这些 Tract 中。图 8.10 所示为 Blizzard 的嵌套条带化机制，图中为包含 2 个 Tract 的 Segment 的数据映射关系。对于该 Segment 中连续数据块的访问会被转化成对 2 个 Tract 的访问，即对两个磁盘并发访问。通过嵌套条带化机制，Blizzard 能够充分利用多块磁盘的聚合带宽。

Blizzard 支持 3 种一致性语义：直写一致性、周期一致性和乱序一致性。它们的持久性保证依次降低，但对应的性能依次提高。

直写一致性保证当对虚拟磁盘的写操作返回给客户端时，对应的数据已经被成功持久化在 FDS 的磁盘中。在该一致性下，当系统发生崩溃时丢失的数据最少，但运行时的性能最差。

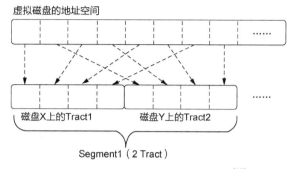

图 8.10　Blizzard 的嵌套条带化机制[10]

周期一致性根据用户发出的 Flush 操作将写操作分成多个周期（Epoch），保证当某个周期的写操作被持久化到磁盘时，之前所有周期的写操作都被成功持久化。在该一致性下，当用户发出写操作和 Flush 操作时，不等持久化完成即可返回，因此可使用户发出更多的请求。为了保证不同周期的写操作之间的顺序性，Blizzard 内部维持了缓存和写队列去暂存写操作，按周期顺序持久化写操作；而对于读操作，会先从缓存中读，若没有命中，则从磁盘上读。

乱序一致性允许用户发出的写操作立即返回，并且按随意顺序持久化，这样可以最大限度地提升性能。此外，为了保证一定程度的用户一致性语义，Blizzard 底层使用日志结构而不是嵌套条带化机制，这种异地更新的方式可以保证出现系统异常时能够恢复到虚拟磁盘的某个一致性的版本。

图 8.11 是 Windows 系统中 Blizzard 的架构图。虚拟磁盘主要包括两个部分：内核态的 Blizzard 磁盘驱动器；用户态的 Blizzard 客户端（包含 FDS 库）。文件系统或应用将 I/O 请求发送到 SATA 驱动；然后，SATA 驱动将请求转发给 Blizzard 客户端库；最后，Blizzard 客户端将 I/O 请求转换为 FDS 请求，发送至 FDS 集群。为了减少内核态和用户态之间的交换数据开销，Blizzard 使用 Windows 的 ALPC（Advanced Local Procedure Calls，高级本地过程调用）机制，它能提供基于共享内存的零复制通信。

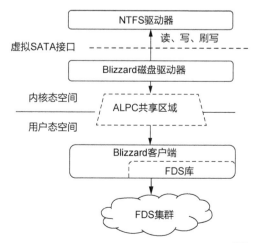

图 8.11　Windows 系统中 Blizzard 的架构图[10]

8.5.2 分布式块存储系统关键技术

本小节介绍分布式块存储系统涉及的关键技术，包括缓存优化技术及并行化技术。

1. 缓存优化技术

在云环境中，虚拟机大多使用分布式块存储系统作为虚拟磁盘，当大量虚拟机同时运行I/O密集型的应用时，整个分布式块存储系统的I/O性能往往会受限于网络。为了减少网络访问，常用的方法是使用本地磁盘设备作为远程磁盘的块缓存。但使用缓存会产生如下几个问题：第一，原本在远端磁盘相邻的块，在本地缓存中不一定相邻，会造成随机访问性能下降；第二，对于缓存元数据的管理会带来额外的开销；第三，虚拟机崩溃时，虚拟磁盘的一致性难以保证。

vStore[12]在虚拟机监控器（Hypervisor）层对块缓存进行管理：Hypervisor拦截上层的I/O请求，因此对于虚拟机完全透明。vStore块缓存被组织成组相连的结构，并根据远程虚拟磁盘的数目分成多个行，避免多个远端虚拟磁盘的缓存相互影响。在逐出缓存块时，vStore充分考虑逐出之后对于缓存连续性的影响，倾向于逐出不连续的或者被修改的缓存块。对于每个缓存块，vStore在其相邻磁盘位置记录对应的元数据和散列值；当虚拟机崩溃重启后，vStore比对缓存块和对应散列值，若不匹配，说明该缓存块不完整，则将其丢弃。

2. 并行化技术

并行化技术将多个随机小I/O分配到多个不同物理磁盘上，以充分利用大量存储设备的聚合带宽。并行化技术在大部分分布式块存储系统中都有所应用，比如Blizzard中的嵌套条带化技术。此外，URSA系统[13]将并行化技术进一步分为磁盘内并行、磁盘间并行和网络并行3种。

磁盘内并行：URSA使用SSD存储数据主副本。为了充分发掘SSD的内部并行性，URSA在一个SSD盘上运行多个块管理进程，同时每个进程通过异步I/O库支持并发地发送多个I/O请求。

磁盘间并行：URSA使用了多种并行机制，包括条带化机制、乱序执行机制和乱序提交机制。

网络并行：URSA将同一个网络连接的请求使用流水线执行，尽可能将数据处理和网络的传输延迟重叠，进一步减少请求的延迟。

8.6 分布式文件系统

分布式文件系统是单机文件系统的分布式扩展，管理多台服务器上的存储资源，并向用户提供了文件系统访问接口和统一的文件系统命名空间。除了文件数据，分布式文件系统还存储着目录元数据和文件元数据。其中，目录元数据包括目录名称、目录的全局唯一标识符（ID）、目录的权限信息、目录的时间戳、目录项（即该目录下的子文件名称和子目录名称列表）；文件元数据包括文件名称、文件的全局唯一标识符、文件的权限信息。

分布式文件系统一般基于C/S的模式设计，其中客户端为应用程序提供标准的文件系统访问接口，服务器则存储着文件系统中所有的数据与元数据。分布式文件系统一般采用数据与元数据分离的设计架构，将文件数据按照数据块的方式存储在众多数据服务器上，将文件元数据和目录元数据存储在单台或多台元数据服务器上。分布式文件系统具有方便管理、扩展性好、可靠性强和可用性强等优势，如今已得到广泛应用。例如，大数据应用将数据集和中间结果存储于分布式文件系统，并依赖其高聚合带宽和海量存储容量。

8.6.1　典型分布式文件系统

本小节介绍两款典型的分布式文件系统，包括 GFS（Google File System，谷歌文件系统）[14]及 InfiniFS 系统[15]。

1. GFS

面对急剧增加的数据处理需求，谷歌公司研发了 GFS 分布式文件系统，为大规模并行数据计算模型 MapReduce[16]提供更好的后端存储支持。GFS 通过使用大规模的廉价服务器组成高性能的数据存储集群。GFS 的设计围绕着谷歌搜索引擎的数据存储和访问特征做了很多优化。在谷歌搜索引擎中，文件都相对较大，新数据多以追加写的方式写入，很少发生对文件的覆盖写和随机写操作。因此，GFS 需要支持对大文件的高速顺序读/写操作。在谷歌 MapReduce 计算框架中，一个计算过程将会被调度到集群内众多服务器上，并行地进行数据的读写与计算。因此，GFS 需要能够支持大量客户端的并行访问。由于采用大规模的廉价服务器，组件故障将成为常态。在分布式文件系统运行的任意时刻，任意服务器都可能由于人为错误、软件故障、硬盘错误、内存错误及网络错误等原因导致操作失败甚至崩溃。因此，GFS 需要通过集群监控、错误检测、自动恢复及容错等技术来保证分布式文件系统的高可用性。

（1）集群架构

如图 8.12 所示，GFS 包含两类服务器，元数据服务器（Master）和数据服务器（Chunk Server）。单个 GFS 实例由一个元数据服务器和众多数据服务器组成。多个应用程序可以并行访问同一个 GFS 实例，共享一个文件系统命名空间。GFS 的服务程序运行在用户态下。

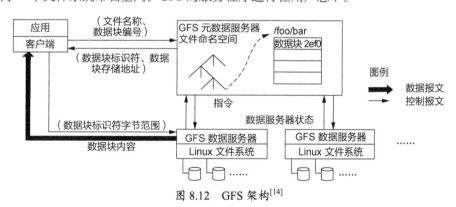

图 8.12　GFS 架构[14]

GFS 使用单个元数据服务器来管理集群内所有文件的元数据信息。这些元数据包括文件系统目录树、访问控制信息、文件偏移到数据块的映射信息，以及数据块到存储该数据块的数据服务器的映射信息。元数据服务器将应用程序对某个文件路径名的读/写操作翻译为对相应数据块的读/写操作。元数据服务器还会周期性地向所有数据服务器发送心跳信息，来监控集群中数据服务器的状态。

GFS 将文件的数据部分切分成数据块（Chunk）分布到数据服务器上。在 GFS 中，数据块的大小被默认设置为 64 MB。每一个数据块在新建的时候，由元数据服务器分配一个 64 比特的数据块标识符（Chunk Handle）。每个数据块的标识符在存储集群中是全局唯一的。数据服务器使用本地文件系统来存储并管理数据块。在拿到数据块标识符和数据服务器地址之后，客户端便可以绕过元数据服务器，直接与数据服务器进行数据读/写操作。GFS 采用多副本机制来保证数据块的可靠性，并采用主从副本的方式来维护多个数据副本之间的一致性。默认每一个数据块都会有 3 个副本保存在不同的数据服务器之中。

客户端为应用程序提供了 GFS 分布式文件系统的访问接口，并代替应用程序与元数据服务器和数据服务器进行通信来完成文件读/写操作。对于应用程序的文件元数据操作，客户端会与元数据服务器进行交互。对于应用程序的文件数据读/写操作，客户端首先向元数据服务器请求对应数据块的标识符和数据服务器地址，然后在之后的数据读写中直接与数据服务器建立通信。GFS 客户端并不提供完整 POSIX 语义的文件系统接口，应用程序需要使用规定的文件操作原语来访问 GFS 分布式文件系统。GFS 客户端不缓存文件数据，这是由于 GFS 面向的是大文件存储和顺序读写的场景，客户端缓存很难命中。

（2）目录树组织

在 GFS 中，所有的文件元数据信息都保存在元数据服务器的内存中。对文件系统目录树及文件到数据块的映射，GFS 通过日志的方式，将其持久化到本地硬盘中，并通过多副本机制备份到集群中来保证文件系统元数据服务的可靠性。元数据服务器并不保存数据块标识符到服务器地址的映射，而是在集群启动时，通过遍历访问所有数据服务器本地存储的数据块信息，从而在元数据服务器中重新构建出完整的数据块标识符到服务器地址的映射关系。

GFS 的设计目标是优化文件数目适中但单个文件数据量较大的存储模式。因此采用了单一元数据服务器的集中式元数据管理模式，并且将元数据信息全部加载到服务器内存，这极大简化了元数据服务器的设计。但采用单一的元数据服务器也限制了 GFS 的扩展性。随着文件数量进一步增大，GFS 的元数据服务器的压力会越来越大。甚至由于内存大小有限，可能无法在内存中装下文件系统中所有的文件元数据信息。同时由于采用单一元数据服务器，整个集群的性能和运行时间，受限于该元数据服务器的性能和运行时间。当元数据服务器崩溃时，便无法访问整个存储集群。此外，由于元数据服务器启动时需要查询所有数据服务器以获得数据块到服务器的映射，随着文件数目增多，元数据服务器的启动时间也会变得越来越长。

（3）文件创建流程

在 GFS 中，应用程序创建文件的流程如下。

① 应用程序调用客户端提供的文件创建请求函数，指定要创建的文件名路径和权限设置。

② 客户端与元数据服务器建立连接，并发送文件创建操作信息。

③ 元数据服务器在目录树中创建文件名，并根据权限设置初始化文件元数据信息，并将创建操作写到外存日志中。

（4）文件读/写流程

在 GFS 中，应用程序读取文件数据的流程如下。

① 应用程序调用客户端提供的读请求函数，指定访问文件的路径名、偏移量和读取长度。

② 客户端根据数据块大小，将偏移量和长度信息转换成文件内数据块编号、块内偏移和长度。客户端与元数据服务器建立连接，并发送读操作信息。

③ 元数据服务器通过查询目录树信息，根据文件路径名和数据块编号得到数据块的全局唯一标识符，以及存储该数据块的主副本数据服务器和从副本数据服务器的地址，将其返回给客户端。

④ 客户端从主副本数据服务器和从副本数据服务器中选取距离最近的数据服务器建立连接。

在之后一定的时间内，任何对该数据块的读/写操作，客户端都会与该数据服务器直接通信，不再需要元数据服务器的参与。

2. InfiniFS

随着数据量的飞速增长，现代大规模数据中心往往管理着百亿甚至千亿量级的文件，产生了海量文件元数据，远超目前分布式文件系统（如 GFS）的元数据服务器的容量。为此，数据中心通常被划分为相对较小的集群，每个集群单独运行一个分布式文件系统实例。然而，数据中心更加希望使用单个分布式文件系统实例来管理整个数据中心内的文件数据，这样可以实现全局数据共享、高资源利用率和低维护成本。

可扩展且高效的分布式元数据服务对于分布式文件系统来说至关重要。由于现代数据中心通常包含数百甚至数千亿的文件，使用一个极大规模的文件系统来管理所有的文件给元数据服务带来了严峻的挑战。第一，随着分布式文件系统目录树的不断增长和应用工作负载的多样化，如何将目录树划分到多台元数据服务器上，同时保证较高的元数据访问局部性和良好的负载均衡是一个较大的挑战。第二，由于在极大规模的文件系统中，文件的深度较深，导致文件系统操作的路径解析过程的延迟较高。第三，由于极大规模的文件系统通常需要服务众多并发访问的客户端，客户端缓存一致性维护的开销巨大。

InfiniFS 是一个用于极大规模分布式文件系统的高效元数据服务，来解决海量文件场景下分布式文件系统面临的上述挑战。首先，InfiniFS 通过解耦目录元数据结构，将相关联的目录元数据与文件元数据组合在一起，并将其均匀分布到多台元数据服务器上，来同时保证元数据访问的局部性和负载均衡。其次，InfiniFS 使用加密散列计算的方式生成目录的全局标识符，并通过预测执行的方式并行化路径解析过程，保证了元数据访问的低延迟。最后，为了缓解路径解析对近根目录的读热点，InfiniFS 设计了乐观的目录结构元数据缓存机制，通过在元数据服务器上检查访问操作的正确性，降低了缓存一致性维护的开销。

（1）集群架构

如图 8.13 所示，InfiniFS 的元数据架构包括 3 个部分：客户端、多个元数据服务器和单个协调服务器。

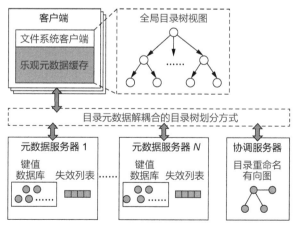

图 8.13　InfiniFS 的元数据架构[15]

客户端：InfiniFS 提供了一个由多个客户端共享的全局文件系统目录树。InfiniFS 客户端提供了用户态链接库和FUSE用户态文件系统框架两种访问方式。客户端通过并行路径解析来降低延迟，并使用乐观元数据缓存，以减轻近根目录的读负载。

元数据服务器：文件系统目录树被解耦并分布在多台元数据服务器上，以实现高元数据局部性和良好的负载平衡。每台服务器将元数据存储在本地键值存储系统中，它通常在内存中缓存元数据，并通过日志的方式持久化到外存中，以保证高性能。元数据服务器使用无效列表来记录目录重命名操作，并验证客户端元数据请求涉及的缓存是否无效。

协调服务器：InfiniFS使用一个中心协调服务器来处理目录重命名操作。协调服务器首先检查并行执行的目录重命名操作是否会导致孤儿环路，然后将目录重命名的修改信息广播到每个元数据服务器的无效列表中。

（2）目录树组织

如图8.14（a）所示，在分布式文件系统中，目录被组织成一个单根倒置树结构。文件包含元数据和数据两个部分。文件系统目录树的元数据包含目录元数据和文件元数据。在一个目录中的另一个目录称作它的子目录。在一个目录中的另一个文件称作它的子文件。

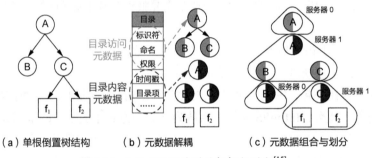

（a）单根倒置树结构　　　（b）元数据解耦　　　（c）元数据组合与划分

图8.14　InfiniFS目录树的解耦与划分[15]

如图8.14（b）所示，InfiniFS将目录树中的每一个目录元数据解耦为目录访问元数据和目录内容元数据两个部分。目录访问元数据指的是与目录本身的访问，即与路径解析和权限检查过程相关的部分目录元数据。文件系统操作中的路径解析过程会使用目录访问元数据来索引文件并检查目录和文件的权限。目录访问元数据包括了目录的命名、目录的全局唯一标识符、目录的权限信息，其中包括所属用户的全局唯一标识符、用户组的全局唯一标识符，以及目录的访问权限（如只读、读写、可执行等）。目录内容元数据指的是与目录的子节点有依赖的部分目录元数据。目录的子节点指的是在该目录中的子文件和子目录。当列出目录内容，或在目录下创建、删除子文件和子目录时需要更新该目录的目录内容元数据。目录内容元数据有目录的时间戳，包括访问时间（atime）、修改时间（mtime）和变化时间（ctime），以及目录项，包括目录子文件和子目录的命名列表。

如图8.14（c）所示，InfiniFS将解耦后的元数据重新组合并划分到不同的元数据服务器上。对于文件系统目录树中的每个目录，将它的访问元数据与其父目录的内容元数据组合在一起，将它的内容元数据与其子目录的访问元数据、子文件的元数据组合在一起，从而每一个目录都会对应形成一个细粒度的元数据组。然后通过一致性散列算法将这些细粒度元数据组划分到多台元数据服务器上。每一个元数据组中只有一个父目录，对这个父目录的ID使用一致性散列算法便可得到对应的元数据服务器，然后将该元数据组中的所有元数据项存储在对应的元数据服务器上。

如表 8.1 所示，InfiniFS 将元数据组织成键值对的形式进行存储和划分。键值对分为目录访问元数据、目录内容元数据和文件元数据 3 种类型。目录访问元数据包括目录 ID 和权限，使用父目录 ID 加目录名组成的字符串作为它的键。目录内容元数据包括目录的时间戳和目录项，使用该目录 ID 作为它的键。文件元数据使用父目录 ID 和文件名组成的字符串作为它的键。对于目录访问元数据键值对，通过对父目录 ID 进行一致性散列函数计算，得到存储该元数据键值对的元数据服务器编号。对于目录内容元数据键值对，通过对目录 ID 进行一致性散列函数计算，得到存储该元数据键值对的元数据服务器编号。对于文件元数据键值对，通过对父目录 ID 进行一致性散列函数计算，得到存储该元数据键值对的元数据服务器编号。

表 8.1　元数据键值组织方式

元数据类型	元数据的值	元数据的键	元数据键值对存储到服务器
目录访问元数据	目录 ID，权限	父目录 ID，目录名	一致性散列函数（父目录 ID）
目录内容元数据	时间戳，目录项	目录 ID	一致性散列函数（目录 ID）
文件元数据	文件所有的元数据	父目录 ID，文件名	一致性散列函数（父目录 ID）

InfiniFS 在客户端本地维护一个乐观的元数据缓存。客户端只会缓存目录的访问元数据，包括目录名、目录的全局唯一标识符和目录的权限信息。客户端根据文件系统的层次结构将缓存项组织成一个树状结构，并使用 LRU 链表将所有的叶子节点连在一起。在发生缓存替换时，通过 LRU 链表选择最近最少使用的叶子节点进行驱逐，确保近根目录的访问元数据仍缓存在客户端上。当目录重命名操作和目录权限修改操作会导致大量缓存项失效时，InfiniFS 使用惰性缓存失效机制来降低缓存一致性的开销。

具体来说，如图 8.15（a）所示，目录重命名操作需要首先访问协调服务器，协调服务器先检查该目录重命名操作会不会形成孤儿环路，造成元数据丢失。协调服务器会给每次操作生成一个递增的版本号。其次，将这次的目录重命名操作的版本号和操作信息广播到所有元数据服务器的无效列表上。目录重命名操作的操作信息包括操作类型、源路径和目的路径。最后进行目标元数据的处理，包括在源路径对应的元数据服务器上读取并删除该目录的访问元数据键值对，并在目的路径对应的元数据服务器上创建该目录的访问元数据键值对。

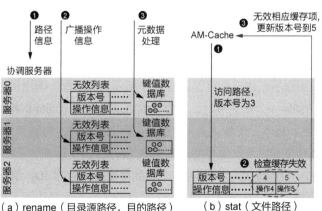

图 8.15　惰性缓存失效机制

如图 8.15（b）所示，元数据服务器在处理客户端的元数据访问请求时，会检测该元数据访问操作是否依赖了无效的缓存项。具体来说，首先，客户端的元数据请求包含这次请求的访问路径和缓存的版本号。其次，元数据服务器通过无效列表来检查元数据请求的路径是否与无效操作相冲突。元数据服务器只需要比较版本号大于缓存版本号的那些操作信息。最后，若发现冲突，则表明这次元数据请求依赖了无效的缓存项，元数据服务器会终止客户端的元数据访问，并将新的元数据无效列表中的操作信息返回给客户端。若发现不冲突，则表明这次元数据请求不依赖于无效的缓存项，元数据服务器会继续处理这次的元数据访问操作，并将结果和新的元数据无效列表中的操作信息返回给客户端。客户端通过这些操作信息无效化本地失效的缓存项，并更新缓存版本号为最新的版本号。

InfiniFS 使用一个全局唯一的协调服务器来防止并行目录重命名操作导致形成孤儿环路，造成元数据丢失。图 8.16 展示了两个目录重命名形成了孤儿环路示例。如图 8.16（a）所示，文件系统目录树中目录之间应该是相互连接且不会形成环路的。在图 8.16（b）和（c）中，客户端 1 试图将目录 E 重命名为目录 C 的孩子，而客户端 2 试图将目录 B 重命名为目录 F 的孩子。两个重命名需要访问的元数据（在蓝色方框中）是没有交集的，因此这两个操作能够并行执行。但它们形成了一个孤儿环路，如图 8.16（d）所示。孤儿环路内的文件和目录无法被正常访问。InfiniFS 协调服务器在本地维护了一个目录重命名有向图，它记录了当前正在执行的目录重命名操作的源路径和目的路径。客户端在执行一个新的目录重命名操作之前，要先去协调服务器上验证它是否会与目录重命名有向图形成孤儿环路。若发现会形成环路，这次目录重命名操作会被中止。若发现不会形成环路，这次目录重命名操作可以继续执行。在整个目录重命名操作执行中，目录重命名操作的源路径和目的路径保存在目录重命名有向图中，在目录重命名操作完成后删除。

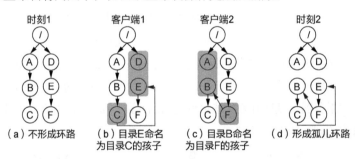

图 8.16　并行目录重命名操作形成孤儿环路示例

（3）文件创建流程

在 InfiniFS 中，应用程序创建目录流程如图 8.17 所示。应用程序调用目录创建操作，指定新目录的路径名字符串。在创建一个新目录时，需要生成目录对应的全局标识符。InfiniFS 通过对父目录的 ID、新目录的命名和版本号（默认为 0）进行加密散列运算，得到新目录的候选 ID。然后检测候选 ID 是否与已经存在的目录发生冲突：若不冲突，候选 ID 即新目录的 ID；若发生冲突，将版本号加一，算出新的一个候选 ID，检测冲突。直到得出新目录的 ID。最后，初始化目录访问元数据和目录内容元数据键值对，并通过父目录 ID 和目录名得到目录访问元数据所在的元数据服务器，通过目录自身 ID 得到目录内容元数据所在的元数据服务器，将键值对存储到对应服务器的键值存储系统中。

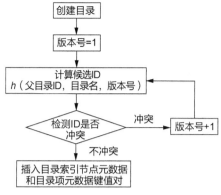

图 8.17　创建目录流程

（4）数据读写流程解析

在 InfiniFS 中，应用程序读写文件的流程如下：应用程序调用文件读/写操作，指定文件的路径名字符串，偏移量和读写长度。InfiniFS 首先进行基于预测执行的并行路径解析。对于路径名中的每一个中间目录，从根目录（根目录 ID 已知）开始，假设版本号为默认值 0，依次使用加密散列函数预测下一级目录的 ID，并将预测的目录 ID 与目录名拼接组成所有中间目录元数据和目标文件元数据的键。然后并行地发送网络请求访问这些键所对应的元数据。如果发现某个中间目录的预测 ID 错误，可以通过上一级目录的 ID 和该目录名从键值存储中获得该目录的真实 ID，然后重新用该目录下的子路径名进行并行路径解析，直到检查完所有中间目录的权限并获得目标文件的元数据。具体来说，图 8.18 展示了并行路径解析一轮的过程。通过文件元数据得到数据块的标识符与数据服务器位置信息，客户端都与该数据服务器直接进行数据读/写操作。

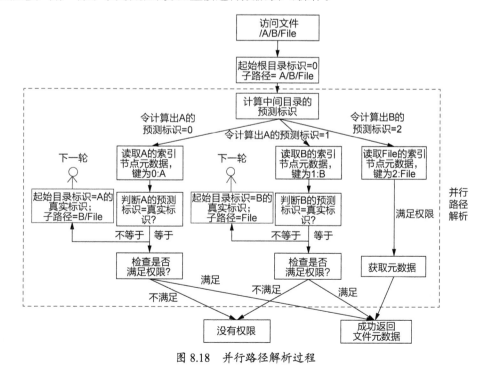

图 8.18　并行路径解析过程

8.6.2 分布式文件系统关键技术

本小节介绍分布式文件系统涉及的关键技术，包括目录树管理技术及快速路径解析技术。

1. 目录树管理技术

随着文件数目的不断增长，如何对文件系统目录树进行分布式管理成为研究的热点。目前分布式文件系统目录树管理技术包括如下3种。

静态划分方法： 静态划分方法是使用最为广泛的目录树划分方法，HDFS Federation、Lustre DNE 和 PVFS 都采用了静态目录树划分方法。这种方法的特征是由管理员决定将目录树的某个子树划分到指定的元数据服务器上进行管理，不同分区之间不能执行文件和目录重命名操作。好处是可以实现较高的元数据访问局部性。对于访问局部性较高的应用，有经验的管理员可以通过静态的划分方式有效平衡服务器之间的负载。但是随着数据规模的不断扩大和云计算的广泛应用，如今一个平台上同时运行着成千上万个不同的应用，这种静态的划分方法显然不能很好地处理这种复杂的负载。

动态子树划分方法： 动态子树划分方法是另一种被广泛使用的方法，其主要的代表系统为 CephFS。CephFS 动态子树划分方法的特征是能够根据系统的访问负载，动态地将热点的目录子树迁移到访问负载较轻的节点，从而实现负载的均衡。在 CephFS 中，管理员可以根据访问的负载动态地添加和减少元数据服务器，每个元数据服务器都可以动态地接管某个子树下的元数据访问，这种方式可以有较强的适应性。但如果访问热点来回抖动，系统进行频繁反复的子树迁移，会造成性能抖动。同时在子树迁移过程中需要冻结子树，导致子树内文件数据无法被访问。

散列划分方法： 散列划分方法也是一种被广泛使用的方法，其主要代表的文件系统有 LocoFS[17-18]、DeltaFS 和 IndexFS 等。这些系统主要面向超算场景中具有大量文件数目的单个目录。在超算程序中，由于会出现单个目录下具有数百万个文件的情形，使用基于索引的元数据管理带来巨大的查询开销，为此散列划分方法将名字空间按照散列的方式进行划分，存储在多个元数据服务器中，从而解决单个目录下大量文件的访问问题。

2. 快速路径解析技术

目前分布式文件系统的路径解析技术包括如下3种。

中心化路径解析： 一些分布式文件系统，例如 LocoFS、GFS、HDFS，将所有目录元数据存储在一个中心化的元数据服务器上，来减少路径解析的网络访问，降低延迟。然而这也导致它们受到单节点性能瓶颈的限制。

串行路径解析： 一些分布式文件系统，例如 IndexFS、Tectonic，将文件系统目录树分散存储到多个元数据服务器中来突破目录树单节点瓶颈，提升性能。但这会导致一个元数据操作的路径解析阶段需要串行地访问多个元数据服务器，依次查询下一级目录的位置信息，并检查相应权限。这导致了较高的数据访问延迟。

并行路径解析： 一些分布式文件系统使用全路径名或全路径名的散列值来索引文件，如 BetrFS、Giraffa 和 CalvinFS。BetrFS 使用全路径名字符串来索引本地文件系统中的文件元数据。Giraffa 使用全路径名字符串作为文件元数据的主键，将元数据存储到数据库中。CalvinFS 通过对全路径名字符串进行计算定位文件元数据。因此它们在路径解析阶段可以并行发送网络请求来检查每一个中间目录的权限。然而它们使文件系统的层次目录树语义难以实现。例如，目录重命名操作的开销巨大，因为它改变了所有后代的全路径名，导致所有后代的元数据必须迁移到新的位置。

8.7 本章小结

分布式存储系统将数据分散存储至大量服务器，通过聚合它们的计算、存储和网络资源，以提供大容量、高性能的存储服务。与本地存储系统不同，分布式存储系统在可扩展性、一致性、可用性方面具有更严格的要求。分布式存储系统的种类繁多，包括分布式键值存储系统、分布式对象存储系统、分布式块存储系统及分布式文件系统等；它们向上层应用暴露不同的访问接口，这些接口的语义也极大影响了对应分布式存储系统的设计，例如分布式文件系统需要考虑如何将元数据划分到不同的服务器，并提供全局统一的目录树抽象。未来，随着应用的发展，新的分布式存储系统将层出不穷，例如辅助人工智能任务的分布式向量存储系统。

8.8 思考题

1. 对于分布式存储系统而言，扩展性至关重要。提高分布式存储系统扩展性的常见手段有哪些？

2. 分布式键值存储系统 Dynamo 提供了最终一致性的语义保证，相比强一致性的系统，Dyanmo 会导致异常现象的发生，请举出一个异常现象的例子。

3. 对于一个分布式键值存储系统，支持二级索引功能会影响普通读写操作的性能吗？为什么？

4. Ceph 的 CRUSH 算法相比一致性散列算法具有哪些优势？

5. 分布式块存储系统如何提升系统的聚合带宽？

6. 分布式文件系统 GFS 只有一个中心化的元数据服务器，请问它采用了哪些方式避免该服务器成为系统的性能瓶颈？

7. GFS 以数据块（Chunk）为单位组织文件数据，请问数据块大小的选择会如何影响系统性能？

8. InfiniFS 将目录元数据解耦为目录访问元数据和目录内容元数据两个部分，请问这样设计的背后原因是什么？

9. 是否能够综合使用动态子树划分方法与散列划分方法，以提升分布式文件系统的元数据处理效率？

参考文献

[1] HERLIHY M P, WING J M. Linearizability: a correctness condition for concurrent objects[J]. ACM Transactions on Programming Languages and Systems (TOPLAS), 1990, 12(3): 463-492.

[2] DECANDIA G, HASTORUN D, JAMPANI M, et al. Dynamo: Amazon's highly available key-value store[J]. ACM SIGOPS operating systems review, 2007, 41(6): 205-220.

[3] OUSTERHOUT J, GOPALAN A, GUPTA A, et al. The RAMCloud storage system[J]. ACM Transactions on Computer Systems (TOCS), 2015, 33(3): 1-55.

[4] LAMPORT L. Paxos made simple[J]. ACM SIGACT News (Distributed Computing Column) 32, 2001, 4 (121): 51-58.

[5] ONGARO D, OUSTERHOUT J. In search of an understandable consensus algorithm[C]// USENIX. 2014 USENIX Annual Technical Conference (Usenix ATC 14). USA: USENIX Association, 2014: 305-319.

[6] LAKSHMAN A, MALIK P. Cassandra: a decentralized structured storage system[J]. ACM SIGOPS Operating Systems Review, 2010, 44(2): 35-40.

[7] KARGER D, LEHMAN E, LEIGHTON T, et al. Consistent hashing and random trees: distributed caching protocols for relieving hot spots on the world wide web[C]//ACM. Proceedings of the twenty-ninth annual ACM symposium on Theory of computing. New York: Association for Computing Machinery, 1997: 654-663.

[8] WEIL S A, BRANDT S A, MILLER E L, et al. CRUSH: controlled, scalable, decentralized placement of replicated data[C]//IEEE. SC'06: Proceedings of the 2006 ACM/IEEE Conference on Supercomputing. New York: Association for Computing Machinery, 2006: 31.

[9] WANG L, ZHANG Y, XU J, et al. {MAPX}: controlled data migration in the expansion of decentralized {Object-Based} storage systems[C]// USENIX. 18th USENIX Conference on File and Storage Technologies (FAST 20). USA: USENIX Association, 2020: 1-11.

[10] MICKENS J, NIGHTINGALE E B, ELSON J, et al. Blizzard: fast, cloud-scale block storage for cloud-oblivious applications[C]//USENIX. 11th USENIX Symposium on Networked Systems Design and Implementation (NSDI 14). USA: USENIX Association, 2014: 257-273.

[11] NIGHTINGALE E B, ELSON J, FAN J, et al. Flat datacenter storage[C]//USENIX. 10th USENIX Symposium on Operating Systems Design and Implementation (OSDI 12). USA: USENIX Association, 2012: 1-15.

[12] TAK B, TANG C, CHANG R N, et al. Block-level storage caching for hypervisor-based cloud nodes[J]. IEEE Access, 2021, 9: 88724-88736.

[13] LI H, ZHANG Y, LI D, et al. Ursa: Hybrid block storage for cloud-scale virtual disks[C]//ACM. Proceedings of the Fourteenth EuroSys Conference 2019, 2019: 1-17.

[14] GHEMAWAT S, GOBIOFF H, LEUNG S T. The Google file system[C]//Proceedings of the nineteenth ACM symposium on Operating systems principles. New York: Association for Computing Machinery, 2003: 29-43.

[15] LV W, LU Y, ZHANG Y, et al. {InfiniFS}: an efficient metadata service for {Large-Scale} distributed filesystems[C]//USENIX. 20th USENIX Conference on File and Storage Technologies (FAST 22). USA: USENIX Association, 2022: 313-328.

[16] DEAN J, GHEMAWAT S. MapReduce: simplified data processing on large clusters[J]. Communications of the ACM, 2008, 51(1): 107-113.

[17] LI S, LIU F, SHU J, et al., A flattened metadata service for distributed file systems[J]. IEEE Transactions on Parallel and Distributed Systems, 2018, 29(12):2641-2657.

[18] LI S, LU Y, SHU J, et al. LocoFS: A loosely-coupled metadata service for distributed file system[C]//ACM. The International Conference for High Performance Computing, Networking, Storage and Analysis (SC), Denver: Association for Computing Machinery, 2017: 1-12.

第9章
存储可靠性

随着信息技术的快速发展，数据已经成为推动生产力发展的新型生产要素。数据的重要性导致其存储规模正在日益增大。国际数据公司（IDC）在 2019 年预测，2018—2025 年全球数据圈（即每年被创建、采集或复制的数据集合）将由 32 ZB 增至 175 ZB[1]。数据中心一般通过增加单个存储设备的存储容量或者部署更多的存储设备，从而实现可承载不断增长的数据存储规模的目的。随着存储设备部署数量的不断增多，存储系统频繁发生数据失效和访问中断。据统计，近期有超过 50% 的数据中心都曾遭遇服务和访问中断，单次的损失可超过百万美元。因此在存储系统的设计中，需要从多个维度考虑存储硬件和系统软件的故障模式，并根据故障模式设计相应的容错策略和机制，从而实现数据高可靠性存储。

如何判定数据存储方式是否满足可靠性需求成为企业和个人用户最关心的问题。为了回答这一问题，本章首先对存储可靠性进行概述，然后介绍硬盘和闪存介质的可靠性问题，最后分别介绍纠删码技术和分布式存储可靠性问题。

9.1 存储可靠性概述

9.1.1 可靠性指标及其计算方法

在介绍存储可靠性之前，我们需要先回答以下问题：如何量化系统的存储可靠性，即如何判定一个存储系统相比于另一个而言更加可靠？为此，业界定义了以下几个主要的可靠性评价指标，用以刻画存储部件的可靠程度。

MTTF（Mean Time To Failure，平均失效时间），表示某个存储部件预计可正常运行的平均时间。

MTTR（Mean Time To Repair，平均修复时间），表示修复一个失效部件所需的平均时间。例如，对于存储设备而言，该指标和存储设备的容量有关系，一般而言，存储容量越大的设备，其 MTTR 越长。

MTBF（Mean Time Between Failures，平均失效间隔时间），表示存储部件平均每次失效之间所间隔的时间。一般而言，若 MTBF 越大，意味着在固定时间窗口下，系统发生失效的次数越少。MTBF 可以用小时（MTBF in hours）和年（MTBF in years）来表示。

一个存储部件的 MTBF 可通过以下两种方法计算而得：第一，通过累加 MTTF 和 MTTR 的值而得；第二，可将所观测的时间窗口时长除以在该窗口下所发生的失效次数而得。例如，若某个存储部件的 MTBF 为 1 年，其物理意义表示该部件平均每一年发生一次失效。

MTTDL（Mean Time To Data Loss，平均数据丢失时间），该指标一般通过马尔可夫链计算，通过刻画系统的错误状态，以及每个状态之间的跃迁概率，可计算得到该系统的 MTTDL。例如，对于一个可容忍单个存储设备失效的 RAID 5 存储系统而言，存在 3 个状态：存储设备完全健康、单个存储设备失效和数据丢失等。通过马尔可夫链的构造，可得到 RAID 5 存储系统的 MTTDL。

AFR（Annual Failure Rate，平均年失效率），表示某个存储设备平均一年内的失效次数。可以发现，AFR 是 MTBF 的倒数，因此 AFR 可以通过如下方式计算而得。

$$AFR = \frac{1}{MTBF(\text{in years})} = \frac{8760}{MTBF(\text{in hours})} \tag{9.1}$$

部件的可用性（Availability），其表示系统正常工作的时长在连续两次正常服务间隔时间中的比例，即

$$Availability = \frac{MTTF}{MTTF + MTTR} = \frac{MTTF}{MTBF} \tag{9.2}$$

一般而言，可用性的值越接近于 1 意味着部件的正常使用时间比例越高。随着部件可用性的增加，所对应的部件故障时间越短。当部件的可用性达到 6 个 9（即 99.9999%）时，部件每年的故障时间仅为 31.5 秒。一般而言，数据的可靠性和可用性容易混淆，为了帮助读者辨清二者区别，9.1.3 节将对这两个概念进行具体讨论。

9.1.2 可靠性分层设计

存储系统包括了硬件层面的存储器件（例如磁盘、内存和闪存固态硬盘等）和软件层面的存储管理系统，因此其可靠性从底层至上层，可以划分为模块级可靠性、系统级可靠性和方案级可靠性。图 9.1 给出了这 3 层可靠性的逻辑联系。

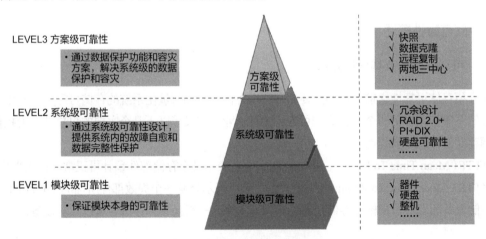

图 9.1　3 层可靠性的逻辑联系

具体而言，模块级可靠性主要是指通过工程和工艺等技术在存储硬件层面保证介质具有较低的失效率和较高的数据容错能力，而系统可靠性主要通过保存一定冗余数据并修改相应的 I/O 处理逻辑，从而实现即使存储设备失效，依然可以通过事前所定义的操作恢复失效数据。方案级可靠性是指通过一些数据保护功能和容灾技术，从而实现系统级的数据保护，典型技术包括快照、数据克隆、远程复制和两地三中心等。由于方案级可靠性将在第 11 章详细介绍，故本节不赘述。本章将主要

关注模块级可靠性和系统级可靠性。

9.1.3 可靠性与可用性的区别

在存储系统中，数据存储的可用性（Availability）和可靠性（Reliability）由于概念接近，容易产生误解。图 9.2 所示为可靠性和可用性的主要区别。一般而言，可用性指的是系统在正常状态下执行的时间占总时间的比例，其主要关注系统在固定时间窗口中的正常运行时间；而可靠性主要是指系统可以无故障地持续运行的概率，其主要关注系统的故障频率。可以通过一个简单例子来解释二者的主要区别：假设一个存储系统每小时崩溃 30 ms，其虽然能够达到 5 个 9 的可用性（参考表 9.1），但是其极为不可靠，因为该系统最长无障碍运行时间只有 1 小时。

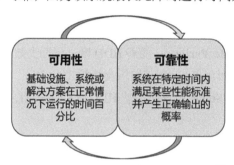

图 9.2　数据可用性和可靠性的主要区别[2]

表 9.1　不同存储可用性所对应的部件每年、每月和每周的故障停工时间

可用性	每年故障停工时间	每月故障停工时间	每周故障停工时间
90%	36.5 天	72 小时	16.8 小时
99%	3.65 天	7.2 小时	1.68 小时
99.9%	8.76 小时	43.8 分钟	10.1 分钟
99.99%	52.56 分钟	4.32 分钟	1.01 分钟
99.999%	5.26 分钟	25.9 秒	6.05 秒
99.9999%	31.5 秒	2.59 秒	0.605 秒
99.99999%	3.15 秒	0.250 秒	0.0605 秒

9.2　硬盘可靠性

存储系统器件在出厂之时虽然经过了严格的测试以保证其耐久可靠，但是在出厂之后，器件出错的概率随着使用时间的增加呈现典型的变化趋势。

9.2.1　硬盘出错特征分析

本小节将着重介绍两种典型存储器件——HDD 和 SSD 的主要出错特征，并介绍当前硬盘的几种模块级可靠性保障技术。

1. HDD 的出错特征

HDD 的 AFR 随着使用时间的增长而呈现典型的浴盆曲线（Bathtub Curve）。图 9.3 描绘了 HDD

的 AFR 随着使用时长增长的经典变化曲线，据此可以将 HDD 的生命周期划分为 3 个典型阶段[3]。

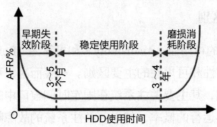

图 9.3　机械硬盘的 AFR 随使用时长增长的经典变化曲线[3]

早期失效阶段（Infant Mortality）：当新出厂的 HDD 被部署到生产环境中，一般会产生较高的 AFR，通常该阶段会持续 3～5 个月。

稳定使用阶段（Useful Life Period）：随着 HDD 度过早期失效阶段，其 AFR 会逐步降低，并进入一个 AFR 相对稳定的使用阶段，一般该阶段会持续 3～4 年。

磨损消耗阶段（Wearout Stage）：该阶段是 HDD 的使用末期，在经历了稳定使用阶段后，其 AFR 会逐步上升。

2. SSD 的出错特征

SSD 将数据存储在闪存单元之中，单元事实上是一个 FGMOS（Floating Gate Metal Oxide Semiconductor，浮栅金属氧化物半导体场效应晶体管）。SSD 通过对闪存单元注入电荷从而形成不同的阈值电压（Threshold Voltage），进而进行数据表征。图 9.4 给出了一个 MLC 可能表现的 4 种状态及其相应电压。

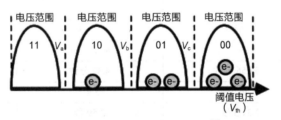

图 9.4　MLC 的 4 种不同状态[4]

由于 SSD 采用异地写入更新机制，因此需要时常进行垃圾回收来回收空间。在垃圾回收的过程中，闪存控制器会进行擦除操作，即通过驱逐出单元中所存储的电荷，从而使闪存单元可以重新使用。多次擦除的过程将会对闪存单元存储电荷的能力造成不可逆的损伤，从而导致电荷容易从闪存单元中逸出，造成其表征电荷偏移。图 9.5 显示出经过多次擦除操作，闪存单元所存储数据所对应的阈值电压将发生偏移，甚至出现电压范围重叠，从而增大数据识别错误的概率。

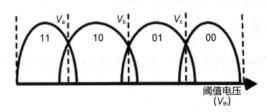

图 9.5　经过多次擦除操作，闪存单元所存储数据对应的阈值电压将发生偏移[4]

为了保证器件级别的存储可靠性,当前的存储设备一般在固件中配置了 ECC 以实现对存储数据的检错和纠错。ECC 通过增加冗余位(或称为校验位),从而实现给定的检错和纠错能力。典型的 ECC 包括 BCH(Bose-Chaudhuri-Hocquenghem)码、汉明码和 LDPC 码等。例如,在 HDD 中,一般会在 HDD 扇区的数据区域中保存用户数据和相应的 ECC 冗余信息;而在 SSD 中,用户数据一般保存在闪存页中,而相应的校验信息则存储于闪存页的带外区域。

9.2.2　硬盘故障预警和监测

硬盘在使用的过程中,人为操作不当和外部环境因素会导致硬盘容易发生故障,使得硬盘读写速度降低或文件数据损坏,甚至可能致使系统无法正常启动。为了保障数据安全,及时修复硬盘故障,系统需要对硬盘故障的发生进行监测和预警。

1. SMART 属性值

随着大数据时代的到来,人们逐渐意识到数据安全的重要性。康柏(Compaq)公司率先开发并与 IBM、富士通等公司合作正式提出了 SMART(Self-Monitoring, Analysis and Reporting Technology,自监测、分析和报告)技术,该技术要求产品制造期间完成可靠性指标的设定,使系统能够通过监测硬盘驱动器的各项可靠性指标,并和产品预设的安全值进行比较,从而预测硬盘可能发生的故障。

SMART 技术提供用于判断硬盘可靠状态的一些 SMART 属性,并为每个属性设定原始属性值,当硬盘状态发生变化时,相应属性的属性值也要改变(增加或减少)。驱动器制造商可以自己定义属性并选择使用哪些属性作为自己的行业标准,这也导致不同的驱动器制造商在属性设置方面存在差异,不过也有一些属性是比较重要且被不少制造商所采用。表 9.2 列出了一些较为常用的 SMART 属性,其中 ID 用于标识特定属性。

表 9.2　常用的 SMART 属性

ID	属性名	属性含义
0x01(001)	Read Error Rate(读错误率)	读硬盘数据时发生错误的比例
0x04(004)	Start/Stop Count(启停次数)	硬盘断电/休眠后重启的次数
0x05(005)	Reallocated Sectors Count(重新分配坏区数)	重映射坏扇区的次数
0x09(009)	Power-On Hours(通电时间,以小时计)	硬盘总的通电时间
0x0C(012)	Power Cycle Count(通电次数)	硬盘通电/断电的次数
0xC2(194)	Temperature(温度)	硬盘设备温度
0xF1(241)	Total LBAs Written(写逻辑地址总数)	硬盘出厂后写入数据的总量
0xF2(242)	Total LBAs Read(读逻辑地址总数)	硬盘出厂后读取数据的总量

SMART 技术为每个属性设置原始属性值、当前值、最差值和临界值。每个值的含义如下。

原始属性值可以由驱动器制造商自行定义,一般为硬盘运行时实际的直接测试值,比如硬盘设备的温度直接用摄氏度表示,温度变化时相应的原始属性值也发生变化,原始属性值也可以通过计算公式得到,比如硬盘的读错误率,通过检测一段时间内读取数据的总量及读取发生错误的数据总量,再由公式计算出读错误率。

当前值表示将原始属性值通过计算公式标准化到范围 1 至 253 中（值越大表示越好，值越小表示越差），该值被用来判断硬盘健康状态，随着硬盘的不断使用，硬盘的可靠性不断降低，当前值也呈现降低的趋势。另外，由于不同制造商之间可能使用不同的计算公式，甚至同一制造商下不同类型硬盘也可能使用不同计算公式，因此该值一般不能用于比较不同类型硬盘之间的健康状态。

最差值则用于记录硬盘自出厂以来出现的最差的属性值，一般由于硬盘的不断磨损，当前属性值会等于最差值，但也有例外，比如温度属性等。

临界值是由制造商自行定义的，用于判断设备是否安全，该值与当前值对应，当前值低于临界值则表示硬盘当前可能发生故障，数据存在丢失的可能。

为了给用户直观呈现硬盘健康状态，SMART 提供用于分析的最基本信息，即 SMART 状态，该状态分为 3 类，分别是安全、警告和故障（注：不同软件对状态的命名可能不同）。通过将硬盘属性的当前值或最差值与临界值进行比较可以获取该属性的状态：若当前值或最差值低于临界值时，表明硬盘不可靠，此时该属性的 SMART 状态为"故障"；若当前值或最差值接近临界值时，表明硬盘不可靠，此时该属性的 SMART 状态为"警告"；若当前值或最差值远大于临界值时，表明硬盘可靠，此时该属性的 SMART 状态为"安全"。图 9.6 展示了利用软件 Diskgenius 查看硬盘 SMART 状态，其中"良好"对应上文提到的"安全"。

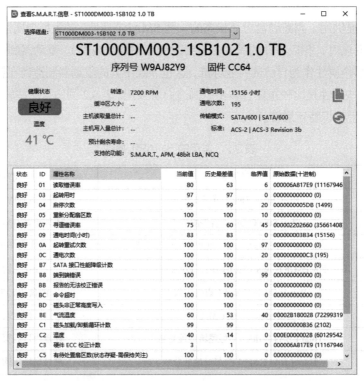

图 9.6 Diskgenius 查看硬盘 SMART 状态

2. 基于机器学习的硬盘故障预测算法

如今，虽然大部分硬盘都配备了 SMART 技术，但其预测性能已逐渐无法满足人们日益增长的对硬盘数据可靠存储的需求。基于机器学习的硬盘故障预测算法适时地被提出，它能通过预先学习各种导致硬盘发生故障的原因，分析硬盘状态并反馈给硬盘监测硬件或软件，以及时做出修复和调整。

目前，大部分基于机器学习的硬盘故障预测算法仍然需要用到 SMART 技术提供的 SMART 属性。通过建立故障预测模型，分析属性和硬盘故障之间的相关性及各属性对硬盘故障发生所占的权重，从而根据硬盘当前所报告的 SMART 属性值来分析硬盘当前健康状态。

3. 坏道检测和修复

坏道是常见的硬盘故障之一，硬盘的坏道可以分为逻辑坏道和物理坏道。其中逻辑坏道指扇区内容与扇区对应的纠错码不匹配，属于逻辑错误，可以通过软件工具修复；而物理坏道是指硬盘本身因受到外部环境因素（比如硬盘过热、外力碰撞等）影响而发生的硬盘物理部件变形、破损等真实物理损伤，部分物理坏道也可以通过软件的方式修复（比如隔离屏蔽物理损伤区域）。坏道的发生通常有迹可循，硬盘发生坏道时，通常会表现出以下现象或者可通过以下方式观察。

① 硬盘读写数据缓慢，甚至读写数据发生错误，且硬盘发出异常声音。

② 运行程序加载缓慢并经常出现终止响应。

③ 系统启动、运行速度缓慢，并出现蓝屏，甚至可能无法正常启动。

④ 访问硬盘时，出现错误提示，告诉用户硬盘不可访问。

为了保障数据安全、避免发生数据丢失，当发生硬盘坏道时，要及时检测并修复。坏道发生的主要原因有以下几点。

硬盘老化：所有硬盘都有自己的使用寿命，随着使用时间增加，硬盘受到的磨损会不断增加，硬盘内部的物理部件也会逐渐老化。

病毒或恶意软件攻击：病毒程序可能会将正常的扇区标记为坏扇区，造成坏道假象。

硬盘过热：硬盘长时间使用会导致温度升高，超过其正常工作温度，并因此对硬盘物理部件造成损坏，可能引发物理坏道问题。

灰尘颗粒：硬盘在工作时，盘片处于高速旋转状态，当灰尘颗粒进入盘体并和盘片发生接触时，很容易对盘体造成损伤，因此硬盘盘体内要求高度无尘。

外力碰撞：硬盘受到碰撞时，可能导致硬盘盘内部件发生物理变形，从而可能导致物理坏道。

文件系统损坏：文件系统损坏可能导致系统无法正确识别逻辑分区边界，分区表内容也可能遭到损坏，从而导致硬盘不能正常访问。

为了应对硬盘坏道，以下介绍几种简单有效的检测和修复方法。

数据备份：数据备份是最简单的坏道应对方法。通过保存数据的多个副本，当因硬盘坏道发生数据丢失或破坏时，可以直接从相应的副本中读取。但简单的数据备份也有缺点，它往往需要几倍于实际数据量的存储开销。

错误检测：扫描硬盘中的所有文件内容并和其对应的纠错码或根据文件数据计算出来的 MD5 值比较，能够找到发生数据错误的文件。这种方法能够检测因数据错误导致的文件问题，而如果错误检测过程因发生错误导致无法正常进行，则表明硬盘可能产生了坏道。

表面扫描：通过扫描硬盘和查看硬盘读取错误来发现坏扇区，当出现错误时往往表示扇区不可靠，因此可以标记不可靠的扇区，使文件系统将来在处理读/写操作时跳过坏扇区。

SMART 诊断测试：查看硬盘内部 SMART 状态信息，能够了解硬盘当前的健康状况。

软件工具修复：使用硬盘坏道修复软件检测和修复坏道，比如 Diskgenius、Windows 10 内置的 CHKDSK 等。

虽然目前已经有许多硬盘坏道修复方法，但合理健康地使用硬盘仍然是保障数据可靠存储的有效方式。以下提供一些预防硬盘坏道的方法。

① 清洁计算机，防止静电。长期使用计算机可能会导致静电不断累积，从而可能导致设备部件被击穿损坏。

② 避免硬盘运行时突然关机。硬盘突然关机使得正在运行的硬盘突然失去运转动力，可能会对硬盘结构造成损伤。

③ 定期整理硬盘，重要数据做好备份。虽然部分硬盘故障的发生是可预测的，但仍有不可预测的因素可能导致硬盘数据丢失，做好对重要数据的备份能够将硬盘突发故障的损失降到最低。

④ 避免继续使用过热硬盘。硬盘在长时间高负载状态下会导致盘体温度长时间过热，使得盘体内机械部件的运转可能导致其结构发生形变。

9.2.3 面向环境因素的硬盘可靠性设计

存储系统构建于存储介质和控制设备之上，因此其硬件整体的可靠性对系统而言尤为重要。而在实际部署中，存储系统可能会面临各种不同的外部条件（例如不同温度和地理条件的工作环境），从而导致其硬件工作机制产生异常。因此，存储系统需要加强整体可靠性的设计，从而使其具备抵抗异常环境的能力。以下介绍几种常见的整体可靠性设计。

1. 防腐蚀设计

存储系统可能会被部署于具有腐蚀性的环境中（例如海边或临近工业设施的环境中），设备的运行环境可能存在腐蚀性的气体或者化学物质，因此存储系统的核心硬件（例如硬盘和控制器等）在设计之初就需要具备防腐蚀的能力。例如可在磁盘驱动器中增涂覆防腐蚀涂层，从而增强其抗腐蚀能力；此外还可通过防腐蚀工艺结合温升和电压分布设计，从而实现具有针对性的局部防护，提升存储系统在腐蚀环境中的耐久程度和可靠程度。

2. 降温设计

存储设备在运行中将会产生热量（例如磁盘运行中磁片需要不断旋转从而产生热量），进而导致设备温度增高，温度增高将会对设备失效率带来影响。例如，对于闪存 SSD 而言，若温度过高，则极易诱发阿伦尼乌斯效应，从而导致闪存单元更快损耗。图 9.7 所示为在不同平台部署的闪存在不同温度下的失效率对比。一般而言，系统会实时监测部件温度（例如在闪存卡一般会内置温度传感器来进行温度评估），若温度急剧上升，则通过风扇进行降温，从而保证系统可长时间在适宜温度下运行。

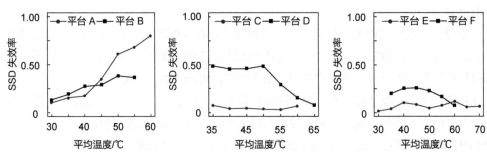

图 9.7 在不同平台部署的闪存在不同温度下的失效率对比[5]

当温度检测出异常或者温度持续升高，从而无法保证系统正常工作或危及所存储数据的可靠性之时，则应该停止服务或采用系统下电等保护措施。

3. 抗振设计

存储设备的硬件在大幅度振动的时候容易发生接口松动，因此导致数据无法访问或访问出错。为了提升存储系统的抗振能力，一般需要在结构设计方面提高其刚性和避免共振，同时尽可能提升其紧固力而防止松脱。在防止共振方面，需要采用一些胶制品或弹簧制品，从而实现隔离振动和抵抗冲击的效果。

9.3 闪存介质可靠性

目前，为了提升闪存固态硬盘的存储容量，各大生产厂商均采用高密度闪存介质作为固态硬盘基本闪存单元。闪存单元利用其内部存储的电荷数量所表现的电压值进行数据表达。高密度闪存单元，例如 TLC 和 QLC 能够存储的比特数随其闪存单元密度的增加而增加，TLC 和 QLC 闪存单元分别可存储 3 比特和 4 比特数据。为表示多比特数据的所有可能性，TLC（QLC）闪存单元将电压值划分为 8（16）个状态。随着存储密度的上升，不同电压状态之间的电压容错空间也随之减少。因此，在受到不同程度错误源干扰的情况下，高密度闪存单元将更容易出现电压状态偏移，从而导致存储数据错读，影响数据存储可靠性。

SSD 一般采用 RBER（Raw Bit Error Rate，原始比特错误率）衡量闪存介质的可靠性，具体表示为闪存页数据读后的错误比特数占总比特数的比率。影响闪存介质可靠性的主要错误源包括 4 个方面，分别是 P/E 次数（Program/Erase Cycles）、保存时间（Retention Time）、编程干扰（Program Interference）及读干扰（Read Disturb）[6]。其中 P/E 操作将对闪存单元造成不可逆的磨损，使电荷陷入闪存单元而无法有效清除；闪存单元存储的电荷会随着时间的推进而逐渐逸出，因此保存时间影响介质可靠性；编程干扰和读干扰分别指当前闪存单元数据写操作和读操作造成的邻近闪存单元电荷误注。上述 4 种主要错误源将导致闪存单元电压状态发生变化，从而引发数据错读。

9.3.1 闪存介质错误源

1. P/E 次数

随着 P/E 次数的增加，闪存单元隧穿层中逐步累加无法及时清除的电荷，从而导致擦除操作无法将电压状态重置至初始状态或编程操作无法将电压状态设置为预设状态，致使闪存单元擦除不彻底或数据编程出错。在不考虑其他错误干扰源的前提下，随着 P/E 次数的增加，闪存单元电压状态表现出两个具体特征，分别是电压状态右移和电压状态变宽。其中，电压状态右移的原因在于闪存单元隧穿层中遗留的电荷将导致后续编程操作的注入电荷更易于通过隧穿层，从而使编程后电压状态高于预设状态值，从而呈现电压状态右移[7]；电压状态变宽的原因在于，不同闪存单元之间存在制程差异，反复 P/E 操作将加剧闪存单元之间制程差异的影响，即不同闪存单元在经历反复 P/E 操作之后呈现的电压值差异化愈发明显，最终导致电压状态变宽。

P/E 次数导致的数据错误随着闪存单元的密度增加而愈发严重，其根本原因在于高密度闪存单元的状态间容错空间更小。因此，闪存单元所能忍受的最大 P/E 次数随着闪存单元密度的增加而减小。表 9.3 列出当前 4 种不同存储密度闪存单元的最大可容忍 P/E 次数。其中，SLC 闪存单元的最大可容忍 P/E 次数最大，QLC 最大可容忍 P/E 次数最小。一旦闪存单元所经历的 P/E 次数超出该范围，该闪存设备将被视为不可靠设备，数据存储可靠性将无法得到有效保障。

表 9.3　不同存储密度闪存单元的最大可容忍 P/E 次数

闪存单元	存储比特数	最大 P/E 次数
SLC	1 比特	~100000
MLC	2 比特	~10000
TLC	3 比特	~1000
QLC	4 比特	~150

2. 保存时间

随着数据在闪存单元中保存时间的推移，闪存单元内部电荷将逐步逸出，导致闪存单元电压值下降，从而出现数据错误。上文提到 P/E 操作将导致电荷陷入隧穿层，从而使隧穿层的绝缘性下降。因此，保存时间过长引发的错误与 P/E 次数呈现正相关关系。当保存时间相同，P/E 次数越高闪存单元的电荷逸出问题越严重。在不考虑其他错误干扰源的前提下，随着数据保存时间的增加，闪存单元电压状态表现出 3 个具体特征，分别是电压状态左移、电压状态变宽和高电压状态偏移幅度更大。其中，电压状态左移的原因在于闪存单元保存的电荷逐步经由隧穿层逸出，从而使闪存单元电压值下降，呈现电压状态左移特征；电压状态变宽的原因同样来自闪存单元制程差异，由于不同闪存单元之间的制程存在差异，电荷逸出程度各不相同，导致保存时间对不同闪存单元的影响程度存在差异，最终导致电压状态变宽；高电压状态偏移幅度更大的原因在于处于高电压状态的闪存单元内部形成的电场强度更高，从而使电荷更易于逸出，导致高电压状态偏移幅度增大。

3. 编程干扰

编程干扰引发错误的原因在于相邻的闪存单元之间存在寄生电容耦合效应，即当前闪存单元电压上升将导致邻接闪存单元电压上升。如图 9.8 所示，一个闪存单元所受到的编程干扰主要来自 8 个邻接闪存单元的编程操作，包括 2 个字线邻接闪存单元、2 个位线邻接闪存单元、4 个对角线邻接闪存单元。不同闪存单元的编程干扰在受干扰闪存单元上的可靠性影响可表示为 $\Delta V_{\text{victim}} = \sum_X K_X \Delta V_X$，$\Delta V_{\text{victim}}$ 表示受干扰闪存单元的总电压值变化量，K_X 表示邻接闪存单元 X 的耦合系数，其中字线邻接闪存单元的耦合系数最高，即字线邻接闪存单元导致的编程干扰影响最大，ΔV_X 表示邻接闪存单元 X 的电压值变化量，即邻接闪存单元编程状态越高对受干扰闪存单元的影响越大。编程干扰主要导致闪存单元电压状态右移，即额外注入的电荷使受干扰的闪存单元电压值上升。

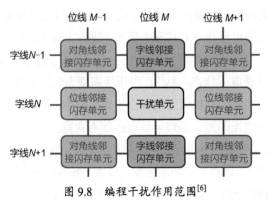

图 9.8　编程干扰作用范围[6]

4. 读干扰

闪存单元读操作需要对邻近字线施加一个高电压从而屏蔽邻近字线上的闪存单元读行为。然而，该过程施加的高电压将导致邻近字线上的闪存单元被注入额外电荷，从而影响邻近字线上的闪存单元电压值。读干扰错误源造成的邻接闪存单元电压状态变化主要表现为电压状态右移和低电压状态偏移幅度更大。其中，电压状态右移的原因在于额外注入的电荷导致邻接闪存单元电压值上升；低电压状态偏移幅度更大的原因在于读操作施加的高电压和闪存单元低电压状态之间的电压差值更大，从而引发更强的隧穿效应，致使低电压状态下闪存单元更易被注入额外电荷。

为解决上述几种错误源导致的闪存介质可靠性下降问题，相关研究工作提出了一系列优化方案。例如影子编程顺序（Shadow Program Sequence）[8]、刷新机制（Refresh Mechanism）[9-10]、重读机制（Read-Retry Mechanism）[11-12]及电压矫正（Voltage Optimization）[13-14]等策略。其中，影子编程顺序是指将不同字线邻近闪存单元的不同比特位交错编程，从而有效减少编程干扰错误源的影响。刷新机制是指将数据读取至控制器，对已发生的错误比特进行纠错并重新写入新的闪存单元，该方法可有效解决保存时间过长导致的比特错误。重读机制是指数据读操作过程中使用不同参考电压，从而将 RBER 控制在 ECC 可纠错范围内。电压矫正是指根据数据出错特征，调整读操作的探测电压，减少 ECC 纠错过程中的错误率，从而提高数据读取可靠性。接下来我们将针对上述几个关键技术展开具体方案分析。

9.3.2 闪存可靠性优化关键技术

1. 影子编程顺序

以 MLC 闪存介质为例，传统的 MLC 编程顺序如图 9.9（a）所示。数据编程顺序严格按照字线顺序执行，首先顺序完成第 0 号字线的 LSB（Least Significant Bit，最低有效位）和 MSB（Most Significant Bit，最高有效位）编程，然后再执行第 1 号字线的数据编程，以此类推。然而，这种编程方式将导致第 0 号字线的闪存单元受到第 1 号字线数据的两次编程干扰，分别是第 1 号字线的 LSB 编程和 MSB 编程干扰，即图 9.9（a）中的第 2 次和第 3 次编程。为减少字线顺序编程过程中的编程干扰错误源影响，影子编程顺序采用交错编程方法，如图 9.9（b）所示。首先，影子编程顺序优先执行第 0 号字线的 LSB 编程，然后执行第 1 号字线的 LSB 编程，再回到第 0 号字线对 MSB 进行编程，最后执行第 1 号字线的 MSB 编程。在这种编程过程中，第 0 号字线的 LSB 和 MSB 同样受到第 1 号字线的编程干扰，但第 0 号字线的 MSB 编程过程可修正对 LSB 的数据编程干扰，从而减少对第 0 号字线的数据编程干扰错误影响。因此，对比传统 MLC 编程顺序，MLC 影子编程顺序保障了仅 MSB 受到下一字线的编程干扰，即图 9.9（b）中的第 4 次编程，从而提高了数据编程过程中的可靠性，减少由于编程干扰错误源带来的数据出错的问题。TLC 闪存介质的 3 比特数据同样可采用影子编程顺序来保障仅 MSB 受到数据编程干扰的影响，具体编程过程如图 9.9（c）所示。

2. 刷新机制

闪存介质数据错误来源于闪存单元电子数量出错，高出或低于固定的阈值电压，从而超出 ECC 纠错能力。数据刷新机制通过将出错或即将出错的数据读取至控制器，在不超过 ECC 纠错能力的范围内对数据进行纠错，并写回至闪存介质。当前 SSD 的刷新机制主要可分为异地刷新[9-10,15]和就地刷新[16]。异地刷新是指将数据读取至控制器完成纠错后写回至新的闪存页。就地刷新是指将数据纠错后，根据错误比特信息在原数据位置进行就地刷新重写。针对异地刷新，其触发方式可分为主动触发、周期性触发和空闲时间触发。主动触发方式通过观察数据读操作时延判定当前闪存页中的数据是否呈现高错误率特征，若是则触发异地刷新操作，纠正高错误率数据并写回至新闪存页；周期性触发方式通过设定固定的触发时间阈值，在固定时间周期内对数据内容进行异地刷新；空闲时间触发方式选择在设备空闲阶段执行异地刷新。相比于周期性刷新和主动触发，空闲时间触发方式可减少异地刷新带来的额外写操作对主机数据读写的影响，最小化异地刷新的性能干扰。就地刷新与异地刷新的核心区别在于不产生额外的数据写操作，从而可显著减少刷新操作带来的写放大问题。就地刷新操作仅能针对电子泄露情况进行数据可靠性恢复，其通过探测电压判断当前闪存单元电压状态是否呈现左移，即电子泄露，随后通过施加验证电压对出现电子泄露的闪存单元进行精细化重写，从而使得其电压值恢复至预定阈值状态。由于就地刷新过程仅可应用于电子泄露场景下的数据出错问题，因此就地刷新机制难以被应用于编程干扰、读干扰等错误源场景。为解决该问题，混合式刷新操作[9,16]提出跟踪闪存电压状态的偏移幅度，根据不同偏移场景动态执行就地刷新和异地刷新操作。

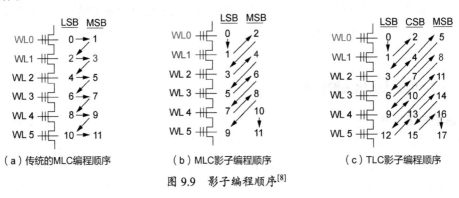

（a）传统的MLC编程顺序　　（b）MLC影子编程顺序　　（c）TLC影子编程顺序

图 9.9　影子编程顺序[8]

3. 重读机制

闪存读操作通过对闪存单元施加探测电压从而判断当前闪存单元的电压状态。然而，随着不同错误源的干扰，闪存电压状态的左移或右移将导致预定的探测电压无法正确判断当前闪存单元电压值所属的电压状态。为解决该问题，重读机制提出通过施加不同探测电压值的方式辅助 ECC 进行数据纠错。具体做法是，首先通过预定的探测电压读取闪存单元数据内容并反馈给控制器进行 ECC 纠错。若纠错成功则结束读操作，否则施加不同的探测电压值进行二次数据读操作并交由 ECC 纠错。重复上述操作直至数据纠错成功或达到预定的纠错次数上限。由于多次重读将导致单次闪存页读操作的时延增加，从而影响系统性能。为此，现有的相关研究工作提出根据闪存电压出错状态动态调整探测电压的变化幅度。例如，针对高错误率数据，增加探测电压的变化幅度，达到 ECC 纠错能力的快速收敛从而减少重读次数[12]。

4. 电压矫正

重读机制通过多次施加探测电压的方式获得最优的读探测电压。然而，该过程将引入较大的读开销，影响设备整体性能。因此，电压矫正提出通过记录最优探测电压的方式减少重读过程中的读操作次数。由于闪存单元的电压状态呈现随时间和访存行为的变化而变化的趋势，因此，最优探测电压的获取和记录过程同样也是动态变化过程。当前，典型的两种方案分别是采样方法[17-18]和模型预测方法[19]。采样方法通过分析闪存介质的出错特征发现闪存介质在短时间内（例如 1 天）的错误率较为稳定；同一个闪存块内部的闪存单元错误率特征较为接近。基于上述发现，采样方法通过周期性地对每个闪存块执行一次采样来获取当前闪存块中闪存单元的最优探测电压。然而，采样方法需要频繁执行数据采样读操作，并产生额外的数据信息保存开销。为解决该问题，模型预测方法提出通过记录闪存设备的访问特征和介质可靠性特征进行电压分布状态预测，并基于预测结果施加最优探测电压。

除了上述的 4 项关键技术，闪存介质的可靠性优化技术还包括混合 ECC[20-21]及混合闪存介质[22-23]等技术。其中，混合 ECC 技术通过识别不同数据的读写特征，对高错误率数据进行高纠错能力的 ECC 编码，对低错误率数据进行快速解码的 ECC 编码，从而在保障数据可靠性的同时提升数据读写性能。混合闪存介质技术通过识别数据的可靠性需求差异，将具备高可靠性需求的数据存储在 SLC 等高容错闪存介质中，将低可靠性需求的数据存储在 TLC 或 QLC 闪存介质中，从而减少由于数据错误率上升带来的额外可靠性保障开销。

9.4 纠删码技术

在存储系统中，为了保证系统级的可靠性，当前主流的方法是采用两种数据高可靠性存储技术，分别为多副本和纠删码。它们在存储开销、计算开销和恢复开销上都有不同的表现。

9.4.1 多副本原理

副本是最为简单的用于保障数据高可靠性存储的冗余技术，其基本思路是：对于每份存入存储系统的数据，都保留其多份相同的数据，并存放于不同的存储位置（例如存储设备、存储节点甚至是存储机柜），当一份存储数据丢失时，系统依然可以从其他地方取回该数据的副本，从而保证数据存储可靠。因此，对于 r 副本技术而言（其中 $r > 1$），其可以容忍任意 $r-1$ 份数据失效，但是其存储开销为存入数据的 r 倍。目前业界（例如 GFS[24]）通常采用三副本技术实现其存储可靠和访问负载均衡。

9.4.2 纠删码原理

副本技术虽然可以实现给定的容错能力，但是其存储开销十分高昂。纠删码（Erasure Coding）[25-28]是一种具有低存储开销和高容错能力的数据编码技术。纠删码通过 k 和 m 两个简单参数设置其存储效率和容错能力，并利用编码（即计算额外冗余数据）和解码（即修复原数据）等操作实现原始数据和冗余数据之间的相互转换。在编码操作中，纠删码以 k 个固定大小的数据块为输入，计算得到额外 m 个相同大小的冗余块（称之为"校验块"），从而得到一个包含 $k+m$ 个块的"条带"（Stripe）。当数据失效时，纠删码可利用任意 k 个属于相同条带的块进行解码操作，从而修复原来的 k 个数据块；换言之，对于任一条带，纠删码可容忍任意 m 个块失效。其中，Reed-Solomon 码（简称为 RS码）[25]是最具代表性的一类纠删码。由于 RS 码可根据系统存储能力和容错需求灵活设置所适配的 k 和 m，因此被广泛应用于开源存储系统（例如 Hadoop 3.0[29]和 Ceph[30]等）及商业存储系统（例如 Facebook f4[31]和 Windows Azure Storage[32]等）。图 9.10 所示为一个数据中心部署纠删码（RS 码）的示例（$k=2, m=2$），即一个条带拥有两个数据块（$k = 2$）和两个校验块（$m = 2$），从而可容忍任意两个块失效。可以看出，通过将每个条带存储于 $k+m$ 个不同节点，纠删码能够容忍任意 m 个节点失效；而现有数据中心通常需要保证每个条带只有不多于 m 个块被存储于同一集群，以容忍单个集群的整体失效。

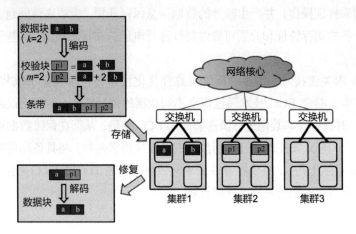

图 9.10　数据中心部署纠删码示例

从数学原理上说，纠删码的编码运算可视为有限域（Finite Field）的矩阵乘法运算。假设有 k 个数据块，纠删码构建了一个长度为 k 的数据向量，表示为 $\boldsymbol{D}=\left(D_0, D_1, \cdots, D_{k-1}\right)$，通过一个编码矩阵 $\boldsymbol{G}_{(k+m)\times k}$ 与该数据向量相乘，从而得到 $k+m$ 个编码块（Coded Chunk），可表示为 $\boldsymbol{C}=\left(C_0, C_1, \cdots, C_{k+m-1}\right)$。因此根据纠删码的编码效果，可进一步将现有的纠删码分为以下两种。

系统型纠删码（Systematic Erasure Code）：若编码后的 $k+m$ 个编码块的前 k 个块和原来的数据块一致，则称该纠删码为系统型纠删码。系统型纠删码的优势在于在编码操作之后，可以直接访问原始数据块，而无须再进行访问前的解码操作。因此，在系统型纠删码中，编码矩阵 $\boldsymbol{G}_{(k+m)\times k}$ 的前 $k \times k$ 子矩阵为单位矩阵。图 9.11 所示为一个系统型纠删码的编码操作示例。

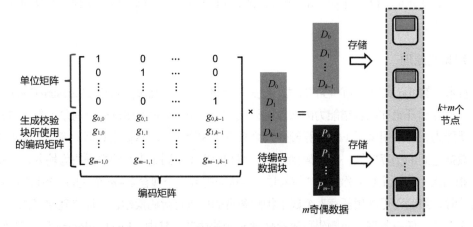

图 9.11　系统型纠删码的编码操作示例

非系统型纠删码（Non-Systematic Erasure Code）：非系统型纠删码编码后生成的 $k+m$ 个编码块，和原数据块完全不同，因此访问数据块需要先进行解码操作，从而需要耗费一定的存储 I/O 资源和网络 I/O 资源。

然而，纠删码虽然引入了一些额外轻量级的计算开销，但是其修复操作极易占用大量的网络带宽和存储 I/O 资源。例如，为修复一个块，纠删码需要取回 k 个可用块，意味着修复过程中的网络带宽开销和存储 I/O 开销都放大了 k 倍。据报道，Facebook 一个集群中每天失效块数的中位数可以达到 95500 个，导致的跨机架传输数据量的中位数为 180 TB[33]。因此，为了进一步减少纠删码修复所产生的网络和存储 I/O，自 2010 年以来，业界提出一些新型的纠删码技术，其中以 LRC（Locally Repairable Codes，局部修复码）和再生码最为典型。下面简要介绍这两种新型纠删码的构造方式和修复策略。

LRC 和 RS 码不同，LRC[32]由 3 个参数设置，分别为 k，l 和 m。具体而言，LRC 将 k 个数据块编码生成额外的 m 个全局校验块（Global Parity）；此外，局部校验码进一步将这 k 个数据块进一步分割为 l 个分组（Group），其中每个分组包含 k/l 个数据块。LRC 进一步为每个分组维护一个局部校验块（Local Parity）。在此情况下，若有一个数据块发生失效，LRC 可以从该数据块所对应的分组中将剩余的 k/l 个块取回，并进行解码，从而恢复得到失效的数据。因此可以看出，相比于传统 RS 码需要取回 k 个数据块进行修复，LRC 可以将网络流量降低为原来的 $1/l$。目前，LRC 已经被用于微软 Azure 存储系统之中。图 9.12 所示为一个 $(6,2,2)$ LRC 的示例，其将 6 个数据块划分为 2 个分组（其中每个分组包含 3 个数据块），并为每个分组保留一个校验块（例如为分组 $\{x_0, x_1, x_2\}$ 生成局部校验块 p_x），因此当一个数据块（例如 x_0）失效时，可以通过取回所对应分组中的 3 个块（例如 $\{x_1, x_2, p_x\}$）进行数据修复。

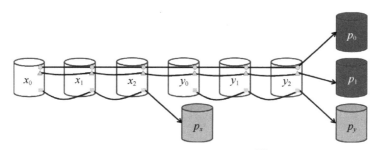

图 9.12　$(6,2,2)$ LRC 的示例[32]

除了 LRC，另一种典型的纠删码——再生码（Regenerating Codes）[34]也被提出。再生码的大概思想是：利用存储节点的计算能力对被传输的数据进行计算后再传输；从更多的节点（而非 RS 码所定义的 k 个节点）进行数据取回，从而可进一步减少修复所需要的网络流量。再生码的修复过程如下：假设每个存储节点存储了 α 个数据单元（Symbols），当一个节点发生失效，再生码可以联系任意 d 个可用的存储节点，并从每个被联系的存储节点中下载 β 个数据单元进行数据重构，在此过程中，每个数据单元的重构需要下载大小为 $d \cdot \beta$ 的数据。因此，从存储容量和修复流量的优化角度可以将再生码分为：MSR（Minimum Storage Regeneration，最小存储再生）码和 MBR（Minimum Bandwidth Regeneration，最小带宽再生）码，其中 MSR 码和 MBR 码在 $\{\alpha, \beta, d\}$ 的选择上存在区别。假设 M 为需要重构的文件大小，则对于 MSR 码而言，其 $\alpha = M/k$，其 $\beta = M/(k \cdot (d-k+1))$；而对于 MBR 码而言，其 $\beta = 2M/(k \cdot (2d-k+1))$，其 $\alpha = d \cdot \beta$。为便于说明，图 9.13 所示为一个 MSR 码的示例，其中 $k=2$，$m=2$，则每个块的大小为 $M/2$，其中每个块进而切分为两个数据片（例如第一个数据块可切分为两个数据片 a_1 和 b_1）；当一个校验块发生失效时，可以联系剩余 3 个可用节点进行修复

（即 $d=3$），其中每个节点传输 $M/4$ 大小的数据片进行修复（即 $\beta=M/4$），从此示例中可以看出，修复一个块所需传输流量大小为 $3M/4$。

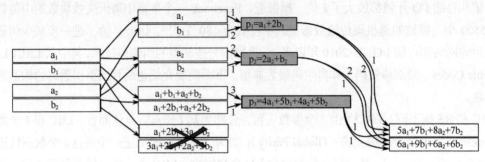

图 9.13　MSR 码的示例[31]

相比于多副本技术，纠删码修复需要耗费大量的网络流量，因此纠删码一般用于对冷数据进行备份持久化存储，该方面的典型系统有 Windows Azure Storage 和 Facebook f4 等，在这类系统中，其块大小一般为 64 MB 至 1 GB。近年来，纠删码也开始被用于内存对象存储系统中，旨在降低系统访问的尾延迟。例如，EC-Cache[35]将一个对象切分为 k 个数据块，并通过纠删码生成额外 m 个校验块；当访问一个对象时，EC-Cache 从相同条带中取回 $k+\varDelta$ 个可用块（其中 $\varDelta \geqslant 1$）；当收到前 k 个块后，EC-Cache 立即摒弃后续未到的 $\varDelta$ 个块并进行解码操作，得到要访问的对象，从而实现降低尾延迟的效果。例如图 9.14 给出了当 $k=2$ 且 $\varDelta=1$ 时的 EC-Cache 示例，当一个对象被访问时，EC-Cache 会读取该对象所在条带的 3 个块，并使用前 2 个最先到达的块进行数据重构，从而得到所要访问的对象，并及时返回给请求。

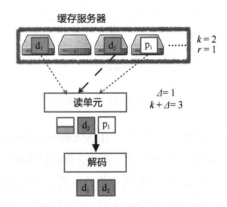

注：r 表示校验块的个数。

图 9.14　EC-Cache 使用纠删码进行对象快速访问示例[35]

9.4.3　典型的纠删码介绍及分析

除了 RS 码之外，RAID 6 是一种可容忍任意两个磁盘失效的纠删码技术[27]。为实现容忍任意两个磁盘失效，RAID 6 采用两个独立的校验信息算法，以生成校验数据，并将其分别存储在两个不同的校验盘上，或者分散存储在所有成员磁盘中。因此，当两个磁盘同时失效时，RAID 6 码可通过求解二元方程以重建两个失效磁盘上的数据。为了加快编码和解码性能，RAID 6 码主要采用异或和循环移位两种操作。一般而言，RAID 6 码具有以下特性。

- 完全基于 XOR 运算的编码，易实现且运算速度快。
- 不需要参数分布矩阵来辅助运算。
- 是一类根据容错需求而制定的编码，即一般性不如 RS 码。
- 能够达到最优或接近最优的更新效率。
- 横式编码能够适合任何数量的存储设备（可通过添加虚拟设备的手段），而纵式编码的条带大小严格限定，可拓展性较差。

1. EVENODD 码

EVENODD 码是最早应用于 RAID 6 的阵列编码技术。EVENODD 码由布劳姆（Blaum）等人在 1995 年提出，是一种能够容忍 2 个条块失效的横式编码，同时也是一个标准的最长距离可分码[36]。EVENODD 的条带大小为一个 $(p-1)\times(p+2)$ 的二维矩阵，其中 p 是一个素数。

EVENODD 将数据信息存放在 $(p-1)\times p$ 的阵列中，并将校验信息存放在最后两列。两列校验信息是分别通过同一行的数据信息和给定斜率对角线的信息异或而得。其校验信息的生成公式为

$$a_{i,p} = \bigoplus_{t=0}^{p-1} a_{i,t} \tag{9.3}$$

$$S = \bigoplus_{t=1}^{p-1} a_{p-1-t,t} \tag{9.4}$$

$$a_{i,p+1} = S \oplus \left(\bigoplus_{t=0}^{p-1} a_{(i-t)\%p,t} \right) \tag{9.5}$$

其中，$a_{i,j}$ 表示第 i 行的第 j 列上的数据信息，$0 \leqslant i \leqslant p-2$，$a\%b$ 表示 $a \bmod b$，S 为校验因子。

EVENODD 码的编码过程如下。如图 9.15 所示，以 $p=5$ 为例，公式（9.3）表示第 6 列的校验信息为每行数据信息的异或值，公式（9.4）表示校验因子的生成方式，公式（9.5）表示第 7 列校验信息的生成方式。从几何上来看，S 由第 $p-1$ 列开始沿斜率为 1 的数据信息的异或构成。第 5 列的校验信息为该行 p 个数据信息的异或值，第 6 列校验信息是沿斜率为 1 的数据信息的异或值与 S 异或而生成的。

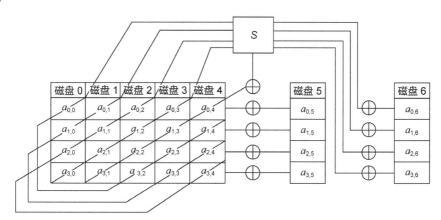

图 9.15 EVENODD 码的编码过程

当出现一列信息失效时，可采用如下方式进行修复：若是校验列则可直接编码；若是信息列失效，则解码时利用水平校验列和存活信息列（Surviving Data）水平异或即可。而当出现两个条块失

效时，有3种情况：失效的全是校验列；失效的为一个数据列和一个校验列；失效的全部是数据列。其中前两种情况比较简单，故简单介绍两个信息列失效的解码过程。

EVENODD 码的解码过程如下。假设第1列和第3列信息失效，如图9.16所示，首先计算公因子，

$$S = \bigoplus_{i=0}^{p-2} \left(a_{i,5} + a_{i,6} \right) \tag{9.6}$$

将公因子 S 和对角线校验列中的 $a_{2,6}$ 和 $a_{0,6}$ 分别进行异或运算，

$$a_{1,1} = a_{2,6} \oplus S \oplus a_{0,2} \oplus a_{2,0} \oplus a_{3,4} \tag{9.7}$$

$$a_{2,3} = a_{0,6} \oplus S \oplus a_{0,0} \oplus a_{3,2} \oplus a_{1,4} \tag{9.8}$$

此时水平校验列的第0行和第3行每个校验信息中含有两个未知信息，第1行和第2行的每个校验信息中含有一个未知信息。因此，可以先使用水平校验列中的 $a_{1,5}$ 和 $a_{2,5}$ 计算出 $a_{1,3}$ 和 $a_{2,1}$，其计算公式如下，

$$a_{1,3} = a_{1,5} \oplus a_{1,0} \oplus a_{1,1} \oplus a_{1,2} \oplus a_{1,4} \tag{9.9}$$

$$a_{2,1} = a_{2,5} \oplus a_{2,0} \oplus a_{2,2} \oplus a_{2,3} \oplus a_{2,4} \tag{9.10}$$

用公因子计算出组成其的对角线信息 $a_{3,1}$，

$$a_{3,1} = S \oplus a_{0,4} \oplus a_{1,3} \oplus a_{2,2} \tag{9.11}$$

然后，可得到 $a_{0,3} = a_{3,6} \oplus S \oplus a_{3,0} \oplus a_{2,1} \oplus a_{1,2}$；利用 $a_{0,5}$、$a_{0,0}$、$a_{0,2}$、$a_{0,3}$ 和 $a_{0,4}$ 可求解出 $a_{0,1}$；利用 $a_{3,5}$、$a_{3,0}$、$a_{3,1}$、$a_{3,2}$ 和 $a_{3,4}$ 可求解出 $a_{3,3}$；以此类推，可求解出第1列和第3列中所有丢失的数据信息。

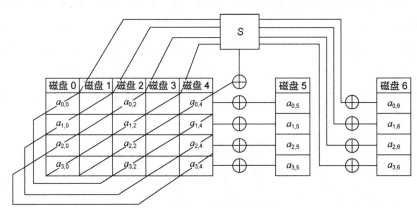

图 9.16　EVENODD 码的解码过程

2. RDP 码

RDP 码由 NetApp 公司提出，被广泛应用于实际存储系统中[37]。RDP 码也是一种能够容忍两个磁盘失效的 RAID 6 编码。令 p 是一个大于2的素数，RDP 码可由一个大小为 $(p-1) \times (p+1)$ 的二维阵列表示，前 $(p-1)$ 列是信息列，其余两列是校验列，故当 p 相同时 RDP 码的信息列数量比 EVENODD 码少一列。

RDP 码的编码过程如下。令 $a_{i,j}$ 代表第 i 行的第 j 个数据信息，其中 $i \in [0, p-2]$，$j \in [0, p]$。当编码水平校验列时，RDP 码与 EVENODD 码的方法相同，计算对角线校验列时，不需要计算公共因子，但水平校验列会作为信息列参与对角线校验列的计算过程。编码公式为

$$a_{i,p-1} = \bigoplus_{j=0}^{p-2} a_{i,j} \qquad (9.12)$$

$$a_{i,p} = \bigoplus_{j=0}^{p-1} a_{(i-j)\%p,j} \qquad (9.13)$$

通过公式（9.12）可计算水平校验列，通过公式（9.13）可计算对角线校验列。当 $p=5$ 时，其具体编码过程如图 9.17 所示。

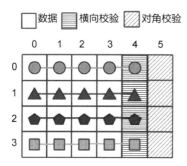

（a）每行的数据信息经过 XOR 运算得到横式校验信息

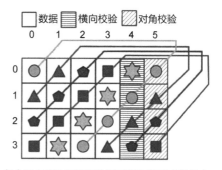

（b）对角线数据信息进行运算得到对角校验信息

图 9.17　RDP 码的编码过程[37]

从上述校验信息的生成过程可以得知，RDP 码的校验信息的生成是相关的，即其更新效率并非最优。必须等待横式校验信息更新完成后，RDP 码才能够更新对角线数据信息。

RDP 码的解码过程如下。当出现一列失效时：若是校验列失效，则可重新进行编码操作来修复；若是信息列失效，则可利用水平校验列和存活信息列进行水平异或。而当出现两个条块失效时，有 3 种情况：失效的全是校验条块；失效的为一个数据条块和一个校验条块；失效的全部是数据条块。第一种情况较为简单，直接通过编码操作计算可得。后两种情况类似，需要通过两种校验信息的交错参与进行恢复。如图 9.18（a）所示，假设数据列 0 和列 1 失效，首先如图 9.18（b）所示，根据对角校验块恢复第 0 行第 0 列的信息。

$$a_{0,0} = a_{0,5} \oplus a_{1,4} \oplus a_{2,3} \oplus a_{3,2} \qquad (9.14)$$

然后，如图 9.18（c）所示，根据横式校验块修复第 0 行第 1 列信息。

$$a_{0,1} = a_{0,0} \oplus a_{0,2} \oplus a_{0,3} \oplus a_{0,4} \qquad (9.15)$$

接着，如图 9.18（d）所示，根据对角校验块修复第 1 行第 0 列信息。

$$a_{1,0} = a_{1,5} \oplus a_{2,4} \oplus a_{3,3} \oplus a_{0,1} \qquad (9.16)$$

之后，如图 9.18（e）所示，根据横式校验块修复第 1 行第 1 列信息。

$$a_{1,1} = a_{1,0} \oplus a_{1,2} \oplus a_{1,3} \oplus a_{1,4} \qquad (9.17)$$

如此交替修复下去，如图 9.18（f）所示，就可以将两个磁盘数据全部修复。

3. X–Code

X-Code 由徐黎昊和布鲁克（Bruck）于 1999 年提出，是一种能够容忍两个磁盘错误的典型 RAID 6 纵式编码[38]。和 EVENODD 码与 RDP 码类似，它构建于一个 $p \times p$ 的二维阵列中（其中 p 是一个大于 2 的素数）；与 RDP 码不同的是，X-Code 的校验信息选择行存储的方式进行管理，即前 $(p-2)$ 行是信息行，其余两行是校验行。

X-Code 的编码过程如下。和横式编码不同，X-Code 的两个校验行分别称为对角校验行和反对角校验行。令 $a_{i,j}$ 代表第 i 行的第 j 个数据块，其中 $i \in [0, p-1], j \in [0, p-1]$。则校验行信息的生成算法如下

$$a_{p-2,i} = \bigoplus_{k=0}^{p-3} a_{k,(i-k-2)\%p} \tag{9.18}$$

$$a_{p-1,i} = \bigoplus_{k=0}^{p-3} a_{k,(i+k+2)\%p} \tag{9.19}$$

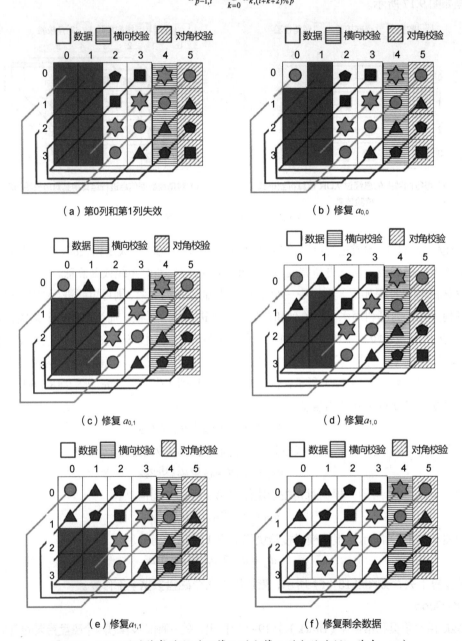

图 9.18　RDP 码的修复过程（以第 0 列和第 1 列失效为例，其中 $p=5$）

其中公式（9.18）为第一个校验行的生成算法，公式（9.19）为第二个校验行的生成算法。从几何上来看，这两个校验行分别是以斜率为 1 和 -1 沿对角线方向的数据块的异或之和。当 $p=5$ 时，X-Code 的编码过程如图 9.19 所示。

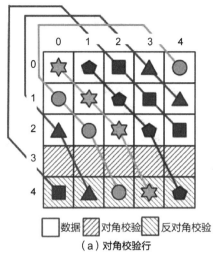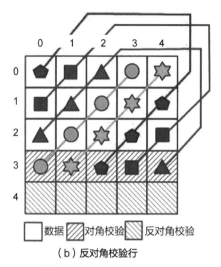

| | 数据 | 对角校验 | 反对角校验 |

（a）对角校验行

| | 数据 | 对角校验 | 反对角校验 |

（b）反对角校验行

图 9.19　X-Code 的编码过程[38]

X-Code 的解码过程如下。当出现两列失效，X-Code 利用对角校验和反对角校验迭代修复失效数据。图 9.20 以第 0 列和第 1 列失效为例解释数据修复过程。此时首先如图 9.20（b）所示，根据反对角校验块修复第 0 行第 1 列和第 4 行第 0 列的信息 $a_{0,1}$ 和 $a_{4,0}$，

$$a_{0,1} = a_{4,4} \oplus a_{2,3} \oplus a_{1,2} \tag{9.20}$$

$$a_{4,0} = a_{2,4} \oplus a_{1,3} \oplus a_{0,2} \tag{9.21}$$

接着，如图 9.20（c）所示，使用对角校验块修复信息 $a_{0,0}$、$a_{1,0}$ 和 $a_{3,1}$，

$$a_{0,0} = a_{3,2} \oplus a_{2,3} \oplus a_{1,4} \tag{9.22}$$

$$a_{1,0} = a_{3,3} \oplus a_{2,4} \oplus a_{0,1} \tag{9.23}$$

$$a_{3,1} = a_{0,4} \oplus a_{1,3} \oplus a_{2,2} \tag{9.24}$$

然后，如图 9.20（d）所示，利用反对角校验块修复信息 $a_{1,1}$ 和 $a_{2,1}$，

$$a_{1,1} = a_{0,0} \oplus a_{4,3} \oplus a_{2,2} \tag{9.25}$$

$$a_{2,1} = a_{0,4} \oplus a_{1,0} \oplus a_{4,2} \tag{9.26}$$

之后，如图 9.20（e）所示，使用对角校验块修复信息 $a_{2,0}$ 和 $a_{3,0}$，

$$a_{2,0} = a_{1,1} \oplus a_{0,2} \oplus a_{3,4} \tag{9.27}$$

$$a_{3,0} = a_{0,3} \oplus a_{1,2} \oplus a_{2,1} \tag{9.28}$$

最后，如图 9.20（f）所示，利用反对角校验块修复信息 $a_{4,1}$，

$$a_{4,1} = a_{0,3} \oplus a_{1,4} \oplus a_{2,0} \tag{9.29}$$

4. HV Code

HV Code 是由清华大学团队于 2016 年提出的 RAID 6 码[39]。HV Code 结合了横式编码和纵式编码的优点，在优化硬盘写入的同时，保留了最佳的编解码效率。此外，HV Code 的校验链相较其他阵列码而言更短，因此恢复效率较高。HV Code 构建于一个大小为 $(p-1) \times (p-1)$ 的二维阵列中（其中 p 是一个大于 2 的素数）。

HV Code 的编码过程如下。令 $a_{i,j}$ 代表第 i 行的第 j 个数据信息，其中 $i \in [1, p-1]$，$j \in [1, p-1]$。

其校验信息的计算公式如下，

$$a_{i,\langle 2i\rangle_p} = \bigoplus_{j=1}^{p-1} a_{i,j} \left(j \neq \langle 2i\rangle_p, j \neq \langle 4i\rangle_p \right) \tag{9.30}$$

$$a_{i,\langle 4i\rangle_p} = \bigoplus_{j=1}^{p-1} a_{k,j} \left(j \neq \langle 8i\rangle_p, j \neq \langle 4i\rangle_p \right) \tag{9.31}$$

其中，

$$k = \left\langle \frac{j-4i}{2} \right\rangle_p = \begin{cases} \dfrac{1}{2}\langle j-4i\rangle_p & \left(\langle j-4i\rangle_p = 2t\right) \\[2mm] \dfrac{1}{2}\left(\langle j-4i\rangle_p + p\right) & \left(\langle j-4i\rangle_p = 2t+1\right) \end{cases} \tag{9.32}$$

公式（9.30）表示横式校验信息的计算过程，而公式（9.31）表示纵式校验信息的计算过程。当 $p=7$ 时，其编码过程和布局如图 9.21 所示。

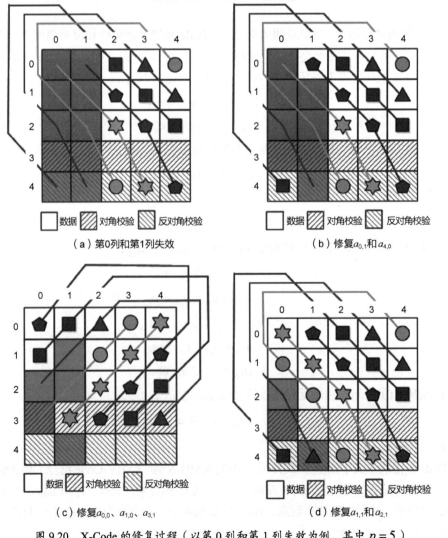

图 9.20　X-Code 的修复过程（以第 0 列和第 1 列失效为例，其中 $p=5$）

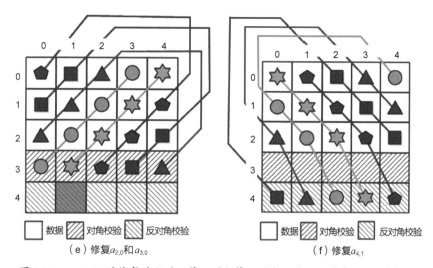

（e）修复 $a_{2,0}$ 和 $a_{3,0}$　　　　　　（f）修复 $a_{4,1}$

图 9.20　X-Code 的修复过程（以第 0 列和第 1 列失效为例，其中 $p=5$）（续）

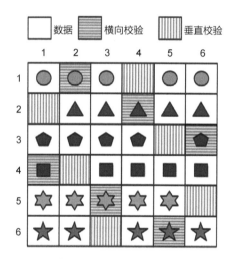

（a）横式校验信息计算：横式校验信息可以使用同行中的数据信息通过 XOR 计算得到。例如

$$a_{1,2}=a_{1,1} \oplus a_{1,3} \oplus a_{1,5} \oplus a_{1,6}。$$

（b）纵式校验信息计算：纵式校验信息可以使用满足 $<2i'+j_p>=j'$ 的数据信息通过 XOR 计算得到。例如

$$a_{1,4}=a_{6,2} \oplus a_{3,3} \oplus a_{4,5} \oplus a_{1,6}。$$

图 9.21　HV Code 的编码过程（$p=7$）[39]

HV Code 的解码过程如下。与其余阵列编码数据恢复方式类似，HV Code 的单个列的修复较为简单。这里主要介绍两个磁盘修复的情况。如图 9.22 所示，以第 1 列和第 3 列修复为例。HV Code 可构建 4 条恢复链同时对数据进行恢复。首先利用横式校验和纵式校验确定恢复操作的 4 个起点：数据信息 $a_{2,3}$、$a_{3,3}$、$a_{5,1}$ 和 $a_{6,1}$。其次，对于每个起始信息，通过交替切换校验方式以进行同时修复，图 9.22 中 $\{a_{5,1}, a_{5,3}\}$ 和 $\{a_{3,3}, a_{3,1}, a_{4,3}, a_{4,1}\}$ 是其中的两条恢复链。

5. 总结与对比

阵列码作为线性纠删码中的一种，采用了基于二维阵列的数据布局方案。和 RS 码相比，过程大多只涉及异或运算，且易于软硬件实现，因此具有较低的计算开销。相比于纵式编码，横式编码无法达到更新最优（如 EVENODD 码和 RDP 码等），但由于横式阵列码将校验信息单独存储

在节点中，因此具有较良好的扩展性；而纵式编码将校验信息均匀地分布在各个节点中，因此更有助于均衡负载。

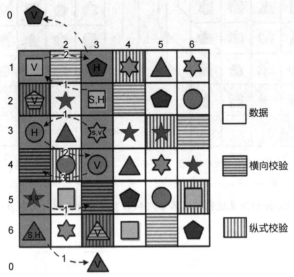

图 9.22　HV Code 的修复过程（以第 1 列和第 3 列失效为例，其中 p=7）[39]

此外，阵列码仍然存在一些缺点。首先，阵列码的灵活性较差，无法针对任意的 k 和 m 进行设计。阵列码的行列规模通常要求为素数，而校验信息的数量受限于行列大小。其次，阵列码的磁盘容错数较低。

我们对所提及的 RAID 6 码在容错能力、更新效率、条带长度和负载均衡能力等方面进行了总结对比，如表 9.4 所示。

表 9.4　5 种常见的阵列码参数对比

编码	容错能力	更新效率	条带长度	负载均衡能力	条带内部分写效率
EVENODD 码	2	大于 3	p+2	不均衡	I/O 较少
RDP 码	2	大于 3	p+1	不均衡	I/O 较少
X-Code	2	3	p	均衡	I/O 较多
H-Code	2	3	p+1	不均衡	I/O 较少
HV Code	2	3	p-1	均衡	I/O 较少

9.4.4　纠删码技术发展趋势

近年来，随着数据规模的不断增长，存储系统纠删码的研究重点已从传统的增强存储能力逐步向修复效率优化、修复算法构建、主动策略选择、冗余程度转换和参数弹性扩展等不同方向拓展，并衍生出了一系列具有代表性的研究工作。下面将对当前纠删码的研究进展进行总结介绍。

1. 修复效率优化的纠删码构造

传统的 RS 码虽可以降低存储开销，但是极易产生大量的修复流量。鉴于此，LRC[40-41] 和

Rotated-RS 码[42]通过增加少量的存储开销来降低修复流量。再生码[43]通过要求存活节点发送数据的线性组合或要求更多的存活节点参与修复来减少修复流量（例如积矩阵 MSR 码[44]）。Butterfly 码[45]和 Clay 码[46]可以直接发送本地存储的数据进行修复而不需要进行数据计算，从而保证存储 I/O 和网络 I/O 一致。Hitchhiker[47]在代码结构中构建了跨条带之间的块依赖关系，以减少修复流量。其中，Butterfly 码是一种典型的具有精确修复性质的 MSR 码，其可以容两错（即 $n-k=2$）。参数为(n,k)的 Butterfly 码是由一个数据块矩阵 D_k 和两个校验块矩阵 P_k 和 Q_k 构成，其中 D_k 包含 $k \times 2^{k-1}$ 个数据块，而 P_k 和 Q_k 分别包含 2^{k-1} 个校验块。数据块矩阵 D_k 可以表示为包含 4 个元素的矩阵，

$$D_k = \begin{bmatrix} a_{k-1} & D_{k-1}^1 \\ b_{k-1} & D_{k-1}^2 \end{bmatrix} \tag{9.33}$$

其中 D_{k-1}^1 和 D_{k-1}^2 是两个$(k-1) \times 2^{k-2}$的矩阵，矩阵中的元素均为数据块，a_{k-1} 和 b_{k-1} 是两个有 2^{k-2} 个数据块的向量。Butterfly 码具有递归的编码构造且仅需要异或操作进行编码和解码，即参数为(n,k)的 Butterfly 码可由参数为$(n-1,k-1)$的 Butterfly 码递归地构造而成。图 9.23 展示了 Butterfly 码的编码布局。

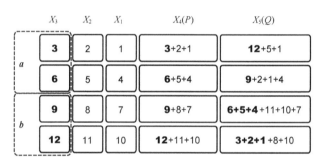

图 9.23 $(n,k)=(5,3)$ 的 Butterfly 码的编码布局

2. 纠删码修复算法

除了构建修复效率优化的纠删码外，现有工作也寻求为已有的纠删码构建快速的修复算法[28,48-55]。其中，降级优先调度[48]提出以更高的优先级启动降级读任务，以利用空闲的网络带宽进行数据修复。PUSH[49]对请求的块通过流水化的方式进行传输，以缓解修复中的网络拥堵。PPR[50]将整个修复方案划分为更小的子阶段来并行执行。ECPipe[51]则进一步将一个大数据块分割成更小的片段，并通过构建流水线传输这些片段，这样，在同构网络环境下，修复时间的复杂性接近 $O(1)$。考虑到分层数据中心的带宽多样性，CAR[52]和 ClusterSR[53]提出降低和平衡集群间的修复流量。ECWide[54]通过结合校验局部性和拓扑局部性提出双重局部性的构造思想，有效解决了分层数据中心中宽条带的修复问题。RepairBoost[55]通过使用修复有向无环图和修复任务的拓扑排序，对修复任务进行合理调度，从而降低数据的修复时间。

其中，ECWide 的原理如图 9.24 所示，其大致思想是在分层数据中心中部署 LRC，从而降低宽条带（即 k 值较大）的数据修复开销。图 9.24（a）采用了基于校验局部性（Parity Locality）的 LRC，虽然能够在机架内快速修复，但需要在每个机架内额外存储一个本地校验块；图 9.24（b）采用了基于拓扑局部性（Topology Locality）的编码方案，该方案虽然能够降低冗余开销，但在修复数据块时需要向每个机架索取数据块，即产生极大的修复流量。因此，ECWide 采用了图 9.24（c）所示的基于双重局部性的方案，结合校验局部性和拓扑局部性，并在两者之间取得平衡。

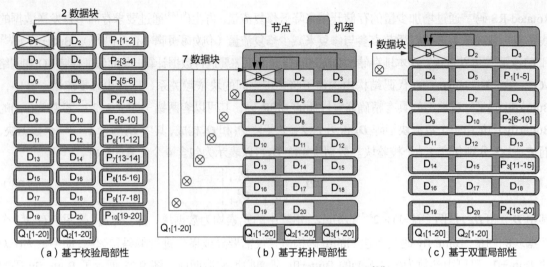

图 9.24　ECWide 的联合局部性修复方案[54]

3. 主动修复

现有基于机器学习的故障预测技术通常采用 SMART 属性[56-60]，结合额外的系统事件[61]和性能指标[62]，实现了高预测精度（例如至少 95%[57-58,60-61]）和低误报率（也称为假阳性率，例如仅有 2.5%[59]和 0.2%～0.4%[63]）。FastPR[64]结合了数据块迁移和基于纠删码的修复，以加速主动修复效率。Hu 等人[65]建议主动发起降级读绕过热点，从而减少读操作的尾延迟。如图 9.25 所示，假设 S1 节点中数据块 a 的热度较高，当系统再度收到关于数据块 a 的请求时，Hu 等人建议发起主动降级读，即从其他较为空闲的节点如 S2、S3、L1 处读取其余空闲块以修复数据块 a，从而降低 S1 节点的阻塞程度。

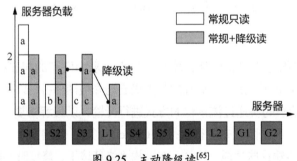

图 9.25　主动降级读[65]

4. 冗余程度转换

除了数据修复之外，一些研究也在探索在不改变系统规模的情况下，变换纠删码的参数，以根据访问热度或可靠性需求调整系统整体存储开销。HACFS[66]和另一项类似的研究[67]都建议在快速纠删码（Fast Code，用于提高修复性能）和紧凑型纠删码（Compact Code，用于减少存储开销）之间进行转换，以便动态地适应工作负载的变化。PaRS[68]根据访问的热度，动态地在不同的冗余组中移动一个块，以便平衡由此产生的存储开销和访问并行性。HeART[69]可以在面对不断变化的磁盘故障率时识别出最节省空间的冗余方案。

一些研究也提出可减少冗余转换中的数据传输和校验块更新消耗。SRS 码[70]通过扩大 k 值来扩展 RS 码[71]，这样数据块就可在转换后直接用于生成新的校验块，而不需要任何额外的数据重定位。

ERS[72]通过设计编码矩阵和数据布局，进一步减少了校验块更新中的数据传输量，并推导出分层存储系统中 LRC 的修复和扩展性能之间的最佳理论权衡。他们进一步研究了 LRC 条带合并（一种特殊的冗余转换，将多个小条带合并为一个大条带）的跨集群流量最小化问题[73]。StripeMerge[74]通过定位条带的分布，将多个小条带合并成一个大条带，从而降低条带合并的开销。可转换代码（Convertible codes）[75-76]加速了纠删码转换，同时最大限度地减少资源使用。

图 9.26 所示为 StripeMerge 的示例。首先，检查数据块的位置，发现数据块 b 和 c 都存放在 N_2 中，所以选择将块 c 转移到 N_6 中，即图 9.26 中的步骤 1。其次，确保所有具有相同编码系数的校验块都在相同的节点中，将校验块 a+b 和 c+d 聚集到同一节点，从而生成新的校验块 a+b+c+d，即图 9.26 中的步骤 2。再次，把数据块 d 从 N_3 移到一个可用的节点 N_5，即图 9.26 中的步骤 3。因此，图 9.26 中的移动的数据块次数是 3，即合并成本为 3。因此，StripeMerge 可以在合并成本最低的情况下达到最高的冗余转换效率。

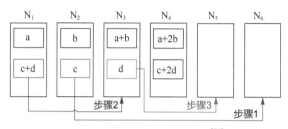

图 9.26　StripeMerge 的示例[74]

5. 参数弹性扩展

当新的节点被添加到存储集群中时，存储扩展会拉伸条带。SLAS[77]、FastScale[78]、ALV[79]、SDM[80]和 H-Scale[81]都旨在抑制 RAID 扩展的数据传输（即向 RAID 卷添加新磁盘所带来的数据传输）。Scale-RS[82]使数据传输流量最小化，并在集群缩放后实现均匀的数据分布。NCScale[83]可以根据网络编码（Network Code）达到最佳（或接近最佳）的缩放流量。ECHash[84]利用数据分组和交叉编码消除了校验块更新消耗。如图 9.27 所示，ECHash 将原本的一致性散列环拆分成多个散列环，而校验块组织成一个额外的环。当新加入节点时，ECHash 将其放在其中一个散列环中，因此只需要移动一个环中的数据，而且数据采用的是逻辑位置，从而避免了新加入节点所造成的大量数据迁移和校验块重计算的问题。

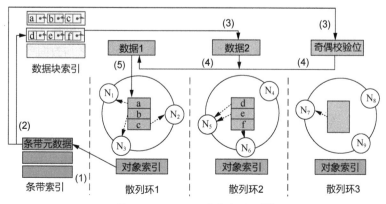

图 9.27　ECHash 的基本原理[84]

9.5 分布式存储系统可靠性

在分布式存储系统中，数据分散存储在不同的服务器节点，相比于传统的单机或本地存储系统，分布式存储系统在软硬件层面上的设计方法更为复杂，因此，分布式存储系统也将面临更为严峻的可靠性问题。为保障数据的可靠性，多个服务器之间需要支持可靠性保障技术实现数据的高可靠性存储。分布式存储系统的可靠性保障技术通常可分为：数据冗余技术、故障恢复技术、数据一致性协议及负载均衡技术。

9.5.1 数据冗余技术

分布式存储系统中通常采用多副本或纠删码技术来实现基于数据冗余技术的分布式存储系统可靠性。多副本和纠删码的原理已在 9.4 节中介绍，此处不做赘述。根据多副本和纠删码的技术原理，分布式存储系统在部署多副本和纠删码技术时，首先需要考虑节点个数与多副本或纠删码配置之间的关系。一般而言，面向 N 副本的分布式存储系统需要支持 N 个节点，面向（k,m）纠删码的分布式存储系统需要至少满足 $k+m$ 个节点。在节点内部的存储设备方面，多节点之间需要尽量保障存储设备容量上的一致性，避免由于节点之间存储设备容量不对等导致的数据无法恢复的问题。

多副本和纠删码技术在可用容量、可靠性、写惩罚和重构性能上各有不同。二者在上述 4 个方面的区别如表 9.5 所示。

表 9.5 多副本和纠删码差异对比

对比项	多副本（N）的特点	纠删码（k,m）的特点
可用容量	$1/N$	$k/（k+m）$
可靠性	$N-1$	m
写惩罚	较低	较高
重构性能	快	较慢

在可用容量方面，多副本的可用容量为 $1/N$，纠删码的可用容量为 $k/（k+m）$。在最理想情况下，双副本技术的容量利用率仅为 50%。若采用 4+2 纠删码，则其利用率可达到 67% 左右，进一步采用 8+2 纠删码，则利用率可进一步提升至 80%。因此，纠删码的容量利用率往往高于多副本技术。

在可靠性方面，常用的多副本技术和纠删码技术在允许故障的节点数较少的时候差异较小，例如三副本和 4+2 纠删码均允许 2 个节点发生故障。此外，纠删码技术可通过进一步增加校验值个数来提高分布式系统的可靠性，但将导致容量利用率和重构效率进一步下降。

在写惩罚方面，多副本技术每写入一个数据块，需要 N 个节点参与数据写入，产生 N 次写惩罚。而纠删码则至少需要 $m+1$ 个节点参与数据写，其中至少读取 $m+1$ 次数据和校验值，写入 $m+1$ 次数据和校验值，从而至少产生 $2m+2$ 次写惩罚。

在重构性能方面，当分布式系统出现容错范围内的节点故障时，多副本技术可直接读取副本数据进行数据恢复，不涉及额外的计算开销，重构性能较快。然而，纠删码需要利用数据和校验值进行数据恢复计算，不仅需要更多的数据读写，而且将引入额外的计算开销。因此，相比于多副本，纠删码的重构性能较差。

基于上述 4 个方面的特点，多副本和纠删码分别应用于不同的分布式存储场景。多副本凭借其较低的写惩罚和较高的重构性能，通常应用于对性能要求较高的应用场景，例如数据库等应用。纠删码凭借其高效的容量利用率，一般应用于数据备份场景。

9.5.2　故障恢复技术

分布式存储系统的故障主要可分为节点故障和网络故障，这两种故障均有可能来自节点或网络的硬件故障或软件故障。

为支持分布式存储系统的高可用性和高可靠性，通常需要对存储系统进行及时的检测，从而快速发现和识别故障[85-86]。当前，许多分布式存储系统均采用心跳检测机制实现故障检测，主要做法是在固定时间周期内由某个系统主机触发一次心跳检测，并判断在固定的时间长度内是否收到目标主机的反馈信号，若目标主机处于活跃状态且网络状态良好，其将向触发心跳的主机返回反馈信号。否则，则定义目标主机出现故障。但考虑到现实中的分布式存储系统往往存在网络不稳定、目标主机处理不及时等问题，因此，一般通过出现连续心跳丢失的情况才判定当前目标主机处于故障状态。为进一步减少网络不稳定和目标主机处理不及时的问题，分布式存储系统进一步采用记录历史心跳的方法判断当前网络或目标主机故障的概率。该方法通过采样并收集历史时间窗口内的心跳反馈时长并计算故障概率。根据预先设定的概率阈值，当前时间窗口下的故障概率最终输出故障判定结果。该方法可有效降低误判的可能性。

针对故障节点或故障网络，分布式存储系统将分别采取对应的故障恢复机制。针对单节点故障，即单个节点无法响应数据访问请求，目前的主流解决方案是采用主从策略。在这种策略场景下，若某个主节点无法提供服务，则选择一个从节点作为新的主节点，从而继续为用户提供服务。主从策略可有效提高分布式存储系统的可用性，并且不会对用户产生服务异常。Redis 集群同样也采用了主从策略实现单节点故障恢复。针对网络故障，即数据无法通过网络通信到达特定节点。在这种情况下，为保障数据的可用性和一致性，分布式存储系统采用数据复制技术实现数据在主从节点中的同步，从而保障分布式存储系统在网络故障时和故障恢复后能够响应用户的数据访问请求，数据复制技术将在第 11 章中详细介绍。

根据分布式存储系统的 CAP 原理[87]，即一致性（Consistency）、可用性（Availability）和分区容忍性（Partition），数据的一致性和可用性在一定程度上互相矛盾，因此，在实现故障恢复时，分布式存储系统需要结合业务场景的一致性和可用性需求特征，选择具有不同 CAP 属性的数据复制技术。

9.5.3　数据一致性协议

通过采用多副本及故障恢复技术，分布式存储系统可支持数据的高容错特性。在多副本场景下，分布式存储系统需要在多个副本节点保障其分布式一致性，即实现基于共识协议的副本一致性机制。

多副本的一致性协议旨在保障不同副本节点上命令日志和状态机的一致性。其中，命令日志记录了一系列节点的操作命令，状态机则按照命令日志执行对应命令，从而保障多副本节点的数据一致性。经典的共识算法包括 Paxos[88]、Raft[89]等。Paxos 是首个被证明且广泛应用的共识算法。例如 Google 的 Chubby 等系统均采用 Paxos 算法实现分布式系统一致性。近年来，Raft 算法也逐步被广泛应用于各类分布式系统中，相比于 Paxos 算法，Raft 算法具有更为明确的工程实现指引、更为简单的顺序性日志提交机制以及更为高效的选举策略。因此，Raft 算法也逐步超越 Paxos 算法，成为分布式系统中的主要共识算法[90]。Raft 算法的基本思想已在 8.3.2 节中介绍，此处不赘述。

9.5.4 负载均衡技术

分布式存储系统具有多个服务节点，为避免某个节点或某些节点出现访问过载而产生系统故障或崩溃的问题，分布式存储系统会进一步采用负载均衡技术将数据分散存储至不同的节点之中[91-92]。

负载均衡技术主要体现在2个方面，分别是数据布局负载均衡和数据访问负载均衡。数据布局过程一般可采用一致性散列算法实现数据在多节点中的负载均衡[93]。一致性散列算法将节点映射到一个首尾相连的散列环，随后利用数据块进行散列函数计算，并根据计算值将数据分散到对应的节点，从而通过散列函数将数据分散至不同的节点，达到负载均衡的效果。为进一步考虑分布式存储系统的节点增删场景，一致性散列算法可通过虚拟节点来维持节点增删后的系统负载均衡，具体细节已在8.4.1节中介绍，此处不赘述。在系统运行过程中，随着数据访问特征的变化，数据的热度也将呈现动态变化趋势。因此，分布式存储系统的各个节点负载也将产生随时间推移而变化的特征。基于此，分布式存储系统可采取数据迁移、数据缓存、数据复制及数据拆分等技术保障系统运行时的负载均衡。

9.6 本章小结

可靠性是存储系统的一个重要指标，它定义了存储系统可以无故障持续运行的概率。存储可靠性问题存在于存储系统的各个层级结构中，包括底层介质、存储设备、单机系统及分布式系统等。不同的存储层次和应用场景对可靠性的需求存在一定的差异，因此，在存储可靠性保障技术设计过程中，需要充分考虑软硬件结构特征和应用访问特征，实现面向存储介质、设备、系统以及用户友好的可靠性保障技术。

本章首先从存储可靠性的基本概念出发，介绍了关于可靠性的关键指标和计算方面，并阐述了可靠性在不同层次的设计理念以及可靠性和可用性之间的区别。随后，针对不同层次的存储可靠性问题，本章详细分析了错误及故障来源，并介绍了关键可靠性优化技术。其中，针对硬盘设备级别的可靠性，介绍了硬盘的基本错误原因、故障预警和检测技术，以及面向不同环境因素的硬盘可靠性设计方法。针对闪存介质可靠性，分析了闪存介质的错误来源和可靠性优化关键技术。针对系统级可靠性，介绍了多副本、纠删码等关键技术，并详细分析了典型的纠删码技术和发展趋势，最后总结了分布式存储系统可靠性的关键优化技术。

可靠性保障技术是存储系统发展过程中的一个重要研究方向，随着新型存储设备和存储架构的发展，存储系统可靠性问题也将面临新的问题和挑战，同时也将为存储系统可靠性保障技术带来新的发展机遇。

9.7 思考题

1. 解释数据可用性和可靠性的主要区别。
2. 解释高密度闪存介质（例如 TLC/QLC）为什么会出现更高的错误率。
3. 闪存可靠性优化的4种关键技术主要解决了闪存介质的哪些错误源带来的错误干扰？
4. 4种分布式存储可靠性保障技术主要采用哪些技术方案，并指出典型的应用系统场景。
5. 请总结一下 EVENODD 码、RDP 码、X-code 和 HV code 在构造方法上有什么区别？

6. 为什么 LRC 相比于 RS 码可以节省修复开销?

7. 请列举下多副本和纠删码的优缺点。

8. 有的人说"存储介质是用的时间越久,就越容易坏",这样的说法对吗?

参考文献

[1] COUGHLIN T. 175 Zettabytes by 2025[EB/OL]. (2018-11-27)[2023-04-11].

[2] RAZA M. Reliability vs availability: what's the difference?[EB/OL]. (2020-05-13) [2023-04-11].

[3] KADEKODI S, RASHMI K V, GANGER G R. Cluster storage systems gotta have HeART: improving storage efficiency by exploiting disk-reliability heterogeneity[C]//Proceedings of 17th USENIX Conference on File and Storage Technologies (FAST 19). USA: USENIX Association, 2019: 345-358.

[4] WU S, LAN S, ZHOU J, et al. BitFlip: a bit-flipping scheme for reducing read latency and improving reliability of flash memory[C]//Proceedings of International Conference on Massive Storage Systems and Technology (MSST). IEEE, 2020.

[5] MEZA J, WU Q, KUMAR S, et al. 2015. A large-scale study of flash memory failures in the field[J]. ACM SIGMETRICS Performance Evaluation Review. New York: ACM, 43(1): 177-190.

[6] CAI Y, GHOSE S, HARATSCH E F, et al. Error characterization, mitigation, and recovery in flash-memory-based solid-state drives[J]. Proceedings of the IEEE. IEEE, 2017, 105(9): 1666-1704.

[7] MOHAN V, SIDDIQUA T, GURUMURTHI S, et al. How I learned to stop worrying and love flash endurance[C]//Proceedings of the 2nd Workshop on Hot Topics in Storage and File Systems (HotStorage). USA: USENIX Association, 2010, 10: 3-3.

[8] PARK J, JEONG J, LEE S, et al. Improving performance and lifetime of NAND storage systems using relaxed program sequence[C]//Proceedings of the 53rd Annual Design Automation Conference (DAC). IEEE, 2016: 1-6.

[9] CAI Y, YALCIN G, MUTLU O, et al. Flash correct-and-refresh: retention-aware error management for increased flash memory lifetime[C]//Proceedings of the 30th International Conference on Computer Design (ICCD). IEEE, 2012: 94-101.

[10] MOHAN V, SANKAR S, GURUMURTHI S, et al. reFresh SSDs: enabling high endurance, low cost flash in datacenters[R]. Univ. of Virginia, Tech. Rep. CS-2012-05, 2012.

[11] CAI Y, HARATSCH E F, MUTLU O, et al. Threshold voltage distribution in MLC NAND flash memory: Characterization, analysis, and modeling[C]//Proceedings of the 2013 Design, Automation & Test in Europe Conference & Exhibition (DATE). IEEE, 2013: 1285-1290.

[12] LI Q, SHI L, XUE C J, et al. Improving LDPC performance via asymmetric sensing level placement on flash memory[C]//Proceedings of the 22nd Asia and South Pacific Design Automation Conference (ASP-DAC). IEEE, 2017: 560-565.

[13] CAI Y, LUO Y, HARATSCH E F, et al. Data retention in MLC NAND flash memory: Characterization, optimization, and recovery[C]//Proceedings of the 21st International Symposium on High Performance Computer Architecture (HPCA). IEEE, 2015: 551-563.

[14] JEONG J, HAHN S S, LEE S, et al. Lifetime improvement of NAND flash-based storage systems using dynamic program and erase scaling[C]//Proceedings of the 12th USENIX Conference on File and Storage Technologies (FAST). USA: USENIX Association, 2014: 61-74.

[15] PAN Y, DONG G, WU Q, et al. Quasi-nonvolatile SSD: trading flash memory nonvolatility to improve storage system performance for enterprise applications[C]//Proceedings of the 18th International Symposium on High-Performance Comp Architecture (HPCA). IEEE, 2012: 1-10.

[16] CAI Y, YALCIN G, MUTLU O, et al. Error analysis and retention-aware error management for NAND flash memory[J]. Intel Technology Journal, 2013, 17(1).

[17] CHEN Z, HARATSCH E F, SANKARANARAYANAN S, et al. Estimating read reference voltage based on disparity and derivative metrics: U.S. Patent 9,417,797[P]. 2016-8-16.

[18] WU Y, COHEN E T. Optimization of read thresholds for non-volatile memory: U.S. Patent 9595320[P]. 2017-3-14.

[19] LUO Y, GHOSE S, CAI Y, et al. Enabling accurate and practical online flash channel modeling for modern MLC NAND flash memory[J]. IEEE Journal on Selected Areas in Communications. IEEE, 2016, 34(9): 2294-2311.

[20] HUANG P, SUBEDI P, HE X, et al. FlexECC: partially relaxing ecc of mlc ssd for better cache performance[C]//Proceedings of the 2014 USENIX Annual Technical Conference (ATC). USA: USENIX Association, 2014: 489-500.

[21] GAO C, SHI L, WU K, et al. Exploit asymmetric error rates of cell states to improve the performance of flash memory storage systems[C]//Proceedings of the 32nd International Conference on Computer Design (ICCD). IEEE, 2014: 202-207.

[22] WILSON E H, JUNG M, KANDEMIR M T. ZombieNAND: resurrecting dead NAND flash for improved SSD longevity[C]//Proceedings of the 22nd International Symposium on Modelling, Analysis & Simulation of Computer and Telecommunication Systems (MASCOTS). IEEE, 2014: 229-238.

[23] GAO C, YE M, LI Q, et al. Constructing large, durable and fast SSD system via reprogramming 3D TLC flash memory[C]//Proceedings of the 52nd Annual International Symposium on Microarchitecture (MICRO). IEEE, 2019: 493-505.

[24] GHEMAWAT S, GOBIOFF H, LEUNG S T. The Google file system[C]//Proceedings of the 19th ACM Symposium on Operating Systems Principles (SOSP). New York: ACM, 2003.

[25] REED I, SOLOMON G. Polynomial codes over certain finite fields[J]. Journal of the Society for Industrial & Applied Mathematics, 1960, 8(2): 300-304.

[26] 李明强. 磁盘阵列的纠删码技术研究[D]. 北京: 清华大学, 2011.

[27] 傅颖勋. 存储系统中的若干纠删码机制研究[D]. 北京: 清华大学, 2014.

[28] 沈志荣. 纠删码存储系统性能优化研究[D]. 北京: 清华大学, 2015.

[29] The Apache Software Foundation. Apache hadoop 3.0.0[EB/OL]. (2017-12-08) [2023-04-11].

[30] Ceph. WELCOME TO CEPH[EB/OL]. (2016)[2023-04-11].

[31] MURALIDHAR S, LLOYD W, ROY S, et al. f4: facebook's warm blob storage system[C]// Proceedings of the 11th USENIX Symposium on Operating Systems Design and Implementation (OSDI). USA: USENIX Association, 2014.

[32] HUANG C, SIMITCI H, XU Y, et al. Erasure coding in windows azure storage[C]// Proceedings of the USENIX Annual Technical Conference (USENIX ATC). USA: USENIX Association, 2012.

[33] RASHMI K V, NIHAR B S, GU D, et al. A solution to the network challenges of data recovery in erasure-coded distributed storage systems: A study on the Facebook warehouse cluster[C]// Proceedings of 5th USENIX Workshop on Hot Topics in Storage and File Systems (HotStorage). USA: USENIX Association, 2013.

[34] DIMAKIS A G, GODFREY P B, WU Y, et al. Network coding for distributed storage systems[J]. IEEE transactions on information theory. IEEE, 2010, 56(9):4539-4551.

[35] RASHMI K V, CHOWDHURY M, KOSAIAN J, et al. EC-Cache: load-balanced, low-latency cluster caching with online erasure coding[C]// Proceedings of the 12th USENIX Symposium on Operating Systems Design and Implementation (OSDI). USA: USENIX Association, 2016:401-417.

[36] BLAUM M, BRADY J, BRUCK J, et al. EVENODD: an efficient scheme for tolerating double disk failures in RAID architectures [J]. IEEE Transactions on Computers. IEEE, 1995, 44(2): 192-202.

[37] CORBETT P, ENGLISH B, GOEL A, et al. Row-diagonal parity for double disk failure correction[C]//Proceedings of the 3rd USENIX conference on File and storage technologies. USA: USENIX Association, 2004: 1.

[38] XU L, BRUCK J. X-code: Mds array codes with optimal encoding[J]. IEEE Transactions on Information Theory. IEEE, 1999, 45(1): 272-276.

[39] SHEN Z, SHU J, FU Y. HV Code: An All-Around MDS Code for RAID-6 Storage Systems[J]. IEEE Transactions on Parallel and Distributed Systems[J], 2016, 27(6): 1674-1686.

[40] PAPAILIOPOULOS D S, DIMAKIS A G. Locally repairable codes[J]. IEEE Transactions on Information Theory, 2014, 60(10): 5843-5855.

[41] SATHIAMOORTHY M, ASTERIS M, PAPAILIOPOULOS D, et al., XORing elephants: novel erasure codes for big data[J]. Proceedings of the VLDB Endowment, 2013, 6(5):325-336.

[42] KHAN O, BURNS R, PLANK J, et al. Rethinking erasure codes for cloud file systems: minimizing I/O for recovery and degraded reads[C]// Proceedings of the 10th USENIX conference on File and Storage Technologies (FAST). USA: USENIX Association, 2012.

[43] DIMAKIS A G, GODFREY P B, WU Y, et al. Network coding for distributed storage systems[J]. IEEE Transactions On Information Theory, 2010 56(9):4539-4551.

[44] RASHMI K V, SHAH N B, KUMAR P V. Optimal exact-regenerating codes for distributed storage at the msr and mbr points via a product-matrix construction[J]. IEEE Transactions On Information Theory, 2011, 57(8):5227-5239.

[45] PAMIES-JUAREZ L, BLAGOJEVIC F, MATEESCU R, et al. Opening the chrysalis: on the real repair performance of msr codes[C]// Proceedings of the 14th USENIX Conference on File and Storage Technologies (FAST). USA: USENIX Association, 2016:81-94.

[46] VAJHA M, RAMKUMAR V, PURANIK B, et al., Clay codes: moulding MDS codes to yield an MSR code[C]// Proceedings of the 16th USENIX Conference on File and Storage Technologies (FAST). USA: USENIX Association, 2018:139-154.

[47] RASHMI K V, SHAH N B, GU D, et al. A 'Hitchhiker's' guide to fast and efficient data reconstruction in erasure-coded data centers[C]// Proceedings of the ACM conference on SIGCOMM (SIGCOMM). New York: ACM, 2014:331-342.

[48] LI R, LEE P P C, HU Y. Degraded-first scheduling for mapreduce in erasure-coded storage clusters[C]// Proceedings of the 44th Annual IEEE/IFIP International Conference on Dependable Systems and Networks (DSN 14). IEEE, 2014:419-430.

[49] HUANG J, LIANG X, QIN X, et al. PUSH: a pipelined reconstruction i/o for erasure-coded storage clusters[J]. IEEE Transactions on Parallel and Distributed Systems, 2015, 26(2):516-526.

[50] MITRA S, PANTA R, RA M-R, et al. Partial-Parallel-Repair (PPR): A distributed technique for repairing erasure coded storage[C]// Proceedings of the 11th European Conference on Computer Systems (EuroSys). 2016:1-16.

[51] LI R, LI X, LEE P P C, et al. Repair pipelining for erasure-coded storage[C]// Proceedings of the USENIX Annual Technical Conference (USENIX ATC 17). USA: USENIX Association, 2017:567-579.

[52] SHEN Z, SHU J, LEE P P C. Reconsidering single failure recovery in clustered file systems[C]// Proceedings of the 46th Annual IEEE/IFIP International Conference on Dependable Systems and Networks (DSN 16). IEEE, 2016:323-334.

[53] SHEN Z, SHU J, HUANG Z, et al. ClusterSR: cluster-aware scattered repair in erasure-coded storage[C]// Proceedings of IEEE International Parallel and Distributed Processing Symposium (IPDPS). IEEE, 2020:42-51.

[54] HU Y, CHENG L, YAO Q, et al. Exploiting combined locality for wide-stripe erasure coding in distributed storage[C]// Proceedings of the 19th USENIX Conference on File and Storage Technologies (FAST). USA: USENIX Association. 2021:233-248.

[55] LIN S, GONG G, SHEN Z, et al. Boosting full-node repair in erasure-coded storage[C]// Proceedings of the USENIX Annual Technical Conference (USENIX ATC). USA: USENIX Association, 2021:641-655.

[56] HAN S, LEE P P C, SHEN Z, et al. Toward adaptive disk failure prediction via stream mining[C]// Proceedings of the 40th IEEE International Conference on Distributed Computing Systems (ICDCS). IEEE, 2020:628-638.

[57] BOTEZATU M M, GIURGIU I, BOGOJESKA J, et al. Predicting disk replacement towards reliable data centers[C]// Proceedings of the 22nd ACM SIGKDD International Conference on Knowledge Discovery and Data Mining (KDD). New York: ACM, 2016: 39-48.

[58] LI J, JI X, JIA Y, et al. Hard drive failure prediction using classification and regression trees[C]// Proceedings of the 44th Annual IEEE/IFIP International Conference on Dependable Systems and Networks (DSN). IEEE, 2014:383-394.

[59] MA A, DOUGLIS F, LU G, et al. RAIDShield: characterizing, monitoring, and proactively protecting against disk failures[C]// Proceedings of the 13th USENIX Conference on File and Storage Technologies (FAST). USA: USENIX Association, 2015:241-256.

[60] ZHU B, WANG G, LIU X, et al. Proactive drive failure prediction for large scale storage systems[C]// Proceedings of the 29th Symposium on Mass Storage Systems and Technologies (MSST). IEEE, 2013:1-5.

[61] XU Y, SUI K, YAO R, et al. Improving service availability of cloud systems by predicting disk error[C]// Proceedings of the USENIX Annual Technical Conference (USENIX ATC). USA: USENIX Association, 2018:481-494.

[62] LU S, LUO B, PATEL T, et al. Making disk failure predictions smarter![C]// Proceedings of the 18th USENIX Conference on File and Storage Technologies (FAST). USA: USENIX Association, 2020:151-167.

[63] ZHANG J, HUANG P, ZHOU K, et al. HDDse: enabling high-dimensional disk state embedding for generic failure detection system of heterogeneous disks in large data centers[C]// Proceedings of the 2020 USENIX Annual Technical Conference (USENIX ATC). USA: USENIX Association, 2020:111-126.

[64] SHEN Z, LI X, LEE P P C. Fast predictive repair in erasure-coded storage[C]// Proceedings of the 49th Annual IEEE/IFIP International Conference on Dependable Systems and Networks (DSN). IEEE, 2019:556-567.

[65] HU Y, WANG Y, LIU B, et al. Latency reduction and load balancing in coded storage systems[C]// Proceedings of Symposium on Cloud Computing (SoCC). IEEE, 2017: 365-377.

[66] XIA M, SAXENA M, BLAUM M, et al. A Tale of two erasure codes in hdfs[C]// Proceedings of the 13th USENIX Conference on File and Storage Technologies (FAST). USA: USENIX Association, 2015:213-226.

[67] WANG Z, WANG H, SHAO A, et al. An adaptive erasure-coded storage scheme with an efficient code-switching algorithm[C]// Proceedings of the 49th International Conference on Parallel Processing, (ICPP). New York, NY, USA: 2020:1-11.

[68] ZHOU P, HUANG J, QIN X, et al. PaRS: a popularity-aware redundancy scheme for in-memory stores[J]. IEEE Transactions on Computers. 2019, 68(4):556-569.

[69] KADEKODI S, MATURANA F, SUBRAMANYA S J, et al. PACEMAKER: avoiding HeART attacks in storage clusters with disk-adaptive redundancy[C]// Proceedings of the 14th USENIX Symposium on Operating Systems Design and Implementation (OSDI). USA: USENIX Association, 2020:369-385.

[70] TARANOV K, ALONSO G, HOEFLER T. Fast and strongly-consistent per-item resilience in key-value stores[C]// Proceedings of the 13th EuroSys Conference (EuroSys). 2018: 1-14.

[71] REED I S, SOLOMON G, Polynomial codes over certain finite fields[J], Journal of the Society for Industrial and Applied Mathematics, 1960, (8)2: 300-304.

[72] WU S, SHEN Z, LEE P P C. Enabling I/O-efficient redundancy transitioning in erasure-coded kv stores via elastic reed-solomon codes[C]// Proceedings of International Symposium on Reliable Distributed Systems (SRDS). 2020: 246-255.

[73] WU S, DU Q, LEE P P C, et al. Optimal data placement for stripe merging in locally repairable codes[C]// Proceedings of the IEEE Infocom 2022 - IEEE Conference on Computer Communications (INFOCOM). 2022:1669-1678.

[74] YAO Q, HU Y, CHENG L, et al. StripeMerge: efficient wide-stripe generation for large-scale erasure-coded storage[C]// Proceedings of the 41st IEEE International Conference on Distributed Computing Systems (ICDCS). IEEE, 2021:483-493.

[75] MATURANA F, MUKKA V S C, RASHMI K V. Access-optimal linear MDS convertible codes for all parameters[C]// Proceedings of the 2020 IEEE International Symposium on Information Theory (ISIT). IEEE, 2020:577-582.

[76] MATURANA F, RASHMI K V. Convertible codes: new class of codes for efficient conversion of coded data in distributed storage[C]// Proceedings of the 11th Innovations in Theoretical Computer Science Conference (ITCS). 2020:1-26.

[77] ZHANG G, SHU J, XUE W, et al. SLAS: an efficient approach to scaling round-robin striped volumes[J], ACM Transactions on Storage, 2007, 3(1):3-es.

[78] ZHENG W, ZHANG G. FastScale: accelerate RAID scaling by minimizing data migration[C]// Proceedings of the 9th USENIX Conference on File and Storage Technologies (FAST). USA: USENIX Association, 2011.

[79] ZHANG G, ZHENG W, SHU J. ALV: a new data redistribution approach to RAID-5 scaling[J], IEEE Transactions on Computers, 2010, 59(3):345-357.

[80] WU C, HE X, HAN J, et al. SDM: a stripe-based data migration scheme to improve the scalability of RAID-6 [C]// Proceedings of the IEEE International Conference on Cluster Computing (CoCC). IEEE, 2012:284-292.

[81] WAN J, XU P, HE X, et al. H-Scale: a fast approach to scale disk arrays via hybrid stripe deployment[J], ACM Transactions on Storage, 2016, 12(3): 1-30.

[82] HUANG J, LIANG X, QIN X, et al. Scale-RS: an efficient scaling scheme for rs-coded storage clusters[J], IEEE Transactions on Parallel and Distributed Systems, 2015, 26(6):1704-1717.

[83] ZHANG X, HU Y, LEE P P C, et al. Toward optimal storage scaling via network coding: from theory to practice[C]// Proceedings of the IEEE Infocom 2018 - IEEE Conference on Computer Communications (INFOCOM). 2018:1808-1816.

[84] CHENG L, HU Y, LEE P P C. Coupling decentralized key-value stores with erasure coding[C]// Proceedings of the ACM Symposium on Cloud Computing. New York: ACM, 2019:377-389.

[85] YUAN D, LUO Y, ZHUANG X, et al. Simple testing can prevent most critical failures: an analysis of production failures in distributed data-intensive systems[C]//Proceedings of the 11th Symposium on Operating Systems Design and Implementation (OSDI). USA: USENIX Association, 2014: 48-68.

[86] SHVACHKO K, KUANG H, RADIA S, et al. The hadoop distributed file system[C]// Proceedings of the 26th Symposium on Mass Storage Systems and Technologies (MSST). IEEE, 2010: 1-10.

[87] ABADI D. Consistency tradeoffs in modern distributed database system design: CAP is only part of the story[J]. IEEE Computer. 2012, 45(2): 37-42.

[88] LAMPORT L. Paxos made simple[J]. ACM SIGACT News, 2001, 4 (121): 51-58.

[89] ONGARO D, OUSTERHOUT J. In search of an understandable consensus algorithm[C]// Proceedings of the USENIX Annual Technical Conference (ATC). USA: USENIX Association, 2014: 305-319.

[90] WANG Z, ZHAO C, MU S, et al. On the parallels between paxos and raft, and how to port optimizations[C]// Proceedings of the 2019 ACM Symposium on Principles of Distributed Computing (PODC). New York: ACM, 2019: 445-454.

[91] CHOU T C K, ABRAHAM J A. Load balancing in distributed systems[J]. IEEE Transactions on Software Engineering. IEEE, 1982 (4): 401-412.

[92] ALAKEEL A M. A guide to dynamic load balancing in distributed computer systems[J]. International Journal of Computer Science and Information Security, 2010, 10(6): 153-160.

[93] KARGER D, LEHMAN E, LEIGHTON T, et al. Consistent hashing and random trees: distributed caching protocols for relieving hot spots on the world wide web[C]// Proceedings of the 29th Annual Symposium on Theory of Computing (STOC). New York: ACM, 1997: 654-663.

第10章
存储安全

随着信息技术逐渐渗透至每个用户的生产生活中,用户随时随地都产生与自己隐私紧密相关的数据(例如用户所处的地理位置、用户的消费记录和习惯等)。这些数据一般都是由应用产生,并存储于远端的服务器之中。由于数据逐渐脱离了用户的物理控制,数据存储是否安全成为用户和服务厂商考虑的重要问题。此外,随着云存储模式的迅速发展,数据集中化存储和管理成为流行的商业模式,这也进一步加剧了用户对其存储数据是否安全的担忧。近年来,存储安全事故频繁发生,导致大量用户的隐私数据泄露,甚至业务数据彻底丢失。

在 2018 年的 1 月,RightScale 公司对最新的云计算发展趋势进行调研,并咨询了 997 个领域内具有代表性的机构关于其使用云设施的问题,特别是当前云计算所面临的主要挑战。从它们的反馈中可以看出,大约有 81% 的机构都反馈了安全是云计算需要考虑的首要挑战[1],其结果如图 10.1 所示。

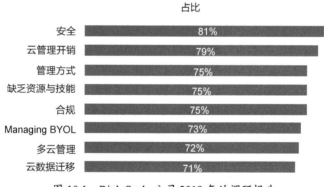

图 10.1　RightScale 公司 2018 年的调研报告

随着数据安全的重要性日益凸显,《中华人民共和国数据安全法》于 2021 年 6 月 10 日在第十三届全国人民代表大会常务委员会第二十九次会议上正式通过,并予以发布,自 2021 年 9 月 1 日起施行。该法律旨在规范数据处理活动,在保障数据安全的前提下,促进数据开发利用,从而保护个人和组织的合法权益,全面维护国家主权、安全和发展利益。

10.1　理念和安全体系

存储系统一般构建于存储硬件之上,通过系统软件进行数据的高效存储管理,用户通过网络对数据进行远程访问。因此数据的存储安全应从多个维度进行考虑,跨越硬件安全、数据安全和权限管理等方面。我们以一个面向公有云的安全存储系统 Shield 为例（如图 10.2 所示）具体阐述安全存储系统的设计考量。

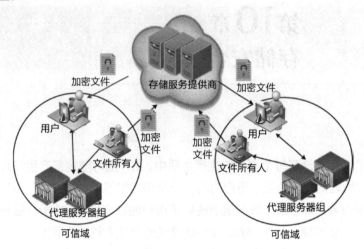

图 10.2　面向公有云的安全存储系统 Shield[2]

Shield 系统所考虑的应用场景是用户在本地挂载 Shield 系统，并将共享文件经由 Shield 系统传输至存储服务提供商。在此过程中，Shield 系统将对文件进行加密，并将密文传输存储于存储服务提供商。文件所有人（File Owner）具有用户权限的管理能力，能够赋予用户只读权限和读写权限，同时也能够改变用户的访问权限（例如将某个用户的只读权限撤销，使其无法访问）。因此，可以看出，在该存储系统中，需要考虑多个维度所可能产生的数据存储安全问题。

系统安全：由于存储系统需要构建于计算机硬件设备和软件之上，因此一些硬件攻击或系统攻击有可能导致数据隐私泄露，例如侧信道攻击可通过计算机释放出的信息信号（例如计算机电磁辐射或硬件运行的声音）尝试获得用户的行为特征，进而窥探用户的隐私信息（例如密码等）。此外，一些攻击者也试图恶意攻击存储系统，导致用户数据无法访问甚至丢失。

数据安全：由于数据将通过网络中传输至服务器，若有攻击者对经由网络传输的数据进行监听，或者存储服务提供商被非法用户侵入以窥探用户数据，都将有可能导致数据隐私泄露。因此需要保证数据对于非授权用户的私密性。此外，由于数据脱离了用户的物理控制，可能存在非法用户企图对数据进行篡改，因此亦需要保证数据在远端服务器中的完整性。

安全管理：文件拥有者具有对其文件的管理权限，而在实际场景中，也存在着用户企图尝试升级自己的访问权限，或被撤销权限的用户尝试再次访问已无访问权限的文件，从而威胁数据存储安全，因此需要对用户的访问权限进行安全和高效的管理。

10.2　系统安全

本节先介绍系统安全，系统安全包括硬件安全、容器安全和系统韧性。

10.2.1　硬件安全

硬件安全是系统安全的基础，可信的硬件被称作硬件可信根（Hardware Root of Trust），如图 10.3

所示，为可信环境提供基于密码学和硬件保护的计算基础，例如固化的密钥、加密解密算法、固化的底层软件和满足 TPM（Trusted Platform Module，可信平台模块）标准的芯片等。

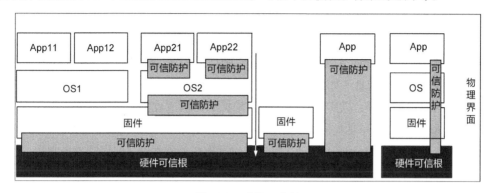

图 10.3　硬件可信根

在硬件可信根的基础上，我们可构建系统安全的可信链，通过底层可信基础逐层升级，从而保证系统整体安全，如图 10.4 所示。基于硬件可信根构建的可信链技术主要有安全启动、可信启动、安全存储、安全升级、安全传输、安全运行。

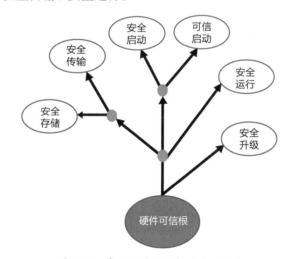

图 10.4　基于硬件可信根的安全技术

因此基于硬件可信根可实现不同层次的安全隔离机制，常见的有以下 4 项技术。

ARM TrustZone 技术是硬件安全的扩展技术，通过将硬件资源划分成两个执行环境（普通环境和安全环境）以提供系统安全保障。在普通环境下，处理器处于非安全状态；在安全环境下，处理器处于安全状态。

Intel SGX 技术可为程序提供基于硬件的安全保障，通过将程序的代码和数据保存在被飞地（Enclaves）保护的物理内存空间，以确保程序的安全执行。

AMD SEV 技术可为虚拟机实例提供安全保护，该技术为每个虚拟机实例分配独立的密钥以隔离客户机（Guest Machine）与虚拟机监视器（Hypervisor），密钥的管理由 AMD 安全处理器（AMD Security Processor）负责。此技术需要客户机与虚拟机监视器的支持，客户机可指定需要加密的内存页，虚拟机监视器可通过与 AMD 安全处理器交互，以操作虚拟机实例的密钥。

Intel TDX 技术可用于实现虚拟机实例、虚拟机监视器与其他不可信程序的安全隔离，包括 SEAM（Secure-Arbitration Mode，安全仲裁模式）、PAMT（Physical-Address-Metadata Table，物理地址元数据表）、MKTME（Multi-Key Total Memory-Encryption，多密钥全内存加密）等技术。

与此同时，硬件安全也会受到恶意攻击的威胁。攻击硬件的方式主要有 3 类。

侧信道攻击（Side-Channel Attack）不直接针对硬件或程序，而是通过收集和测量加密软件或硬件在运行时泄露的物理信息（如电源电流、功耗、电磁辐射、硬件运行产生的声音或震动等），并对这些物理信息进行分析，以实现硬件攻击。常见的侧信道攻击有定时攻击、电磁攻击、SPA（Simple Power Analysis，简单功耗分析）、DPA（Differential Power Analysis，差分功耗分析）。

故障注入攻击（Fault Injection Attack）是通过物理方式使硬件产生错误的攻击方式，这类攻击可绕过系统安全保护，实施改变系统行为的恶意攻击、获取系统保密信息、提取加密解密密钥等行为。常见的故障注入攻击方式包括电压故障（Voltage Glitching）、时钟故障（Clock Glitching）、激光注入（Laser Injection）、电磁注入（Electromagnetic Injection）等。

物理攻击（Physical Attack）通过物理手段对硬件进行探测、修改或破坏以实现硬件攻击，例如使用物理工具检测服务器的总线数据和固件、直接修改或破坏服务器的关键部件。

10.2.2　容器安全

容器是软件执行的标准单位，容器通过打包软件和软件运行时依赖的工具，为软件提供快速、安全、独立的计算环境。相比于传统虚拟机技术基于硬件资源的虚拟化，容器基于操作系统级别实现虚拟化，它们在运行性能和安全性等方面各有优缺点。

虚拟机技术是对物理硬件资源的虚拟化，如图 10.5 所示，在宿主机上运行虚拟机监视器或操作系统，并在之上运行客户机实例，客户机中运行独立的操作系统，例如 Linux 操作系统上的 KVM 和 QEMU。在安全性上，得益于虚拟机监视器和客户机内独立的操作系统，虚拟机技术可提供虚拟机实例的强隔离安全和对硬件资源的独占。

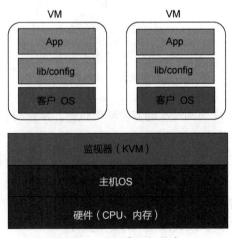

图 10.5　传统虚拟机技术

容器技术是操作系统级别的资源虚拟化，如图 10.6 所示，基于宿主机上操作系统提供的资源隔离工具，建立容器使软件独立隔离运行在各自的计算环境中，例如 Docker 容器技术基于 Linux 内核提供的 Cgroup 和 Namespace 工具实现。相比于传统虚拟机技术，容器具有高效、轻量等优点，其安全性由宿主机操作系统保证。

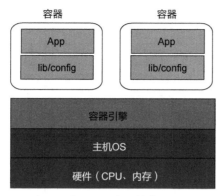

图 10.6 容器技术

基于虚拟机技术的安全容器结合了虚拟机技术的强隔离性和容器技术的高效轻量的优点，如图 10.7 所示，将容器部署在虚拟机实例上，实现基于虚拟化层的容器隔离，例如 Kata Containers 等技术。

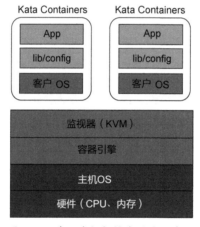

图 10.7 基于虚拟机技术的安全容器

基于硬件安全技术的安全容器，如图 10.8 所示，当容器运行在宿主机上时，其安全性由宿主机操作系统保障，因此容器可能受到宿主机上软件栈带来的安全威胁。基于硬件的安全技术，如 Intel SGX、AMD SEV 等技术可为容器提供安全保障手段，实现安全容器。

10.2.3 系统韧性

系统韧性（Resilience）是指系统抵御恶意攻击和从恶意攻击中恢复的能力。不同于系统安全只关注如何避免恶意攻击，系统韧性提出了 4 个目标：第一，系统在设计时，需要考虑恶意攻击导致的错误情况，并制定应对措施，保证系统可正确处理系统错误；第二，系统的安全策略在设计时需要采取层次化的防御方法，对核心功能或最小恢复系统采取更高的安全措施；第三，系统在遭受恶意攻击后，需要在特定时间间隔内，实现系统功能恢复；第四，系统需要基于恶意攻击记录进行学习和适应，以应对同类错误。

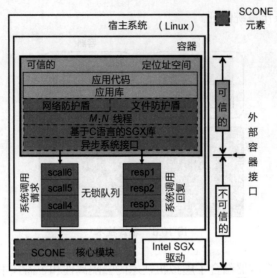

图 10.8　基于硬件安全技术的安全容器[3]

10.3　数据安全

10.3.1　数据加密

1. 对称与非对称加密

为了保证数据的机密性和传递安全性，最简单的方式就是对数据进行加密。所谓加密技术，指的是发送方将一段原始数据信息使用算法加密编码成一段不可识别的密文信息，接收方使用相应算法将之解密还原成原始数据信息的过程。其中加密和解密的过程都需要密钥的参与，其示意图如图 10.9 所示。

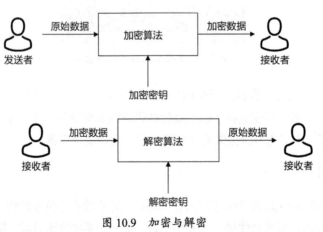

图 10.9　加密与解密

从古罗马的凯撒密码到如今的量子密码，数据加密技术经过数千年的发展，已从一门艺术转变为一项科学研究[4]。现在主要有两大分支。

（1）对称加密

对称加密（Symmetric Encryption）指的是加密和解密的密钥相同，通常解密过程是加密过程的逆运算。原始的对称加密技术称为古典密码学，如凯撒密码、栅栏密码及二战时期图灵破解的 Enigma 密码等。此外，现代常见的 DES、AES、SM4、流密码等算法也属于对称加密。对称加密的形式化描述如下，

$$E_k(T) = C, \ D_k(C) = T \tag{10.1}$$

其中 E 代表加密过程，D 代表解密过程，k 指的是密钥，T 指的是原始未经加密的消息，C 指的是经过加密的消息。古典密码学的重点在于保证算法和密钥的隐秘，因为其密钥空间较小，知道算法很容易推出密钥。而现代对称加密技术由于密钥空间较大，已非人力所能破解，因此只需要保证密钥的安全，而算法可以公开。对称加密技术因为其算法效率较高，加解密速度较快，如今被广泛应用于需要大量加密的场景下。

（2）非对称加密

非对称加密（Asymmetric Encryption）技术通常指的是 1976 年迪菲（Deffie）和赫尔曼（Hellman）提出的公开密钥密码体制[5]。每个用户分别拥有公钥和私钥两个不同的密钥，其中公钥是公开的，而私钥则是保密的。与对称加密不同，非对称加密用一个密钥加密，只能用另一个密钥进行解密。其形式化描述如下，

$$E_{pk}(T) = C, \ D_{sk}(C) = T \text{或} E_{sk}(T) = C, \ D_{pk}(C) = T \tag{10.2}$$

由于公钥是公开的，所以他人可以通过公钥加密信息，然后由用户使用私钥进行解密，不需要任何的密钥协商与转移环节，大大降低了密钥泄露的风险，提高了数据安全性，因此非对称加密技术被广泛应用于现代加密系统中。非对称加密技术的算法也是公开的，比如最常见的 RSA 算法[6]、ElGamal 算法[7]等。

2. 文件层加密

对于保证数据的机密性，可以从不同维度入手，这里我们从数据存储的角度出发，可以将数据加密分为两个部分：一个是针对数据本身的文件层加密，另一个则是针对存储系统的存储层加密。

针对数据本身的文件层加密又可以分为两类：针对本地数据的加密和针对远程数据的加密。

（1）针对本地数据的加密

最简单的本地数据加密方案就是静态加密技术，该技术直接将加密算法应用于数据本身来完成对数据文件的加密。但由于在使用数据时还需要临时解密，对于频繁访问的数据，尤其是大数据来说，加解密就需要较长时间，影响用户体验。

因此，近年来，动态加密技术的应用愈加广泛。动态加密技术，也称为实时加密或 TDE（Transparent Data Encryption，透明数据加密），是指在文件使用过程中对数据进行加密，实际存储在设备上的是密文信息[8]。对于有权限的用户，看到的是明文，而没有权限的用户只能看到密文。动态加密技术并不会影响有权限的用户的使用过程，也不会改变文件在实际操作系统中的原本走向，保证了文件的安全性[9-10]。Microsoft Windows Vista 系统之后自带的 BitLocker 功能就是借助了可信计算模块的透明加密技术。

具体来说，动态加密技术借助了系统的钩子函数来改变其原本的数据流向。在用户关闭文件的时候，通过系统将记录明文的临时文件进行加密，然后覆盖到用户需要存储的位置。而在读取文件的时候，则按照读多少解密多少的方案，在内存中创建一个临时文件，将用户指定的文件从存储介质中读取出来，然后发送给内存，使用用户指定的应用程序打开内存中的临时文件，因此可以做到实

时加解密，使用户感受不到加密与解密的延迟。

（2）针对远程数据的加密

为了便捷地使用数据，云端数据通常使用分块存储的策略。而云端程序一般采用的是按需读取的方式，即只读取当前需要处理的数据。因此，确定数据所在的位置就成为远程数据加密技术需要解决的问题。

由于加密方式的不同，数据可能在加密之后出现"膨胀"或"紧缩"的问题，于是以块为粒度的查询就很难确定数据所在的位置，尤其对于数据库来说更容易出现这一问题。因此，除了采用不会发生数据形变的加密算法之外，还可以采用部分加密的策略，即仅加密需要保护隐私的数据，适当保留文件索引，以便程序能够迅速定位到需要读取的数据。

3. 存储层加密

存储层级的加密技术通常采用的是加密文件系统的方案。相对于硬盘层级的加密及 TDE 级别的加密，加密文件系统具有诸多优势，如文件易转移、加密粒度小、可以针对不同文件采用不同的加密方法等。

最常见的加密文件系统应该是 UNIX/Linux 下的 CFS（Cryptographic File System，加密文件系统）[11]，它建立在 NFS 之上，工作在用户层。在使用时，CFS 首先创建一个本地或远程目录，在创建时指定其密钥及加解密算法。用户使用挂载命令访问该文件夹，CFS 验证用户的用户名和密钥是否合规，如果合规，则在系统内创建一个挂载点，使用户可以读写该挂载点内的文件。此后的NCryptfs[12]、ECFS[13]、Cepheus[14]、TCFS[8]等都是在此基础上开发而来的。尤其是 NCryptfs 从用户态转移到了内核态，并且提供了强大的共享机制。

10.3.2 数据完整

数据完整性（Data Integrity）是信息安全三要点之一。保证数据完整性，即在数据的传输、存储和处理的过程中，保证数据不会经过未经授权的篡改，或者能够在被篡改后尽快发现。汉明码[15]、CRC、ECC 及纠删码都属于保证数据可用性，即可恢复出错数据的编码手段，尤其适用于存储系统。在此，我们介绍两类检查数据完整性的方法：散列编码和数字签名。

1. 散列编码

散列编码（Hash Code），又称摘要编码，指的是把任意长度的数据，通过散列算法打乱混合，然后输出一段定长的并且长度远小于原信息的编码。该输出是对原始数据的压缩和摘要，也就是散列编码。一般来说，用于完整性验证的散列编码都是单向编码，并且具有弱碰撞性，也就是说，生成的散列编码是无法逆推回原始数据的，而且不同的原始数据生成的散列编码是不相同的。因此，凭借对散列编码的比较，就可以比较两个数据文件是否一致。常见的散列编码有 MD5 码和 SHA 编码[16-17]，其中的 SHA-512 算法基本流程如图 10.10 所示。

（1）消息摘要算法

MD5 算法自 1992 年公开后，即被广泛应用于各种情况下的完整性验证。MD5 算法的具体程序规范定义在 RFC 1321 中。MD5 算法对输入以 512 位进行分组，通过程序运算生成 4 个 32 位的数据，最后级联成长度为 128 位的摘要，通常以 32 位十六进制字符表示。

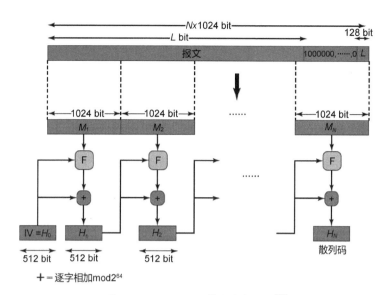

图 10.10　SHA-512 算法基本流程[17]

（2）安全散列算法

SHA（Secure Hash Algorithm，安全散列算法）是一系列散列函数的统称，如今广泛用于数据的完整性验证当中，比如网上下载的数据，一般都会附有一个带有 SHA 摘要编码的完整性验证文件。SHA 可以分为如下几类：SHA-0、SHA-1、SHA-2，以及在 2015 年发布的 SHA-3 等。其中 SHA-2 又分为 SHA-224、SHA-256、SHA-384、SHA-512 等。

在存储系统，尤其是云存储系统中，散列编码具有十分广泛的作用。最简单的数据去重技术（Data Deduplication）就应用了散列编码，编码相同的数据只需要存储一份，大大降低了存储空间开销和云存储服务提供商的存储成本。

除此之外，由数据的散列编码组成的 MHT（Merkle Hash Tree，默克尔散列树）也常被应用在各种需要完整性证明的领域，其主要作用是保证构成 MHT 的元素的不可更改性，尤其是数据的完整性，如 PDP（Provable Data Possession，数据持有性证明）技术[18]、区块链等。

MHT 是一棵完全二叉树，其结构如图 10.11 所示，其叶子节点对应的是各个数据块的散列编码，非叶子节点对应的是两个子节点的散列编码，以此类推，向上直到根节点，例如图中 H_{1-2} 的值 $H_{1-2} = \text{hash}\left(H_1 \| H_2\right)$。

在进行完整性验证的时候，验证者只需要获取相应节点的数据及辅助节点信息即可计算根节点数据，再与存储的根节点信息进行对比，就可以得出数据是否为原本的内容。假设验证者拥有根节点 TopHash，他想要验证信息 Hash0 的完整性。那么，他向证明者索要 Hash0 的值及相应的辅助验证信息 Hash1。则验证者就可以通过构建 MHT，递推根节点 TopHash'，比较两者是否一致来验证 Hash0 的完整性。

MHT 的典型应用场景包括一致性检验、数据快速定位等。例如在分布式存储系统当中，验证主存储服务器与备份存储服务器之间的一致性时，如果比较两个机器上所有的数据，则计算及通信开销会很大，因此可以先在两台机器上分别构建一颗 MHT，然后从 MHT 的根节点起比较，如果根节点一致，那么两台机器上的数据就是一致的；否则按 MHT 进行分层进行比较，很容易就可以定位到不一致的数据，大大降低了比较时间和通信开销。

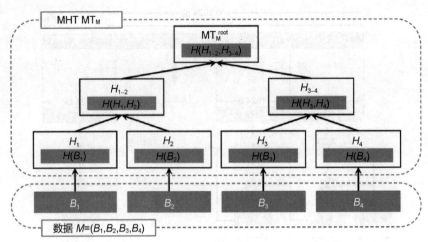

图 10.11　MHT 结构[19]

2. 数字签名

数字签名（Digital Signature），又称公钥数字签名，是一段发送者使用自己的私钥经过加密产生的易于验证的数据信息，通常用于证明被签名数据的完整性及来源的确定性。

前面介绍过非对称加密技术，应用的是公钥加密、私钥解密的编码方案。而数字签名恰好相反，为了让所有知道公钥的人都可知验证该签名的真实性，它使用的是私钥加密、公钥解密的编码方案。

如图 10.12 所示，在签名时，消息发出者将时间戳、消息摘要等信息使用自己的私钥进行加密生成数字签名，随消息一同发送。接收者收到消息后，用发送者的公钥对数字签名进行解密，得到消息的发送时间及完整性验证信息，可以保证消息是未被篡改的。同时，如果数据无法被发送者的公钥所解密，说明发送者另有其人或者消息受到篡改。可以用公钥进行解密的信息，发送者也就可以确定了，因此数字签名具有不可抵赖性（不可否认性）。

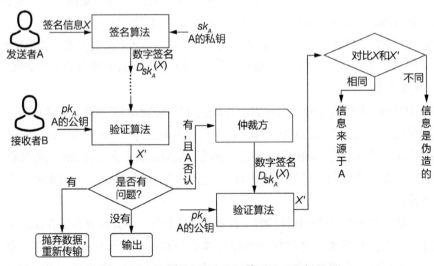

图 10.12　数字签名及其验证算法的不可抵赖性

常见的公钥密码算法都可以作为数字签名算法，比如 RSA、ElGamal、Fiat-Shamir、Schnorr、

Des/DSA、椭圆曲线等算法。此外，还有许多应用于具体环境的特殊签名算法如盲签名、代理签名、群签名、门限签名等。其中区块链的共识机制中就有着门限签名的应用。

数字签名技术在云存储中也有着极为重要的作用。比如 PDP 技术[18]，由于近些年云存储数据丢失事件层出不穷，所以用户希望对云存储服务商是否真的存储着自己的数据进行验证。因此，如图 10.13 所示，用户为上传的数据生成一个可验证的数字签名标签，随数据一同传输给云端。在验证数据完整性时，为了避免用户和云服务提供商之间出现争议，用户通常委托一个 TPA（Third Party Auditor，第三方审计者）代替用户完成。TPA 要求云端做相应的计算，返回聚合的数据验证信息，然后验证者就可以根据云存储服务提供商返回的验证信息结合数字签名对数据的完整性进行抽样验证，在 10000 个数据块中验证 460 个数据块就可以保证 99%的可信度。这样就可以对云服务提供商警示，敦促其提高和完善云存储服务质量，同时增强用户对云存储的了解，消除其对云存储安全性的担忧，进而促进云存储服务的进一步发展。

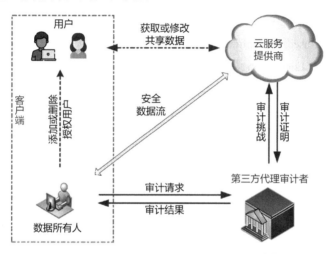

图 10.13　云数据完整性的公开审计模型[20]

10.3.3　权限管理

1. 访问控制

访问控制指的是在保护系统安全的情况下，保证合法授权用户能够正常地访问数据，即对于系统及资源的保护要求每个访问请求都在控制下进行，保证只有经过合法授权的访问才能发生[21]。

访问控制通常通过建立 ACL（Access Control List，访问控制列表）、能力列表（Capability List）或授权表（Authorization Table）来实现对于访问控制策略的描述。

当有仲裁机构时，访问控制通常使用 DAC（Discretionary Access Control，自主访问控制）、MAC（Mandatory Access Control，强制访问控制）或 RBAC（Role Based Access Control，基于角色的访问控制）等方法；而当不存在仲裁机构时，通信双方处于对等环境，访问控制此时也被称为信任管理，典型例子如移动 Ad hoc 网络环境下的信任管理。

访问控制在信息系统安全评测中占据着极为重要的地位。无论是美国国防部发布的《可信计算机系统评测标准（TCSEC）》还是我国发布的《计算机信息系统　安全保护等级划分准则》（GB 17859—1999），都将访问控制列为划分安全保护等级的重要标准。

2. 加密搜索

随着云计算技术的不断发展，越来越多的人选择将自己的数据上传到云端存储中保存。对于一些敏感数据，用户通常选择将数据加密后上传，但由于加密后的数据已经成为不可识别的密文，因此，想要对加密数据进行查询和搜索就成为亟待解决的问题。

最直接的方法是将数据从云端取回，解密后再进行内容查找。显而易见的是，这种方法既耗费流量也耗费时间。由宋晓东等人于 2000 年提出可搜索加密技术（Searchable Encryption）[22]。和加密一样，可搜索加密技术也可以分为 SSE（Symmetric Searchable Encryption，对称可搜索加密）[22]和 PEKS（Public Encryption with Keyword Search，公钥可搜索加密）[23]，前者建立在对称加密技术上，而后者则基于双线性映射技术[24]，建立在一系列复杂性假设上，将搜索从"一对一"扩展到"一对多"通信模式上。而根据搜索关键词数量的不同，也可以分为单关键词可搜索加密和多关键词可搜索加密。

在可搜索加密技术的发展中，比较突出的当属 2005 年由赛海（Sahai）和沃特斯（Waters）提出的 ABE（Attributed-Based Encryption，基于属性的加密）[25]，后来又细分为 CP-ABE（Ciphertext Policy Attributed-Based Encryption，密文策略的基于属性的加密）及 KP-ABE（Key Policy Attributed-Based Encryption，密钥策略的基于属性的加密）。基于属性的加密技术在支持加密搜索的前提下，实现了细粒度的访问控制和搜索授权，建立了以属性为验证方式的"弱匿名性"，保证了用户的身份隐私。

10.3.4 数据安全销毁

有时候，因为某些存储设备的用途变化或计划报废，需要全面清除相应存储介质上的数据，避免非授权用户通过社会工程学手段获取其不可查看的数据，泄漏数据的内容。因此，需要采取相应手段保证数据已被完全销毁且不可恢复，从而保证数据的安全性及机密性。本小节将从两个方面叙述数据的安全销毁问题：本地数据销毁及远程数据销毁。

1. 本地数据销毁

本地数据销毁通常指的是销毁存储在本地存储介质中的数据，尤其指存储在硬盘上的数据。根据《信息安全技术 网络存储安全技术要求》（GB/T 37939—2019）的建议，"支持鉴别信息和敏感数据所在的存储空间进行完全清除"，其手段包括"固件的安全擦除命令、多次覆盖写入以及密钥销毁等方式"。

对于部分数据的销毁来说，为了数据的可恢复和加快删除速度，操作系统通常标记所对应元数据的删除位置，但实际并未删除该数据。因此，为了彻底销毁数据，建议多次向该区域内写入无意义的数据，以覆盖掉原有数据，保证数据不会被恢复。

而对于全盘数据的销毁来说，通常建议使用固件自带的安全擦除命令，大多数情况下指的是低级格式化。所谓低级格式化，指的是运用供应商提供的系统固件，用无意义的"0、1"组合覆写整个磁盘，以清空磁盘内的全部内容，恢复磁盘出厂时的状态，然后重新划分柱面、磁道和扇区。这样原有的磁盘元数据全部消失，无法通过数据恢复软件、技术等恢复相关数据。

密钥销毁技术通常应用于加密数据，由于加密的安全性，只能使用密钥才能将原有数据解密恢复。因此，对于加密数据来说，可以采用密钥销毁的方案。根据数据的保密等级，可以分别采用删除密钥、区域覆写、固件安全擦除等方案来保证密钥被完全销毁，同时亦可对加密数据采取此类操作。一般来说，多采用 Scrubbing 算法[26]，多次将无意义数据覆盖写入原数据页上。

2. 远程数据销毁

由于云存储技术的不断发展，很多个人包括小型商业公司都将自己的数据分发到云存储中进行存储。这些数据可能涉及个人隐私以及公司机密，即便是通过加密技术进行过处理，但使用者仍旧希望能够真正地删除自己存储在云端的数据。但由于大数据时代，数据即财富，云存储公司可能会为了商业利益保存一些用户的数据，因此，如何保证云端"真正地"删除了用户的数据，成为一个热点研究问题。

和本地存储一致，用户也可以通过加密手段防止自己的隐私被泄露，并且当自行删除云端数据后，销毁自己的密钥，防止数据被解密而泄露其内容[27]。但实际上，数据可能并未彻底删除，仍旧有泄露的风险，同时云端也可能从这些密文数据中获得一定的有价值的信息，因此，如图 10.14 所示，研究人员设计了与 PDP 类似的远程数据销毁验证机制[28]。

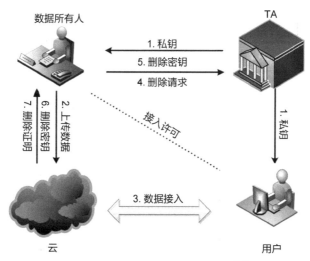

图 10.14　远程数据销毁验证机制[28]

对于经过基于属性加密的访问控制数据，研究者倾向于使用额外的数据结构如 MHT[29]、布隆过滤器[30]等控制可访问属性的变化。当需要删除数据时，数据拥有者则通过修改相应的数据结构，删除所有的属性，使得没有人能够满足属性控制的要求，从而保证了数据的不可访问性。

10.3.5　数据安全计算

1. 可信执行环境

云计算服务往往会将数据存储在不可信的环境中，这使得攻击者可以破坏存储数据和查询操作的安全属性，或者使用其他攻击方法破坏甚至盗取用户的私密信息。为了在处理和分析数据的过程中保障数据安全性，研究人员提出了 TEE 技术，通过构建一个安全的区域来保证在其内部存储的数据或代码的安全。目前 TEE 技术主要包括基于 ARM 架构的 TrustZone，基于 x86 架构的英特尔 SGX（Software Guard Extensions，软件保护扩展）、AMD SEV（Secure Encrypted Virtualization，安全加密虚拟化），以及 IBM 推出的 SSC（Secure Service Container，安全服务容器）等。不同的 TEE

硬件实现在安全抽象的粒度和数据保护的力度之间存在区别。在安全抽象粒度方面，TrustZone 提供以安全物理机为粒度的安全抽象，SEV 提供以虚拟机为粒度的安全抽象，而 SGX 则提供以代码段为粒度的安全抽象。在数据保护力度方面，SEV 只提供内存机密性，而不保证内存完整性，TrustZone 只能提供一定的完整性保护，缺乏机密性支持，而 SGX 则能够做到兼顾机密性和完整性。因此，SGX 相较于其他 TEE 技术具有一定的优势，下文会结合英特尔 SGX 技术展开进一步的介绍。

英特尔在 2015 年正式发布了 SGX v1，并于 2016 年发布了 SGX v2。SGX 的原理如图 10.15 所示，在系统内部存在两块区域，SGX 为应用程序创建的安全区域被称为飞地（Enclave），这是一块可信内存，并用来存放关键的数据或代码，运行在飞地中的程序不会受到操作系统、BIOS 和 CPU 芯片以外的硬件的影响，进出该飞地只有通过 SGX 提供的边缘系统调用接口才能完成，从而实现对隐私数据和代码的保护。一个飞地通常包括 EPC（Enclave Page Cache，飞地页缓存），EPC 是一段由片上 MEE（Memory Encryption Engine，内存加密引擎）保护的可信内存区域。这个可信内存区域的虚拟地址到物理地址的映射受到硬件地址转换逻辑的保护，导致非飞地所有者无法访问 EPC，从而实现了 SGX 的保护功能。SGX 在提供安全性保障的同时也会带来一定的开销，一部分是 SGX 在处理隐私数据时，系统需要进出 SGX 构建的安全区域，关键代码及数据会在安全区域的内存和不安全区域的内存间复制，而且进入和退出这个安全区域需要进行上下文切换；另一部分是当飞地内的代码和数据需要持久化存储时，SGX 会对飞地内的代码和数据使用 MEE 进行加密处理，同时也会使用飞地间的本地认证或者第三方的远程认证来校验代码和数据是否受到破坏。此外，SGX 存在硬件限制，比如可信内存资源有限和数据持久性支持不足等。因此简单地将现有的存储系统放置在 SGX 内部而不对存储系统进行优化重构，难以发挥出 SGX 相较于其他 TEE 技术的优势，所以如何在保证存储数据的机密性与完整性的同时保证存储系统性能成为一个重要的研究点。

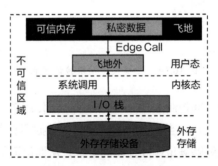

图 10.15　SGX 原理示意图

如何利用 SGX 技术保障用户私密数据存储的安全性，同时兼顾存储系统的性能仍是亟待解决的问题。目前研究人员主要是利用 SGX 创建的可信内存来保证存储数据的机密性和完整性，然后对 SGX 执行过程中的边缘调用进行优化，并针对 SGX 的容量有限等问题展开研究。

在现有的研究中，出现了利用 SGX 在不信任的基础设施中构建可信计算框架的热潮[3,31-48]。Scone[3]系统利用 SGX 实现了一个安全的 Linux 容器，它使用了 SGX 的可信执行区域飞地来保护 Linux 系统的进程不受到外部的攻击；Haven[31]系统提出了屏蔽执行的概念，利用 SGX 的硬件保护机制，不仅保护用户私密数据的机密性和完整性，还保护了数据运行平台的机密性和完整性。针对飞地内的应用程序必须调用边缘调用函数进出飞地空间，而飞地内部无法执行系统调用的问题，Scone

系统通过两个无锁的多消费者-多生产者队列实现异步系统调用接口，降低了边缘调用的部分开销；Eleos[35]系统提出了一种无须退出 SGX 可信内存空间去执行系统调用的方案，它主要通过在飞地外的线程中运行的 RPC 服务来执行系统调用。针对 SGX 的 EPC 区域容量有限的问题[37,42-47]，Enclage[47]系统利用 SGX 的飞地构建了一个三级存储结构，分别为可信存储 EPC、不可信存储 DRAM 及持久化存储的外部存储，并从软件层面设计了一种保障各层级之间数据交换安全性的方法，同时提出固定可信内存这一层的占用量的方案来避免硬件换页产生的开销；Aria[48-49]系统提出了一种可以高效利用 SGX 有限的资源，同时保证系统高性能的设计方案，通过将 KV 键值对和索引结构直接放在不可信的内存中，并将安全元数据放在 TEE 中来实现对数据的保护。

2. 同态加密

同态加密（Homomorphic Encryption）是一类拥有特殊性质的加密算法的统称，它建立在一系列复杂性假设上。因此，从某种程度上来说它是安全的。同态加密一般具有如下性质。

加法同态：$H(A) + H(B) = H(A + B)$。

乘法同态：$H(A) \times H(B) = H(AB)$。

不同同态加密算法的性质并不完全相同，上面所列举的仅是几个例子。在这种假设下，我们可以通过将数据进行同态加密后进行计算，也就避免了数据的隐私泄露问题，因此，同态加密技术是很多分布式安全计算的基础。由于同态加密的复杂度通常较高，其计算时间与 TEE 相比更长，但计算全程数据都不会被解密，安全性有所提高。

10.4　安全管理

安全管理技术关键要素：自动化安全管理、自适应韧性管理、持续风险评估、集中的策略管理。

10.4.1　系统访问控制（认证管理）

访问控制是构建安全防御的最重要的手段，随着数据中心不断发展，存储产品形态也走向分布式、集群化、虚拟化等趋势。在存储设备数量暴增的情况下，通常会部署集中化网管对存储设备进行管理和运维，存储网管系统会接存储服务器、存储网络交换机、业务主机等设备，具备全栈的管理能力。网管系统对接整个业务中大部分设备，安全风险也随之增加，因此认证的管理就成为安全防护最重要的一环。

1. 身份认证统一管理

用户身份信息分散于各个系统，维护人员需要同时对多个系统进行维护，工作复杂度成倍增加。用户权限无法集中管理，难以保证最小化授权；同时容易出现身份混乱、人机账号和机机账号重叠、账号多人共用等情况，引入潜在风险；频繁切换系统登录时，需要在界面上重新输入用户名和口令，给工作带来不便，而且增加口令泄露风险。因此，应该提供集中的统一身份认证管理方案，融合 AAA（Authentication，Authorization and Accounting，身份认证、授权和记账协议）、审计能力，并联动风险评估模块，根据风险提供对应级别的能力授权，提升系统安全性和可管理能力。

集中账号管理：管理服务器设备、网络设备和应用系统，实现被关联资源账号的创建、删除及同步等账号管理生命周期功能，可进行账号密码策略统一管理，其架构如图 10.16 所示。

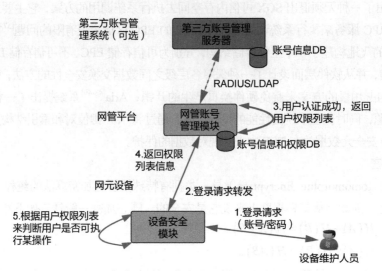

图 10.16　集中账号管理架构

单点登录 SSO：是一种对用户友好的身份认证方法，用户一次可通过一组登录凭证登入会话，在该次会话期间无须再次登录，即可安全访问多个相关的应用程序和服务。如图 10.17 所示，业务系统不提供登录认证能力，认证中心统一负责用户管理。采用 OAuth（Open Authorization）协议，基于账号认证通过后换取的临时 Token（含有效期、访问资源信息）实现对后续资源访问的认证。

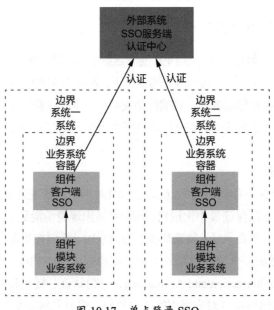

图 10.17　单点登录 SSO

2．双因素认证

2FA（Two-Factor Authentication，双因素认证），是指通过认证时需要两个元素的认证，通常情况下适用于身份认证要求严格的场景。在存储维护中一般进行高危的操作,如操作交换机删除 Zone、卷解除主机映射、删除存储设备等操作时需要使用 2FA。

同时,由于存储网管系统的重要性,一般情况也要求对接协议支持双因素认证。RADIUS(Remote Authentication Dial In User Service,远程身份认证拨号用户服务)是远程用户拨号认证系统,由 RFC2865、RFC2866 定义,是目前应用最广泛的 AAA。RADIUS 认证方式支持多种协议,如 PAP(Password Authentication Protocol,密码认证协议)、CHAP(Challenge Handshake Authentication Protocol,挑战握手认证协议)、MS-CHAPv1(Microsoft Challenge Handshake Authentication Protocol version 1,微软挑战握手认证协议第 1 版)、MS-CHAPv2(Microsoft Challenge Handshake Authentication Protocol version 2,微软挑战握手认证协议第 2 版)。RADIUS 配置了双因素认证,输入远端用户的用户名和密码,其中密码不再是个人账户密码,而是由 PIN 和 token code 组成,其中 token code 是由单独的硬件设备定时生成的 6 位数字。

3. 账号安全管理

口令防暴力破解:对于管理界面及跨信任网络的登录认证必须支持口令防暴力破解机制,如图 10.18 所示,当重复输入错误口令次数超过阈值(如 3 次)时采取合适保护措施,措施包括锁定账户、锁定 IP 地址、登录延迟、启用验证码、启用 IP 白名单。

图 10.18 登录认证界面

"First Login"模式:为了防止攻击者通过公开的资料或历史版本情况获取默认账号和口令,利用这些账号访问系统或数据,导致用户身份被仿冒或信息泄露,存储的认证系统设计通常会采取"First Login"模式。

首次登录必须强制设置密码,且该密码必须满足复杂度要求。系统运行后,管理员新建/重置人机账号禁止存在默认密码(如硬编码密码),必须由管理员设置密码或系统自动产生随机密码(以上密码都应满足密码复杂度要求)。由管理员新建/重置用户账号的密码,用户首次登录必须强制修改。

存储网管系统在安装部署阶段,强制用户设置符合要求的账户密码,避免了如数据库、操作系统用户、网管登录用户使用默认密码。另外一种情况是网管系统管理员创建新用户也采取了"First Login"模式,超级管理员创建符合密码复杂度要求的用户账号及密码,通过后台标记检测到未被用户登录且未修改,防止管理员依然持有密码,强制用户修改密码。

账户安全管理:账号与密码由用户保管,难免有泄露或者被不法分子猜测出来的可能,从安全维护角度出发，系统应具备账号安全管理能力，支持安全管理员实时地调整策略，提升安全性。

通常情况下网管具备在线用户功能，监控到在线的用户登录信息，如用户操作终端 IP 地址。通过与企业规划网段或者具体 IP 地址相比较，确定其是否为真实合法的用户，从而进行异常登录告警，采取强制下线等措施。还可以通过将用户登录时间与账号对应员工正常的工作时间进行比对，进行异常上线告警，进一步采取安全措施。

一般情况下建议措施是账号根据项目设置有效期限，但会存在员工离职、项目提前结束等情况，在账号生命周期结束时，管理员需要立即对账号进行注销操作，防止系统遭受非预期的访问。

10.4.2　用户身份和访问管理

用户身份和访问管理是指对主体的身份及该主体对客体的访问进行管理，是一个系统安全的基础，保护系统和资源免受未授权的访问。常见的访问控制模型有如下 5 种。

DAC：由客体的所有者（即主体）自主地规定其所拥有客体的访问权限的方法。有访问权限的主体能按授权方式对指定客体实施访问。例如，在这种模式下，如果你创建了一个文件，那么你是此文件的所有者，并且可以管理（授予或拒绝）任意用户访问该文件的权限。

RBAC：主体基于主体角色访问客体。角色一般定义了职责功能，通常情况下由系统的管理员为每个角色分配权限，若用户账号归属某个角色，则用户具有该角色的所有权限。一个角色可以拥有多个权限，对应多个主体，同时单个主体也可以对应多个角色。通过角色管理的模型。可减少授权管理的复杂性，降低管理的开销，能够灵活地支持各类安全策略。

RuBAC（Rule Based Access Control，基于规则的访问控制）：基于全局规则的一种访问控制。例如防火墙使用的规则允许或阻止所有流量进入。

ABAC（Attribute Based Access Control，基于属性的访问控制）：基于主体的单个或多个属性建立规则的访问控制，比基于规则的访问控制模型更灵活。

MAC：由系统根据主、客体所包含的敏感标记，按照确定的规则，决定主体对客体访问权限的方法。有访问权限的主体能按授权方式对指定客体实施访问。敏感标记由系统安全员或系统自动地按照确定的规则进行设置和维护，如采用三权分立模型。

在对安全性要求比较高的场景中，推荐使用三权分立模型，默认包含 3 类角色：系统管理员、安全管理员、安全审计员。

系统管理员：存储系统的管理维护角色，包括系统监控、系统配置、用户管理、资源管理、数据保护管理、租户管理等。

安全管理员：存储系统安全管理角色，包括安全配置、角色管理等。

安全审计员：负责对系统管理员、安全管理员操作行为跟踪和审计的角色。

为了防止权限过度集中，同时错误的操作影响到业务系统的稳定性及业务数据的安全性，存储采用 RBAC，并融入"三权分立"的思想，系统可通过角色来控制用户的操作权限和范围。从存储的应用场景考虑，分为系统管理、资源管理、数据保护管理和租户管理 4 个应用场景；同时结合安全管理与日常维护需要，系统预置如下 7 个角色。

超级管理员：拥有系统的所有权限，重点承担系统开局、用户忘记密码、用户解锁等场景中满足用户管理诉求的任务。

系统管理员：拥有除用户管理以外的所有权限。

安全管理员：拥有系统安全配置权限。

资源管理员：拥有系统资源管理权限，包括块存储/文件存储资源管理和网络资源管理。

数据保护管理员：拥有数据保护管理权限，包括本地数据保护管理和远端数据保护管理。

监控管理员：拥有信息收集、性能收集、巡检等常规运维权限，不支持资源管理、数据保护管理、安全管理权限。

租户管理员：拥有租户的所有管理权限。

为了满足不同行业、不同客户对系统权限管理要求，系统提供自定义角色的能力，以灵活满足客户需求。

10.4.3 证书管理和密钥管理

2018 年某电信公司因证书过期导致全球 11 国部分网络通信出现瘫痪，其中某公司的网络发生故障 4 小时 25 分，共计 3060 万用户无法正常通信，造成了极大的负面影响，股票大跌，五天内有 10000 户解约。因此做好证书和密钥的管理非常重要，否则不仅影响系统的安全运行，还可能造成巨大的经济损失。

1. PKI

（1）什么是证书？

数字证书（又称公钥证书，简称证书）是设备、用户或应用在数字世界的身份证明，类似现实社会公民的身份证。证书的格式一般遵从 X.509 标准[50]，包括用户的身份信息、公钥信息及身份验证机构数字签名值，当前标准的最新版本为 X.509 v3。证书广泛用于 TLS（Transport Layer Security，传输层安全协议）、SSL（Secure Socket Layer，安全套接字层）、IPSec（Internet Protocol Security，互联网络层安全协议）通信加密，以及身份认证、授权管理、电子签名、软件完整性验证等方面。PKI（Public Key Infrastructure，公钥基础设施）架构如图 10.19 所示。

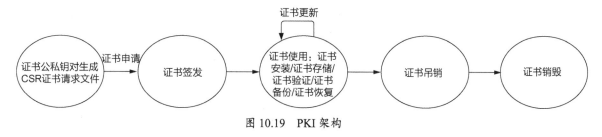

图 10.19　PKI 架构

证书的颁发机构叫 CA（Certification Authority，认证机构），业界通常称为认证中心。CA 是具备权威性、可信任性和公正性的第三方机构，在《中华人民共和国电子签名法》中定义为"电子认证服务提供者"。数字证书格式如表 10.1 所示。

表 10.1　数字证书格式：X.509 V3 的证书域及其内容[50]

证书域		证书域内容
证书基本域	Version	证书版本，INTEGER{v1(0)，v2(1)，v3(2)}
	Serial Number	证书序列号，是由 CA 分配的字串，CA 应保证在其使用范围内序列号的唯一性
	Signature	证书签名算法，要求采用 SHA256withRSA、SHA256ECDSA 等安全的证书签名算法

证书域		证书域内容
证书基本域	Issuer DN	颁发者主题，其内容由 CA 决定。通常包括如下内容（如果产品用 OpenSSL 等工具签发 CA 证书，建议全部填写下面这些颁发者主题的内容，特别是不能省略 Common Name 字段）。 国家 Country Name（2 个字符的国家名称缩写，如 C=CN） 州/省名称 State or Province Name（如 S=Guangdong） 市名称 Locality Name（如 L=Shenzhen） 组织名称 Organization Name（如 O=Huawei） 组织单元名称 Organizational Unit Name（如 OU=Wireless Network Product Line） 证书主体通用名称 Common Name（如 CN=Huawei Wireless Network Product CA）
	Validity	证书有效期。 NotBefore：证书生效时间，该时间为 CA 签发证书时间，不能早于证书申请的时间。 NotAfter：证书失效时间，该时间在 NotBefore 的基础上加上证书的有效期时长，但不能超过 CA 证书失效时间
证书基本域	Subject DN	使用者主题，其内容由证书申请者决定，通常包括如下内容（如果产品用 OpenSSL 等工具签发设备证书，建议全部填写下面这些使用者主题的内容，特别是不能省略 Common Name 字段）： 证书主体通用名 Common Name（建议产品在主体通用名中，包含可唯一标识产品的编码或非易变的产品信息，如电子序列号、IP 地址、MAC 地址、服务器名等） 国家名称 Country Name（2 个字符的国家名称缩写，如 C=CN） 州/省名称 State or Province Name（如 S=Guangdong） 市名称 Locality Name（如 L=Shenzhen） 组织名称 Organization Name（如 O=Huawei） 组织单元名称 Organizational Unit Name（如 OU=Wireless Network Product Line）
	Subject Public Key	证书公钥，要使用 3072 比特及以上的 RSA 公钥，或 256 比特及以上的 ECC 公钥
证书扩展域	authorityKey-Identifier	颁发机构密钥标识符（可选扩展项），是用于验证本证书的颁发者公钥的唯一标识，其值为颁发者证书（CA 证书）中的使用者密钥标识符 subjectKey-Identifier 中的内容。在使用具有多个相同 Issuer DN 的颁发者证书时，用于区分用户证书到底使用哪一张颁发者证书的公钥进行验证，其取值为 CA 证书的公钥散列值
	subjectKey-Identifier	使用者密钥标识符（可选扩展项），是本证书所包含的公钥的唯一标识。在使用具有多个相同 Subject DN 的证书时，用于区分证书的公钥，其取值为本证书公钥的散列值
	keyUsage	密钥用法（可选扩展项），表示本证书的公钥能够支持的功能和服务。它的值包括：digital signature、non-repudiation、key encipherment、data encipherment、key agreement、certificate signature、CRL signature、encipher only 和 decipher only 等。 其中，certificate signature、CRL signature 是 CA 证书才具有的密钥用法，因此虽然密钥用法扩展域是可选项，但是对于根 CA 来说，这一扩展域是不可或缺的关键扩展项，而且必须具备 certificate signature、CRL signature 这两种密钥用法
	Extended KeyUsage	扩展密钥用法（可选扩展项），包含一系列的 OID 值，表示本证书中的公钥的特定用法。虽然 X.509 标准没有明确定义这些扩展密钥用法，但在 RFC3280 中说明了一些与此扩展相关的 OID 值，包括 TLS server authentication、TLS client authentication、code signing、e-mail protection、time stamping、OCSP（Online Certificate Status Protocol，在线证书状态协议）signing
	basicConstraints	基本限制。 对于 CA 证书（包括根 CA 证书、二级 CA 证书）来说，属于关键扩展项（即在 CA 证书中必须包括此扩展域），取值为： Subject Type=CA Path Length Constraint =None 或具体数字，大多为 None（None 表示不限制该 CA 签发证书链的级数） 对于终端用户证书来说，属于可选扩展项，取值为： Subject Type=End Entity Path Length Constraint=None

续表

证书域		证书域内容
证书 扩展域	subjectAltName	主题备用名称（可选扩展项），用于表示证书所有者其他命名格式（除了 Subject DN 以外），包括电子邮件、IP 地址和 URI（Uniform Resource Identifier，统一资源标识符）等。这个扩展域对于安全电子邮件的应用程序是必不可少的，因为它们就是通过从这个扩展域中提取的电子邮件地址，将电子邮件地址与此信息绑定
	cRLDistribution-Points	证书吊销列表分发点（可选扩展项），用于标识本证书吊销信息所在的 CRL 部分的位置，该信息由 CA 提供

　　了解了证书是什么，那么我们就很有必要继续了解一下证书的 PKI，类似我们身份证的支撑机制。PKI 是一种遵循标准的密钥管理平台，为网络应用做数据加密和数字签名等密码服务所必需的密钥和证书提供管理体系，保障网络通信环境安全。PKI 主要由下列要素组成：用户、CA、RA（Registration Authority，证书注册机构）、证书库（集中存放证书的部件，可以使用数据库、轻量目录访问协议、X.500 等）、证书撤销废除系统、密钥备份和恢复系统。

　　存储设备中的证书类型有设备身份证书和根证书。

　　设备身份证书是用于证明设备身份的证书，此时设备中除了有公钥证书，还有私钥证书。设备证书是用于标识、证明网元身份的公钥证书，在认证过程中该证书用于验证网元的合法性，IEEE 802.1AR 标准中的证书就属于设备证书。一个设备证书对应一对公私钥对，在网元或网管的认证过程中用来计算数字签名或加解密。设备证书包括 3 个文件：公钥文件、私钥文件、私钥口令密文文件。在软件包中的预置证书严格意义上不能被称为设备证书，它并没有跟某一个设备绑定，相反这种方式会导致一批次设备的预置证书都是一样的，增加了私钥泄露的风险。

　　根证书用于验证他人公钥证书的合法性，该证书一般是 CA 提供，用户使用根证书验证通信对方证书的数字签名的合法性，以及是否由 CA 颁发。设备中只有该根证书文件，其私钥由证书颁发机构持有。

　　存储设备中数字证书主要的应用场景包括组件内部和各个组件之间的通信，数字证书用于建立 SSL 连接时的身份认证；组件之间的通信，以及组件和网管之间采用 SSL 连接保护应用层数据传输安全时的通信，数字证书用于建立 SSL 连接时的身份认证。

　　（2）证书为什么需要管理？

　　证书其实是 CA 对主体的公钥的签名，主体的公钥与私钥是一一对应的，所以这里就涉及主体的私钥泄露后的风险处理。

　　从上文介绍的证书格式中可以看到，每一份证书都是有有效期的，那么就客观存在失效的时刻。证书由 CA 签发，但是也存在 CA 被收购或者资格被取消等不可抗拒的因素，那么此 CA 颁发的证书都将不可信或者证书的根将发生改变。

　　证书管理维护确保产品正确使用，维护设备内的数字证书，提升数字证书的运维效率，降低出错概率，避免由于证书运维不当带来的安全风险和业务稳定性风险。

　　（3）存储设备的证书管理

　　存储设备的证书管理一般包括以下 4 个方面。

　　第一，提供 CA 服务能力，为网元设备在安装部署时自动签发证书。

　　第二，设备利用标准证书管理协议对接 CA，实现证书自动签发（申请）。

第三，对证书统一管理，包括监控证书有效期、支持证书更新、导入吊销列表、导出证书申请文件等。

第四，设备为证书维护提供命令行或 UI（User Interface，用户界面），降低人工劳动强度，提升维护准确性。

在对接存储网管的场景下，可实现数据中心级多设备的证书统一管理。在特定场景下，存储设备证书支持自动更新，极大地降低了维护人员对证书的管理成本。

2. 密钥分发机制

密钥管理的核心要求是保证密钥的机密性和完整性，同时降低密钥泄露引起的安全风险，密钥管理围绕这个核心诉求展开。

为了保证密钥的安全管理，通常会采用密钥分层结构。密钥分层结构有助于减少根密钥的使用频率从而更有效地保护根密钥、控制单个密钥加密数据量以防止密文被破解，且可以在密钥被泄露后控制影响范围。密钥的分层管理机制，是采取多级密钥管理，通常把密钥分为三层：根密钥、加密密钥和工作密钥，下层的密钥为上层密钥提供保护（加密或者派生），采用树形分层的密钥结构。

三层密钥管理结构如图 10.20 所示。

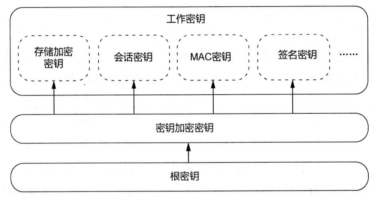

图 10.20 三层密钥管理结构

工作密钥：是网元或网管直接使用的密钥，一般情况下使用工作密钥对本地保存的敏感数据和需要在不安全信道上传输的数据提供机密性、完整性保护，同时也可以提供签名和认证密码学功能。工作密钥可以直接被上层应用程序使用，可以用于储加密密钥、会话密钥、MAC 密钥、签名密钥等。

密钥加密密钥：每个密钥加密密钥都各自对其下层的工作密钥提供了机密性保护，其自身受到根密钥的保护。通常在存储场景中，对于较为简单、安全等级要求不高的功能，密钥加密密钥的职能可以直接由根密钥兼任，也就是仅有两层密钥。

根密钥：位于密钥管理分层结构的最底端，用于对上层所有密钥（如多个密钥加密密钥）的机密性进行保护，其安全性要求最高，一般情况下会在硬件加密模块中保存。

密钥在其生命周期中会经历有多种状态，图 10.21 所示为一个密钥在其生命周期中的状态迁移情况。密钥在其生命周期的每个阶段，都需要满足合适的安全要求，以确保密钥全生命周期的安全性。

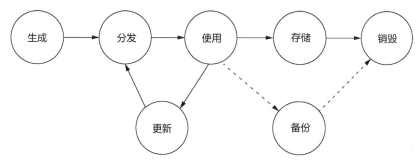

图 10.21 密钥在其生命周期中的状态迁移

图 10.21 中的各个阶段中任何一点存在薄弱环节，都会导致安全风险。表 10.2 列出了密钥生命周期的各个阶段由于设计不当可能导致的安全问题。

表 10.2 密钥生命周期中的安全问题

密钥生命周期阶段	由于设计不当可能导致的安全问题
生成	生成算法随机性差，导致密钥可被预测，或攻击者可以自己生成密钥
分发	密钥明文分发，导致密钥存在被攻击者截获的风险
更新	密钥从不更新，导致攻击者更容易获取密钥，从而能够轻易获取敏感数据的明文
存储	密钥明文存储在数据库中，导致攻击者容易读取出密钥，从而能够轻易获取敏感数据的明文
备份	如果重要密钥从不备份，一旦密钥丢失，将导致原有加密的数据不能解密，大大降低了系统可靠性
销毁	密钥仅被普通删除，导致攻击者有可能恢复出密钥

10.4.4 网络安全管理

1. 网络安全框架

IPDRR 是 NIST 提供的一个网络安全框架，主要包含 5 个部分。

Identify：评估风险。包括确定业务优先级、风险识别、影响评估、资源优先级划分。

Protect：保证业务连续性。在受到攻击时，限制其对业务产生的影响。主要包含在人为干预之前的自动化保护措施。

Detect：发现攻击。在攻击产生时即时监测，同时监控业务和保护措施是否正常运行。

Respond：响应和处理事件。具体程序依据事件的影响程度来进行抉择，主要包括事件调查、评估损害、收集证据、报告事件和恢复系统。

Recover：恢复系统和修复漏洞。将系统恢复至正常状态，同时找到事件的根本原因，并进行预防和修复。

当然在各个部分中，又涵盖了企业在网络安全中需要关注的各种细节问题，来帮助企业快速搭建网络安全体系。

2. 主机入侵检测

存储的主机入侵检测，可以分层展开，在网管层完成基本的入侵检测，同时也可以对接企业安全 SOC 进行复杂的上下文攻击路径分析。网管层基于网元收集的日志、配置信息、文件病毒扫描信息，进行综合判定，在存储网络侧对安全入侵进行闭环。典型电信主机入侵的部署如图 10.22 所示。

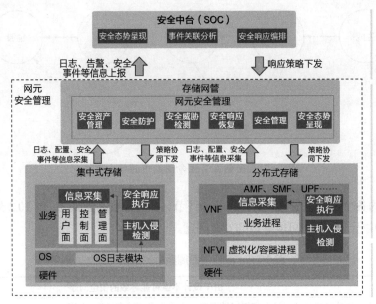

图 10.22　典型电信主机入侵的部署

3. 可信启动和远程证明

可信启动：利用设备硬件能力，并配合初始启动代码，建立可信启动平台信任根。系统启动时，从该信任根出发，按照 BIOS、bootloader、OS Kernel、系统软件包的启动顺序，每一级负责度量下一级的 boot 阶段，建立完整的信任链，并将度量结果不可逆转地保存到 TPM 芯片中，从而实现信任链的建立与传递，以及系统可信状态的记录。

远程证明：远程证明有 3 个部件，分别是 RA 服务器、RA 客户端、CA。RA 服务器是远程证明的核心部件，保存有软件发布时各个 PCR（Platform Configuration Register，平台配置寄存器）的参考值作为基准，同时负责接收 RA 客户端发送过来的 PCR 值，并验证 RA 客户端的可信状态。RA 客户端是带有 TPM 芯片并支持可信启动功能的设备，负责响应 RA 服务器的挑战请求，搜集 PCR 值反馈给 RA 服务器。CA 负责给 RA 客户端颁发 AIK（Attestation Identity Key，证明身份密钥）证书，防止 RA 客户端被仿冒。

10.5　本章小结

随着数据逐渐成为新的生产要素，其安全与否已经成为个人用户、企业单位乃至国家层面的重要关切。本章对存储安全进行了系统的分析介绍。其首先从存储安全的理念及体系进行概述，并分别从系统安全、数据安全和安全管理等 3 个层面进行细致剖析；其次，本章介绍了当前存储安全的一些前沿应用及其所适合的应用场景，包括加密搜索、远程数据销毁及同态加密等。当前存储与网络正在进行深度融合，存储安全将是实现数据共享和隐私保护兼得的重要之匙。相信随着存储技术的进一步发展，未来也将出现更多的安全需求场景，驱动着新的存储安全技术不断涌现。

10.6　思考题

1. 请说明对称加密方法和非对称加密方法的主要区别。

2. 系统安全包括哪几个方面?

3. 针对数据的文件层加密可分为哪两类?

4. 散列编码和数字签名在使用上有什么区别?

5. 在硬件安全中,攻击硬件的主要方式有几种?

6. 基于硬件可信根可实现哪几种不同层次的安全隔离机制?

7. 安全管理技术关键要素有哪些?

8. 常见的访问控制模型有哪几种?

参考文献

[1] BRENNER M. Biggest risks of cloud computing and how to mitigate them [EB/OL]. (2021-12-13)[2023-05-30].

[2] SHU J, SHEN Z, XUE W. Shield: a stackable secure storage system for file sharing in public storage[J]. Journal of Parallel and Distributed Computing, 2014:74(9), 2872-2883.

[3] ARNAUTOV S, TRACH B, GREGOR F, et al. Scone: secure linux containers with intel SGX[C]// Proceedings of the 12th USENIX Symposium on Operating Systems Design and Implementation (OSDI). USA: USENIX Association, 2016: 689-703.

[4] KATZ J, LINDELL Y. Introduction to modern cryptography[M]. Boca Raton:CRC Press, 2020.

[5] HELLMAN M. New directions in cryptography[J]. IEEE transactions on Information Theory, 1976, 22(6): 644-654.

[6] RIVEST R L, SHAMIR A, ADLEMAN L. A method for obtaining digital signatures and public-key cryptosystems[J]. Communications of the ACM. New York: ACM, 1978, 21(2): 120-126.

[7] GAMAL T E. A public key cryptosystem and a signature scheme based on discrete logarithms[J]. IEEE Transactions on Information Theory, 1985, 31:469-472.

[8] CATTANEO G, CATUOGNO L, DEL SORBO A, et al. The design and implementation of a transparent cryptographic file system for UNIX[C]//Proceedings of the 2001 USENIX Annual Technical Conference (ATC). USA: USENIX Association, 2001.

[9] 肖达. 存储系统中的数据安全方法与技术[D]. 北京: 清华大学, 2008.

[10] 肖达, 舒继武, 薛巍, 等. 基于组密钥服务器的加密文件系统的设计和实现[J]. 计算机学报, 2008, 31(4):600-610.

[11] BLAZE M. A cryptographic file system for UNIX[C]//Proceedings of the 1st ACM Conference on Computer and Communications Security. New York: ACM, 1993: 9-16.

[12] WRIGHT C P, MARTINO M C, ZADOK E. NCryptfs: a secure and convenient cryptographic file system[C]//Proceedings of the 2003 USENIX Annual Technical Conference (ATC). USA: USENIX Association, 2003: 197-210.

[13] BINDEL D, CHEW M, WELLS C. Extended cryptographic file system[EB/OL]. (2001-01)[2023-05-30].

[14] FU K E. Group sharing and random access in cryptographic storage file systems[D]. Cambridge: Massachusetts Institute of Technology, 1999.

[15] KUMAR U K, UMASHANKAR B S. Improved hamming code for error detection and correction[C]//Proceedings of the 2nd International Symposium on Wireless Pervasive Computing (ISWPC). IEEE, 2007:498-450.

[16] GUPTA P, KUMAR S. A comparative analysis of SHA and MD5 algorithm[J]. International Journal of Computer Science and Information Technologies, 2014, 5(3):4492-4495.

[17] STALLINGS W. Cryptography and network security: principles and practice[M]. London: Pearson Education, 2020.

[18] ATENIESE G, BURNS R, CURTMOLA R, et al. Provable data possession at untrusted stores[C]//Proceedings of the 14th ACM conference on Computer and Communications Security (CCS). New York: ACM, 2007: 598-609.

[19] KOO D, SHIN Y, YUN J, et al. Improving security and reliability in merkle tree-based online data authentication with leakage resilience[J]. Applied Sciences, 2018, 8(12): 2532.

[20] TIAN H, CHEN Y, JIANG H, et al. Public auditing for trusted cloud storage services[J]. IEEE Security & Privacy, 2019, 17(1):10-22.

[21] 薛矛. 一种共享存储环境下的安全存储系统[D]. 北京:清华大学, 2011.

[22] SONG D X, WAGNER D, PERRIG A. Practical techniques for searches on encrypted data[C]// Proceedings of the 2000 IEEE Symposium on Security and Privacy (S&P). IEEE, 2000: 44-55.

[23] BONEH D, DI CRESCENZO G, OSTROVSKY R, et al. Public key encryption with keyword search[C]//Proceedings of the Lecture Notes in Computer Science. Springer, 2004: 506-522.

[24] BONEH D, FRANKLIN M. Identity-based encryption from the weil pairing[J]. Siam Journal on Computing, 2003, 32(3): 586-615.

[25] SAHAI A, WATERS B. Fuzzy identity-based encryption[C]// Proceedings of the Annual International Conference on the Theory and Applications of Cryptographic Techniques (EUROCRYPT). Springer, 2005: 457-473.

[26] WEI M, GRUPP L M, SPADA F E, et al. Reliably erasing data from flash-based solid state drives[C]//Proceedings of the 9th USENIX Conference on File and Storage Technologies (FAST). USA: USENIX Association, 2011:105–117.

[27] BONEH D, LIPTON R J. A revocable backup system[C]//Proceedings of the USENIX Security Symposium (Security). USA: USENIX Association, 1996: 91-96.

[28] XUE L, YU Y, LI Y, et al. Efficient attribute-based encryption with attribute revocation for assured data deletion[J]. Information Sciences, 2019, 479: 640-650.

[29] LIU C, RANJAN R, YANG C, et al. MuR-DPA: top-down leveled multi-replica Merkle hash tree based secure public auditing for dynamic big data storage on cloud[J]. IEEE Transactions on Computers, 2014, 64(9): 2609-2622.

[30] YANG C, TAO X, ZHAO F, et al. A new outsourced data deletion scheme with public verifiability[C]//Proceedings of the International Conference on Wireless Algorithms, Systems, and Applications (WASA). Springer, 2019: 631-638.

[31] BAUMANN A, PEINADO M, HUNT G. Shielding applications from an untrusted cloud with haven[C]//Proceedings of the 11th USENIX conference on Operating Systems Design and Implementation (OSDI). USA: USENIX Association, 2014: 267-283.

[32] SHINDE S, LE TIEN D, TOPLE S, et al. Panoply: low-tcb linux applications with SGX enclaves[C]// Proceedings of the Network and Distributed System Security Symposium (NDSS). Internet Society, 2017:1-15.

[33] TSAI C C, PORTER D E, VIJ M. Graphene-SGX: a practical library os for unmodified applications on SGX[C]//

Proceedings of the 2017 USENIX Annual Technical Conference (ATC). USA: USENIX Association, 2017: 645-658.

[34] Large-scale data systems group. SGX-LKL-OE (open enclave edition) [EB/OL]. (2022)[2022-03-07].

[35] ORENBACH M, LIFSHITS P, MINKIN M, et al. Eleos: exitless os services for SGX enclaves[C]//Proceedings of the 12th European Conference on Computer Systems (EuroSys). New York: ACM, 2017: 238-253.

[36] WEISSE O, BERTACCO V, AUSTIN T M. Regaining lost cycles with hotcalls: a fast interface for SGX secure enclaves[C]//Proceedings of the 44th Annual International Symposium on Computer Architecture (ISCA). New York: ACM, 2017: 81-93.

[37] BAILLEU M, THALHEIM J, BHATOTIA P, et al. Speicher: securing LSM-based key-value stores using shielded execution[C]//Proceedings of the 17th USENIX Conference on File and Storage Technologies (FAST). USA: USENIX Association, 2019: 173-190.

[38] BAILLEU M, GIANTSIDI D, GAVRIELATOS V, et al. Avocado: a secure in-memory distributed storage system[C]//Proceedings of the 2021 USENIX Annual Technical Conference (ATC). USA: USENIX Association, 2021: 65-79.

[39] DPDK Project. DPDK[EB/OL]. (2022-01-01)[2022-03-07].

[40] KALIA A, KAMINSKY M, ANDERSEN D. Datacenter RPCS can be general and fast[C]// Proceedings of the 16th USENIX Symposium on Networked Systems Design and Implementation. USA: USENIX Association, 2019: 1-16.

[41] Intel Corporation. Intel SGX developer SDK for Linux [EB/OL]. (2021-01-01) [2022-03-07].

[42] KIM T, PARK J, WOO J, et al. Shieldstore: Shielded in-memory key-value storage with SGX[C]//Proceedings of the 14th European Conference on Computer Systems (EuroSys). New York: ACM, 2019: 1-15.

[43] ZHOU W, CAI Y, PENG Y, et al. VeriDB: an sgx-based verifiable database[C]// Proceedings of the 2021 International Conference on Management of Data (SIGMOD). New York: ACM, 2021: 2182-2194.

[44] BLUM M, EVANS W, GEMMELL P, et al. Checking the correctness of memories[C]// Proceedings 32nd Annual Symposium of Foundations of Computer Science. IEEE, 1991: 90-99.

[45] TRAMER F, BONEH D. Slalom: fast, verifiable and private execution of neural networks in trusted hardware[EB/OL]. (2019-02-27)[2023-05-30].

[46] KIM K, KIM C H, RHEE J J, et al. Vessels: efficient and scalable deep learning prediction on trusted processors[C]//Proceedings of the 11th ACM Symposium on Cloud Computing. New York: ACM:2020: 462-476.

[47] SUN Y, WANG S, LI H, et al. Building enclave-native storage engines for practical encrypted databases[C]// Proceedings of the VLDB Endowment. New York: ACM, 2021, 14(6): 1019-1032.

[48] YANG F, CHEN Y, LU Y, et al. Aria: tolerating skewed workloads in secure in-memory key-value stores[C]//Proceedings of the 37th International Conference on Data Engineering (ICDE). IEEE, 2021: 1020-1031.

[49] 杨帆. 可信执行环境下的高效内存存储关键技术研究[D]. 北京: 清华大学, 2022.

[50] X.509: information technology - open systems interconnection - the directory: public-key and attribute certificate frameworks[S/OL]. [2023-05-30].

第11章 数据保护

随着全球数据总量的爆发式增长，如何实现对数据的有效保护将成为数据存储领域的重要难题。本章将从数据保护的定义、标准、指标及关键技术等角度分别介绍数据保护的相关内容。

11.1 数据保护背景

数据保护的目标是保障数据安全[1-2]，《中华人民共和国数据安全法》第三条阐述了数据安全的基本定义："数据安全，是指通过采取必要措施，确保数据处于有效保护和合法利用的状态，以及具备保障持续安全状态的能力。"具体可表示为两方面的含义：数据内容安全，是指通过现代密码学技术保障数据内容的机密性和完整性；数据防护安全，是指通过现代存储技术保障数据业务的安全运行，防止数据内容的泄露、丢失、损坏及不可访问。

目前，个人和企业面临的数据安全挑战主要集中于以下方面：数据系统软硬件故障、人为差错、网络攻击、自然灾害，以及恐怖袭击和战争。这些挑战会造成个人和企业无法正常获得服务，并进一步导致数据泄露或遭到破坏，给个人、企业和社会带来不可估量的损失。个人和企业开始逐步认识到数据保护的必要性和重要性。SNIA 对数据保护的定义是"保护重要数据免受损坏、破坏或丢失的过程，当发生导致数据不可访问或不可用的情况时能提供将数据恢复到功能状态的能力"。因此，针对数据保护所采取的有效技术措施应当能够保护及恢复数据的完整性、可用性和正确性。

11.1.1 数据保护标准

针对数据保护，国际和国内都制定了相关标准，用于规范数据保护项目建设的相关灾后数据恢复的要求。

目前，国际上广泛引用的数据保护灾备标准是 Share78 标准，该标准是由 Share 组织在 1992 年制定的。该标准基于 8 条业务原则，包括应用场景、数据容灾需求、技术机制等，将数据容灾与恢复水平分为 8 个等级。每个等级针对容灾恢复应对机制和数据恢复时间等方面存在差异性，具体分级内容如表 11.1 所示。

表 11.1　数据容灾与恢复水平分级

级别	相比上一级的差异
Tier 0: No off-site data （等级 0：无异地数据）	

级别	相比上一级的差异
Tier 1: Data backup with no hot site（等级 1：异地备份，但是无热备中心）	仅针对关键数据进行异地备份，但异地备份系统不具备热备份恢复能力，一般数据恢复时间较长，RPO（Recovery Point Objective，恢复点目标）和 RTO（Recovery Time Objective，恢复时间目标）均为数天或数周
Tier 2: Data backup with a hot site（等级 2：远程热备中心）	仅对关键数据进行异地备份，异地备份系统具有热备份恢复能力
Tier 3: Electronic vaulting（等级 3：电子方式存储的数据备份）	关键数据通过网络进行备份和恢复，且异地备份系统具有热备份恢复能力，提高了灾备恢复速度
Tier 4: Point-in-time copies（等级 4：定时数据备份）	备份软件以网络方式对关键数据进行周期性异地备份，并指定容灾策略。支持异地备份数据快速恢复系统业务
Tier 5: Transaction integrity（等级 5：数据一致性）	保障生产中心和容灾中心数据一致性。几乎不产生数据丢失问题。一致性由特定应用保障
Tier 6: Zero or near-Zero data loss（等级 6：零数据丢失，实时数据备份）	相比 Tier 5 而言，采用通用备份技术或者存储技术实现数据实时备份，不依赖具体特定的应用。RTO 时间为分钟或秒级
Tier 7: Highly automated, business integrated solution（等级 7：高度自动化，备份方案与业务高度集成）	相比 Tier 6，除了确保数据的一致性和数据零丢失外，恢复过程要求高度自动化

相比于 Share78 标准，我国数据保护灾备标准的制定起步较晚。2007 年，我国正式推出了《信息安全技术 信息系统灾难恢复规范》（GB/T 20988—2007）[3]。该标准从国内的实际信息系统应用场景出发，明确了信息系统灾难恢复能力建设的基本要求。该标准参考了 Share78 标准的灾难恢复能力等级划分，给出了适用于我国信息系统灾难恢复能力建设的层次化要求，划分了灾难恢复能力的 6 个等级和对应的灾备建设要求，具体如表 11.2 所示。

表 11.2 灾难恢复能力分级

级别	灾难恢复能力等级定义	灾备要求
等级 1	基本支持	① 每周进行一次数据完全备份； ② 场外存放备份介质
等级 2	备用场地支持	① 每周进行一次数据完全备份； ② 场外存放备份介质； ③ 配置灾备恢复过程中的部分数据处理和网络传输设备，或灾后能调配至备用场景
等级 3	电子传输和部分设备支持	① 每周进行一次数据完全备份； ② 场外存放备份介质； ③ 每天利用通信网多次将批量关键数据传输至备用场地； ④ 配置灾备恢复过程中的部分数据处理和网络传输设备
等级 4	电子传输及完整设备支持	① 每周进行一次数据完全备份； ② 场外存放备份介质； ③ 每天利用通信网多次将批量关键数据传输至备用场地； ④ 配置灾备恢复过程中的部分数据处理和网络传输设备，设备处于就绪或运行状态

续表

级别	灾难恢复能力等级定义	灾备要求
等级5	实时数据传输及完整设备支持	① 每周进行一次数据完全备份； ② 场外存放备份介质； ③ 利用远程数据复制技术和通信网络实现关键数据实时复制到备用场地； ④ 配置灾备恢复过程中的部分数据处理和网络传输设备，设备处于就绪或运行状态； ⑤ 通信网络支持自动或集中切换
等级6	数据零丢失和远程集群支持	① 每周进行一次数据完全备份； ② 场外存放备份介质； ③ 支持实时远程备份，保障零数据丢失； ④ 配置灾备恢复过程中的部分数据处理和网络传输设备，设备处于就绪或运行状态； ⑤ 最终用户可利用网络同时接入主、备中心

相比 Share78 行业标准而言，我国标准强化了对备用场地、备用系统软硬件的完整性的要求。同时对 Share78 的等级5 和等级6 进行了合并，其原因在于 Share78 是厂商主导制定的，具有显著的技术倾向性，而作为我国的灾备标准，更多应从我国的实际情况和灾备需求出发进行规范。两种标准的对比情况如表 11.3 所示。

表11.3　中国灾备标准和 Share78 标准对比

中国灾备等级	Share78
	等级0：无异地数据
等级1：基本支持	等级1：异地备份，但是无热中心
等级2：备用场地支持	等级2：远程热备中心
等级3：电气传输和部分设备支持	等级3：电子方式存储的数据备份
等级4：电气传输及完整设备支持	等级4：定时数据备份
等级5：实时数据传输及完整设备支持	等级5：数据一致性
	等级6：零数据丢失，实时数据备份
等级6：数据零丢失和远程集群支持	等级7：高度自动化，备份方案与业务高度集成

11.1.2　数据保护技术特点

上文介绍了关于数据保护的主要技术手段和国内外标准。本小节我们将从目的、解决的故障场景、RPO 和 RTO 及灾备等级4 个方面对数据保护技术手段进行总结，如表 11.4 所示。

表11.4　数据保护技术特点

项目	目的	解决的故障场景	RPO 和 RTO 要求	灾备等级
容灾	业务连续性	本系统或者数据中心故障	RPO 和 RTO 要求高	第5级和第6级
备份	数据恢复、副本数据利用	本系统或者数据中心故障	RPO 和 RTO 要求低	第1级～第6级
归档	查询/审计	N/A	不涉及	第1级～第6级

从目的角度来说，容灾主要负责系统在灾后的业务连续性，备份负责灾后数据恢复及通过副本数据实现业务接管，归档负责历史数据查询及审计。

从解决的故障场景角度来说，容灾和备份均负责本系统或数据中心的故障，而归档一般不参与解决系统故障。

在容灾系统建设过程中，为了满足不同业务对连续性和数据可恢复性的差异化需求，业界一般采用 RPO 和 RTO 两个技术指标判定业务容灾需求[4]。RPO 是指系统对数据损失的容忍度，一般与系统的周期性灾备时间相关，例如，某系统数据库以 5 分钟作为数据备份周期，则当灾难发生时，生产系统可通过灾备系统来恢复灾难发生前 5 分钟的数据，因此，该系统的 RPO 为 5 分钟。RTO 是对灾后系统恢复正常业务的持续时间，例如，当灾难发生时，某系统数据库耗时 10 分钟进行业务和数据恢复，则该系统的 RTO 为 10 分钟。容灾对业务和数据的 RPO 和 RTO 要求较高，备份则对业务和数据 RPO 和 RTO 要求较低。

从灾备等级需求角度来说，容灾系统建设过程中具有较高的灾备等级需求，一般需满足 5 级或 6 级灾备等级要求。备份和归档根据业务需求则可选择相应的灾备等级实现数据保护。

接下来我们将进一步介绍数据保护技术的主要应用场景和技术原理。首先，针对数据保护技术，我们将介绍实现系统内数据保护的相关技术手段[5]，例如，镜像、快照和克隆。其次，我们将介绍数据保护场景，包括系统外备份（后文简称备份）、归档和容灾。

11.2 数据保护技术

11.2.1 镜像

根据 SNIA 的定义，镜像技术是指对存储数据实现副本复制，原数据和副本数据具有一致性，并支持存储系统对源数据和副本数据的独立访问[6]。镜像是针对系统内部数据保护的一个有效技术手段，一般镜像技术主要应用于解决单个 LUN 请求失效引起的整个业务中断与数据丢失的情况。目前，镜像技术主要包括两种方案，分别是存储自带镜像特性和借助存储网关实现镜像特性。

存储自带镜像特性通常采用在当前存储阵列中构建一个和源 LUN 容量相同的 LUN，并通过冗余的方式建立二者之间的镜像关系。这种方案的镜像策略一般要求两个 LUN 处于不同的故障域，从而保障故障发生后，系统业务可切换访问另一个镜像数据，如图 11.1（a）所示。借助存储网关实现镜像特性通常利用存储网络连接后端两个存储系统，并在两个存储系统中维护两个镜像副本，从而通过网络访问的方式实现主机无感的镜像切换，如图 11.1（b）所示。

创建 LUN 镜像的关键技术分为 3 个部分，分别是创建、同步和分裂。

创建：如图 11.2 所示，镜像的主要架构是 1 个 LUN +2 个镜像副本。因此，镜像创建的过程可分为三步。第一步，普通源 LUN 执行镜像创建使之变成镜像 LUN，镜像 LUN 与源 LUN 具有相同的属性和业务；第二步，在镜像 LUN 创建过程中，自动生成镜像副本 A，该副本空间继承源 LUN 的存储空间；第三步，为镜像 LUN 添加新的副本 B，并同步副本 A 数据。至此，源 LUN 形成了具有两个镜像副本的逻辑单元。当主机读请求访问源 LUN 时，存储系统通过轮询方式访问两个镜像副本。

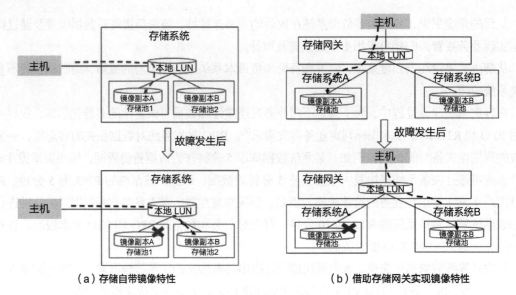

（a）存储自带镜像特性　　　　　　　　（b）借助存储网关实现镜像特性

图 11.1　镜像实现方案

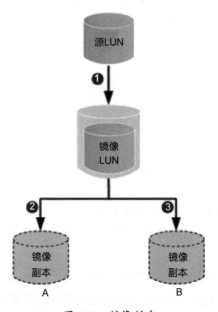

图 11.2　镜像创建

同步：镜像同步一般分为初次同步和增量同步。以镜像创建过程为例，如图 11.3 所示，初次同步是指创建镜像副本 B 后，通过数据复制的方式将镜像副本 A 的数据内容写入镜像副本 B。完成数据同步后，为保障双镜像副本数据的一致性，主机写请求在存储系统内将转化为双写方式对镜像副本 A 和 B 进行写操作。

增量同步一般指镜像发生故障或分裂后恢复到正常状态时，数据执行双镜像之间的增量数据同步过程。如图 11.4 所示，若镜像副本 B 发生故障或分裂，则对镜像副本 A 的修改数据进行日志式记录，待恢复正常状态后，实现基于增量的部分数据同步，从而保障镜像之间的一致性。

分裂：一般是指业务需要对某一个镜像副本进行隔离。如图 11.5 所示，镜像分裂过程将该镜像副本 B 从原镜像副本中剥离并暂停将数据写入该镜像副本。分裂后的镜像副本一般用于测试分析。

若后续分离后的镜像副本与镜像 LUN 重建连接，则通过增量同步的方式实现镜像副本之间的数据一致性。

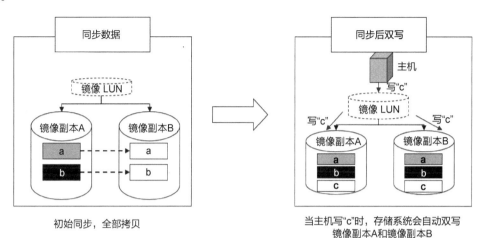

图 11.3　镜像同步

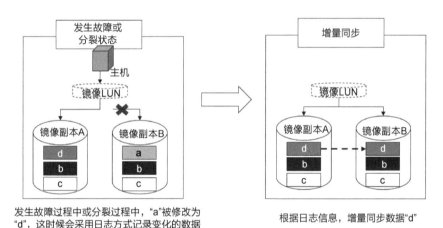

图 11.4　增量同步

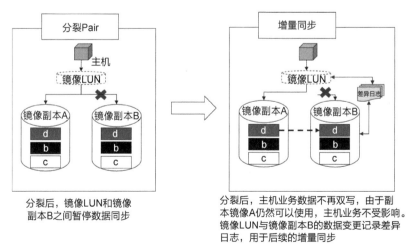

图 11.5　镜像分裂

11.2.2 快照

根据 SNIA 的定义，快照是指对指定数据集合（卷）的一个完全可用复制，该复制是源数据在某一个时间点的静态映像。快照一般是源数据的一个"虚拟"副本，相比于镜像，快照仅保存了数据集合某一段时间内的状态，因此，快照占用的空间较小。快照最初诞生的目的是数据保护，但随着数据重要性的增加，快照也逐渐被应用于数据分析和应用测试等场景。一般情况下，快照在数据保护场景下的主要用途可分为 3 类。

数据恢复：当数据面临恶意攻击或人为误操作时，快照可将数据快速恢复到指定的版本。

数据备份：存储系统自身或备份归档软件周期性对业务数据生成快照，同时定期删除较早生成的快照。

数据分析：在不对业务产生影响的情况下，通过对快照的读写，实现数据测试、分析和挖掘的目的。

在对源卷创建快照后，存储系统存在两份相同的数据集合，因此，在存储系统面临数据写操作时，对源卷和快照卷进行写操作将派生出两种方案，分别是 CoW 和 RoW。

CoW：CoW 是指当一个新的写请求更新源卷的数据内容时，快照系统会先将源卷的原始数据复制至快照卷，并更新数据地址映射表，然后再执行写请求对源卷的更新操作。CoW 写方案将导致存储系统产生一次额外的读操作和一次额外的写操作。

RoW：RoW 是指当一个新的写请求更新源卷的数据内容时，快照系统将写请求重定向至快照卷，并更新数据地址映射表，此时，上层发起对该数据的读请求时直接访问快照卷。相比于 CoW 写方案，RoW 写方案仅在存储系统内产生一次写操作。

基于不同写方案，读操作、快照回滚及快照删除将产生不同的处理方案。

基于 CoW 的读操作：由于所有用户业务的数据写请求均发生在源卷，因此，所有针对源卷的读请求均发送至源卷。针对数据分析类应用，则将数据读请求发送至快照卷。若当前快照卷中不存在所需要的读请求数据，则通过地址映射表将读请求重定向至源卷。

基于 RoW 的读操作：针对源卷的读请求，根据访问数据写入时间点和快照生成的时间点进行请求分发，源卷用于响应快照生成前的数据访问，快照卷用于响应快照生成后的数据访问。读请求访问快照卷时需要通过地址映射表进行读请求重定向。针对快照卷读请求，同样采取基于数据写入时间点和快照生成时间点的判定方法，若访问数据存储在源卷，则通过地址映射表实现读请求重定向。

基于 CoW 的回滚：执行回滚操作时，由于 CoW 写方案促使生成快照后数据均保存在快照卷，因此，源卷将停止 I/O 响应，并通过地址映射表将快照卷的相关数据写回源卷。

基于 RoW 的回滚：执行回滚操作时，由于源卷在产生快照后不再写入新数据内容，因此，基于 RoW 的回滚操作可通过禁止访问快照卷的方式实现。

基于 CoW 的删除：由于源卷存储最新的数据内容，因此，快照删除仅执行快照卷删除和地址映射表删除操作。

基于 RoW 的删除：由于源卷仅保存快照生成前的数据内容，因此，基于 RoW 的快照删除需要将快照卷复制至源卷后再执行快照卷删除和地址映射表删除操作。

11.2.3　克隆

根据存储网络行业协会的定义，克隆和快照是都是数据的复制。区别之处在于，快照仅为存储系统在某一个时间点的系统状态或数据映像，而克隆则是对存储系统的完全复制。因此，克隆可独立于原始系统，具有更高效的数据恢复能力。

在计算机系统中，克隆的目的是在另一个系统中构建与源系统具有完全相同功能或相同数据的新系统。因此，克隆在一定程度上与可写快照功能类似。克隆技术可以生成基于某个快照卷的多个克隆卷，例如图 11.6 所示。

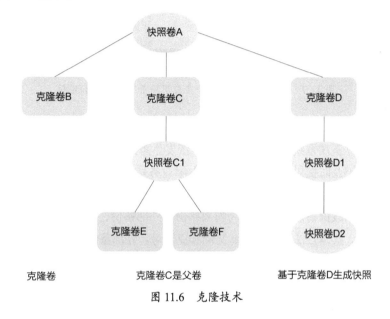

图 11.6　克隆技术

快照卷 A 可生成克隆卷 B、C 和 D，克隆卷的数据内容与原快照卷数据内容完全相同。由于克隆卷独立于快照卷 A 存在，因此，后续针对克隆卷的读/写操作不影响快照卷 A 的数据内容。在此基础上，克隆卷同样复刻了原始卷的全部功能状态，因此，克隆卷同样可以执行本系统的镜像、快照及二次克隆等。

数据同步与分裂是克隆区别于可写快照的重要特征。其中，克隆的数据同步与镜像的数据同步类似，因此，本小节不赘述。

克隆分裂是指复制源 LUN 中的快照数据并写入新的克隆 LUN。因此，在执行分裂后，源 LUN 和克隆 LUN 将成为两个独立系统，从而实现两个系统的故障隔离。

11.3　数据保护场景

数据保护场景主要可分为三大类，分别是容灾、备份和归档，三者之间各有侧重，并存在一定的关联性[7]，在应用场景下的作用和定位如图 11.7 所示。

首先，针对数据保护的基本需求，当前数据中心通过构建生产中心和灾备中心的方式实现数据异地容灾。其中，生产中心是系统业务的承载节点，负责系统业务的正常运行。灾备中心是指用于实现业务和数据备份的承载节点，负责灾后的业务接管和数据恢复。

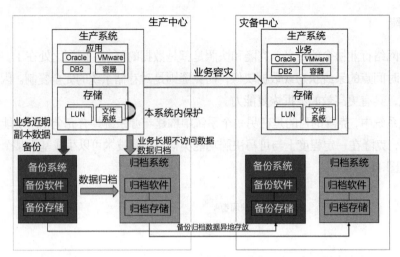

图 11.7　容灾、备份、归档在应用场景下的作用和定位

其次，在技术手段上，灾备系统建设过程中主要采用容灾、备份和归档 3 种技术方式。

容灾是指通过建立备用系统的方式，保障主系统发生系统故障或面临灾害时能够快速恢复正常业务，或备用系统能够及时提供正常业务服务，保障业务系统的连续性和数据安全。

备份是指备份系统周期性对数据进行备份保存，当数据遭到破坏时，系统可通过备份数据恢复至某个历史节点。根据数据备份地点可分为内部备份和外部备份，其中，内部备份是通过存储系统实现数据的本地备份，具体方法包括镜像、快照和克隆等。外部备份是指将数据备份至外部独立的存储系统。

归档是指对系统中不频繁访问的历史数据进行系统性保存。

备份和归档没有严格意义上的区分，通常理解是备份是系统近期数据副本保存行为，主要满足业务系统恢复；而归档是远期数据副本的长期（离线）保存行为，主要满足查询和合规。

11.3.1　备份

备份本质上是对 IT 系统的数据做周期性保护，安全保存 IT 系统的不同历史时间点数据，用于数据恢复和利用。图 11.8 所示为典型的备份系统。

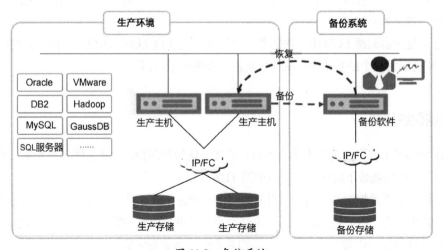

图 11.8　备份系统

备份系统包含备份软件和备份存储，备份系统对生产环境如 Oracle、DB2、VMware 做周期性备份，备份出来的副本数据保存到备份存储。当系统发生故障时，备份数据可用于系统恢复。备份用于企业 IT 系统主要包含 6 个场景，如图 11.9 所示。

图 11.9　备份场景

① 系统硬件或者软件出现故障，面临数据丢失的风险，需要使用备份数据做数据恢复。

② 病毒入侵导致系统业务数据被加密或删除，需要使用备份数据以找回数据。

③ 人因过错导致数据丢失，需要使用备份数据找回。

④ 备份数据用于企业的开发测试或者分析。越来越多的企业，使用备份数据构建镜像系统，并使用镜像数据进行开发测试或分析。

⑤ 备份还可以用于业务系统升级，系统升级之前做数据备份，当升级异常后可利用备份数据进行数据回滚。

⑥ 备份可用于容灾或数据迁移，特别是在混合云场景，针对中小企业，利用公有云或行业云作为灾备中心，降低企业 IT 成本。

备份系统对业务系统实施数据保护如图 11.10 所示，主要分为 3 个阶段：配置备份策略；周期性执行备份策略，从生产应用抓取数据，将数据写入备份存储，形成副本数据；当数据丢失时，选择副本数据和恢复环境，按策略进行数据恢复。

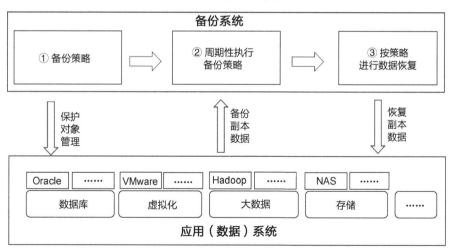

图 11.10　备份系统实施数据保护的 3 个阶段

备份系统的基本原理看似简单，但是在实际设计中面临诸多挑战。

从数据可靠性来讲，备份数据是生产数据的副本，当生产数据出现问题依赖备份数据恢复时，如何保障备份数据的数据可靠性？这涉及备份系统的数据可靠性技术。

企业数据中心应用种类繁多、数据量大，如何提升搬迁数据效率，减少对生产环境的影响？这涉及备份组网架构、备份效率。

周期性执行备份策略会产生大量重复数据，如何降低磁盘空间占用？这涉及数据缩减技术。

企业数据中心应用（数据）系统种类繁多，如何获取应用（数据）系统的某一时间点的数据？这涉及备份应用生态兼容性技术。

如何快速使用这些备份副本数据？这涉及 CDM（Copy Data Management，复制数据管理）技术。

面对这些技术挑战，接下来通过不同备份系统架构来介绍备份相关技术。常见备份架构有以下几种。

1. 基于"3-2-1"原则的系统架构

如图 11.11 所示，"3-2-1"规则规定，每个数据应至少有 3 个副本，包括原数据、备份数据和异地数据；数据存储在两种不同类型的存储介质上，以避免相同的设备故障导致数据丢失；至少有一份异地备份，生产中心在灾难后还可使用异地恢复。使用 3 个以上副本的目的是确保任何一个副本失效都可以通过对比剩余副本信息来恢复数据的可用性，并且提前发现失效的副本存储。使用两种以上的介质的目的是尽量减少由于类似原因造成的数据丢失（例如不同存储介质受电磁、物理振动、温度的影响，对于水下与火灾等极端自然灾害的承受能力不同），甚至可以减小一些存储设备对网络病毒的抵抗能力不同、盗窃物理媒体（磁带或光盘）困难程度不同，以及自身使用寿命限制等带来的影响。

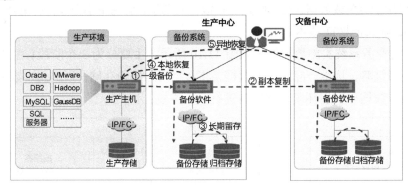

图 11.11　3-2-1 备份系统架构

在生产中心和灾备中心都有独立的备份系统，当生产中心的备份系统数据出现故障或者丢失后，可以使用灾备中心的备份系统数据。备份系统由备份软件、备份存储和归档存储（或者长期留存）组成。备份软件主要负责对生产系统数据的备份、副本数据流动、副本恢复和副本数据过期管理。备份存储主要提供大容量、大带宽、高重删率的存储系统，主要存放最近备份数据，例如一个月的副本数据。归档存储主要提供大容量、低成本的冷存储，主要存放较久远的备份数据，例如一个月之前的副本数据。

2. 组网架构

在数据备份过程中涉及大量数据传输，因此备份软件将数据写入备份存储（部署到备份服务器）有两种组网：LAN-Base 组网和 LAN-Free 组网。

LAN-Base 组网：如图 11.12 所示，在生产中心安装备份客户端，并部署一台备份服务器，备份数据由备份客户端通过 LAN 网络回传到备份服务器，再通过备份服务器写入备份存储系统。

其缺点在于，当备份数据量特别大时，会占用过多的以太网络资源，有可能影响生产业务数据的网络传输。

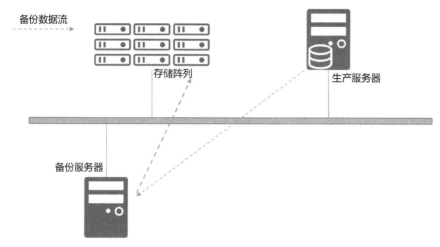

图 11.12　LAN-Base 组网架构

LAN-Free 组网：如图 11.13 所示，部署独立的 FC 备份网络，将备份数据流直接从备份服务器经过 FC 交换写入备份存储介质或直接写入备份存储介质。由于不经过 LAN 生产网络，LAN-Free 组网不会占用主生产业务的网络带宽，对生产业务的影响几乎为零。

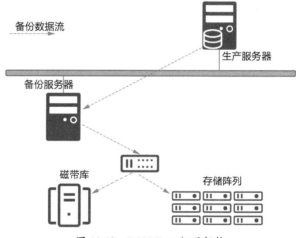

图 11.13　LAN-Free 组网架构

随着 IP 网络的发展（25GE/100GE 交换机）和备份存储从磁带库/SAN 发展成 NAS 和云存储，LAN-Free 组网中独立的 FC 交换机也可以成为独立 IP 交换机，形成独立的 LAN 备份网络。两种架构的对比见表 11.5。

表 11.5　LAN-Base 组网架构与 LAN-Free 组网架构对比

组网架构	简介	缺点
LAN-Base	通过统一的介质服务器来存储数据，会占用网络资源	副本信息过大会占用过多网络带宽和服务请求，影响业务备份效率

续表

组网架构	简介	缺点
LAN-Free	将存储空间映射到每一台主机上，也就是说每一台主机都成为介质服务器，不占用网络资源，会占用主机资源	每台主机需要有完备的服务器功能

3. 融合架构

前文介绍了备份系统包含备份软件和备份存储，备份软件部署在服务器上，备份存储是专用的外置存储如磁带库或 SAN/NAS 存储，这种架构的产生和发展是源于备份软件厂商和存储厂商各自独立分工，备份软件可以对接不同厂商类型的存储，如磁带、SAN、NAS、云存储等，如图 11.14 所示。

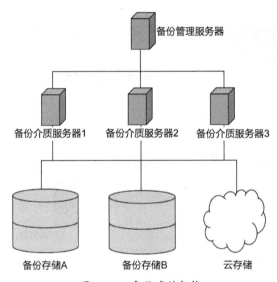

图 11.14　备份存储架构

近年来随着数据保护高速发展，备份软件厂商和存储厂商纷纷推出融合架构，备份软件和备份存储进一步融合，该架构简化了备份软件和备份存储之间数据传输，降低了系统负载。

11.3.2　归档

在信息系统出现之前，归档的概念就已出现，主要指把公文、资料等分类保存起来，便于查询，例如档案馆对个人档案的归档保存。到了信息时代，数据的管理发展到以存放电子信息为主，数据归档将不经常访问的数据转移到低成本的存储库[8-10]。数据归档是企业为了满足业务需要、遵从法律法规长期存放有价值的数据，当需要的时候能快速查询和检索的行为。根据需求的不同，数据归档的架构和功能多样，其最基本的功能要求是索引和搜索，以确保文件仍然易于访问。

1. 应用场景

数据归档在各个行业广泛使用，例如银行系统的票据影像和交易日志需要长期归档保存，保险公司的保险合同永久保存，企业中的邮箱为了满足企业治理和法规遵从也需要归档邮件。常见的数据归档场景如表 11.6 所示。

表 11.6　常见数据归档场景

行业数据	数据归档保留时间要求
银行电子影像平台	集中归档，保留 15 年
政府电子档案	《电子文件归档与电子档案管理规范》（GB/T 18894—2016）规定，数据至少保留 5 年，部分数据永久保存
公检法司的案件系统	案事件诉讼信息存储期限（包含图片、短视频等）分为永久、长期（60 年）、短期（30 年）
医疗	《电子病历应用管理规范（试行）》规定，住院的电子病历不少于 30 年，门急诊电子病历不少于 15 年
油气勘探	《石油地震勘探资料归档保管规范》（SY/T 5928—2009）规定，数据永久和长期保持

由于不同行业的数据源各异，检索方式不同，归档系统呈现多样化，没有统一的标准。但无论采用什么技术实现归档系统，总体来讲归档系统需要考虑以下几个因素。

① 数据安全存放，保证数据完整性。

② 数据易于查询，易于读取。

③ 遵从法律法规，保证数据不泄露、不被篡改。《中华人民共和国数据安全法》中明确数据等级保护，对数据安全、个人信息保护有若干的规定要求。

④ 低成本存放。由于数据归档是为了保证企业审计和法规遵从，平时归档数据是不被使用的，而数据本身量非常大，低成本存放是必须要考虑的因素。因此，分级存储、离线存储、低成本存储等技术（如磁带、蓝光、云存储归档技术）不断涌现。

2．技术原理

随着业务系统不断丰富，归档数据源多样化，包含邮件、日志、图片和数据库等。通常的归档系统由归档软件和归档存储组成，其架构如图 11.15 所示。

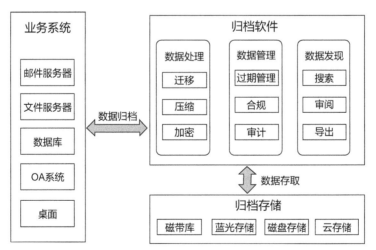

图 11.15　归档架构图

归档软件主要负责数据的处理、管理和发现。归档数据处理需要将待归档数据从数据生产系统迁移到归档存储中，同时对数据进行压缩和加密，保证数据安全。归档数据管理主要包含针对归档数据按照其生命周期做过期管理、合规（如防篡改）、数据操作的审计功能。其中过期管理一般采用覆盖性写的方式，针对非删除的存储介质则需要机械式销毁。归档数据发现需要对数据建立索引，并根据索引信息检索、审阅和导出归档数据。下面以邮件归档为例介绍数据归档过程，如图 11.16 所示。

用户管理员根据归档需求配置归档策略，按照以下 5 个步骤执行数据归档。

① 归档软件通过 POP3/SMTP 周期性或实时获取归档邮件，部分邮箱系统提供了邮件日志，也可以通过邮件日志方式获取新邮件。

② 归档软件需要根据邮件日期、收/发件人、附件名称及关键字建立全文索引。这些索引信息用于后期的归档数据管理和查询，因此数据索引是归档系统的关键技术。

③ 邮件存储通常采用 RFC822 格式存放（RFC822 格式是电子邮件的标准格式），同时在存放邮件附件时，要考虑多个邮件来回引用附件，因此需要使用去重存放减少空间。

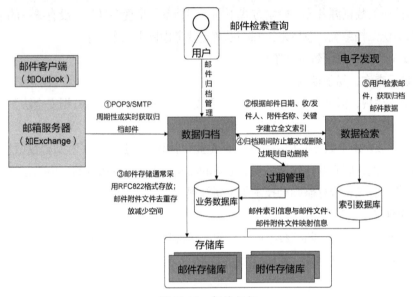

图 11.16　邮件归档

④ 归档期间防止篡改或删除，即保证归档邮件的 WORM，一般采用可携带的 Lock 机制。归档数据需要考虑归档存储设备损坏、容灾等诉求，需要移动数据。当邮件归档期满后，则归档系统自动删除或者销毁邮件。

⑤ 归档期内，用户根据业务诉求进行归档发现，根据检索信息检索邮件，查阅或导出归档邮件数据。

归档存储从最开始使用的物理磁带库、虚拟磁带库演进到蓝光存储、云存储（如 S3 Glacier）等，本小节将介绍这几种归档存储的基本特征和差异。

物理磁带库：它是一种存储设备，由一个或多个磁带机、许多插槽、磁盘驱动器、自动机械臂等组成。归档软件能够智能管理机械臂操作磁带放置到磁盘驱动器，磁带驱动器可以从磁带上读取数据，也可以将数据写入磁带。磁带库主流标准是 LTO（Linear Tape Open，线性磁带开放协议），即开放格式磁带存储标准，目前发展到 LTO8、LTO9。以 LTO8 为例，单盘的存储容量可达到 12 TB，结合磁带自身的压缩技术，可以达到 30 TB 左右，读取速度达到 360 MB/s。磁带存储一般数据保存年限为 15 年以上。

磁盘存储：一个高可靠（通过 RAID 实现）、读写性能较好的存储阵列。同时它的成本往往比磁带库贵几倍，因此需要通过重删压缩技术来降低成本，磁盘阵列一般数据保存年限为 5～8 年。

蓝光存储：蓝光存储是以光盘作为持久化介质，利用蓝色激光写光盘和读取光盘。蓝光存储结构包括光盘驱动器、多个光盘盒及自动机械臂。蓝光存储的光盘介质决定了其中的数据只能一次写入、不可改写，可支持多次读取。蓝光存储的数据保存年限可超过 50 年。

云存储：云存储也就是对象存储，逐渐用于归档场景，比较典型的 S3 Glacier 是更低成本的冷云存储服务，S3 数据可以自动分级到 S3 Glacier。相比 S3 数据实时在线不同，S3 Glacier 归档数据不可以马上访问，需要 3～5 小时的额定恢复时间。

在数据归档中使用的几种归档存储，其主要特征对比如表 11.7 所示。

表 11.7 归档存储特征对比

归档存储	单盘容量	带宽性能	重删压缩支持能力	节能方式	数据持久年限	可靠性	反复写支持能力
磁带库（LTO9）	～12 TB	百 MB/s 级	压缩	下电	15 年以上	无 RAID	支持
磁盘存储（HDD）	～16 TB	GB/s 级	重删、压缩	盘休眠	5～8 年	RAID 技术	支持
蓝光存储	～6 TB	百 MB/s 级	压缩	下电	50 年以上	RAID 技术	不支持
云存储（S3 Glacier）	不涉及	GB/s 级	重删、压缩	下电	不涉及	RAID 技术	支持

归档系统存储数据时，主要根据归档数据特征、成本（重删压缩、节能）、保存年限、可靠性和系统维护等多个因素来考虑合适的存储类型。

11.3.3 容灾

DC（Data Center，数据中心）提供计算服务、存储服务和网络服务。近年来，对数据中心持续运行的需求不断增加，要求系统即使在发生灾难的情况下也能继续运行，提供服务[11-12]。数据备份可以保护数据在软硬件故障或人为操作失误等带来的破坏，但在突发的大规模灾难性事件发生时，数据中心的管理应采取必要的容灾措施，远程容灾备份方案不可或缺。根据对服务需求的不同，即对数据的可恢复程度、业务的持续性与高可用等方面的需求不同，数据容灾主要分为以下 3 个场景：主备容灾、双活容灾、多 DC 容灾。

1. 主备容灾

主备容灾是指在生产中心之外建立一个容灾中心，在数据或应用层面实现保护。当灾难性事件发生时，由灾备中心接管生产中心的业务，保证数据可恢复或业务可持续。生产中心的数据可恢复是主备容灾的最基本功能，而根据业务的可用性要求，生产中心和容灾中心的数据复制包括同步远程复制和异步远程复制。

同步远程复制技术：存储系统接收到主机写数据 I/O 请求，同时写入主存储系统和从存储系统，两个站点都完成写操作后再返回主机 I/O 完成，因此同步复制技术的 RPO=0。

异步远程复制技术：存储系统接收到主机写数据 I/O，写入主存储系统就返回主机 I/O 完成，同时通过记录 I/O 日志方式获取差异数据或通过前后两次同步周期的快照对比获取增量差异数据，后台周期性向从存储系统同步差异数据。因此异步复制技术的 RPO 为数据同步周期，一般为分钟级。

无论同步远程复制还是异步远程复制，块存储或文件系统存储的主备容灾，其主要关注技术点如下：具备数据一致性的数据异步或者同步复制；支持复制效率优化，如链路加速等；复制过程中可处理各种故障；故障时切换业务。

因此，主备容灾需要经历4个阶段：创建远程复制Pair关系、数据同步、业务切换、数据恢复。其原理如图11.17所示。

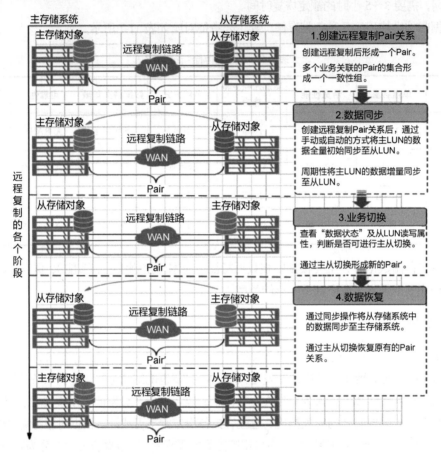

图 11.17 主备容灾4个阶段

为了实现主存储系统和从存储系统的复制业务，需要建立一个远程复制Pair状态，来表示各种正常操作和异常时间。复制Pair状态基本包含这几种状态：Pair正常、数据同步中、分裂Pair、Pair异常断开、Pair待恢复、Pair失效。每种状态的说明如表11.8所示。

表 11.8 远程复制过程各状态说明

运行状态	状态说明
Pair正常	当Pair运行状态为"Pair正常"时，主存储对象和从存储对象的数据成功同步完成
数据同步中	主存储对象正在向从存储对象同步数据，此时，从存储对象不能被读写，如果此时发生灾难，从存储对象数据不能用于业务恢复。当从存储对象数据状态为"完整"时，从存储对象的数据可用于业务恢复

续表

运行状态	状态说明
分裂 Pair	当 Pair 运行状态为"分裂 Pair"时，主存储对象和从存储对象之间的数据复制暂停。由于业务需要，通过手动断开主存储对象和从存储对象之间的 Pair 关系，则 Pair 运行状态为"分裂 Pair"
Pair 异常断开	远程复制所用的链路断开、远程复制主存储对象或从存储对象发生故障，将导致主存储对象和从存储对象之间的 Pair 关系断开，则 Pair 运行状态为"Pair 异常断开"
Pair 待恢复	Pair 异常断开，在故障恢复以后，如果需要以"手动"策略恢复远程复制，则 Pair 运行状态被标识为"Pair 待恢复"，提示用户需要手动进行同步操作，恢复原有主存储对象和从存储对象的 Pair 关系
Pair 失效	Pair 异常断开后，如果改变主或从存储对象的 Pair 属性（例如远程复制链路故障时，在主或从存储对象中删除 Pair），导致主从站点配置不一致，则 Pair 运行状态为"Pair 失效"

2. 双活容灾

上述主备容灾方案可以保证数据在面临突发灾难时不丢失，但存在需要手动切换、业务可能中断等缺点。而关键业务通常要求发生故障时零中断，为此，双活容灾技术应运而生。双活容灾的灾备等级为 7 级，实现故障数据零丢失，容灾高度自动化。双活容灾技术广泛用于金融行业、通信行业、医疗行业的数据中心，既能保障业务不中断，又能覆盖绝大部分灾难场景如火灾、洪水、电力故障和网络攻击等。

顾名思义，"双活"要求业务系统中的两个数据中心可以同时提供业务，在灾难发生时，业务能自动切换，而不影响业务连续性。在双活容灾系统中，两个数据中心互为备份，这要求两个数据中心的存储系统提供两个实时且一致的数据副本，且两个副本可以做到并发读写，如图 11.18 所示，该方案也被称为阵列双活解决方案。在主从站点双活架构中，两站点所有 I/O 路径均可同时被访问，主从阵列均可处理同一业务 I/O 请求，系统间无须转发，实现业务负载均衡，提供完善的仲裁机制，发生故障时无缝切换。

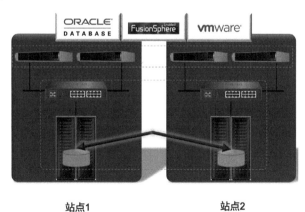

图 11.18 双活容灾示意图

从部署形态来看，主要有网关型双活解决方案和存储内置双活解决方案。网关型双活解决方案由专有设备对磁盘阵列虚拟化接管后再实现双活，能够实现负载均衡，提供仲裁机制，单站点故障下能够保证业务连续性。需要注意的是，增加网关设备意味着组网复杂度加大，购置和管理成本也会增加。外置网关的引入让 IT 系统增加了更多的节点，I/O 路径的变长导致系统延迟增加，对系统整体可靠性和性能都会造成一定影响。尤其是全闪存应用日益盛行，网关设备很容易成为整个系统实现高性能与低延迟的阻碍。相比网关型双活，存储内置双活方案组网更简化，I/O路径更短，是业界主流方案。

IDC认为阵列双活解决方案应该满足如下几方面条件：第一，两套存储系统的软/硬件相互独立，如果是单套存储不同引擎间实现的双活，无法处理单存储系统挂死等异常场景，很可能导致业务中断；第二，两套存储系统可以同时为上层应用提供同一个LUN/FS的读写权限，双活的两个副本都处于活动状态（非主备模式），对外提供实时一致的镜像数据卷（RPO=0，RTO=0）；第三，独立的仲裁机制，当提供双活LUN/FS的两套存储系统之间的链路发生故障时，阵列无法实时进行镜像同步，此时只能由其中一套阵列继续提供服务，为了保证数据一致性，需要有独立的第三方仲裁来决定由哪套阵列继续提供服务，否则容易出现脑裂，或者停止服务；第四，两套存储系统间的双活复制链路支持高性能的FC/RDMA组网，以保证关键业务双活后的性能。

双活容灾的关键在于如何实现双活，以及在故障场景进行仲裁防止脑裂。下面将介绍SAN双活架构与NAS双活架构及其基本原理。

（1）SAN双活架构

如图11.19所示，SAN通过两套存储阵列实现双活，两套阵列的数据实时同步。在应用主机侧，通过操作系统自带的多路径软件（或者安装存储厂商配套的多路径软件），两套存储阵列中的LUN被聚合为一个LUN，应用通过多路径vdisk进行访问。为了使多路径软件将两个阵列上的双活LUN成员识别为相同的LUN，通常在配置双活Pair的流程中，会将用户配置时下发命令的主阵列的成员LUN的属性同步至从阵列上，并将从阵列上组成双活的成员LUN属性也修改为和主阵列一致。这样多路径软件会将来自组成双活成员LUN两阵列的路径都识别为可用路径，当一端双活成员阵列发生故障时，多路径软件识别到来自该存储的路径故障后，可自动将所有发送至该双活LUN的I/O请求切换至另外一套存储的路径上继续下发，从而在主机侧保证了双活场景下的业务连续性。而如果是非存储阵列和主机之间的路径故障场景，例如双活阵列间链路故障导致一端停工时，也可以通过停止服务的双活阵列侧主动上报I/O错误方式来通知多路径软件主动换路处理。

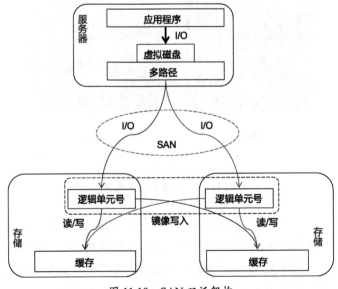

图11.19　SAN双活架构

在 SAN 双活架构中，存储阵列可通过 SCSI ALUA（Asymmetric Logical Unit Access，非对称逻辑单元接入）协议或 NOF ANA（Asymmetric Namespace Access，非对称命名空间接入）协议向主机服务器的多路径软件上报各路径的访问优先级，用以控制主机服务器向存储阵列下发 I/O 请求时的优先路径。在近距离部署时，存储阵列之间的网络延迟较小，可在存储侧默认配置所有双活 LUN 接入主机服务器的路径优先级都是相同的，这样多路径软件在下发 I/O 时会根据负载均衡策略在所有路径上下发 I/O 请求，组成双活的两个存储阵列也可以均匀地负载分担一半 I/O 请求的执行过程，使该场景下的性能达到最佳。而在远距离部署时，不同站点下的主机服务器访问不同的存储阵列跨越的网络距离带来的延迟差异较大。此时可以在不同站点下的存储阵列上配置只有接入本站点主机的路径访问优先级是最高的，而接入远端站点主机的访问路径优先级更低，这样不同站点下部署的主机服务器就会优先选择和自己同站点存储的路径下发 I/O 请求，避免跨网络的延迟开销。

（2）NAS 双活架构

如图 11.20 所示，NAS 双活架构通过跨站点的集群管理，实现两个站点存储阵列的所有控制器上同时提供同一个文件系统的读写访问能力，提供跨站点存储间的数据及关键配置信息的实时镜像，以达成站点级故障后的容灾接管能力。NAS 双活架构支持双活双站点同时提供有归属的 IP 访问能力，并实现故障场景下的 IP 跨站点切换能力，保证主机访问不中断。

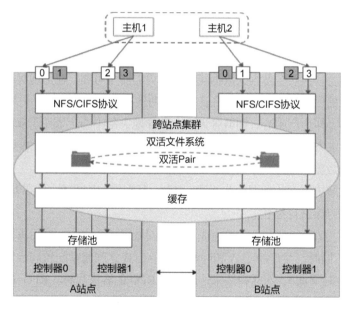

图 11.20　NAS 双活架构

NAS 双活架构的主要特征包括以下 3 个方面。

主机前端访问：NAS 业务主机通过基于 IP 的协议（NFS/CIFS）访问存储，存储侧需要先在逻辑端口上配置服务端 IP 地址，在本地存储内通常会配置端口的偏移组以实现当物理端口发生故障时，IP 地址可以在偏移组内的备用端口间进行切换，实现主机和存储间的 NAS 访问业务不中断。在双活场景下，则需要提供可以实现跨站点存储间 IP 地址偏移的能力来保证当存储站点整体发生故障时，IP 地址可以切换至另一端双活存储上继续提供主机访问。

全局文件系统：通过构建跨站点虚拟集群的方式，将两个站点每个控制器组成一个新的双活集群，在双活集群内每个控制器可通过配置同步方式共享相同的集群成员视图和业务分区视图。在该集群内将组成双活的文件系统按照业务分区进行打散，不同的目录或文件可归属在不同的业务分区上，业务分区在集群内数量固定（例如 4096 个，数量远大于集群节点成员个数即可）。这样两个站点的存储系统每个控制器上都分担了全局文件系统一部分业务，并可根据集群内控制器数量的增减进行动态的负载均衡，调整部分业务分区至新的节点。文件系统目录/文件和分区的归属关系可通过负载均衡、随机打散等方式实现，在双活站点距离拉远场景下，也可以通过前端访问 IP 地址归属站点来决定新创建目录/文件的归属，保证下次访问时可通过本地存储就近访问。

数据实时镜像：前端请求根据文件归属将 I/O 路由到响应节点后执行文件系统语义层的处理，并将修改后的数据写入控制器的 Cache 保电缓存内。为保证跨站点数据的可靠性，每个控制器的保电缓存会选择本站点内另外一个控制器组成本地的 HA（High Availability，高可用）镜像副本，同时还会选择远端阵列的某个节点组成远端的灾难恢复镜像副本，总共 3 个内存副本同时写入，以此保证站点间的数据可靠性和一致性。在缓存内的脏数据刷盘时，数据会通过双活文件系统的卷对象同时写入本地和远端存储阵列归属的存储池中持久化。同时，为了减少跨站点网络的开销，数据在发送至源端阵列时也可以考虑不携带数据内容本身，而仅携带远端保电内存灾难恢复副本的地址即可，在远端阵列收到该消息后，通过地址从副本保电内存中读到数据内容并写入本地存储池中。

3. 多 DC 容灾

为了应对较为严重的灾害，一些核心业务需要容灾等级更高的多数据中心容灾解决方案，比如两地三中心甚至四中心容灾。多份容灾数据能使数据更加安全可靠，在出现极端灾难的时候，仍然有可用的数据副本能提供数据服务。以应用最广泛的两地三中心容灾方案（下文简称为 3DC）为例，其包括 3 个数据中心，即生产中心、同城容灾中心和异地灾备中心。依托于双活、同步复制、异步复制等特性，3DC 容灾方案为用户提供了灵活而强大的数据容灾保护功能，能够实现数据的多级保护，提供更高等级的数据完整性和可用性保证。

两地三中心容灾解决方案的配置分为级联、并联、环形等组网方案，可以基于双活、同步复制、异步复制等多种容灾方案进行组建。

级联 3DC 组网：生产中心 A 上的数据先复制到同城容灾中心 B，然后再复制到异地容灾中心 C，如图 11.21 所示。同时，生产中心 A 和同城容灾中心 B 之间通常配置同步复制、异步复制（短周期：秒级/分钟级定时周期）、双活特性来达成更小 RPO 的容灾目标（RPO=0，RTO=0）。而同城容灾中心 B 和异地容灾中心 C 之间则可配置异步复制（长周期：分钟级/小时级定时周期）来进一步保证数据的可用性。

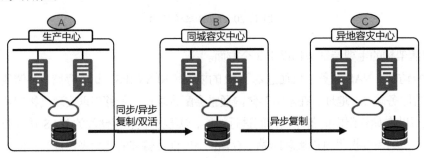

图 11.21　级联 3DC 组网

并联 3DC 组网：生产中心 A 上的数据并行复制到同城容灾中心 B 和异地容灾中心 C，同理，生产中心 A 和同城容灾中心 B 之间通常配置同步复制、异步复制（短周期：秒级/分钟级定时周期）、双活特性。同城容灾中心 A 和异地容灾中心 C 之间则可配置异步复制（长周期：分钟级/小时级定时周期），如图 11.22 所示。

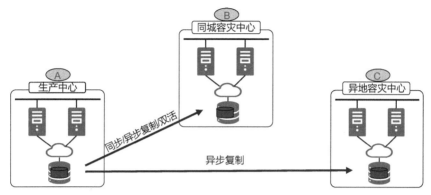

图 11.22　并联 3DC 组网

环形 3DC 组网：环形 3DC 组网即在串联/并联 3DC 解决方案的基础上，预先配置好第三边的物理链路和远程复制关系，当发生故障时，进行业务倒换并继续增量数据复制，只需要更短的时间就能进入正常的数据保护模式，如图 11.23 所示。常见的配置组合有生产中心 A 和同城容灾中心 B 之间配置同步复制、双活，并在生产中心 A/同城容灾中心 B 和异地容灾中心 C 之间分别配置异步复制（其中，同一时间只有一个异步复制处于工作状态）。

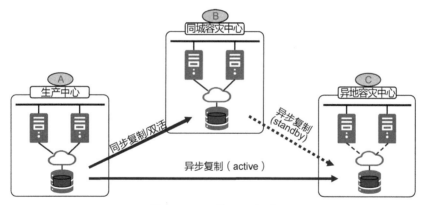

图 11.23　环形 3DC 组网

相较于串联/并联 3DC 解决方案，环形 3DC 组网提供的价值包括以下几个方面。

① 预先配置备用的异步远程复制链路和复制关系，当发生故障需要启用时可即时使用。

② 双活叠加异步远程复制环形 3DC，双活站点发生故障后，备用的异步远程复制关系可自动生效，保障业务连续性的同时，减少人工介入，简化了管理。

③ 启用备用的异步远程复制关系时，通常进行的是增量的数据复制，能够更快、更有效地对数据进行容灾保护。

④ 能够在并联和级联组网间进行切换，根据存储系统的实际情况、网络条件等，灵活变更组网，使用更便捷，提升客户体验。

上述 3 种组网模式中级联组网和并联组网的灾备能力相似，因此下文仅针对级联组网模式和环形组网模式介绍数据同步流程。

首先，在级联 3DC 组网中，数据同步流程主要包括两个步骤，如图 11.24 所示。生产中心 A 和同城容灾中心 B 双活实时同步，同城容灾中心 B 和异地容灾中心 C 异步复制数据周期同步。

A—B 站点双活实时同步流程如下。

① 站点 A 的生产主机下发写 I/O 请求至存储 A 的双活 LUN1。

② 存储 A 的双活 LUN1 收到写 I/O 请求后，将数据同时写入存储 A 本地及配置双活关系的远端 B 站点的存储 B 的 LUN12 上。

③ 存储 A 双活 LUN1 收到本地和远端存储的写 I/O 成功响应后返回主机 I/O 请求响应。

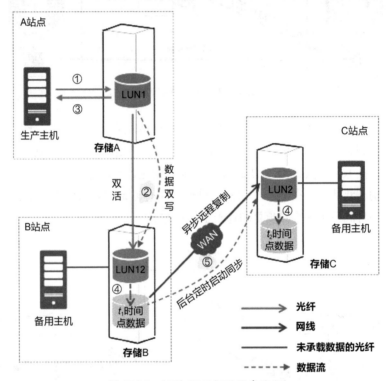

图 11.24　级联 3DC 组网同步流程

B—C 站点异步复制数据周期同步流程如下。

① 异步复制根据定时周期发起数据同步任务，分别在主（B）从（C）站点对主 LUN12 和从 LUN2 创建快照。

② 异步复制通过后台任务将主 LUN12 的 t_1 时间点快照数据同步至从 LUN2 上，并在同步任务完成后将主从 LUN 的快照删除。

LUN12 上因为同时配置有双活和异步复制特性，在数据同步时需要对两个特性的同步任务做互斥处理，避免两个特性的数据源同时向同一个目标 LUN12 写入数据（例如在故障恢复场景）。

其次，环形 3DC 组网在级联 3DC 组网方案的基础上增加了 A—C 站点的异步复制配置，和 B—C 站点的异步复制指向相同的 C 站点的从 LUN2，如图 11.25 所示。通常 A—C 和 B—C 站点的两组异步复制只有一边处于工作（Active）状态，另一条边的异步复制处于非工作（Standby）状态。

为了在处于工作状态的异步复制切换到另外一边后可以继续增量同步（不需要重新全量数据同步），在 B—C 站点的异步复制每个周期同步完成后，会通过协商机制通知 A—C 站点的异步复制，更新 A—C 站点异步复制增量同步的数据差异日志位置，避免在故障切换后重新全量同步或同步无效的重复数据。

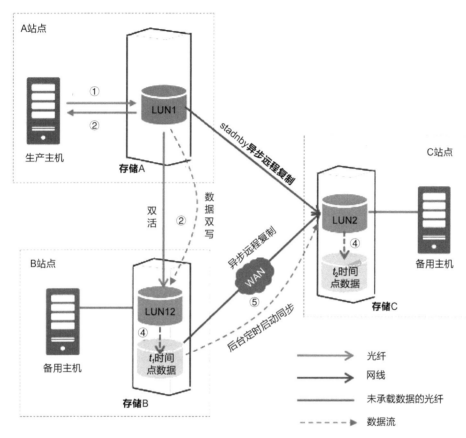

图 11.25　环形 3DC 组网同步流程

A—B 站点双活实时同步流程和级联 3DC 相同。

B—C 站点异步复制数据周期同步流程如下。

① 异步复制根据定时周期发起数据同步任务，分别在主（B）从（C）站点对主 LUN12 和从 LUN2 创建快照。并通知 A 站点处于 Standby 状态的异步复制对齐日志（或快照）同步起始位置。

② 异步复制通过后台任务将主 LUN12 的 T1 时间点快照数据同步至从 LUN2 上，并在同步任务完成后将主从 LUN 的快照删除。通知 A 站点处于 Standby 状态的异步复制将同步前对齐的日志（或快照）位置前的所有差异丢弃。

当 A—B 站点的双活因站点 B、链路等故障发生业务切换后，或者 B—C 站点间的复制链路发生故障导致 B—C 站点处于工作状态的异步复制无法继续数据同步时，A—C 站点的异步复制会自动切换为工作状态，接管 B—C 站点的异步复制任务，并从最后一次 B—C 站点的异步复制同步完成时刻通知的差异日志位置开始继续增量同步。该过程不需要人工介入，即可保证异地灾备中心 C 站点的数据可用性，缩短 RPO。

11.4　本章小结

　　数据是当今大数据和人工智能时代的关键生产资料，关键数据的丢失会带来严重的后果。数据面临的威胁包括系统软硬件故障、人为差错、网络攻击、自然灾害等多个方面，因而无法避免数据丢失的发生。因此，数据保护技术的基础在于增加数据的复制和副本，以提高对数据部分丢失的容忍度。基于此，本章从数据保护标准、技术和场景3个方面进行了介绍。随着全球企业数字化转型，全球数据总量海量增长，给数据的存储和保护带来新的挑战。

11.5　思考题

　　1.　数据保护的目标是什么？数据保护技术的基础是什么？

　　2.　数据备份和灾难恢复在数据保护中的作用是什么？数据备份和灾难恢复之间有什么关系？

　　3.　数据保护技术有哪些？它们有什么异同点？

　　4.　数据保护技术与数据保护场景有什么关系？试以备份场景为例说明。

　　5.　在数据保护场景中，容灾、备份、归档之间有什么关系？

　　6.　数据归档是什么？数据归档在企业数据管理中的作用是什么？数据归档的架构和功能有哪些？

　　7.　数据保护中的 RPO 和 RTO 是什么？它们在数据保护中的作用是什么？如何确定 RPO 和 RTO？

　　8.　如果某公司的业务系统要求的 RPO 是 2 小时，RTO 是 4 小时。在发生数据灾难事件后，公司需要在多长时间内完成数据恢复并使系统达到正常运行状态？

　　9.　数据保护中的异地灾备是什么？异地灾备的实现方式有哪些？异地灾备的优势是什么？

　　10.　备份技术能够周期性保护数据，为什么还要引入容灾技术？容灾与备份技术之间有什么区别？

　　11.　克隆与快照都是数据的复制，为什么要引入克隆？快照与克隆数据的 MAC 地址有什么不同？

参考文献

[1]　王德军, 王丽娜. 容灾系统研究[J]. 计算机工程, 2005, 31(6):4.

[2]　国务院信息化工作办公室. 重要信息系统灾难恢复指南[Z]. 北京: 国务院信息化办公室, 2005.

[3]　全国信息安全标准化技术委员会.信息安全技术　信息系统灾难恢复规范: GB/T 20988—2007[S]. 北京: 中国标准出版社, 2007.

[4]　GARCIA-MOLINA H, POLYZOIS C A. Issues in disaster recovery[C]//IEEE, 35th IEEE Computer Society International Conference on Intellectual Leverage. IEEE Computer Society, San Francisco, 1990: 573-577.

[5]　向小佳. 数据保护若干关键技术的研究[D]. 北京：清华大学, 2009.

[6]　YAO J, SHU J, ZHENG W. Distributed storage cluster design for remote mirroring based on storage area network[J]. Journal of Computer Science and Technology, 2007, 22(4): 521-526.

[7] ZHENG X F, OUYANG B, ZHANG D N, et al. Technical system construction of data backup centre for China seismograph network and the data support to researches on the Wenchuan earthquake[J]. Chinese Journal of Geophysics, 2009, 52(5): 1412-1417.

[8] WHITLOCK M C, MCPEEK M A, RAUSHER M D, et al. Data archiving[J]. The American Naturalist, 2010, 175(2): 145-146.

[9] PIWOWAR H A, VISION T J, WHITLOCK M C. Data archiving is a good investment[J]. Nature, 2011, 473(7347): 285-285.

[10] HAMMERSLEY M. Qualitative data archiving: some reflections on its prospects and problems[J]. Sociology, 1997, 31(1): 131-142.

[11] TOIGO J. Disaster recovery planning: preparing for the unthinkable[M]. ACM Digital Library, 2002.

[12] FALLARA P. Disaster recovery planning[J]. IEEE Potentials, 2004, 23(5): 42-44.

[17] ZHAO X, OUYANG B, ZHANG D, et al. Fault diagnosis system ... heterogeneous network and the data support to experience on the Weibin...

[18] PUWOSKARTS, VISION T, WIJODO P, et al. ... [J]. Neural, 2016, 19: 14392-13916.

[19] HAYMAN S T, OReilly-. data analyzing ... reflection on the process and the book[J]. Sociology, ...

第12章 存储维护

12.1 概述

维护主要分为 PM（Preventive Maintenance，预防性维护）和 CM（Corrective Maintenance，纠正性维护）[1]。

PM 是一种维护计划，其活动以预定的间隔或规定的标准启动，旨在降低故障的可能性或功能的退化。PM 旨在预防设备发生故障，这种维护策略是定期执行的，这意味着即使没有故障迹象，也会对设备进行检查。这样可以尽可能避免潜在设备故障，以确保业务的正常运行和安全性。

CM 旨在修复设备故障。这种维护策略是基于事件响应的，用于纠正设备中的错误，当故障发生后，进行故障修复或者更换设备部件以保障业务的正常运行和安全性。

PM 的本质是预防性的；CM 的本质是反应性的。虽然有时不可避免，但 CM 有可能会导致设备停机，从而对生产业务造成影响。通常，现代存储需要采用更加有效的技术进行 PM 从而避免 CM 对业务造成影响。

12.2 预防性维护

数据是企业信息化的重要核心，随着设备规模越来越大，设备种类越来越多，维护难度越来越高，一旦出现问题，将对企业带来巨大影响和损失。

采用传统的基于人工经验的被动维护模式面临如下挑战。

SLA（Service Level Agreement，服务等级协定）保障难：出现问题时被动响应，问题定位过程复杂，难以防患于未然。

运营成本高：随着设备规模的增大及多业务类型混合部署导致系统越来越复杂，需要投入更多的专业维护人员，管理成本逐年增加。

资源利用不合理：业务增加后，业务需要的存储空间越来越多，对存储空间的分配越来越难规划，存储容量碎片不断增多，成本控制无从下手。传统资源监控技术的阈值和过滤定义规则粒度太粗，无法做到精细化管理，导致资源利用率低。

新业务上线时间长：新业务上线前往往要进行全面的业务规划和评估，随着设备数量的增多和业务的增加，依靠人工经验进行规划和评估会耗时数月或数个星期，影响新业务的上线时间。

现代存储采用大数据分析和 AI 技术进行主动维护，提前识别故障，减轻或避免设备故障给业务带来的影响，同时能够准确地预测未来的性能和容量情况，提前主动规划。存储预防性维护可重点针对关键器件的硬盘进行健康预测、对存储系统容量进行趋势预测，以及对存储性能进行异常检测和分析。

硬盘健康预测[2]：采用 AI 技术动态分析硬盘的数据指标变化，结合硬盘性能负载特征分析，提前预测硬盘失效，从而实现主动式故障预防，显著提升系统可靠性。

容量趋势预测：收集存储系统的历史性能和容量数据，使用机器学习进行训练，选取最佳"预测模型"集合，预测业务未来对容量的诉求，更好地匹配业务对存储系统的需求。

性能异常检测：根据业务历史性能数据，学习业务特征变化，识别性能异常点，及时发现设备性能风险。

性能潮汐分析：根据业务历史性能的潮汐规律，识别业务的忙闲时间段，指导制定合理的维护变更计划，避免业务高峰时段作业导致设备性能不足。

12.2.1 硬盘健康预测

硬盘是存储系统的基础组成单元，同时也是存储系统最大的消耗品。虽然当今存储系统广泛使用各种冗余技术，但都只适用于有限块硬盘失效的场景，如 RAID 5 只允许一块硬盘失效，当出现两块硬盘同时失效时，存储系统为保障数据的可靠性，将停止对外提供服务。

通过采集硬盘的 SMART 信息、硬盘的 I/O 链路信息、硬盘可靠性指标，输入硬盘失效预测模型中，可以精准预测 SSD 寿命和硬盘失效风险，从而实现故障预防以提高系统可靠性。

如图 12.1 所示，硬盘健康预测关键流程如下。

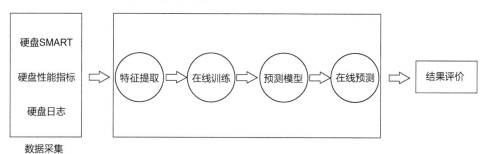

图 12.1　硬盘健康预测流程图

（1）数据采集

数据源包括硬盘 SMART 信息、硬盘性能指标和硬盘日志。

硬盘 SMART 信息指的是 SSD 接口提供的记录页信息，这些记录页信息详细记录了硬盘的当前状态、当前性能指标、读写错误信息等。硬盘性能指标包括硬盘每分钟的平均 I/O 大小分布、IOPS、带宽、每天处理的字节数等信息，以及延迟/平均服务时间等性能指标。硬盘日志包括 I/O 错误码信息、盘片寿命等信息。

（2）分析平台

分析平台可以进行特征提取，并通过在线训练建立机器学习模型库，最终进行在线预测。

特征提取是指通过大量样本数据，利用机器学习算法自动对硬盘相关指标数据进行特性变换和特征提取。在线训练是指利用特征提取数据，基于多种模型算法进行大量训练，优化模型算法。预测模型是通过在线训练，获得硬盘失效预测模型。在线预测使用优化后的训练模型对硬盘进行失效预测。

（3）结果评价

硬盘健康预测可抽象为分类问题，因此可用 FDR（False Discovery Rate，故障检出率），即正确预测为故障的数目占故障总数的比例，以及 FAR（False Alarm Rate，误报率），即误报为故障的样本占总样本的比例，综合评价预测效果。

$$FDR = \frac{TP}{TP + FN} \tag{12.1}$$

$$FAR = \frac{FP}{FP + TN} \tag{12.2}$$

其中，TP 为正确预测为故障的样本总数；FN 为未正确预测为故障的样本总数；FP 为实际正常、检测为异常，即误报的样本数。

12.2.2 容量趋势预测

如何设置容量从而达到低成本与高性能的平衡？企业一直在积极寻找容量管理的解决方案。由于受多种因素影响（如节假日、临时事件等），无法精准预判当下业务增长对容量的具体需求，导致临时的紧急扩容，同时人工预测的容量需求不准确，无法精确给出中长期的业务需求规划，这些问题长期困扰存储维护人员。

系统容量的变化受多种因素影响，单一的预测算法无法确保预测结果的准确性，可采用多种预测模型进行在线预测，输出多种预测模型的预测结果。同时对历史数据仓库中的数据进行训练，优化模型参数以及获取每个模型的度量指标统计信息，然后通过在线训练的度量指标统计信息和在线预测结果进行比对，选取最优的预测结果，如图 12.2 所示。

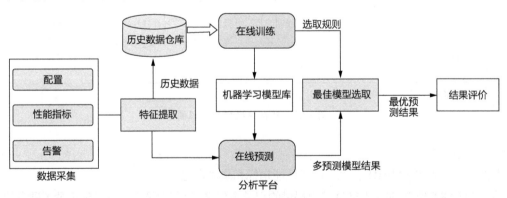

图 12.2　容量趋势预测流程图

容量趋势预测关键流程如下。

（1）数据采集

采集存储当前配置、性能指标、告警的信息，减少多种因素对机器学习训练结果的干扰。采集存储最近一年与设备容量相关的历史数据，存放在历史数据仓库中。

（2）分析平台

特征提取利用机器学习算法自动对容量相关数据进行特性变换和特征提取。

在线训练通过大量样本训练，得到各个模型预测度量指标统计信息，同时输出模型选择规则。针对当前和历史容量数据，优化模型算法。

在线预测是指将优化后的模型在真实环境中进行预测，输出多个模型的预测结果和度量指标值 MAPE。

$$\text{MAPE} = \frac{1}{m}\sum_{i=1}^{m}\left(y_i - \widehat{y_i}\right)^2 \qquad (12.3)$$

式中 y_i 为容量实际值，$\widehat{y_i}$ 为容量预测值，m 为样本数。

最优模型选取是指将在线训练的模型统计信息和在线预测的结果，进行加权，选取最优预测结果。

12.2.3　性能异常检测

业务能否平稳运行，是企业最关心的问题，但由于性能问题的复杂性与隐蔽性，用户难以提前识别并解决性能问题。等到问题恶化并影响业务时，已经给用户造成损失。

性能异常检测可以针对业务出现的延迟问题，基于历史性能数据，学习业务特征，结合行业与专家经验，得到设备性能画像，实时检测异常数据，进行精准定位并给出修复建议。

性能异常检测一般具备以下特点：实时性，分钟级别异常检测，7×24 小时实时防护；精准性，针对业务出现的延迟问题，从 I/O 变化、业务配置、硬件瓶颈、硬件故障等方面进行精准定位并给出修复建议。

性能异常检测可采用如下评价指标进行异常检测效果评价，包括查准率（Precision）和查全率（Recall）。

$$\text{Precision} = \frac{\text{TP}}{\text{TP} + \text{FP}} \qquad (12.4)$$

$$\text{Recall} = \frac{\text{TP}}{\text{TP} + \text{FN}} \qquad (12.5)$$

其中，FN 为实际性能异常、检测为性能正常，即漏报的样本数。

12.2.4　性能潮汐分析

众所周知，应该在设备业务负载较低时进行周期性业务（如定时快照）或临时变更业务（如在线升级、扩容、备件更换），避免影响线上业务。以往维护人员通过经验查看过去一段时间的性能指标来选择合适的变更时间窗口。采用人工经验的传统方法存在依赖人的主观经验、不精细、不准确、不科学，容易受到偶然因素影响，难以直观得出业务真正的周期性规律等弊端。

采用大数据和 AI 技术，根据设备历史性能数据，从负载、IOPS、带宽、延迟等维度分析业务周期规律，这些性能潮汐分析指标的含义如表 12.1 所示。通过可视化的展示可以指导维护人员选择合适的时间窗口实施周期性业务或临时变更业务，从而避免高峰作业影响用户体验。相较于传统方法，具备以下优点。

科学准确：综合考虑控制器、硬盘、端口等硬件部件性能数据，结合历史较长时间段的性能数据整体分析，减少偶然因素干扰，更准确识别潮汐规律。

简单易懂：可采用热力图等可视化技术进行呈现（如通过颜色深浅区分负载高低），从而让维护人员轻松应对变更业务。

表 12.1　性能潮汐分析指标

指标名称	指标含义
IOPS	设备平均每秒处理的请求个数，用于衡量系统的 I/O 处理能力
带宽	设备平均每秒处理的数据量，用于衡量系统性能
负载	设备的业务负荷情况，用于衡量设备性能压力的指标
读延迟/写延迟	设备平均处理一个读/写请求所需要的时间

12.3　纠正性维护

存储系统常见的 CM 手段包括：主动问题处理、升级[3]、扩容等。

主动问题处理是指自动监控设备健康状态（包括告警、事件等），并能实现自动受理问题的一套综合流程。

升级是对软件版本变更所进行的一系列操作结合，包括制定方案、升级准备，实施升级和升级后验证。

扩容是在当前系统不能满足业务容量或性能要求时，对现有系统增加控制器节点、硬盘框、硬盘，以使系统满足业务容量或性能要求，扩容也包括方案设计、扩容准备、实施扩容和扩容后验证等一系列步骤和操作。

12.3.1　主动问题处理

传统的服务支持方式为人工本地服务，在故障发现环节，技术服务人员面临着发现和处理问题不及时、信息传递不到位的挑战。

主动问题处理一般通过在设备与厂商（或代理商）技术支持中心之间建立安全、可控的网络连接，定期自动进行信息采集，并上传至技术支持中心，使之能够 7×24 小时全天候监控客户设备的健康状态。如果产生告警，可自动建单，并分派给相应的工程师进行处理，从而缩短了故障发现和处理时间。

主动问题处理系统一般提供以下能力。

告警主动监控：7×24 小时全天候监控客户的设备告警，设备发出告警后自动通知技术支持中心，并自动建工单分派给技术支持工程师处理，实现主动帮助客户发现和解决问题。

智能告警分析：结合大量设备的告警特征模型库，利用 AI 技术自动实现屏蔽不相关告警、抑制同类告警反复上报、过滤冗余告警，从而提高告警处理的准确性和效率。

工单进度跟踪：系统实时展示对设备告警自动创建的工单处理进度。便于客户和维护人员准确及时了解问题处理状态。

12.3.2　升级

存储系统升级主要包含离线升级和在线升级。离线升级是指设备升级前要先停止主机业务，离线升级多用于设备调测阶段或上层业务不太重要的场景，主要优势是升级时间短；在线升级是指设备升级前无须停止主机业务，在线升级又分在线分批升级和在线同时升级。在线分批升级是指升级过程中按控制器分批次轮流升级，在此升级期间，未升级的控制器接管业务。在线同时升级是指所有控制器的业务软件同时秒级重启，大幅提升升级效率，降低对主机软件的依赖。

离线升级与在线升级的对比如表 12.2 所示。

表 12.2　离线升级与在线升级的对比

升级方式	升级前是否需要停止主机业务	升级中控制器是否会重启
离线升级	需要	重启
在线分批升级	不需要	重启
在线同时升级	不需要	不重启

1. 在线分批升级

在线分批升级流程如图 12.3 所示。

① 开始升级 B 控前，将 P1→P1 的链路断开。

② 主机 HBA 卡 P1 端口感知到链路中断，等待驱动设置的超时时间（默认可能超过 30 秒），然后向上层多路径返回链路故障信息。

③ 多路径软件将原来 P1→P1 上的逻辑链路切换到 P0→P0 物理链路上。

④ 应用软件在 P1→P1 的链路断开后，在一定超时时间内，尝试重新下发 I/O（如果超时时间比 HBA 卡驱动超时时间短，将导致业务中断）。

⑤ 开始升级 B 控。

上面的流程是主机通过 FC 接口访问 SAN 存储场景的在线升级流程。其中，步骤②依赖主机 HBA 卡，步骤③依赖主机多路径，步骤④依赖应用软件如数据库、备份软件等。一旦这些被依赖的对象行为发生变化，就可能发生业务中断、数据库损坏等严重事故。

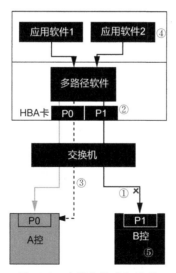

图 12.3　在线分批升级流程

其他场景如 iSCSI、NFS 不仅存在类似问题，而且让依赖变得更加复杂。比如步骤②中不再依赖 HBA 卡，在 iSCSI 场景下依赖 iSCSI 启发器的版本和配置，在 NFS 场景下依赖不同 NFS 版本的容错处理。

在线升级的主机兼容性问题长期以来一直困扰着客户和存储厂商，随着技术的发展，同时也衍生出不同的在线分批方案来降低对主机软件的依赖，如表 12.3 所示。

表 12.3　在线分批方案

在线分批方案	方案说明	方案约束
主动切换方案	在升级 A 控前，通知多路径切换到与 B 控连接的路径	依赖多路径
IP 地址偏移方案	IP 地址偏移是指逻辑 IP 地址从故障端口偏移到可用端口上，实现简单，在分布式、非结构化等主机业务不敏感的场景应用广泛	①不适用于 FC 组网。②原控制器上保存的与主机通信的句柄、会话仍然会丢失，需要重新建立，仍然有一些主机依赖。③需要有冗余路径
FC 端口偏移方案	与 IP 偏移类似，主要使用在 FC 场景	①依赖 FC 交换机。②原控制器上保存的与主机通信的句柄、会话需要重新建立，仍然有一些主机依赖。③需要有冗余路径
前端共享大卡方案	通过前端共享大卡将 I/O 转发到未升级的控制器	共享卡成本较高

2.　在线同时升级

在线同时升级流程如图 12.4 所示。

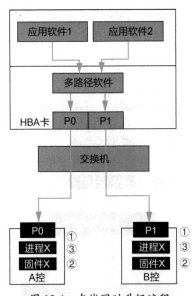

图 12.4　在线同时升级流程

① 将与主机的连接会话保存到保连接进程中。

② 所有控制器同时升级业务进程，升级过程中保连接进程接收 I/O 放在队列中，业务进程升级完成后再下发 I/O。

③ 业务进程升级后快速启动（一般在 10 秒内）。

保连接技术分为使用前端共享接口模块和不使用前端共享接口模块两种场景。在使用前端共享接口模块的场景下,主机与存储系统的链路建立在主机与共享接口模块之间。主机下发的业务请求到达共享接口模块后,共享接口模块再分发到控制器上。共享接口模块在重新拉起控制内的进程期间收到的主机 I/O,会暂存在共享接口模块上,待业务进程正常后再向控制器分发。由于业务进程重新拉起的时间非常短(秒级),就实现了主机下发的 I/O 不超时,主机无感知。在不使用前端共享接口模块的场景下,在业务进程拉起的过程中,通过守护进程保持控制器与主机之间的链路不断开。由于业务进程拉起的时间非常短(秒级),实现了主机下发的 I/O 不超时,彻底解决了上一节中提到的主机兼容性依赖。

保连接技术有使用前端共享接口模块和不使用前端共享接口模块的应用场景。在使用前端共享接口模块的场景下,主机与存储系统的链路建立在主机与共享接口模块之间。主机下发的业务请求到达共享接口模块后,共享接口模块再分发到控制器上。共享接口模块在重新拉起控制内的进程期间收到的主机 I/O,会暂存在共享接口模块上,待业务进程正常后再向控制器分发。由于业务进程重新拉起的时间非常短(秒级),就实现了主机下发的 I/O 不超时,主机无感知。在不使用前端共享接口模块的场景下,在业务进程拉起的过程中,通过守护进程保持控制器与主机之间的链路不断开。由于业务进程拉起的时间非常短(秒级),就实现了主机下发的 I/O 不超时,彻底解决了前文提到的主机兼容性依赖问题。

3. 大规模节点升级技术

在大规模存储节点场景尤其是分布式存储,由于节点规模大,升级时长成为另一个需要解决的痛点。常见技术手段主要有:组件化升级[4]、灰度升级、存储池内并行升级。

(1)组件化升级

组件化升级就是将存储系统中的所有软件划分成多个可独立测试、独立交付、独立部署、独立升级的组件,每次可以按需只升级部分组件,这样不仅降低了升级时间,还能降低升级对业务的影响。

组件化升级对厂商的软件能力有较高要求,如何合理划分组件、如何保证组件间的独立性、如何保证测试覆盖多版本组合,都是组件化升级面临的挑战。

(2)灰度升级

灰度升级即一次只对系统中的一部分节点进行升级,不仅可以将升级时长分布到多个时间窗,也可以降低升级的影响范围,在互联网和云使用广泛。

灰度升级和组件化升级类似,由于系统中有不同版本长期运行,对不同版本间的兼容性有较高要求。

(3)存储池内并行升级

分布式存储的升级策略一般是按节点串行升级,即使把存储池管理软件组件化,由于其逻辑复杂加上节点数量大,升级时间都非常长。

通过两种技术手段可以实现存储池内并行升级,从而降低升级时长。对于节点规模大的存储池推荐使用机柜级安全策略,将机柜内节点并行升级;对于节点规模大且又是服务器安全级别的存储池,在创建存储池时内部划分硬盘池,将硬盘池间的节点并行升级。

12.3.3 扩容

随着企业信息化进程的加快和业务规模的不断扩张,庞大的信息量使业务数据不断增加,存储系统初期配置的容量已不能满足现有业务需求，此时就需要维护管理员对存储系统进行扩容。

1. 扩容分类

扩容分为纵向扩容（Scale-Up）和横向扩容（Scale-Out）两种方式。

（1）纵向扩容

纵向扩容主要是通过增加存储器件（如硬盘框和硬盘）以扩展存储系统的容量来满足用户容量增长的业务诉求，如图 12.5 所示。

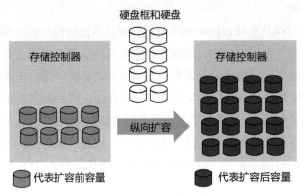

图 12.5　纵向扩容示意

（2）横向扩容

横向扩容主要是通过增加更多的控制器以满足用户兼顾性能和容量增长的业务诉求，如图 12.6 所示。

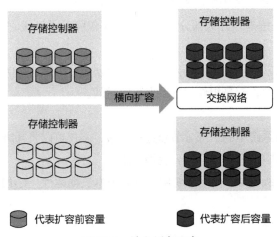

图 12.6　横向扩容示意

2. 扩容流程

扩容流程主要包括扩容前准备、实施扩容、扩容后检查。

（1）扩容前准备

扩容前准备主要包括收集现网信息、扩容规划、扩容前检查。

收集现网信息主要是为扩容规划、硬件安装提供依据。收集的信息主要包括存储系统信息和主机应用信息。

不同的扩容方式决定了不同的扩容规划。规划的总原则是依据规划思路、方法和新增硬件兼容性等，结合存储系统承载业务的运行情况制定出合理和有效的扩容方案，如表 12.4 所示。

表 12.4 各种扩容方式的特点和适用条件

类别	方式	特点	适用条件
纵向扩容	增加硬盘	• 无须停止业务 • 扩容方式简单 • 扩容速度快 • 扩容成本低	有空闲的硬盘槽位且可扩容量满足业务诉求
	增加硬盘框	• 无须停止业务 • 扩容容量大	• 无空闲的硬盘槽位 • 有空闲的硬盘槽位但可扩容量不满足业务诉求
横向扩容	增加控制器	• 无须停止业务 • 扩容容量大 • 可提高系统性能	• 无空闲的硬盘槽位 • 有空闲的硬盘槽位但可扩容量不满足业务诉求 • 系统性能不满足业务性能诉求

扩容前检查包括存储系统健康状态检查和应用服务器状态检查。在存储系统完全正常的情况下才能确保扩容顺利实施。

（2）实施扩容

增加硬盘具有方式简单、速度快和成本低等优点，能满足预扩容量需求较小的应用场景。扩容硬盘的操作包括安装硬盘和确认新增硬盘状态。

增加硬盘框具有扩容容量大的优点，能满足预扩容量需求较大的应用场景。扩容硬盘框的操作主要包括安装硬盘框、连接线缆、上电新增硬盘框和确认新增硬盘框状态。

当扩容容量无法满足业务数据不断增加的对系统性能的要求时，可以通过增加控制器来提高系统性能。扩容控制器的操作包括安装新控制器节点、连接线缆、连接交换机、上电新增控制器、硬盘框和确认新增硬盘框状态。

（3）扩容后检查

扩容后检查包括存储系统状态检查和业务验证，确保业务完全正常。

12.4 思考题

1. PM 和 CM 的本质区别是什么？

2. 性能异常检测与性能潮汐分析有何异同？试从应用场景和技术方案方面进行分析。

3. 业务变更（如新业务上线/业务迁移）时，有哪些 PM 措施可以帮助维护管理员提升运维效率和质量？

4. 在线分批升级与在线同时升级的关键技术差异是什么？

5. 大规模节点升级技术有哪些，分别适合什么样的应用场景？

参考文献

[1] WANG Y, DENG C, WU J, et al. A corrective maintenance scheme for engineering equipment[J]. Engineering Failure Analysis, 2014, 36: 269-283.

[2] NARAYANAN I, WANG D, JEON M, et al. SSD failures in datacenters: what? when? and why? [C]//Association for Computing Machinery. Proceedings of the 9th ACM International on Systems and Storage Conference (SYSTOR '16). New York, Association for Computing Machinery, 2016: 1-11.

[3] FLOYD P, HAWKINS M. High availability: design, techniques, and processes[M]. London: Prentice Hall Professional, 2001.

[4] 理查森. 微服务架构设计模式[M]. 北京: 机械工业出版社, 2022.

第13章
存储解决方案

13.1 运营商行业解决方案

运营商 IT 业务系统，覆盖 BSS（Business Support System，业务域）、OSS（Operation Support System，运营域）、MSS（Management Support System，管理域），以及大数据平台和政企 2B 等新兴业务。运营商 CT 业务系统，主要是指 NFV（Network Functions Virtualization，网络功能虚拟化）[1] 电信云业务系统。运营商业务全景图如图 13.1 所示。

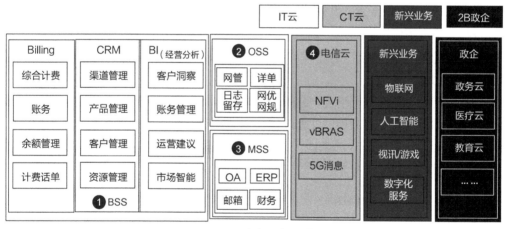

图 13.1 运营商业务全景图

运营商有两大核心业务系统：IT 业务系统和 CT 业务系统，对于存储的需求量大。针对运营商核心业务场景，可采用全闪存存储、分布式存储、备份存储等常见存储形态来满足多样化的存储需求。

运营商 BSS 通常采用全闪存存储保存生产数据，采用备份存储保存历史数据；运营商 OSS 通常采用分布式存储处理大数据业务的数据。运营商大数据业务场景和运营商生产业务备份场景是数据增长量最快的两个场景。

13.1.1 运营商大数据解决方案

本小节从大数据业务场景、大数据业务特点和大数据存算分离解决方案 3 个维度来详细介绍运营商大数据解决方案。

1. 大数据业务场景

（1）5G日志留存系统

依据《中华人民共和国网络安全法》要求，对网络运行状态、网络安全事件等进行记录，网络相关日志留存时间不少于6个月。该场景存储数据量大，计算需求量小。

（2）经营分析大数据系统

采用大数据技术，对运营商经营数据进行分析，提供经营决策依据，实现精细化的营销。该场景系统数据分析计算需求高，存储数据量中等。

（3）详单系统

根据ID（手机号码）、时间段查询用户数据详单。该场景存储数据量中等，计算需求小。

2. 大数据业务特点

PB级数据规模，例如，日志留存场景主要是为了符合国家法律法规要求进行数据存储，对运营商本身而言不产生价值，运营商希望花最小成本进行建设，降本增效诉求强烈。

资源利用率低，当前的服务器存算一体架构，计算和存储资源需要等比例扩容，导致CPU和存储资源利用率不均衡，资源浪费；以日志留存场景为例，主要为日志数据长久保存需求，随着日志数据量不断增加，服务器CPU利用率会越来越低。

3. 大数据存算分离解决方案

大数据存算分离方案，本质上将Hadoop计算组件和HDFS存储资源分开，Hadoop平台和组件部署在服务器上，存储层采用专业大数据存储为计算层提供存储资源，大数据存算分离方案架构图如图13.2所示。大数据存储具备如下核心技术。

（1）纠删码技术

采用纠删码方式存储数据，相比于Hadoop传统三副本技术，存储利用率大幅提升。例如，采用纠删码4+2的冗余比，空间利用率可达66%，相比三副本33%的空间利用率，提升1倍。

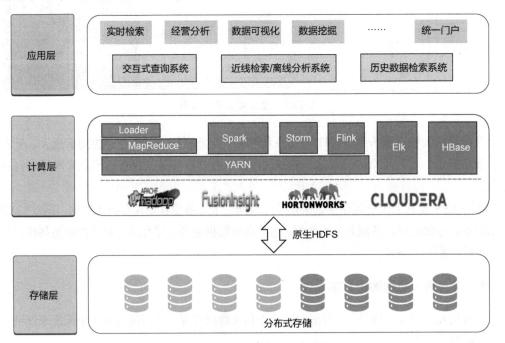

图13.2　大数据存算分离方案架构图

（2）数据自动分级

按应用分级，不同目录数据可写入不同的资源池，一套存储池支持多种大数据应用；数据自动迁移，用户自定义迁移策略，实现冷热数据的自动迁移；统一命名空间，数据迁移计算侧无感知，可根据数据实际位置直接访问。数据自动分级原理如图 13.3 所示。

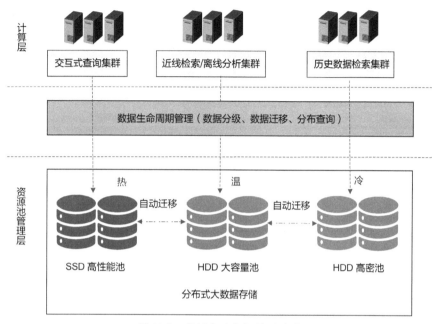

图 13.3 数据自动分级原理说明

（3）计算存储解耦提升资源利用率

存算分离后，计算资源不够的时候，可以单独扩容计算资源；存储资源不足的时候，可以单独扩容存储资源，实现计算和存储各自按需扩展，避免相互干扰。

存算分离后，存储资源池化，一套存储资源池可对接多个大数据平台，多个大数据平台之间数据的高效共享访问，实现资源利用最大化。

（4）原生 HDFS 接口，具备更好的兼容性

大数据存储支持完整的 HDFS 语义，100%兼容社区 Hahoop、FusionInsight、HortonWorks、Cloudera 等主流大数据平台和组件。支持原生 HDFS 接口的大数据存储，免插件，兼容性好；无协议转换开销，性能好。

13.1.2 运营商 BOM 域生产业务备份

本小节从 BOM（Business，Operation，Management，业务运营管理）域生产业务备份场景、数据备份需求和一体化备份解决方案 3 个维度来详细介绍运营商 BOM 域备份解决方案。

1. 备份场景

（1）政策要求

《信息安全技术 网络安全等级保护基本要求》（GB/T 22239—2019）中规定"应提供重要数据的本地数据备份与恢复功能；应提供异地实时备份功能，利用通信网络将重要数据实时备份至备份场地"。

（2）业务诉求

运营商 BOM 域承载着整个运营商的 IT 系统，其中 BSS 承载着核心计费功能，OSS 承载网络、基站等设备监控维护，MSS 管理内部 IT 系统。这些系统如果遭遇人为误删除、软件系统故障、病毒、黑客攻击等，会导致数据丢失，即使建立了双活或者两地三中心容灾也无法完全恢复数据。以人为误删除为例，删除数据这个操作会同步到容灾系统，容灾站点存储上的对应数据也会被删除掉，且无法找回。为了应对以上场景所带来的数据丢失风险，运营商对核心和重要的业务都需要建立了备份系统。典型备份系统架构如图 13.4 所示。

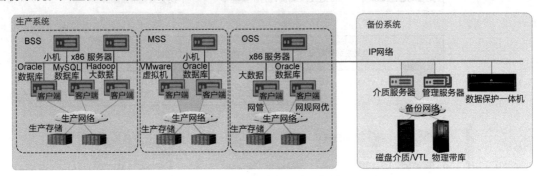

图 13.4 典型备份系统架构

2. 数据备份需求

（1）数据快速恢复

传统备份方式需要将备份数据全量复制回生产系统后才能恢复业务，恢复速度慢。尤其是采用磁带库作为备份介质场景，恢复速度只有 100~300 MB/s。以常见的 CRM 营业库为例，每 1000 万个用户数据容量为 10 TB，由于承载核心业务对 RPO 和 RTO 的要求都是 0，如果数据库文件误删除或丢失，传统备份方式恢复时长需要 10 小时以上，在业务高峰时期会对用户的开销户、资费变更等重要操作造成严重影响。

（2）数据充分利用

传统备份方式数据利用率低，备份数据一直作为冷数据存放到备份介质中，缺乏快速数据再利用技术，无法完全发挥其价值，并且客户希望能在备份场景尝试一些创新方案。

3. 一体化备份解决方案

针对运营商 BOM 域数据保护需求，结合备份方案的发展趋势，业界通常采用一体化备份解决方案保护数据安全，一体化备份方案简单高效，包含备份方案所需的核心组件。

（1）备份软件

备份软件是一套备份系统中的核心，能够全自动地实现对业务数据的备份和管理工作，主要负责备份任务的管理和执行，同时还包括对备份数据的管理及恢复等。

（2）数据保护代理

数据保护代理部署在业务主机侧，主要负责自动识别应用类型，完成应用数据保护。

（3）备份存储介质

备份存储介质是备份数据的载体，数据备份过程中，由备份软件将数据写入备份存储介质中进行保存。

（4）备份网络

备份系统网络通常单独建立，与生产业务网络隔离，避免备份流量对业务造成影响。备份网络支持 TCP/IP、FC 等主流网络类型。

相比于传统的备份，一体化备份解决方案简单、方便、高效，很好地解决运营商关键数据的备份，主要优点如下。

原生数据格式备份：原生数据备份是指生产数据通过原生副本备份到数据保护设备，整个备份过程中，不改变数据格式，数据备份效率大幅提升。原生数据备份方案在做数据恢复的时候，直接将原生数据映射给生产主机，避免了传统备份方案中，备份格式到原生数据的转换开销，实现分钟级业务恢复，如图 13.5 所示。

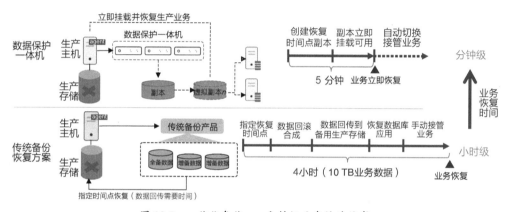

图 13.5　一体化备份——分钟级业务快速恢复

一体化备份管理：一体化备份方案包含备份软件、备份代理、备份介质、备份网络等多个组件，方案上实现多个组件的统一管理和运维，简化日常备份工作复杂度，节省备份系统上线时间。

弹性扩展架构：一体化备份同时支持纵向扩容、横向扩容扩展能力，能有效解决磁带库性能瓶颈，满足业务增长需求。

13.2　政务融合存储资源池解决方案

随着国家社会治理水平的不断提升，政府职能也从管理型政府向服务型政府转变。数字化转型需要运用新一代信息技术实现治理手段的创新：一方面，要求信息系统集约化集中建设，如通过政务云平台承载各个政府部门的业务和数据，推动数据互通共享，让数据多跑路、群众少跑腿；另一方面，利用物联网、视频云、大数据等新 ICT 技术，实时感知城市边缘各个角落的状况，通过 AI 分析、应急指挥等手段提高政府安全监管和城市治理水平。

13.2.1　场景需求

政务面向千行万业，业务需求的多样性是必然趋势。例如，税务核心征管、人社核心应用等关键系统需要超高性能、低延迟，应对业务浪涌。AI 和大数据等分析系统需要对海量数据进行处理，关注的是大容量。需要打造一个能精准匹配业务需求的数据存储底座，根据应用的需求设计业务的服务等级分层模型，打破数据孤岛，通过灵活自定义能力，使应用需求可以匹配最合适的资源。同时，基于多样介质，在高性能、高可靠性、弹性扩展3个方向上持续演进、能力融合，从而更精准地匹配业务需求，支撑资源的按需分配。

13.2.2 融合资源池解决方案

业界通常采用融合存储资源池方案，满足政务多业务承载建设需求，如图13.6所示。一个城市数据中心采用一个超高性能融合存储作为数据存储底座，支持多种存储协议互通，多云之间数据共享，对城市中千行百业的应用进行统一赋能。存储融合资源池中的数据就像城市中自来水厂的水一样，面向千家万户按需供应。

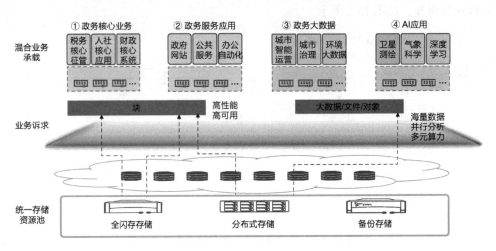

图13.6　融合资源池解决方案逻辑架构

融合存储资源池方案包含多种存储能力，如全闪存储、分布式存储、备份存储等，满足各种业务系统的不同存储需求。

全闪存储能提供高性能、高可靠性的存储能力，确保系统性能无忧。极致可靠性设计，任何一个控制器发生故障，业务无感知；免网关同城双活和异地两级备份等灾备能力，实现业务高可用和异地数据恢复能力，确保业务连续性无忧，满足核心税务、人社、财政核心数据库业务的高性能、高可靠性要求。

分布式存储支持协议融合，同时支持块、文件、对象、HDFS等多种存储方式，满足高性能计算、大数据、虚拟化和云的不同存储需求；大数据存算分离方案实现计算和存储按需扩容，提高资源利用率，并通过弹性纠删码技术，将磁盘利用率提高到90%以上，大大提高存储的实际可得容量，实现每比特数据成本最优。而对于气象、测绘等高性能计算场景，则可以满足高带宽存储访问需求。分布式存储的弹性扩展能力，满足未来资源池的高扩展需求。

备份存储专门用于保存备份数据，当生产数据被误删或恶意修改时，备份可以恢复受影响的内容。作为数据的最后一道防线，备份存储需要具备高备份和恢复带宽，提升备份效率；需要支持高重删压缩率的数据缩减能力，降低备份成本；需要支持端到端数据加密和防勒索，保证备份数据安全。

融合存储资源池可以提供云主机备份、云硬盘备份、云服务器容灾、云服务器高可用、云硬盘高可用等灾备服务能力，支持用户自服务方式申请灾备服务及自动化灾备部署。保障业务不断，数据不丢，并为政府敏捷的业务创新提供基础。

13.3 金融行业容灾解决方案

在客户量、业务量和数据量爆发式增长的今天，银行业为了保证金融数据的可靠性和可用性，同时能够应对各种系统灾难对数据的破坏，同城容灾中心结合异地容灾中心的"两地三中心"容灾解决方案成为金融行业的标准方案[2]。

13.3.1 场景需求

金融行业的整体业务可以划分为前、中、后台三大板块，中台部分承载了金融的主要系统，比如交易结算类 A/A+类关键业务系统，承载着对公、零售，以及同业的大部分支撑作用，同时大量 B 类重要业务系统也在中台。

近年来，金融监管机构对于整个行业的数据安全、稳定、可靠等要求逐步严苛，不仅要求业务 7×24 小时不间断地运行，更要求相应的资源能够通过弹性伸缩和快速响应去自动适应变化的需求。因此，整体金融行业三大板块相辅相成，行业越来越注重中台的建设，逐步形成"薄前台、厚中台、稳后台"的发展策略。

在此背景下，整体基础设施架构需要考虑升级，特别是不同板块所对应的存储技术与解决方案，更是金融行业升级转型的重中之重，如图 13.7 所示。

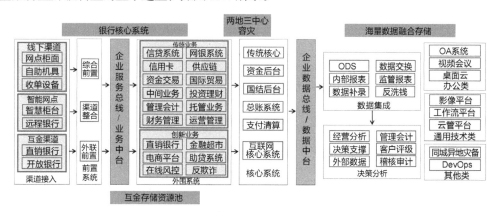

图 13.7 金融行业解决方案全景

银行核心系统是整个金融行业最为重要的交易、结算类系统，需要极高的存储可靠性、安全性、低延迟等技术应用，该场景下通过全闪存储方案，提供模块、系统、方案级三层保障，解决银行"稳、快、省"的关键诉求，通过端到端 NVMe 技术满足核心业务的极致性能需求。

海量数据融合存储是金融机构在互联网的大背景下大量存储票据影像、双录视频等海量数据而诞生的解决方案。构建完整的数据融合存储资源池，全面支持文件、大数据、块、对象协议融合、数据互通、多终端访问，实现 PB 级的海量扩展能力。

互联网金融融合资源池针对移动互联网等新场景，存储资源需要进行虚拟池化，进而满足业务开发按需弹性扩展、扩容灵活、不浪费资源等新诉求。因此虚拟机资源弹性发放，发放周期管理从周级降低到分钟级，从而支撑创新业务快速上线，这些快速变化的诉求场景需要高弹性、高可靠性、易管理的存储底座支撑，从而有效应对业务浪涌接入，大大提升效率。

两地三中心容灾是金融行业对于数据容灾备份有着严格的要求，以同城双中心加异地灾备中心的"两地三中心"的灾备模式是所有金融存储方案建设的基础。该方案兼具高可用性和灾难备份的能力，将更好地支撑对公、零售、同业三大业务板块，提升中后台辅助支撑的稳定性。两地三中心容灾应主要针对银行核心、资管、总账等重要核心区及强关联前、后台系统数据做出相应的匹配。

13.3.2 容灾建设需求

金融业务围绕数据产生、存储、分析、备份归档，需要全生命周期的数据存储解决方案，而从传统数据中心到云环境，行业的关注点始终在于业务连续性。业务停机都会给银行带来巨大的经济损失和声誉影响，因此容灾建设是整个行业基础设施建设的重中之重。金融行业容灾建设的主要关注点主要在于业务连续性与数据可靠性。其中业务连续性主要解决遭遇灾害时，比如洪水、地震等自然灾害，通过预先设计的容灾机制，能够保证金融信息系统仍然正常运行。对于数据可靠性的容灾要求，主要是用于满足《巴塞尔协议》中提到的对于操作风险及系统性预防的要求。

根据国家《信息安全技术　信息系统灾难恢复规范》（GB/T 20988—2007）规定，金融行业灾备建设要符合6级标准，其中等级最高为6级，要求少量或无数据丢失。而双活同步复制能达到分钟级恢复，零数据丢失；同样，主备容灾、两地三中心模式下，支持3～5级容灾需求；本地/异地备份，支撑1～2级容灾需求。根据金融行业最佳实践，具体银行业务系统的容灾需求如图13.8所示。

系统分类	同城	异地
核心业务系统 存取款、贷款、 支付、账务 客户信息、信用卡	RTO<10分钟 RPO=0	RTO<2小时 RPO<3分钟
渠道业务系统 网上银行、手机银行 柜面、自助机具	RTO<1小时 RPO=0	RTO<2小时 RPO<3分钟
外围业务系统 在线风控、反欺诈 中间业务、托管 资产管理	RTO<2小时 RPO=0	RTO<2小时 RPO<3分钟

图 13.8　银行业务系统的容灾需求

13.3.3 两地三中心容灾解决方案

与同城灾备或异地灾备中心相比，两地三中心不仅克服了分散灾备的缺陷，更结合两者的优点，不仅能够适应大范围灾备场景，小范围区域灾难与人为操作风险都能够通过两地三中心方案快速响应与恢复，在保证业务数据不丢失前提下，全面提升 RPO 与 RTO。

两地三中心容灾解决方案具备3个数据中心并存的特性，能在任意两个数据中心受损的情况下保障核心业务的连续，大大提高容灾解决方案的可用性，该方案包括生产中心、同城灾备中心和异地灾备中心——当生产中心发生灾难时，业务快速转换至同城灾备中心；当生产中心和同城灾备中心同时发生灾难时，亦可在异地灾备中心利用数据副本恢复生产业务，从而最大程度保障业务连续性。

金融行业容灾建设模式分为本地双活+同城/异地灾备、同城双活+异地灾备、环形两地三中心等。故障恢复时间从小时级缩短至分钟级。免网关双活+高中低端存储互通利旧，成本降低 30%。该方案提供了系统级的"快"和"稳"，从解决方案层级上来说，可以做到应用层级双活，保障业务零中断，数据零丢失，业务可靠性可以达到 7 个 9（99.99999%）。

整体方案如图 13.9 所示，本地生产中心与同城灾备之间是相对独立和配合的关系。两中心之间的链路，或者单侧的存储设备发生故障时，异步数据复制到异地数据中心仍然正常执行。当后续同城间链路复制或存储设备恢复上线后，主生产中心会将增量部分的数据同步给同城灾备，3 个数据中心保持数据一致性。类似，如果异步复制链路或异地灾备中心设备发生故障，同城同步复制也不会受到任何影响。

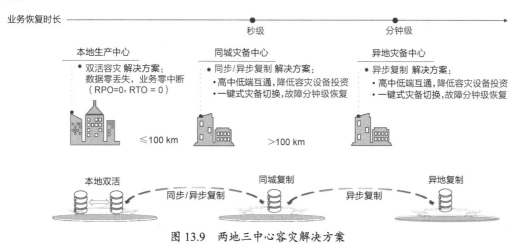

图 13.9 两地三中心容灾解决方案

13.4 医疗行业解决方案

随着智慧医疗建设加速，医院 PACS（Picture Archiving and Communication System，影像存储与传输系统）除了需要满足存储容量需求外，还需要能够高效快速响应、可靠稳定运行。另外，随着影像设备升级，影像数据量呈现爆发式增长的趋势，PACS 影像方案还需要兼顾成本因素。综合以上因素，PACS 采用在线、近线、离线分级建设模式，是更适用于客户诉求的标准方案。

13.4.1 场景需求

20 世纪 80 年代开始，医院信息化建设开始起步。最开始以 HIS（Hospital Information System，医院信息系统）为核心，围绕单个业务的构建，用于支持基础业务，后续逐步演变到以患者为中心，重组碎片化数据，实现基于业务应用的电子病历、数字影像等。当前已过渡到 EMR（Electronic Medical Record，电子病历）、LIMS（Laboratory Information Management System，医院检验系统）、RIS（Radiology Information System，放射科信息管理系统）、PACS 等管理和服务一体化的信息化时代。

目前，伴随中国老龄化进程和城镇化进程的推进，国民基本健康需求爆炸式增长，现有医疗服务体系布局不完善、优质医疗资源不足，医疗资源配置不合理等问题凸显。远程医疗、互联网医院等新兴业务不断出现，推动医疗信息化加速转型。

同时，伴随着 5G、AI、IoT、云计算等新科技与医学相融合，医院信息化逐步向智慧医疗升级，实现医疗科研大数据、AI 辅助诊疗、基因测序、医疗大脑、互联网+医院等智慧应用，围绕服务、管理、医疗"三位一体"指导思想构建智慧医院系统。

医疗是医院的核心业务，需要 HIS、EMR、LIS、RIS、PACS、集成平台等支撑，其中，HIS 系统是医院运营核心系统，必须 7×24 小时业务不中断运行，保证医院收费，挂号等业务稳定可靠运行，业界通用全闪存存储，并且通过双活容灾方案保障业务连续运行。

PACS 影像系统是医院运行的另外一个重要系统，存储关键治疗数据如核磁共振、CT、超声、X 射线等，下面详细介绍的 PACS 影像存储解决方案。

13.4.2 PACS 影像系统存储解决方案

作为医院使用最广泛的业务系统，如何通过 PACS 实现医疗信息高效共享，优质医疗资源实时协同，方便患者获得更高质量的医疗服务，成为当前 PACS 建设最迫切的需求。

随着医院诊疗规模扩大，3D 影像、AI 诊断等技术的发展，医院整体业务对于影像文件的调阅速度提出更高的要求。从数据量来看，一般三甲医院的 PACS 每天产生的数据量约为几百 GB，年增量几百 TB。通常，一年以内影像数据会经常调用，且调用过程中需要保障快速的调阅体验。一年以上的影像数据访问频率较低，基本保障后续可调出查阅即可。综上所述，PACS 的主要需求如下：高性能，满足医院海量 PACS 数据在线高性能读取；大容量和高可扩展性，每年几百万个文件，普通三甲医院每天几百 GB 的数据增长，数据量年均增长超过 40%，数据量年增几百 TB，并且需要遵从保存 15 年以上的法规要求，整体数据量是 PB 级别；降低系统管理复杂度，病历等结构化数据和影像等非结构化数据共存，医生在查阅病患信息与影像资料分别采用不同的系统，系统管理复杂，且极大影响医生工作效率；完善容灾机制，当前医院 PACS 容灾机制不完善，当发生病毒入侵或误操作等单点故障风险时，无法保障关键影像数据不丢失。

目前业界通常部署海量分布式文件存储来构筑 PACS 影像存储解决方案。

近线文件存储在分布式文件系统的高性能节点上，需要保存 15～30 年以上的文件存储在分布式文件系统的容量节点上。

通过系统分级存储能力，可灵活根据数据的创建、修改时间、读写热度差异，影像文件在海量分布式文件系统的不同 tier 之间动态流动，为上层 PACS 提供高性能、大容量全在线调阅服务。

通过分布式存储系统的复制特性构建容灾方案，当一个数据中心发生设备故障时，业务可自动切换到另一个数据中心运行，解决了传统 PACS 单中心故障的问题，确保 PACS 业务连续稳定运行。

13.5 教育行业解决方案

教育信息化发展水平已成为当今世界衡量一个国家综合国力的重要标志。而高校和基础教育信息化的基础设施建设水平，对转变教育思想和观念，促进教学改革，加快教育发展和管理手段的现代化有积极作用。对于深化基础教育改革，促进教育公平，办好人民满意的教育，提高高校教育质量和科研水平，培养"面向现代化，面向世界，面向未来"的创新人才更具深远的意义。

2021 年 7 月发布的《教育部等六部门关于推进教育新型基础设施建设构建高质量教育支撑体系的指导意见》明确指出，教育新型基础设施建设是国家新基建的重要组成部分，是信息化时代教育变革的牵引力量，是加快推进教育现代化、建设教育强国的战略举措。教育新基建聚焦智慧校园新型基础设施、高校科研高性能装备的共享集约建设，构建集约高效、安全可靠的教育新型基础设施体系，为实现《中国教育现代化 2035》战略奠定坚实的基础。

13.5.1　场景需求

当前，新智能技术与教育业务融合得更加深入、紧密，智能化、一体化、个性化功能不断增强，表现在各类管理系统日趋完备，统一身份认证及公共数据库正在发挥数据共享成效，IT 基础设施更加高效、智能、可靠，信息技术全面支撑教学、科研、管理工作。

基于国家新一代百亿亿次（E 级）计算基础设施规划，高校承担了国家科学研究和交叉学科创新的重要任务，促使教育科学研究领域高性能计算和数据分析平台得到长足的发展。

13.5.2　教育科研高性能计算和数据分析

高性能计算正在加速走向 HPDA（High Performance Data Analytics，高性能数据分析），将构建以数据为中心，围绕科学计算工作流的超算体系。HPDA 泛指高性能计算领域的数据密集型负载，包括大数据和 AI 负载，HPDA 将高性能计算与数据分析结合起来，利用超级计算机的并行处理来运行强大的分析软件，速度超过万亿次浮点运算，通过这种方法，可以快速检索和分析大型数据集，对它们所包含的信息给出结论。

高校学科研究和创新涉及生命科学、地球科学、金融分析、工程仿真、信息工程等各类学科研究，需要将大数据、AI 与数值计算结合，满足多学科交叉融合发展。因此高校高性能计算平台也逐渐由各院系分散建设向集中至校级公共平台发展。

高校学科研究的业务特点如下。

海量数据分析及存储：高校高性能科研存量数据在 PB 规模，其中气象预测、基因测序、高能物理、天文观测研究数据量开始步入 10 PB 时代，高校科研年平均数据增量 27.2%，需要满足海量数据分析存储。

I/O 模型复杂：校级科研平台承载多类学科研究业务，应用类型多样，同时存在 GB 大文件和KB 小文件、随机和顺序 I/O、元数据和数据密集型负载，要求存储在各种模型下均能提供理想性能，能够满足混合负载。

跨协议数据处理：传统数值计算和大数据、AI 学科交叉融合，同一份数据，要满足文件、大数据、对象多种协议的读写访问，存储需要提供跨协议访问能力，匹配各类应用。

目前业界的教育科研 HPDA 解决方案，以分布式并行文件存储为核心，并和计算、网络、调度软件等周边资源联合调优，形成的高性能数据分析存储场景化方案。

当前主流的分布式并行文件存储系统，高性能数据分析平台具备以下优点。

高密硬件满足海量数据存储所需：大多采用高密度、集成化机柜式交付，高密硬件加上分布式扩展，满足百 PB 级科研数据增长需求。

面向混合负载，提供极致性能：可同时承载高带宽和高 IOPS 业务，解决多类型学科超高并发读写、大带宽需求；另外在计算节点安装分布式并行客户端，相比于传统 NFS 客户端，突破单流、单客户端瓶颈，更好地承载高性能计算所需的并行 I/O 访问数据（MPI-I/O 类）应用。

多协议互通提升分析效率：一份数据满足一种协议写入，多种协议读取，零数据迁移，提升大数据、AI 多应用协同分析效率。

13.6 思考题

1. 大数据存算分离解决方案有哪些特点？面向存算分离架构设计的大数据存储有哪些关键技术？

2. 一体化备份解决方案包含哪些核心组件？一体化备份解决方案通过哪些关键技术大幅提升备份效率？

3. 什么是两地三中心容灾解决方案？它是基于存储系统的哪些关键技术进行设计的？

4. 针对金融行业的不同业务场景，两地三中心容灾解决方案是如何满足相应的可靠性需求的？

5. 医疗行业 PACS 有哪些特点，业界通常采用哪种存储系统搭建 PACS？为什么？

6. 面向高性能计算的 HPDA 系统，一般采用哪种架构的存储系统搭建？为什么？

参考文献

[1] HAN B, GOPALAKRISHNAN V, JI L, et al. Network function virtualization: challenges and opportunities for innovations[J]. IEEE communications magazine, 2015, 53(2): 90-97.

[2] 舒继武. 网络存储专栏 网络存储区域的容灾（下）[J]. 中国教育网络, 2007, 06:67-69.

第14章
存储技术趋势与发展

随着大数据、云计算、人工智能和区块链等技术的快速发展，用户对高性能、高容量、高可靠的数据存储的需求愈发强烈，需要探索新的存储技术来应对上述技术的发展。本章主要关注存储技术的发展趋势，从新型存储模式，非易失性存储系统及应用存储优化等各方面分别介绍了闪存存储系统、存内计算、持久性内存、在网存储、智能存储、边缘存储、区块链存储、分离式数据中心架构、高密度新型存储等前沿技术。

14.1 闪存存储系统

随着闪存密度提升、价格下降，闪存逐步被应用到桌面机、服务器和数据中心。特别是闪存具有不同于磁盘的硬件特性，相比于传统磁盘，闪存具有性能高、能耗低和体积小等优势，这些都为构建高效的存储系统带来了巨大的机遇，同时也面临新的挑战。闪存在实际应用中的形态，由早期的 SSD、闪存卡，逐渐发展到闪存阵列和闪存集群系统，研究人员致力于对已有的存储结构、系统软件及分布式协议进行革新[1]。例如，研究移除闪存设备上的 FTL，设计基于裸闪存的存储系统；优化闪存集群上的数据迁移策略，延长闪存寿命；研究闪存与特定应用负载特征相结合的 SDS 等。

针对闪存集群系统的研究，两个代表性工作是 FAWN[2]和 Gordon[3]。FAWN 是美国卡内基-梅隆大学基于闪存介质构建的可扩展、低能耗、高性能的集群系统。与闪存卡和闪存阵列仅关注子系统的性能及可靠性的设计不同，FAWN 从集群整体设计的角度考虑闪存与处理器的匹配，以降低整体能耗。FAWN 采用低频低能耗的 CPU 与闪存存储相匹配，提高系统各组成部分在数据密集型计算中的利用率。FAWN 实现的键值存储系统，消耗 1 J 能量可进行 364 次查询，相比普通桌面系统消耗 1 J 能量进行 1.96 次查询，能耗降低 99.46%。Gordon[3]是美国加利福尼亚大学圣地亚哥分校设计的，与 FAWN 关注的高性能、低能耗不同，Gordon 主要工作是设计 FTL 来匹配处理器和内存芯片的性能，发挥闪存芯片间的并发特性，设计包括地址动态映射、合成大物理页等，同时采用并发与流水机制。Gordon 在单板上集成 256 GB 的闪存和 2.5 GB 的 DRAM，目前已经应用到美国圣地亚哥超算中心，用于天体物理、基因组测序等数据密集型计算领域。

由 SSD、闪存卡，进一步发展到闪存阵列和闪存集群系统，从而构建更大规模的闪存存储系统，是一种横向扩展方式。但闪存设备的 FTL 影响着闪存硬件特性的发挥，进而也影响闪存存储系统的构建，由此诞生了一些新型的闪存结构，例如 OC SSD（Open-Channel SSD，开放通道 SSD）和 ZNS SSD（Zone Namespace SSD，区域命名空间 SSD），这是闪存系统的一种纵向扩展方式。

14.1.1 OC SSD

早期，闪存多用于嵌入式系统，在嵌入式系统中，闪存以裸闪存形式存在，嵌入式闪存在文件系统中实现 FTL 的相关功能，包括地址映射、垃圾回收和磨损均衡等。

在 SSD 发展的初期，为了兼容磁盘的接口，采用 FTL 将闪存的读写擦除接口转换为传统的读写接口[4]，如图 14.1（a）所示。SSD 提供与传统磁盘相同的读写接口，并采用 FTL 将读写请求转换为闪存命令。由于 SSD 与传统磁盘的读写接口兼容，传统文件系统可无缝地部署在 SSD 上，这样的做法在兼容性上取得了很大的优势，使 SSD 可以很容易替换传统的磁盘。

现有不少研究在该使用模式下针对 SSD 特性优化文件系统。F2FS[5]是三星公司针对 SSD 进行定向优化的文件系统。F2FS 是针对闪存的特性，改良传统的日志型文件系统的一个例子。文件系统日志的每个段与底层闪存的块保持大小一致，同时文件系统对数据进行冷热分组，以此来提高 SSD 垃圾回收的效率。同时利用地址映射表，以避免元数据更新时一直到根的滚雪球式的更新方式，减少元数据写入量，提高 SSD 寿命。

但是，FTL 掩盖了内部细节，软件难以利用硬件的特性。SSD 内部 FTL 要求 SSD 具备较强的嵌入式处理器和设备内缓存，尤其是在盘内闪存容量较大的情况下。后来，Fusion-io 公司提出了主机端 FTL 的设计架构，如图 14.1（b）所示，以充分利用主机的处理器与内存资源。美国普林斯顿大学与 Fusion-io 公司基于主机端 FTL 实现了新型闪存文件系统 DFS[6]，将文件系统的块分配操作下移至 FTL，从而避免了文件系统空间管理与闪存设备 FTL 管理的冗余管理开销。尽管主机端 FTL 的设计有效利用了主机端资源，但文件系统与 FTL 之间仍采用简单的读写接口，限制了语义信息的使用。

进一步，如图 14.1（c）所示，清华大学存储团队提出了软件直管闪存（Software Managed Flash）SSD 架构[7]，这种架构去除了 SSD 中的 FTL，由主机侧软件直接对闪存介质进行管理，可以进一步去掉冗余管理，并可充分利用闪存内部并发特性[8]等，这种架构也衍生出 OC SSD。基于此架构，提出了可重构的闪存文件系统元数据管理方法[9]、基于开放通道架构的键值存储加速方法[10]、分布式文件系统元数据设计技术[11]、闪存硬件支持的高效事务处理方法[12-13]等一系列的关键技术和方法，构建出了软硬件协同的闪存存储系统 TH-SSS（Tsinghua-Solid Storage System）。OC SSD 通过暴露设备内部的细节给主机端，将 FTL 的功能交由主机端来实现，主机负责数据的放置和管理。然而，OC SSD 存在一些问题。首先，OC SSD 的生态不完善，需要对存储栈进行特定的修改，软件端会有比较大的改动。其次，来自不同 SSD 厂商的 SSD 的内部管理也不同，所以在兼容性方面存在较大的问题[14]。因此，后来也衍生出 ZNS SSD 等形态。

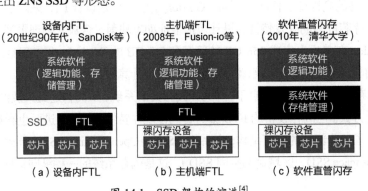

图 14.1　SSD 架构的演进[4]

14.1.2 ZNS SSD

ZNS SSD 则是在 OC SSD 的基础上进行了改进,主要的思想仍然是向主机端暴露闪存内部的细节,但是通过引入分区存储的方式实现了一个统一的存储接口,并且实现了 NVMe 的标准化[15]。通过这些改进,ZNS SSD 提供了更简化、统一和标准化的存储解决方案,降低了对主机软件和驱动程序的修改要求,提高了软件开发和系统集成的便利性。

ZNS SSD 去掉了 FTL 中的大部分功能,包括地址转换和映射等。这些功能被转移到了主机端进行处理。这种设计使得 ZNS SSD 更加简化和透明,允许主机操作系统或存储管理软件直接管理存储设备。在传统 SSD 中,FTL 采用细粒度映射,需要大尺寸的映射表来支持地址转换功能;但在 ZNS SSD 中,映射可以通过块粒度来实现,大大降低了映射表需要的开销。由于部分映射表需要存储在 SSD 设备的 DRAM 中,块粒度映射的 ZNS SSD 对于 DRAM 的需求也有显著的降低。此外,因为将数据管理的功能转移到主机上,所以消除了 ZNS 设备内部垃圾回收的需要,不存在写放大的问题,也就消除了对于预留空间的需求,提高了存储设备的有效容量。

ZNS SSD 的基础是分区存储,分区存储在此之前就已经存在,其概念更多应用在 SMR HDD 中,将逻辑地址分为具有不同于常规写入约束的相同大小区域,ZNS SSD 则是在分区存储的基础上,增加了一些其特有的概念。如图 14.2 所示,ZNS SSD 将存储空间划分为多个区域,这些区域必须按顺序写入,每个区域都由一个写指针来跟踪下一次写入的位置,区域不能进行覆盖写,只有当区域进行重置之后,才能重新使用写指针之前的 LBA。区域容量分为可写和不可写的部分,区域容量小于或等于区域尺寸。区域容量的引入是为了能够将区域与硬件介质的擦除块对齐。

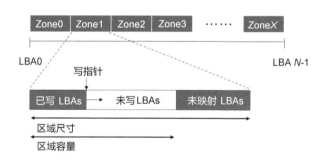

图 14.2 ZNS SSD 分区示意图

ZNS SSD 的每个区域都有一个状态,区域可以在各个状态之间进行转换,区域的状态决定了该区域的操作限制及资源的分配,主要包括以下 6 个状态[16]。

Empty:区域内部为空,代表没有数据,但是不能对该状态区域进行写操作。

Full:区域容量全都被写满。

Open:区域处于可以写数据的状态,主机为该状态区域分配资源。

Closed:区域仍然处于活动状态,但是被主机收回了资源。

Read Only:区域只能进行读取。

Offline:区域不能进行读和写,代表该区域已经被损坏且不能再使用。

通过定义和管理这些区域状态,ZNS SSD 可以实现更高效的写入操作和均衡的擦除,并简化数据管理和维护。

由于主机和设备的资源有限，必须对使用资源的区域进行限定，在 ZNS SSD 中同时可以操作的区域有数量限制，包括开放区域限制（Open Zones Limit）和活跃区域限制（Active Zones Limit）。开放区域代表了可以进行写操作区域的数量，这个限制由主机的内部资源（写缓冲）和硬件介质资源（通道数量）决定；活动区域包括处于 Open 和 Close 状态的所有区域，活动区域代表了可以进行存储数据的区域，通过在区域 Open 和 Close 状态之间转换来决定对哪些区域进行写操作。

分区存储设备无法像传统的设备可以即插即用，使用 ZNS SSD 设备必须遵守分区存储的约束和规则。为了将分区存储设备集成到系统中，需要特定的软件栈的支持。目前，Linux 分区存储生态系统已经支持了多种分区存储。第一种方式是通过文件系统实现集成，对于符合 ZBD（Zoned Block Device，区域块设备）接口的文件系统来说，其已经能够支持分区设备顺序写的约束，所以能够适配 ZNS SSD，一个典型的例子是 F2FS；而对于一般的文件系统来说，则需要设备映射器的支持来处理满足约束的设备顺序写。第二种方式是直接通过原始块接口进行访问，应用程序可以通过原始的块接口直接对分区存储设备进行数据的存取，这种方式也需要使用设备映射器来将随机写转化为顺序写。第三种方式是通过文件访问接口来实现集成，对于特定的应用程序设计符合其特性的小型文件系统插件，例如，RocksDB 可以通过 ZenFS 文件系统来访问 ZNS SSD。

ZNS 产品的出现促进了 ZNS 的相关研究工作，研究者们针对 ZNS 的特性进行了研究，并提出了适配 ZNS 的冗余阵列机制、文件系统及键值存储系统等。

ZNS 设备特性[16]：ZNS 在读写一个区域之前需要先将区域激活，ZNS 内部缓冲区的大小对于激活区域的数量有限制。不同供应商的 ZNS 对于激活区域的上限不同，部分种类的 ZNS 的激活区域上限能达到 4096 个。然而，高激活区域上限的 ZNS 并不能可靠地保证不同区域之间的性能隔离，实验显示部分区域之间共享带宽，这会造成应用之间的性能干扰。为此，已有研究准确描述了 ZNS 的性能冲突区域组，并针对性地设计了请求重映射机制，从而平衡不同冲突组之间的请求，以避免性能干扰。

键值存储系统：西部数据公司的研究者们全面地描述了 ZNS 设备的特性[15]，并且为键值数据库 RocksDB 设计了专用的 ZenFS 以支持其在 ZNS 上运行。该研究指出，相比传统 SSD，ZNS SSD 的性能更加稳定，对设备内部的内存空间消耗也更少。ZenFS 设计了专用的数据区域和日志区域，日志区域存放超级块的修改日志及 RocksDB 的写前日志。ZenFS 还设计了区域分配机制，将 RocksDB 中生存周期相近的分段文件尽可能地写入同一个区域中，便于未来统一对该区域进行擦除。

面向 ZNS 设备的文件系统：已有研究面向 ZNS 设备设计了文件系统 ZNS+[17]。ZNS+针对已有闪存文件系统 F2FS 无法直接运行在 ZNS 上的问题，修改了 F2FS 内部的穿插写入的设计，提出了适应 ZNS 内部数据组织的穿插写入方案。此外，ZNS+还为 ZNS 设备引入了新的复制原语，支持主机端发出命令后 ZNS 内部直接执行数据复制，避免数据迁移对 ZNS 带宽的浪费。ZNS+对于 ZNS 的原语扩充为 ZNS 未来的研究者提供了新的思路，主机执行垃圾回收时避免将数据读到内存中整合，成为未来面向 ZNS 的存储软件的研究方向之一。

面向 ZNS 的冗余阵列机制：冗余阵列机制原本是基于块设备设计的，为了充分利用磁盘和固态硬盘顺序写入性能高的特点，研究者们提出了 LogRAID[18-19] 的方式，以追加写入的方式向阵列中追加数据。具体来说，LogRAID 会将写入阵列的数据转化为顺序写入，LogRAID 需要维护原地写转化为异地写的映射关系。但 LogRAID 可能需要读取设备上校验区的数据，并再次写入原位置以完成修改。然而，这个过程难以通过现有 ZNS 接口得到支持。因此，卡内基-梅隆大学的研究者们提出了面向 ZNS 的冗余阵列机制 RAIZN[20]，在多块 ZNS 设备上提供支持容错的区域抽象。具体来说，RAIZN 为了解决部分校验更新的问题，在每块 ZNS 上开辟出一个单独的区域用于存放临时的部分校验更新及其他元数据。当校验块所在条带的数据完全被填充后，RAIZN 会将单独区域的校验信息写回原地址，以避免在冗余阵列层维护映射表产生额外开销。

面向 ZNS 的内存交换技术 ZNSwap：当系统遭受内存压力的时候，系统会将内存中的一些页存放到底层的存储设备中来缓解内存的压力，随着存储技术的发展，现在内存交换技术不仅在内存快满的时候使用，也被用于内存扩展来优化系统的性能。但在传统的内存交换中，由于 SSD 对上层存储软件栈不透明，存在垃圾回收时对无效页的迁移，尤其是当设备利用率高的时候，严重影响 swap 区域的换入换出效率。而 ZNS 设备对主机透明，没有复杂的 FTL，并且消除垃圾回收，主机对设备有更高程度的控制。ZNSwap[21]实现了操作系统交换技术和 ZNS SSD 的协同设计，通过对交换空间进行细粒度的空间管理，实现自定义的数据管理和放置。同时，通过设计主机端的垃圾回收操作来替代 TRiM 指令，避免在交换时对无效数据的复制，消除了 TRiM 指令带来的性能开销。

目前，ZNS SSD 已经在 NVMe 2.0 规范中实现了标准化，这个规范是在原有分区设备规范的基础上，引入了 ZNS 设备的特性，例如区域容量、最大活动区域限制及区域附加功能等[22-23]。ZNS SSD 未来的发展还有许多可以探索的空间，例如，区域隔离性的进一步探究，包括在区域级别实现更严格的隔离，以避免不同应用或用户之间的干扰，并提供更好的数据保护和隐私性；区域尺寸的灵活性，当前的 ZNS SSD 将所有区域设定为相同的尺寸，但未来可以考虑引入灵活的区域尺寸。根据应用的需求和存储容量的分配进行更精细的调整，提供更高的灵活性和性能优化。此外，一个重要的问题是如何完善 ZNS SSD 的生态系统，以促进其广泛应用。如何在最小限度修改软件栈的前提下，使大多数应用程序能够方便地使用 ZNS SSD，这决定着以后主流存储设备能否从传统的 SSD 顺利过渡到 ZNS SSD。

闪存最终是什么样的架构，仍然是个开放的问题。但是，软件直管闪存的核心问题，即软件与硬件如何高效协同管理闪存以发挥闪存效率，仍将是架构探索中的关键。

14.2　存内计算

处理器和存储器是现代计算机系统的重要组成部件。近年来，处理器的性能增长迅速，存储器的访问速度提升缓慢，两者的不平衡性造成"存储墙"问题。在基于冯·诺依曼架构的计算机系统中，处理单元和存储单元相互分离，应用程序运行时需要频繁地在处理器和存储器之间搬运数据，消耗大量时间。另外，海量数据传输产生的能耗远高于计算能耗，成为系统能耗的主要"贡献者"，由此产生"功耗墙"问题。PIM（Processing-in-Memory，存内计算）技术的出现，为以上问题的解决提供了变革契机[24]。该技术将处理器和存储器紧密集成在一起，实现数据的就近计算，从根本上减少了数据的移动距离，有望在提升计算机系统性能的同时降低能耗。

14.2.1　近存计算

在现代计算机体系结构中，处理器与内存和外存彼此分离，它们之间的功能相互独立，计算机处理数据时，必须通过片外总线将数据传输到处理器中。然而，片外总线距离长且带宽有限，使数据传输成为处理器的性能瓶颈。近存计算在存储器附近放置了部分逻辑计算单元，从而可以在接近数据的位置进行运算，减少了代价高昂的数据移动开销。近存计算按照存储层次可分为近存储计算和近内存计算。

1.　近存储计算

近存储计算将对数据敏感的运算卸载到接近外存存储介质的运算单元中，可以降低计算机系统CPU和内存的负荷，提升应用的响应速度。目前SSD已经得到了广泛应用，因此基于SSD的近存储计算方案也吸引了研究学者的关注。例如，CSSD[25]采用软硬件协同的方法实现了可编程的计算SSD来加速图深度学习算法。它在SSD旁放置了一块具备计算能力的FPGA（Field Programmable Gate Array，现场可编程门阵列），使用FPGA进行图神经网络算法中数据的预处理操作，而且为相应的硬件设计了软件栈，负责将用户编写的代码编译为可在FPGA上运行的代码。阿里巴巴公司的AliFlash V5 SSD采用了近存储计算架构，在其关系型数据库场景中进行卸载加速，保持低延迟的同时提升了带宽。

2.　近内存计算

相较于SSD等外部存储介质，内存到处理器的距离更近，二者间的数据迁移开销也明显较低。然而，在一些带宽敏感的应用场景中内存无法满足需求，仍然需要近内存计算来提升性能。DRAM是目前应用最广泛的内存单元，常见的基于DRAM的近内存计算方案主要采用2.5D/3D堆叠技术或HBM（High Bandwidth Memory，高带宽内存）封装技术，在DRAM内部集成额外的计算单元。例如，学术界提出的Max-PIM[26]通过在DRAM内部集成同或（XNOR）电路支持完整的逐位布尔逻辑计算，并基于此以并行的方式实现了在DRAM中搜索最大值和最小值的功能，可在大数据排序和图计算等应用领域发挥作用；Spacea[27]则利用3D堆叠技术将计算逻辑集成到DRAM中，从硬件设计和数据映射两个角度面向稀疏矩阵-向量乘法设计了存内计算架构；TRiM[28]发现了DRAM数据路径具有分层的树状结构，在DDR4/5的各层级分别加入计算单元来扩充DRAM数据路径，可用于优化个性化推荐系统。在工业界，三星公司于2021年公布了在HBM存储中集成浮点数计算阵列、流水线解码控制单元及本地寄存器文件单元的可编程方案，大幅度地提升了计算性能并降低了功耗[29]。

14.2.2　存算一体化

除了在存储器附近放置计算单元实现近存计算之外，某些存储介质在已有的外围电路的支持下可以同时完成计算和存储的功能，基于这些存储介质设计的计算架构被称为存算一体化架构。根据存算能力的差异及存储介质的不同特点，存算一体化技术可以分为3个层次，如图14.3所示。由上到下，存算设备的计算延时逐渐增长，读写速度依次减慢，而存储容量不断增大。

基于SRAM的存算一体技术：SRAM通过切换晶体管的状态来存储数据，在通电的情况下，数据一直保持不变。由于SRAM的访问速度非常快，通常被用来作为计算机存储系统中的高速缓存。基于SRAM的存算一体技术可以直接在高速缓存中进行数据的计算，具有可靠性强、可扩展性高等优点。目前，该技术主要通过基于电压域和基于时域的模拟计算实现。在电压域方面，该技术一般会先使用 DAC（Digital-to-Analog Converter，数模转换器）将数字量转换为电压，然后通过电荷共享的方式实现计算，最后用 ADC（Analog-to-Digital Converter，模数转换器）将计算结果的模拟量重新转换为数字量。研究者以拥有 6 个晶体管的 SRAM 和计算单元为基础，通过输入电压的方式实现了多比特数据乘法运算[29]。在时域方面，该技术通常会使用线性的路径延迟或者脉冲带宽来表示多位数字。有研究使用脉冲宽度调制的方式设计了一款基于 8 个晶体管的 SRAM 三明治结构的存算一体设备，可以实现 DNN（Deep Neural Network，深度神经网络）模型的运算[31]。另外，国内创新性企业苹芯科技发布了自研的可商用 SRAM 存算一体单元 PIMCHIP-S200。九天睿芯基于 SRAM 推出了可广泛应用于视觉领域的感存算一体架构芯片 ADA20X。

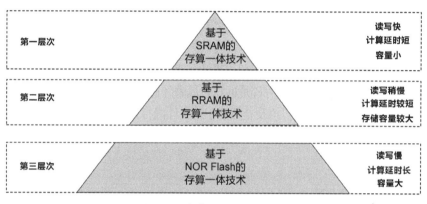

图 14.3　存算一体化技术分类

基于 RRAM 的存算一体技术：RRAM 是一种通过改变单元的电阻来存储数据的非易失性存储器，可以由一系列字线和位线连接 RRAM 单元组成交叉阵列结构。当向每条字线施加外部电压时，电流将依据基尔霍夫定律传递并汇集到位线。通过检测每条位线末端的电流，可以得到相应列的模拟电流总和。通过利用位线电流求和的特性并附加一些外围电路（如 DAC、ADC 等），RRAM 交叉阵列可获得以模拟量的形式执行本地向量-矩阵乘法运算的能力。近年来，基于 RRAM 的 DNN 存算一体化设计受到学术界和工业界的广泛关注。例如，PRIME[32]为 DNN 设计了基于 RRAM 的微体系结构和电路，用来支持模型不同层的运算，同时展示了如何将不同规模的模型参数映射到该架构的计算单元中。ISAAC[33]设计了一个流水线架构，实现了 DNN 模型不同层之间的并行执行，而且定义了新的数据编码技术，减少了 ADC 的开销。在工业界，台积电正在积极推进基于 RRAM 的存算一体架构落地应用，昕原半导体也以 RRAM 介质为核心投入大量经费来研发存算一体芯片，这些架构和芯片都可以作为人工智能应用新的基础支撑。

基于 NOR Flash 的存算一体技术：NOR Flash 是一种传统的非易失性存储器，其基本的存储单元主要为浮栅晶体管，通过引入电荷实现数据的存储。由于 NOR Flash 的制造工艺已经非常成熟且成本低廉，基于 NOR Flash 的存算一体技术有广阔的应用空间，引起了许多研究学者的兴趣。例如，一种多电阻等级的低功耗双端浮栅晶体管，可用于模拟神经计算[34]；一种带有数字输入/输出接口和可配置精度功能的低功耗模拟电路，对感知电路、DAC 和 ADC 进行了优化，可支持高能效的向量-矩阵乘法运算[35]。除学术界外，许多企业也致力于基于 NOR Flash 的存算一体技术的研发应用。美国的 Mythic 公司推出了模拟 AI 芯片 M1108AMP，可用于视频分析，视觉检测等领域；国内知存科技发布了基于 NOR Flash 的 WTM1001 智能语音芯片。

14.3 持久性内存

新型持久性内存以其高集成度、低静态功耗、数据掉电不丢失、性能接近 DRAM 等特性，为存储系统的发展带来了巨大机遇。然而，相比于磁盘、闪存等传统外存存储介质，持久性内存硬件具有明显的差异，如何构建持久性内存系统仍面临诸多挑战，这主要表现在以下方面：第一，软件栈开销高，持久性内存将持久性数据读写访问延迟从毫秒级降至纳秒级，而传统存储架构是针对外存设计的，持久化路径上的软件栈开销较高，难以发挥持久性内存的性能优势；第二，一致性开销高，持久性内存提供主存层次的数据持久性，而处理器的片上缓存系统依然是易失性的，系统故障可能导致持久性内存上的持久性数据处于不一致的中间状态，而传统的一致性技术往往会引入过高的持久化延迟，严重降低持久性内存系统的性能；第三，空间利用率低，持久性内存的价格明显高于传统外存，传统主存空间管理机制容易引入主存碎片，主存碎片问题将显著降低持久性内存的空间利用率，增加系统的成本。围绕上述关键问题，相关研究机构及企业基于持久性内存重构了各类存储系统，例如文件系统、键值存储系统、分布式存储系统等[36-38]。

14.3.1 文件系统

文件系统是操作系统中最基础的模块，它将设备存储空间以文件的形式组织为可索引的文件目录树，从而方便用户存取数据。为兼容现有的应用程序，将非易失性内存组织成文件系统是一种重要的技术途径。一种简单的方法是直接使用现有的外存文件系统管理非易失性内存空间，该方案能够快速实现性能提升，但是，其缺陷是软件开销大，难以充分利用持久性内存的硬件优势。具体原因体现在以下两个方面。一方面，操作系统的统一抽象带来的开销将掩盖持久性内存的高性能特性。操作系统在对文件系统进行统一抽象的时候，会屏蔽不同介质上的差异性，以此提供统一的接口。但是传统的外存延迟高、带宽低，这与持久性内存的特点相悖，因此，传统的文件系统的抽象并不能充分发挥持久性内存的性能。另一方面，持久性内存的字节寻址特性不能被充分利用。传统的文件系统是基于外存存储设备设计的，这些设备的访问粒度均为块；而持久性内存的访问粒度为字节，因此直接接入会导致严重的数据写放大问题，同时还会引入一致性管理难的问题。为了解决上述问题，现有研究主要从一致性保障、移除缓存和用户态文件系统 3 个方面开展了不同尝试，进而实现了文件系统性能的显著提升。

1. 一致性保障机制

为了解决持久性内存字节访问粒度和现有文件系统基于块设备设计不匹配的问题，微软研究院在 2009 年提出了字节寻址的持久性内存文件系统 BPFS[39]。BPFS 使用树状结构作为文件系统的基本数据结构。为了减少系统树状结构中级联更新所带来的额外开销，BPFS 充分利用持久性内存字节可寻址的特性，提出了短路影子页（Short-Circuit Shadow Paging）方式原子更新数据。同时，BPFS 还将顺序性和持久性解耦，减少了刷新缓存的开销。

英特尔公司在 2014 年提出的 PMFS[40]基于持久性内存的 8 字节数据原子更新的特性，重新设计了元数据更新的策略，如图 14.4 所示。对于小尺寸数据更新，PMFS 使用原地原子更新和细粒度日志追加机制；对于大尺寸数据更新，PMFS 采用了回滚日志和 CoW 混合的方式保证数据的一致性。

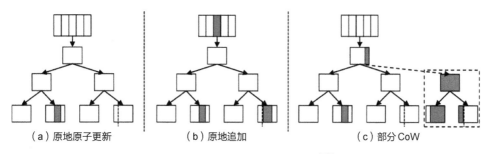

（a）原地原子更新　　　　　　（b）原地追加　　　　　　（c）部分 CoW

图 14.4　PMFS 的不同更新策略[40]

美国加利福尼亚大学圣迭戈分校提出的 NOVA[41]使用日志的方式来组织元数据。对于元数据的修改，NOVA 采用追加修改内容和原子更新指针的方式保证元数据的一致性。对于数据部分，NOVA 采用 CoW 机制。对于 rename 等涉及对多个日志结构进行修改的复杂操作，NOVA 采用日志机制保证这类操作的崩溃一致性。

2．移除缓存

由于持久性内存和 DRAM 的访问性能类似，操作系统针对外存访问设计的 DRAM 缓存不再高效，其引入的冗余的数据复制还会影响持久性内存的性能。相关研究从移除页缓存和移除元数据缓存两方面来解决这一问题。

Ext4、BtrFS 等传统文件系统增加了兼容持久性内存的直接访问模式，该模式允许用户直接访问持久性内存中的数据来移除页缓存。PMFS、NOVA、BPFS 等文件系统则使用内存映射的方式来移除页缓存。美国得克萨斯农工大学提出的 SCMFS[42]对数据组织进行优化，通过页表映射的方式，使文件系统中的文件有连续的地址空间，从而提高程序访问的性能。

ByVFS 则是直接在物理文件系统上对元数据进行操作，这样移除了元数据缓存，发挥持久性内存的优势以提升性能。

3．用户态文件系统

移除缓存能够一定程度上缓解 VFS 对于持久性内存的性能限制，但是 VFS 仍然会带来很多不必要的开销，如复杂的软件执行逻辑、粗粒度的锁管理等。Aerie[43]是首个基于用户态的持久性内存文件系统，它绕过了 VFS，充分发挥持久性内存的性能。Strata[44]也是在用户态实现的一种混合介质文件系统，它能够同时管理多种不同的存储设备，如持久性内存、SSD、HDD 等。清华大学提出的 KucoFS[45]可以在用户态访问持久性内存文件系统的文件数据，但仍将复杂的元数据处理逻辑卸载至内核完成。

14.3.2　键值存储系统

键值存储系统提供了针对单个键值的查询、插入、更新、删除等操作，因其良好的扩展性和实时性被广泛应用于网页检索、电子商务、社交网络等领域。持久性内存为构建大容量、高性能、低时延的键值存储系统提供了强有力的硬件支撑。目前，围绕持久性内存构建键值存储系统主要从索引结构、空间管理等方面展开。

1. 持久性索引结构

索引结构是键值存储系统中的重要模块，通过键快速查询对应的数据项以辅助键值存储系统。索引结构主要分为两类，一类是散列表，其特点是扩展性好、查询开销低，但仅支持单点查询；另一类是树状索引（例如 B+树等），其特点是将键值对进行有序组织，支持高效的范围查找，但是查询速度慢，树状结构维护开销大。目前，基于持久性内存构建数据结构主要需要考虑以下几个问题。

（1）读写不对称

持久性内存的读写延迟及带宽具有显著的不对称特征，并且存在耐久性方面的问题。标准的 B+树存在频繁的排序、平衡等操作，引入了大量的写开销，进而导致了严重的性能问题及磨损问题。

（2）一致性优化机制

在突然断电或者系统崩溃时，持久性内存中的数据结构可能出现不一致的状态，导致数据结构丧失查询功能，甚至丢失数据。因此，持久性内存索引结构必须提供高效的一致性保障措施。

针对索引结构的特点，研究人员通过系统提供的持久化原语，设计了更加精细的一致性更新策略。例如，CDDS-Tree[46]是惠普实验室针对非易失性主存设计的一致性 B+树。它为每个数据项分配了一个版本号区间。更新操作为每个更新的数据项生成一个新的版本，并将其插入到树节点的合适位置。针对删除操作，CDDS-Tree 通过版本号的设置便可轻松完成，且整个过程不影响旧数据项。在适当的时机，CDDS-Tree 才会回收这些旧数据项，从而保证它在发生系统错误时能找到正确的数据版本。然而，基于版本号的一致性更新机制会引发严重的写放大问题。因此，后续很多工作还进一步尝试了从不同方面减少 B+树的一致性开销，例如引入间接查询层、允许中间不一致状态等。

2. 空间管理

非易失性主存的空间管理主要包含分配和释放操作。在系统执行主存分配/释放操作的过程中，系统错误可能导致上述操作处于不一致的非法状态，从而导致系统重启后出现主存泄露或者野指针访问等问题。此外，非易失性主存的数据在系统关机后会被保留下来，同理，持久性内存碎片也同样被保留下来。如果系统缺乏一种有效的主存碎片处理机制，主存碎片会持续积累，严重降低非易失性主存的空间利用率。

为了减少主存碎片，英特尔的 PMDK 针对不同大小的主存分配操作采用了不同的分配策略。对于小于 256 KB 的分配操作，它采用分离适配策略，通过使用 35 种不同尺寸的分配类，将每个 256 KB 的超级块切割成多个更小的 8 字节倍数大小的主存块，满足一定区间的主存分配操作。虽然细粒度的分离适配策略在一定程度上减少了小于 256 KB 的分配操作所产生的主存碎片，但是大于 256 KB 的分配操作依然易于引入较高的主存碎片。

为了消除更细粒度的主存碎片，清华大学提出的 LSNVMM[47]将整个非易失性主存组织成一个日志结构。对于所有分配操作，它将新数据直接添加到日志末尾，而不是将主存超级块切割成固定大小的主存块，从而消除了大部分的内部碎片。此外，它通过迁移合法数据，回收未被使用的主存空间，将其组织成更大的连续区域，达到了消除外部碎片的目的。并且，LSNVMM 的碎片清理过程不需要中断整个系统的正常运行，对整个系统的性能影响较低。

14.3.3 分布式存储系统

随着持久性内存和高速网络技术（例如 RDMA 等）的发展，分布式场景下的网络和存储的硬件性能都得到了大幅度提升。但是直接将持久性内存和 RDMA 整合到现有的分布式存储系统中并不能发挥两者的性能。这是由于现有的分布式软件栈和分布式协议都是基于传统的网络和存储设备设计的，存在冗余和低效等问题。现有的研究对软件栈、分布式协议等进行重新设计，以充分发挥持久性内存和 RDMA 在分布式场景下的性能[48]。

1. 软件栈

虽然传统的软件栈的延迟开销对于外存访问而言并不明显，但随着持久性内存和 RDMA 的出现，传统软件栈的冗余设计所带来的开销变得不可忽视。清华大学提出的 Octopus[49]（见图 14.5）通过 RDMA 直接访问统一的分布式持久性共享内存池，以减少数据的冗余复制，并充分利用硬件的读写带宽；提出客户端主动式的数据 I/O 以减少服务器的 CPU 和网络负载；设计自识别远程过程调用协议实现低延迟的元数据访问。

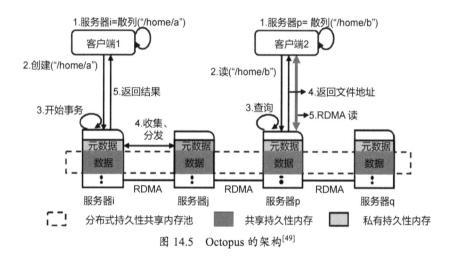

图 14.5 Octopus 的架构[49]

Orion[50]使用 RDMA 网络将 NOVA 单机文件系统扩展到分布式场景下。Orion 通过维护多个副本的元数据和数据以提高容灾能力，并在读取远端的日志时使用单边的 RDMA 原语，降低了服务器的处理压力。

2. 分布式协议

分布式协议是一组通信协议，用于在众多计算系统之间实现开放的、基于标准的互操作性，主要包括副本协议、缓存一致性协议和事务协议。

（1）副本协议

Mojim[51]基于 RDMA 实现了持久性内存系统的数据容错。主节点上的数据通过 RDMA 传输到镜像节点中的持久性内存中，减少了主节点的 CPU 刷写开销。同时镜像节点在后台将数据异步地备份至多个备份节点，以提供更高的可靠性。

（2）缓存一致性协议

Hotpot[52]基于分布式持久性共享内存的抽象为应用提供了简易的编程接口，使单节点应用可以充分利用分布式存储资源。Hotpot 采用本地缓存进行数据访问加速，并基于 RDMA 提出了两种分布式缓存一致性提交协议：第一种通过多阶段提交，支持不同节点对同一个缓存页进行并发的写操作；第二种通过集中式的锁服务，保证对于一个页，同一时刻只有一位写者。

（3）事务协议

微软提出的 FaRM[53-54]针对 RDMA 重新设计了基于乐观并发控制的分布式事务协议，其核心思想包括 3 个方面：首先，FaRM 采用无副本的协调者，这既消除了协调者状态的复制开销，又简化了系统恢复；其次，FaRM 将副本和事务合并到一层，协调者直接与所有的主副本和从副本进行通信，减少了系统软件开销；最后，FaRM 通过 RDMA 单边写原语将数据推入从副本，由此降低延迟。

14.4 在网存储

新型可编程网络设备支持软件定义网络包的处理过程，为存储系统设计带来了巨大机遇，其中最典型的代表是可编程交换机和智能网卡[55]。

可编程交换机的核心是专门定制的可编程网络处理芯片。该芯片基于可重配置的匹配表架构（Reconfigurable Match Table Architecture），包括多个高速硬件流水线。用户可以对如下 3 个部件进行编程：解析器（Parser），规定网络包的协议格式；寄存器数组（Register Array），高速 SRAM，用于存储数据，一般只有 10～20 MB 空间；动作匹配表（Match-Action Table），规定当流经交换机的网络包包头元素满足特定条件时（如 UDP 端口号为 11）时，交换机对该网络包进行修改和路由，并读写寄存器数组。现有的可编程交换机能够以线速转发网络包，聚合带宽可以达到 10 Tbit/s 以上。

智能网卡由网卡芯片和可编程硬件组成，其中可编程硬件主要有 3 种类型：ARM CPU、NPU（Network Processing Unit，网络处理单元）和 FPGA。这些可编程硬件可以处理网卡芯片接收/发送的网络包，其中 ARM CPU 的处理能力最弱而编程难度最低，FPGA 与之相反。

利用可编程交换机和智能网卡，研究人员设计了高性能的在网存储系统，在网络路径上执行存储系统的核心任务，例如数据协调、数据调度、数据缓存等[55-56]。

14.4.1 在网数据协调

可编程交换机是服务器之间通信的中枢，适合进行分布式存储系统中的数据协调，其中典型的代表有 Concordia[57]和 SwitchTx[58]。

Concordia 是清华大学提出的分布式共享内存系统。在分布式共享内存系统中，为了减少数据的远程访问，每台服务器具有本地缓存；如何保证不同服务器缓存之间的一致性是经典问题。现有的缓存一致性协议需要服务器之间进行昂贵的分布式协调，引入额外的网络往返和 CPU 开销，极大地降低了系统在数据共享时的性能。针对该问题，Concordia 利用可编程交换机，提出在网缓存一致性协议，如图 14.6 所示。具体来说，Concordia 在可编程交换机中记录缓存块的元数据，包括缓存块状态、持有缓存块的服务器列表等；当收到缓存一致性请求时，交换机根据对应元数据，准确地将请求路由至目的服务器集合。此外，Concordia 在可编程交换机内设计了高效的读写锁，用于序列化并发冲突的请求。由于可编程交换机内存容量有限，Concordia 设计了一种所有权转移机制，只让交换机处理活跃缓存块的一致性；对于不活跃的缓存块，它们的一致性由服务器维护。

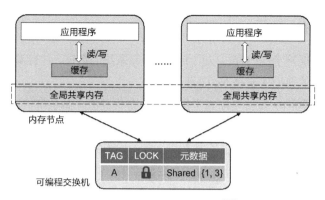

图 14.6 Concordia 的架构[57]

SwitchTx 是清华大学提出的分布式事务系统。分布式事务系统将数据划分在不同服务器中，并通过分布式并发控制和提交协议向应用提供事务语义。这些协议存在很高的协调开销，包括网络通信、CPU 排队等。这些开销在事务提交的关键路径上，会导致事务的高延迟和高冲突，严重降低系统性能。针对上述问题，SwitchTx 设计了可扩展的在网协调机制，将分布式事务协调过程抽象为多次"收集-分发"操作的组合，并将这些操作卸载到集群中的多个可编程交换机中，由此减少事务执行的网络跳数以及 CPU 开销。此外，SwitchTx 还将事务语义与网络流控结合，重新设计了事务的准入控制机制。SwitchTx 能有效降低分布式事务处理的网络开销，提升系统吞吐率并降低事务延迟。

14.4.2 在网数据调度

部分研究工作利用智能网卡调度数据请求，其中典型代表是 AlNiCo[59]。

AlNiCo 是清华大学提出的事务调度系统。近些年，事务处理系统的发展有两个趋势：第一，网络带宽有了明显的改善，单机系统有能力承载大量网络请求；第二，现代服务器的 CPU 核心数量越来越多，导致多核之间事务处理存在资源争用。这两个趋势共同构成了一个关键问题：如何将每个事务请求调度到最合适的 CPU 核心上执行，以提高多核服务器的并行事务处理能力？然而，在调度的同时还需要额外的计算开销。现有基于 CPU 的调度方法存在较大开销，难以满足事务处理的低延迟要求。而新兴的智能网卡为事务调度提供了机会：智能网卡位于请求处理的关键路径并且具有计算加速能力。AlNiCo 利用基于 FPGA 的网卡将事务请求智能地调度到不同 CPU 核心，以降低事务处理过程中的冲突，如图 14.7 所示。具体来说，AlNiCo 将事务请求、CPU 核心状态以及负载特征抽象为适合 FPGA 处理的向量，利用 FPGA 快速做出调度决策。AlNiCo 能够支持多种并发控制协议，以极低的延迟开销完成请求调度，降低事务处理时的冲突，提升系统吞吐率。

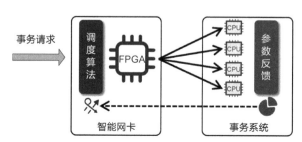

图 14.7 AlNiCo 事务调度系统[59]

14.4.3　在网数据缓存

可编程交换机和智能网卡的内存可以用于缓存存储系统的数据，由此减少网络往返开销，并提供高吞吐率服务。其中的典型代表是 NetCache[60]。

NetCache 是美国约翰斯·霍普金斯大学提出的分布式键值存储系统负载均衡方案。分布式键值存储系统将数据分散至多台服务器中，但由于数据的访问经常具有倾斜性，即部分热点数据会被经常访问，分布式键值存储系统会出现服务器之间负载不均衡的情况：某些服务器过载，无法及时处理用户的请求；而某些服务器接收的请求过少，资源空闲。针对该问题，NetCache 提出使用可编程交换机缓存分布式键值存储系统中的热点键值对，以缓解负载不均衡问题，具体架构如图 14.8 所示。NetCache 在可编程交换机中实现了热点检测模块，能够快速地判断热点键值对，并将其存储在寄存器数组中。当交换机收到用户的读请求时，若命中，则将交换机中的键值对返回；否则，该读请求会被路由至对应服务器；当交换机收到用户写请求时，若命中，则把交换机中的键值对标为无效，最后将写请求路由至对应服务器。由于交换机的吞吐率极高，NetCache 能够高效处理大量热点读请求，以保证服务器之间达到负载均衡的状态。

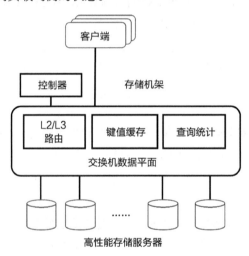

图 14.8　NetCache 架构[60]

14.5　智能存储

近些年，以深度学习为代表的 AI 技术在诸多领域取得了令人振奋的成果：DeepMind 公司的 AlphaGo 在 2017 年击败了当时世界排名第一的围棋冠军柯洁；OpenAI 公司于 2022 年 11 月推出了 AI 聊天机器人 ChatGPT，它在自动问答、文本生成等方面表现出媲美真人的能力。AI 的发展也为数据存储带来了新的机遇和挑战：一方面，运用 AI 技术可加速存储系统，即 AI for Storage；另一方面，AI 也需要高性能的存储系统进行支撑，即 Storage for AI。

14.5.1　AI for Storage

现有的研究工作利用 AI 技术，极大地提升了存储系统的适应能力和性能，主要包括学习索引、参数自动调优、启发式算法优化。

1. 学习索引

索引是存储系统的核心组件，用于维护数据的位置信息，常用的索引结构（例如 B+树）空间占用大、内存访问多。为了解决以上问题，美国麻省理工学院的研究人员于 2018 年提出了学习索引（Learned Index）的概念[61]，使用简单的模型替换原来的索引节点，其核心思想是让模型学习键的累积分布函数，利用模型预测键的分布位置，以计算代替在索引节点中搜索的过程。图 14.9 展示了学习索引的示例，当搜索键为 510 的数据时，直接计算 $H(x)$ 函数，获得目的数据的位置下标 1。相比于传统索引，学习索引的空间开销小，且节省了多次内存访问，可达到极低的访问延迟。原始的学习索引不支持插入、删除操作，面临着重新训练代价高的问题。为此，研究人员提出了多种方法，其中较常用的是引入临时缓冲区[62]：该方法需要将新插入的数据项写入临时缓冲区，然后周期性地将缓冲区中的数据通过重新训练合并到原有索引中。

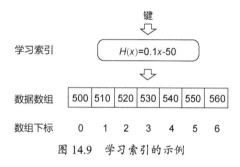

图 14.9 学习索引的示例

研究人员尝试将存储系统中的索引模块替换成学习索引，其中具有代表性的研究工作包括 Bourbon[63]和 XStore[64]。

Bourbon 针对的是 LSM 键值存储系统。如第 5 章所述，LSM 系统在外存设备上被组织成多个 SSTable，每个 SSTable 中包含了一定数目的有序数据项。为了减少 I/O 操作次数，LSM 在 SSTable 加入索引块（Index Block）记录索引信息。Bourbon 将 SSTable 的索引块替换成学习索引，以加速数据的查询。Bourbon 提出了若干高效使用学习索引的指导原则，例如倾向于对底层的 SSTable 进行学习，因为它们生命周期更长，不会造成频繁的模型失效和重建。

XStore 针对的是基于 RDMA 的有序键值存储系统。该类系统通常在服务器通过树状结构维护数据，客户端采用 RDMA 单边原语直接查询数据。为了减少网络往返次数，键值存储系统在客户端构建索引缓存（Index Cache），缓存键到数据远程地址的映射。传统的索引缓存由 B+树等结构构成，这样的结构会导致两个问题：首先是会占据客户端的大量内存空间；其次是引入了多次内存访问，导致延迟高，尤其是考虑到 RDMA 的网络往返时间极低，使延迟高的问题更加突出。为此，XStore 利用学习索引构建了高性能索引缓存，达到了极佳的性能与空间占用的权衡：与传统方式相比，XStore 可以用 20%的性能代价来降低 99%的内存占用[64]。

2. 参数自动调优

存储系统包含大量可配置的参数（例如 Ceph 分布式文件系统的参数数目超过 1500 个），这些参数会极大影响存储系统在不同负载和场景下的性能。传统的人工调优方案十分耗时，且需要相关人员具有丰富的经验；此外，调优结果很难移植到其他硬件平台上。为此，一些研究工作采用机器学习的方式对存储系统进行参数自动调优。这里主要介绍清华大学提出的 Sapphire 系统[65]。

Sapphire 为分布式存储系统推荐配置参数，其架构如图 14.10 所示，主要组成部分包括控制器和机器学习模型。控制器接受用户的设置，包括集群配置、最大迭代次数等。控制器管理分布式存储集群，通过执行控制命令使得配置参数值的更改在系统中生效。此外，控制器通过测试工具对存储系统进行测试，并将结果存入数据库中。机器学习模型由排名模型和优化模型组成。排名模型处理所有的测试结果，并根据它们对系统性能的影响生成参数排名列表。基于参数排名，优化模型使用高影响力的配置参数生成搜索域。在该搜索域中，优化模型找到最优的参数配置。Sapphire 采用了一种基于模拟的方法，通过小规模的测试集群来学习和建立优化模型，然后根据结果为大规模在线集群推荐最优参数配置。

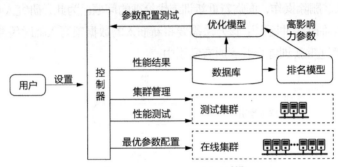

图 14.10　Sapphire 的架构[65]

3. 启发式算法优化

传统存储系统采用各类启发式算法，以提升系统效率，例如缓存替换算法、冷热分离算法等。这些启发式算法无法在所有场景下都获得较佳的效果。由于这些启发式算法的核心都是进行预测，例如预测数据冷热情况，因此十分适合运用 AI 技术。这里主要介绍谷歌提出的 Llama[66]及芝加哥大学提出的 LinnOS[67]。

Llama 是一款针对 C++程序的内存管理系统。在现有服务器应用中，C++对象的内存分配十分频繁，且生命周期短暂。因此，当采用大页（Huge Page）优化内存访问性能时，内存碎片化极其严重。Llama 在冷启动时对内存分配进行采样（包括上下文、用户层的一些数据等），预测对象的驻留时间，并利用系统运行时信息进行模型的持续训练。Llama 基于预测结果组织数据堆，以减少碎片化。为了解决推理时间过长的问题，Llama 将预测结果短暂地缓存在散列表中[66]。

LinnOS 旨在提升 SSD 存储系统的性能可预测性。SSD 内部存在诸多后台操作，例如垃圾回收、读修复等，会严重影响读写请求的访问延迟。LinnOS 通过神经网络对 SSD 的访问延迟进行预测，并当某次 I/O 的预测延迟较高时，撤销此 I/O，并将它重定向至其他 SSD，以此避免产生延迟尖峰。LinnOS 采用二元分类以提高预测的准确性，同时使用当前 I/O 队列长度、历史 I/O 队列长度、历史 I/O 延迟作为预测的输入，以减少神经网络的参数数目和计算量[67]。但是由于 LinnOS 采用离线预测，因此无法很好地适应工作负载的变化。

14.5.2　Storage for AI

训练数据集和模型参数的规模急剧增长，给存储系统带来了挑战[68]。一方面，加速器（如 GPU、TPU）的存储容量增长缓慢，难以满足机器学习任务日益增长的存储容量需求。另一方面，传统存储系统的读写性能远低于加速器的处理性能，使得存储成为性能瓶颈。因此，研究人员提出了多种专用存储系统，以高效支持机器学习任务中的各个阶段，包括数据加载、预处理及模型训练等。

1. 数据加载阶段

训练所需的数据集通常位于本地外存或远端存储系统中。在训练过程中，数据集被分批加载到加速器的内存中。现有系统常采用预取和缓存等方式提高数据加载的效率，其中典型的研究工作有 NoPFS[69]和 SHADE[70]。

NoPFS 是一款用于机器学习任务的数据加载框架，由苏黎世联邦理工学院提出。在分布式训练过程中，频繁的随机小数据样本访问会导致共享文件系统的阻塞，降低训练数据集加载性能。现有的数据加载框架通过修改访问模式或双缓冲等方式来提高数据加载效率，但是这些方式破坏了数据集训练的随机性或带来了额外硬件开销。针对该问题，NoPFS 利用伪随机数生成器的伪随机性，生成近似最优的预取和缓存策略。具体来说，NoPFS 使用给定的随机种子，预测数据集样本的访问时刻，并据此进行访问模式分析和性能建模，得到近似最优的样本预取顺序和路径，最后生成与之对应的缓存策略。

SHADE 是一款面向机器学习任务的数据缓存系统，由弗吉尼亚理工学院等机构提出。机器学习任务的数据访问模式对现有缓存策略不友好：机器学习任务采用随机采样策略进行训练，导致数据的局部性差。针对此问题，SHADE 基于数据样本重要性设计了新的数据集采样算法，在单轮中多次使用重要的数据样本，以提高数据的局部性。此外，SHADE 计算训练数据的重要性程度，缓存重要的数据样本，提高缓存命中率。

2. 预处理阶段

预处理速度需要不低于模型训练速度，才能减小对模型训练的影响，提高加速器的硬件利用率。预处理系统的典型代表是 tf.data[71]。

tf.data 是谷歌提出的针对机器学习任务的数据预处理系统，其架构如图 14.11 所示。机器学习任务使用 CPU 进行数据预处理，再将预处理后的数据传输到训练专用的加速器（如 GPU、TPU）中。但 CPU 的处理速度远低于加速器，导致预处理成为瓶颈。为解决此问题，tf.data 针对数据预处理设计了专用的 API 和运行时。具体来说，在 tf.data 中，中心化的任务分发器将预处理任务指派到多个节点执行，训练节点直接从多个预处理节点上获取预处理后的数据。此外，tf.data 还提供缓存操作，用户可以将预处理的结果缓存到本地存储设备中，由此降低重复预处理的开销。由于不同模型和数据集的预处理模式存在差异，tf.data 在运行时自动调优预处理的并行度和内存缓冲区大小，以最大化预处理性能。

3. 模型训练阶段

模型参数规模的增长速度远高于加速器存储容量的增长速度。为解决该问题，研究人员提出了在加速器间以分布式形式存储模型数据、使用异构存储介质扩充容量等方法。典型工作有针对稀疏模型的 Fleche[72]和 PetPS[73]，以及针对稠密模型的 ZeRO[74]和 Mobius[75]。

Fleche 是由清华大学提出的向量化（Embedding）表缓存方案。基于深度学习的推荐模型含有多张包含海量稀疏参数的向量化表，带来的大量不规则稀疏 DRAM 访问已成为推荐模型的主要性能瓶颈。现有系统在 GPU 内存上缓存热点参数以减少 DRAM 访问。然而，现有的缓存方案空间利用率低、GPU Kernel 维护开销高。为解决上述问题，Fleche 使用基于霍夫曼编码的方式重编码特征 ID，并将所有的 embedding 表进行统一管理，以捕捉全局热点、提升命中率。此外，Fleche 提出一种自识别的 Kernel 融合技术，减少 Kernel 的维护开销。

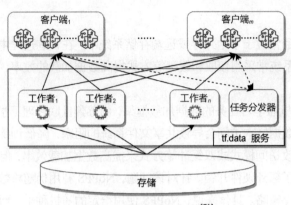

图 14.11 tf.data 的架构[71]

PetPS 是由清华大学提出的基于持久性内存的参数服务器系统。现代工业级稀疏大模型的参数量已达万亿级。为提供实时的参数访问，现有方案将这些稀疏大模型存储于多台参数服务器的 DRAM 之中。然而，随着模型参数量的不断膨胀，DRAM 带来的存储成本高、崩溃恢复时间长等问题日益严重。PetPS 使用高性价比的持久性内存存储稀疏大模型的参数。为了克服持久性内存读延迟高的问题，PetPS 设计了一个专用散列索引，通过预取等机制最少化持久性内存的读取次数。此外，PetPS 将参数序列化任务卸载至网卡，从而提升 CPU 效率。

ZeRO 是由微软提出的大模型训练系统。在传统的数据并行训练模式中，每张 GPU 中存储着完整的一份模型，数据被切分到不同的 GPU 中用于训练。但随着模型规模的不断增加，单张 GPU 无法存储完整的模型。为解决此问题，ZeRO 将单个模型参数分片存储到多张 GPU 中。在模型某一分片训练前，含有该分片的 GPU 将模型参数广播到所有 GPU。一张 GPU 完成训练后，梯度被传输到负责存储该分片的 GPU 中进行梯度聚合，最后进行参数更新。

Mobius 是由清华大学提出的针对消费级 GPU 的大模型训练框架，其架构如图 14.12 所示。在消费级 GPU 服务器中，通信链路带宽远低于 GPU 内存带宽，且多张 GPU 共享通信链路带宽。因此，ZeRO 频繁的集合通信会带来巨大开销，影响训练效率。为解决该问题，Mobius 利用服务器中的异构存储资源以满足大模型训练的存储需求，并使用流水线训练的方式降低训练的通信开销。此外，Mobius 对计算和通信进行建模，使用混合线性规划的方法得到最优的模型切分方案。

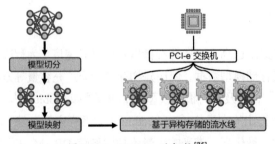

图 14.12 Mobius 的架构[75]

14.6 边缘存储

随着物联网及 5G 网络等技术的成熟与普及，边缘设备急剧增加，所产生的边缘数据呈现爆炸式增长。为了高效存储这些数据，边缘存储这一新型范式正发挥重要作用。边缘存储将数据分散保存在邻近的边缘存储设备，可以大幅度缩短产生数据的终端、计算设备、存储设备之间的物理距离，提供高速低延迟的边缘数据访问能力，为海量物联网数据存储带来了新的机遇。然而，边缘存储也面临供电、空间、算力、通信等方面的限制，实时存储和处理边缘数据面临严峻的考验。

为克服上述挑战，工业界和学术界对边缘存储系统进行了广泛的设计和研究。在工业界，腾讯设计了适用于边缘场景的存储一体机 TStor；三星推出了具备计算能力的存储设备 Smart SSD；华为采用超融合设备 FusionCube 作为边缘数据存储的基础设施；阿里巴巴研发了 OpenYurt 软件平台支持边缘存储管理。在学术界，清华大学、加利福尼亚大学洛杉矶分校及哥伦比亚大学等研究机构在边缘存储设备[76]、边缘存储软件和协议[77-79]，以及边缘数据的组织和检索[80]等方面对边缘存储系统展开了相关研究。

14.6.1 边缘存储设备

边缘存储设备是保存数据的物理载体，其固有的硬件资源数量是影响数据存储性能的关键因素。然而，边缘存储设备的存储和计算资源有限。另外，数据感知端、存储单元和计算单元之间较长的数据路径进一步降低了数据实时存储和访问的能力。为了解决上述问题，研究人员面向边缘场景提出"感存算融合"的概念，将感知接口、存储单元和计算器集成在一个设备上，通过减少数据物理传输路径的方式降低数据的存储和访问延迟。

研究工作者对感存算融合设备进行了深入的探究，其中具有代表性的工作是 TH-iSSD[81]。TH-iSSD 是清华大学设计的感存算融合设备，其架构如图 14.13 所示。首先，该设备将数据感知器、存储单元和计算加速器的控制逻辑集成在一个硬件控制器中，使得数据移动的成本降至最低。同时，TH-iSSD 具有高度可重构性，在给定部署需求下，TH-iSSD 的传感元件和计算加速器可以被替换，以满足不同场景下电源和应用逻辑的要求。其次，高速闪存存储器具备读写性能不平衡、写前需擦除等特征，使得存储器的性能得不到充分利用。为了应对上述挑战，TH-iSSD 引入了优先级感知的并行 I/O 调度机制，请求调度器以细粒度的方式动态地对 I/O 请求重新排序，充分利用了存储器的内部带宽。最后，现有的感存算融合设备通常将存储器作为没有文件系统的原始块来管理数据，需要修改大量的主机代码来发挥设备的能力。为了改变现状，TH-iSSD 提供了易于使用的文件抽象，使用户不用考虑数据放置而只关注应用的计算逻辑。

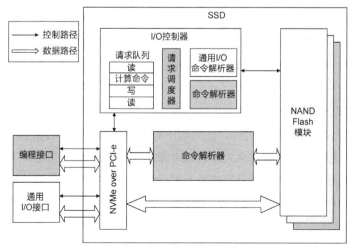

图 14.13 TH-iSSD 设备的架构[81]

14.6.2 边缘存储I/O栈

边缘存储I/O栈负责处理边缘设备中数据的I/O请求，由具有层次结构的软硬件组件共同组成，包括用户空间、文件系统、页缓存、通用块层、设备驱动与块设备等，其主要目的是为应用程序提供与存储设备（如硬盘驱动器、固态硬盘等）的数据交互功能。

对边缘存储I/O栈进行高效的抽象化设计与管理极具挑战性，主要原因在于边缘设备的异构性。边缘设备通常具有不同的硬件配置和操作系统，因此，边缘存储I/O栈需要为不同的设备设计匹配的驱动程序与应用接口，使应用程序可以运行在不同的设备上。

研究人员尝试为异构的设备设计统一的存储I/O栈，其中具有代表性的研究工作是λ-IO[82]。λ-IO是清华大学为边缘存储设备设计的I/O栈，其架构如图14.14所示。λ-IO从接口、运行时与调度3个方面展开设计，实现了高效管理计算和存储资源的目标。在接口方面，λ-IO在主机和设备上扩展了I/O栈，为应用程序扩展了额外的编程接口。除了支持原本的I/O操作以外，应用程序还可以在读取和写入数据期间提交λ请求来定制计算逻辑、加载和调用计算逻辑。通过扩展接口，开发人员仍然可以使用他们熟悉的编程风格来访问和处理文件数据，从而隐藏计算任务的执行和调度细节。在运行时方面，λ-IO在传统的I/O栈基础上，通过对eBPF（Extended Berkeley Packet Filter，扩展的伯克利包过滤器）进行改进，使其跨越了主机和设备的边界，支持指针访问与动态长度循环，并引入额外的信息以支持动态验证。在调度方面，λ-IO采用动态请求调度，它针对内核与存储设备的请求执行时间进行建模，快速地将请求发送到更快的一侧以实现高效调度的目标。

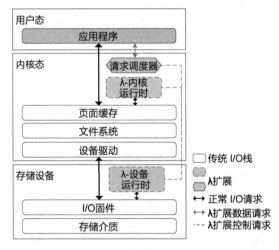

图 14.14　λ-IO 的架构[82]

14.6.3 边缘数据组织与检索

边缘数据的组织和检索是指在边缘存储架构中对存储在边缘设备或边缘服务器上的数据按一定的结构进行存储，并依据某种方法从大量数据中查找的过程。分布式键值存储是一种以键值对形式组织数据，且可以通过键来查询所需数据的典型存储系统。由于其低延迟的存储和访问特性，非常适合应用于边缘数据存储系统。现有的分布式键值存储常采用随机数据放置策略，如一致性散列和散列槽分片。然而，随机数据放置策略忽略了数据存储客户端及其发出的键值访问请求具有随时间变化的特征，导致使用该策略的系统平均请求延迟较长。

为了缓解上述问题，许多研究工作针对数据放置策略开展优化，其中具有代表性的研究工作是 PortKey[83]。PortKey 是一种根据客户端时变移动性和数据访问模式执行动态自适应数据放置的分布式键值存储，它解决了现有分布式键值存储设计无法适配边缘存储随环境高动态变化的问题。PortKey 明确了边缘应用程序的时变移动性和延迟模式，将数据放置形式化为一个在线优化问题，采用贪心算法以实现与最优决策相近的快速放置。PortKey 主要包括数据收集和数据放置决策两个过程。在数据收集时，PortKey 采用一系列轻量级技术生成简洁的延迟草图。具体来说，PortKey 首先探测客户端与服务器之间的端到端延迟，在随后的时间窗中，当客户端移动时通过位置感知技术触发重新收集延迟信息的功能。在数据放置决策过程中，PortKey 采用自适应求解器单独地对键进行操作，并通过贪心策略分配，以此解决主机存储约束。该分配优先考虑对整体数据存储性能影响最大的键值对，即在存储需求和访问频率中做出权衡。例如，一些被频繁访问但仅由单个客户端访问的键，直接跳过自适应求解器。这种贪婪的启发式算法放弃了最优放置，以换取快速放置。

图 14.15 展示了 PortKey 的工作流。PortKey 作为一个软件模块被集成在现有数据存储系统之上。其中，客户端数据存储用于跟踪每个键值访问请求，并支持智能地监控客户端与服务器之间的端到端延迟。这些数据访问和延迟信息将以应用程序定义的窗口大小上传到自适应放置引擎。在接收到所有客户端的信息之后，自适应放置引擎首先计算全局网络距离矩阵。放置求解器将该矩阵与客户端访问键的集合相结合，执行快速近似全局最佳的键值放置，并向适当的数据服务器发出迁移指令。

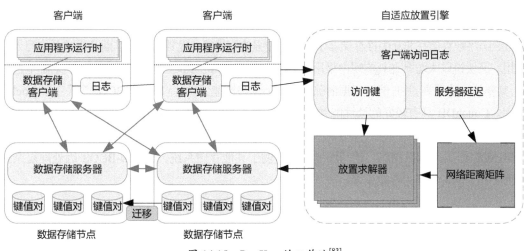

图 14.15　PortKey 的工作流[83]

14.7　区块链存储

区块链涉及密码学、P2P 网络、共识算法及智能合约等多种技术，具有去中心化、防篡改、可追溯等特性。近几年区块链技术发展迅速，其应用也由最初的数字货币、金融服务，扩展到医疗、教育、政务、供应链、版权保护、物联网安全等诸多领域，展现出巨大的价值。目前，基于区块链的应用多是采用分布式存储来实现安全的可信存证及查询溯源等功能。然而，区块链存储系统仍存在着诸多不足，如存储效率低、存储开销巨大、查询速度慢等问题，这些问题一直制约着区块链的发展，成为区块链应用落地的障碍。

14.7.1 区块链存储系统简介

典型的区块链使用文件系统、键值数据库及关系型数据库等存储系统保存数据。不同的区块链根据其设计特点、数据用途和访问频次情况选择不同的存储系统，表 14.1 总结了经典区块链使用的数据存储系统及特征。

表 14.1 典型区块链存储系统

存储系统	关系型语义	存储数据内容	读写速度均衡性	典型区块链的使用
文件系统	最弱	区块数据	写密集	比特币等
LevelDB	弱	区块数据、索引数据、状态数据	写密集	比特币、以太坊等
RocksDB	弱	区块数据、索引数据、状态数据	读写较均衡	FISCO-BCOS 等
CouchDB	较强	状态数据	读密集	Hyperledger Fabric 等
MySQL	强	区块数据、索引数据、状态数据	读写均衡	FISCO-BCOS 等

文件系统主要存储区块数据，一般将区块数据进行二进制编码后存储在文件中，按照文件编号查找数据，其写性能尚可，但读性能比较差。例如，比特币[84]使用文件系统存储区块数据。

键值数据库基于键值结构设计，常见的键值数据库包括 LevelDB、RocksDB 及 CouchDB。LevelDB 和 RocksDB 通常被用来存储区块链上的区块数据、索引数据和状态数据。LevelDB 通过 LSM 树将数据分批、顺序地存储在非易失性存储器中，具有较强的写性能，尤其适用于早期区块链系统写入密集型应用。区块链以太坊[85]在其实现中采用了 LevelDB 数据库。RocksDB 在 LevelDB 的基础上进一步完善，其整体性能更高，并且能够根据情况灵活调节读写性能。区块链 FISCO-BCOS[86]采用了 RocksDB 数据库。CouchDB 具有较好的读性能并且支持复杂查询，被 Hyperledger Fabric[87]区块链用来存储状态数据。

MySQL 是关系型数据库，读写性能均衡但弱于其他存储系统。FISCO-BCOS 因处理复杂查询场景而使用 MySQL 作为存储引擎。

14.7.2 区块链存储系统优化

目前，区块链在行业中的应用主要包含溯源和存证两类，二者关系到链上数据的存储及查询。在存储方面，完全去中心化的区块链采用节点账本的全备份来保持数据一致性。即便这种多节点高冗余机制给区块链带来了全网数据一致、及时更新和共享的优点，但也带来了节点存储数据量大的问题。在查询方面，绝大多数区块链系统使用块链式结构，该结构的优点是通过散列链可以有效防止篡改，但也带来了倒查追溯效率低的问题。针对以上两个关键问题，目前主要采用的优化方案如下。

1. 链上内容裁剪

位于区块链账本中的部分数据的存储价值低，主要原因在于这些数据存储时间久、使用频次低。为了缓解节点存储数据量大的问题，可以删除一些久远的、很少使用的数据，并将删除操作作为一条交易记录保存在链上。例如，在比特币钱包中，开发者设计了一种区块数据的修剪策略来应对存储容量大的挑战。该策略通过先构建完整的 UTXO（Unspent Transaction Output，未花费的交易输出）集合，然后丢弃历史交易数据（即删除旧数据），达到节省本地存储空间的目的。

2. 区块链分片

为了缓解数据处理和存储压力大的问题，分片技术应运而生。该技术将大量的数据分别保存在不同的服务器中，每个服务器负责计算本地数据。区块链借鉴上述思想，将跨多个节点的区块链划分为多个小组，每个小组内的节点形成单独的且规模较小的区块链，即一个区块链分片。区块链系统中产生的交易按策略分配到各个分片中，由片内的节点处理。因此，采用区块链分片技术拥有诸多的优势：第一，单一节点不需要存储和处理全部的交易数据；第二，整体的性能并不受限于单一节点的能力；第三，区块链系统可以并行处理多笔不同的交易。

3. 区块存储结构优化

区块链使用的存储系统会显著影响数据的存储性能。链上分布式数据存储系统 UStore[88]综合了众多数据库和分布式系统的优势进行改进，通过构建类似 Git（一种流行的源代码版本控制系统）的数据结构，实现了比一般键值存储系统更好的性能和更丰富的查询功能。此外，在 UStore 存储系统的基础上改良而设计的 Forkbase[89]存储引擎，可以存储数据的多个版本，每个版本有唯一标识的数据内容。另外，ForkBase 在存储结构中引入了面向模式的分裂树结构，能高效确定并消除重复数据，以此降低系统中的数据冗余。

4. 链下存储支持

辅助存储通过结合链下存储系统来优化区块链。其核心思想是区块链上只存储有限的关键数据，大部分数据转存到链下存储系统。为了方便查询链下数据，需要在链上建立这些数据的索引信息。访问数据时，首先在链上查询链下数据的索引，然后到链下存储系统读出相应的数据。该方法利用了辅助存储系统容量充足的优点缓解了链上数据存储的问题。

14.8　分离式数据中心架构

随着全球数据的指数级激增，数据中心在存储和管理数据方面正面临空前挑战，基于服务器架构的传统数据中心在资源利用率、扩展性、性能等方面的缺陷日益显著，已经愈发难以满足业务需求。近年来，一种分离式数据中心架构得到了学术界和工业界的广泛关注：该架构下，硬件资源被拆分为不同的硬件资源池（例如处理器池、内存池、存储池等），并通过高速网络互连；管理员可以按需扩展特定的硬件资源池，且各类硬件资源可以在不同应用间灵活共享。然而，分离式数据中心架构在访存模式、存储层级、容错模型、软件开销等方面呈现出显著差异，这为构建分离式架构友好的系统软件带来了新的挑战[90-91]。

14.8.1　背景

为存储大规模数据，传统数据中心将服务器节点通过网络互连以支持动态扩展。然而，不同大数据业务对各类硬件资源的需求具有显著差异，导致以服务器为最小单元的扩展方式出现了资源利用率、扩展性、性能等诸多方面的问题[90-91]。

（1）数据保存周期与服务器更新周期不匹配

人工智能、大数据等应用产生了海量数据，这些数据需按照其生命周期策略（例如8～10年）进行保存。而在传统的数据中心中，服务器的换代周期由处理器的升级周期（例如3～5年）决定。这种数据生命周期与服务器更新周期之间巨大的差异导致系统资源被大量浪费，服务器中的存储资源可能会随CPU升级而淘汰，为此需要进行相应的数据迁移等。

（2）内存资源在时空维度的不均衡

内存资源占用了服务器较大部分（可达50%）的成本，但由于存在时空维度的不均衡现象，其资源利用率极低：谷歌公司集群的内存利用率平均仅为45%；阿里巴巴集群的内存利用率也不足65%。具体而言，从时间维度上看，一台服务器的应用进程对内存的需求会随时间变化，而通常服务器会按照峰值需求配置内存容量，因此大多数时间会存在内存闲置的情况；从空间维度上看，同一个时刻，不同服务器的内存使用量差异很大，这表明了整个数据中心层次的内存浪费。

（3）云原生应用对计算和存储的弹性诉求

随着云原生应用（如云原生数据库、Serverless应用）的发展，其对弹性资源分配的诉求日益增多。具体而言，对于存储资源，云原生应用希望其能够根据数据量无穷地扩展；而对计算资源，则希望能够按照请求的密度进行细粒度分配。例如，在云原生数据库中，数据被存储在后端对象系统中，而执行事务操作的虚拟机根据SQL请求的流量动态地添加或移除数据；在Serverless应用中，每个函数请求会创建独立的容器。

（4）昂贵的数据中心税

云数据中心通过虚拟化技术将物理资源出售给租户。然而为了灵活地提供各类新的需求（如数据加密和压缩），每台服务器会耗费大量的CPU资源用于网络和存储的虚拟化。例如，谷歌公司数据中心运行基础设施软件所缴纳的"数据中心税"高达30%。这带来了3个方面的问题：首先，这些被消耗的CPU资源无法出售给租户，影响云服务商的盈利；其次，由于与前台任务共享缓存等资源，这些基础设施软件会影响正常应用的性能；最后，通用CPU的性能增长远慢于I/O外设，难以持续提供高性能虚拟化。消除数据中心税的一个主要思路是使用专用处理器卸载基础设施任务。然而，传统服务器架构以CPU为中心，专用处理器作为外设难以高效地访问服务器中的其他资源。

14.8.2　架构特点及关键技术

为了应对传统数据中心架构在资源利用率低下、灵活性不足等方面的问题，分离式数据中心应运而生，其架构如图14.16所示[90]。分离式数据中心架构将硬件资源按类别拆分为不同的硬件资源池，并通过高速网络将这些资源池互连。其中，内存池主要包含DRAM资源，用于为应用提供低延迟的临时数据保存（例如进程空间的数据）。存储池包含低速的HDD资源和高速的SSD资源（NAND介质或者Optane介质）。考虑到持久性内存同时具有字节寻址和持久化的能力，它可用于扩展内存池的容量或提升存储池的性能[90-93]。计算资源池主要包括CPU池、GPU池、FPGA池及其他异构计算资源。在网络互连方面，RDMA支持计算资源池直访内存池和持久性内存池；NVMe-oF支持计算资源池直访HDD池和SSD池；而CXL网络支持所有资源之间的互相访问，但其扩展性低于其他两种网络技术，因此更适合于小规模的数据中心。

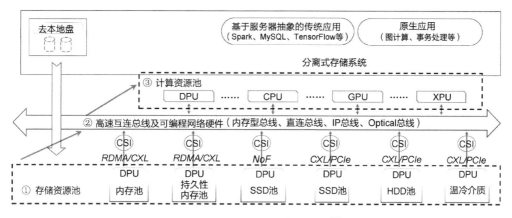

图 14.16　分离式数据中心架构[90]

为了避免 CPU 每次读写内存都触发网络访问，在分离式数据中心架构中，计算资源池中的处理器会配备少量的本地内存用于缓存，以减少网络访问。与之类似的是内存和存储池通常会配备少量的计算资源（如智能网卡中的 ARM CPU 核心），用于执行一些管理任务（如空间分配、垃圾回收）。在分离式数据中心架构下，由于硬件资源的分离，网络扮演了至关重要的角色：数据在网络路径上流动，并在不同硬件资源之间进行交换。为了加速网络路径，分离式数据中心配备了智能网卡、可编程交换机等可编程网络设备。其中智能网卡可作为各种资源池的控制平面，执行资源初始化、异常处理等任务，并对虚拟化等基础设施进行卸载，降低 CPU 资源消耗。而可编程交换机具有线速的处理能力和中心化的位置，可加速分布式硬件资源之间的协调，以减少分离式数据中心的软件开销。

相较于传统架构，新型存算分离架构最为显著的区别在于更为彻底的存算解耦，该架构不再局限于将 CPU 和外存解耦，而是彻底打破各类存算硬件资源的边界，将其组建为彼此独立的硬件资源池（例如计算资源池、内存池、HDD/SSD 池等），从真正意义上实现各类硬件的独立扩展及灵活共享；更为细粒度的处理分工，即打破了传统以通用 CPU 为中心的处理逻辑，使数据处理、聚合等原本 CPU 不擅长的任务被专用加速器、DPU 等执行，从全局角度实现硬件资源的最优组合，进而提供极致的能效比。相比于传统数据中心，分离式数据中心架构具有如下优势。

（1）高资源利用率

通过将硬件资源分离，构成共享的资源池，不同的应用可以分时复用所有的内存和存储资源，因此此时只需按整个数据中心（而不是传统的服务器粒度）的使用峰值来配备各类资源；同时，不同种类的资源可以独立扩展：当扩充某类资源（例如内存）时，无须像服务器架构一样添加其他资源（例如 CPU），以最小化资源的浪费。

（2）高灵活性

在应用侧，单个应用在执行过程中对各类资源的需求量会不断变化，分离式数据中心架构可以快速地将数据中心的空闲资源分配出来，提供给需要的应用，由此快速应对负载的变化（例如突发流量），以达到应用的极致弹性；在硬件侧，随着摩尔定律逐渐失效，数据中心开始采用各类异构的加速器（例如 TPU、FPGA）。在传统服务器架构下，服务器主板上的插槽是固定且数量有限的，难以应对未来新型异构算力的不断增加，而分离式数据中心架构抛弃了服务器的概念，当需要引入某类新设备时，只需构建对应的资源池，并将其连入网络。

（3）低数据中心税

分离式数据中心打破了以 CPU 为中心的传统架构，各类算力均能同等地访问网络、内存、存储等资源。因此，在分离式数据中心架构下，虚拟化等基础设施可以很容易地卸载至 FPGA、智能网卡等中，由此大幅度释放 CPU 资源，显著降低数据中心税。

分离式存储系统对存储资源池进行统一管理，并将其提供给计算资源池中的处理器使用。构建分离式存储系统涉及如下具有挑战的关键技术。

（1）接口抽象

内存资源池需要提供某种接口抽象，将内存空间暴露给远端的应用、运行时、操作系统和处理器硬件。其中最关键的设计准则是如何在性能和兼容性之间权衡。现有的分离式内存接口抽象主要有基于操作系统内存交换机制、基于内存访问自动均衡（AutoNUMA）、基于专用用户库、基于 JAVA 运行时等途径，它们在互连技术、兼容性、页最小管理粒度、性能等方面各具差异，表 14.2 详细对比了其差异。

表 14.2　接口抽象的差异

接口抽象	互连技术	兼容性	最小管理粒度	性能	额外开销
内存交换机制	RDMA	高	内存页（4 KB）	低	缺页中断处理软件栈开销
AutoNUMA	内存语义总线（CXL）	高	内存页（4 KB）	中	热点页扫描开销
专用用户库	RDMA	低	任意粒度	高	无
JAVA 运行时	RDMA	高	任意粒度	中	JAVA 运行时软件开销

（2）数据交换

为了减少网络访问，需要充分利用计算节点的小容量本地内存。此时，数据交换技术显得尤为重要。内存交换的主要目标是将热点数据存放在计算节点的本地内存，而将访问不频繁的数据存放在远端内存空间，这主要涉及精准的热点内存信息采集、高效的数据迁移机制、及时的数据预取策略等关键环节。大部分应用通过 CPU 指令访问分离式内存，此过程系统软件无法直接介入，因此缺乏相应的时机统计相关的访存信息。目前主要包括软件插桩、页表标记位、CPU 硬件计数等几类热点内存数据的追踪机制。当准确获得了当前应用程序访问页的冷热分布情况后，需要根据页的实际存储位置执行数据迁移，将访问频繁的页从远端内存读取至本地，同时将本地访问不频繁的页逐出至远端。现有工作主要关注迁移时机、通路选择、前后台协调等问题。数据迁移机制是根据现有的热点信息调整内存页在近远端的摆放，而数据预取策略则是根据当前的访问特征预测未来可能发生的数据访问操作，并提前将对应的页存放至本地内存。在分离式内存中，预取页需要跨网数据传输，预取出错代价很高，因此预取的准确性极为重要。

（3）分离式内存管理

当内存资源被多个计算节点共享使用时，需要高效的数据管理技术保证并发读写的正确性，包括如何设计并发索引、分布式事务协议及数据分区策略。与传统内存不同，内存池的计算能力有限，分离式内存中的索引及协议一般使用 RDMA 单边原语来完成。如何设计 RDMA 友好的数据结构、如何协调并发操作是设计针对分离式内存管理的主要挑战。

（4）分离式文件及对象管理

与内存资源管理不同，管理外存资源时需要提供给上层应用的语义更丰富，包括对象接口及具有目录树结构的文件接口。此外，作为存储系统，还需要考虑可靠性、持久性等重要指标。由于存储池的计算能力有限，如何做到轻量而高效的对象及文件管理十分关键。

（5）智能硬件卸载

分离式数据中心配备有可编程交换机、智能网卡等可编程网络硬件。分离式存储系统可利用这些硬件进行数据管理、分布式协议等的卸载，由此减少软件开销并提升性能。在分离式架构中，内存节点的算力较弱，导致计算节点大多通过单边 RDMA 访问远端内存。然而，RDMA 的语义有限，只支持读写和原子指令，所以在一些复杂场景会导致大量网络往返，降低系统性能。为此，一些研究者利用存储资源池配备的智能网卡、可编程交换机、DPU 等扩展分离式架构下的 RDMA 语义及存储协议。

14.8.3 未来趋势

分离式内存架构还具有以下几个研究趋势。

（1）分离式内存的进程容错

在传统数据中心内，对于一个进程而言，其内存空间对应的物理资源仅保存在本地服务器中；然而，在分离式数据中心架构下，一个进程的内存会保存在内存池中的多个内存节点中，这不可避免地扩大了进程的故障域（Failure Domain）：当某个内存节点崩溃，对应进程就会由于丢失内存数据而无法运行。因此，进程容错是分离式数据中心架构中的关键且极具挑战的问题。传统的副本机制需要成倍的内存使用量，这与分离式数据中心架构的一大初衷——提高资源利用率背道而驰，因此，目前有少量研究工作利用纠删码机制支持进程的容错。这些研究工作激进地将所有位于内存池的数据进行容错，并未考虑到某些数据本身是可恢复的，例如在存储池中存在检查点或快照的数据。因此，未来的研究需要对内存数据进行选择性容错，在保证系统高可靠的同时最小化容错开销。对于纠删码等容错机制，可以卸载至智能网卡等可编程网络设备上进行加速。此外，需研究当计算节点失效后如何快速将其上的进程迁移至其余正常的计算节点。

（2）异构网络下的系统设计

在未来的分离式数据中心架构中，资源池之间互连的网络必定是异构的，例如在机架层，机架内部的服务器通过 CXL 网络共享访问 CXL 内存设备；在集群层，通过 RDMA 网络，不同机架内的服务器可以互相访问内存。而不同的网络在性能、接口方面的特性具有较大差异，例如 CXL 网络延迟低、操作同步且支持原生的 Load/Store 指令，而 RDMA 网络延迟较高、操作异步且以传统外设 I/O 的方式进行远程读写。因此，研究者需要思考如何根据异构网络拓扑，将内存资源和存储资源分散至不同网络层级。考虑到存储资源本身的异构性（持久性内存、高速固态硬盘、慢速磁盘等），如何协同异构网络和异构存储也是个重要问题。在异构网络之下，应用程序依赖的编程模型也需要重新考量：是让操作系统进行统一管理，还是将网络属性直接暴露给上层应用。

（3）异构算力下的系统设计

现有关于分离式数据中心架构的研究，主要涉及内存资源和存储资源的管理，而较少关注计算资源。随着云计算、人工智能的普及，数据中心存在大量的异构计算资源，如 CPU、GPU、FPGA 和 AI 加速器等。在分离式数据中心架构下，这些资源被聚集成对应的异构计算池，如何充分发挥出它们的最大性能是关键的研究问题，主要研究挑战包括两方面：首先，对于某个计算任务，如何将不同异构计算池的算力进行封装以供使用，同时支持算力的动态调配；其次，异构资源池需要通过高效的方式与内存池和存储池进行数据交换，即如何抽象远程的内存和存储资源，让 GPU、FPGA和 AI 加速器等异构计算设备能够快速的定位、检索、读写数据。

14.9 高密度新型存储

随着数据量和数据保存需求的急剧增长，目前的主流存储介质（如硬盘、磁带等）面临严重的"容量墙"问题。这个问题可以展开为以下两个方面：介质存储密度的增长速度远低于数据量的增长速度，以及介质寿命远低于人们希望的数据存储寿命。

从介质的存储密度方面来说，主流存储介质的数据存储能力每年只提高 20% 左右，远远跟不上数据增长的速度。例如，希捷公司于 2020 年发布的基于 IDC 调研数据的《数据新视界》报告显示，2020—2022 年，企业数据将以年均 42.2% 的速度增长，这一速度约为存储密度增长速度的两倍。从介质的存储寿命方面来说，主流存储介质依赖磁信号（如机械硬盘和磁带）或电信号（如固态硬盘）存储信息，无法长期保存数据，使用寿命一般在 5～10 年。然而，许多数据的寿命远超设备的使用寿命。因此，需要密度更高、寿命更长的新型存储技术（如叠瓦式磁性存储、光存储、DNA 存储等）来缓解容量墙问题。

14.9.1 叠瓦式磁性存储

传统 HDD 的存储密度已接近物理极限（约 1 TB/in²），难以满足未来的大容量存储需求，业界主流硬盘厂商（如西部数据、希捷）转向研发更高存储密度的新型 HDD 存储技术——SMR[94]。SMR利用现有磁头和盘片介质技术，对制造工艺进行微小改动，实现了比传统 HDD 更高的存储密度，单位面积存储容量提高 10%～25%。其主要原理是在盘片上重叠部分磁道，从而在相同面积下容纳更多的磁道，如图 14.17 所示。

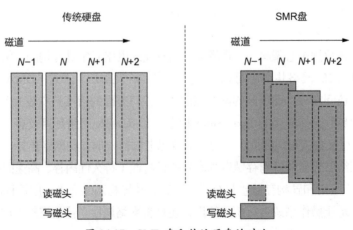

图 14.17 SMR 盘和传统硬盘的对比

SMR 的写磁头和相邻磁道重叠，这一结构的变化带来数据写入的挑战：其一是不支持随机写，其二是不支持原地更新写。采用以下关键技术解决上述问题。

RoW 技术：将所有的写入进行聚合，以类似日志结构的方式执行写入，解决 SMR 盘不支持随机写入和原地更新的写入问题。

垃圾回收技术：RoW 技术的写入会带来空间碎片化问题，导致 SMR 盘的写入单元无法重新写入数据，进而造成空间利用率下降。因此，需要通过垃圾回收将写入单元中有效数据块迁移到另一个写入单元。

冷热数据分流技术：在垃圾回收过程中会执行多次的数据迁移，导致写入次数增加，即"写放大"问题。可利用冷热数据技术，结合对数据生命周期的识别，实现冷热数据分配到不同的写入单元，进而降低写放大。

14.9.2　高密光存储

不管是高密度的 HDD，还是磁带，其本质都是基于磁技术的存储。随着保存时间的增长，磁存储设备的保存能力将逐渐降低，最终可能导致数据失效、丢失或产生错误。例如，基于 HDD 的存储系统，一般每 3～5 年就要进行一次数据迁移，而基于磁带的存储系统，一般每 10 年左右就要进行一次数据迁移。突破大容量数据存储和数据长期的保存问题正是新型光存储技术的热点方向。

蓝光存储已被业界的大型互联网企业用来保存冷数据。但是蓝光存储有一个物理极限，即单张 BD 的层数不会超过 40 层，容量不会超过 1 TB。因此，业界开始在全息光存储、超分辨率光存储、玻璃存储等方向上进行探索，实现更高密度的光存储。

传统光盘的技术路径是基于平面坑、槽的打点记录和检测，这些坑、槽的尺寸直接影响盘片的容量。为了增加光盘的容量，业界将原本局限于平面的光存储扩展到立体空间中，即全息光存储，以实现更高的存储密度。当前基于全息光存储的单盘容量已达到 2.5 TB，随着全息材料技术的突破，未来单盘容量可达 4 TB，甚至更大。

传统光盘，如 CD、DVD 和 BD，其读写都是基于 1/0 调制，不同的是所采用的激光波长不同。然而，即使继续降低激光波长，形成记录点的可分辨光斑尺寸受衍射极限所制约，容量密度难以继续扩展。超分辨率光存储通过双束光记录方式，突破衍射极限，进一步缩小记录点尺寸，提升容量密度[95]。从理论上来说，基于超分辨率的光存储单盘容量有望达到 1 PB。

玻璃存储是将光的多个特性维度（如介质本身的三维空间、偏振、波长、光强等）应用到玻璃，使单个记录点具备多种表达方式，从而提升容量密度[96]。当前基于玻璃存储的单盘容量已达到 360 TB。

14.9.3　DNA 存储

DNA 存储技术是利用人工合成的脱氧核糖核酸（DNA）作为存储介质，即将二进制数据编码成 DNA 的碱基（A/C/G/T）信息并进行存储，具有存储密度高（1 克 DNA 可存储 2 PB 数据）、保存时间长（数据保存时间可长达数千年）的优点[97]。

DNA 存储包括如下 6 个步骤，如图 14.18 所示，前 3 步对应数据的写入，后 3 步对应数据的读取：第一步编码，将二进制数据映射为 DNA 序列；第二步合成，按照 DNA 序列合成 DNA 链；第三步存储，将 DNA 链存储到载体中；第四步检索，通过碱基对的异或检验方式提取 DNA 分子；第五步测序，将 DNA 分子组合成 DNA 序列；第六步解码，将 DNA 序列中的信息还原成二进制数据。

2020 年 11 月在闪存峰会上微软、西部数据、DNA 数据存储公司 TWIST 联合 DNA 测序公司 illumina 建立 DNA 存储联盟，以发展 DNA 归档存储的商业生态系统。DNA 存储尚处于起步阶段，为更好地发展 DNA 存储，还需要解决如下几个关键问题：如何实现 DNA 存储的覆盖写？如何实现 DNA 存储的随机写？如何实现 DNA 存储中数据的高可靠性？这些在传统存储系统中能轻松完成的任务，在 DNA 存储中还需要进一步探索和研究。

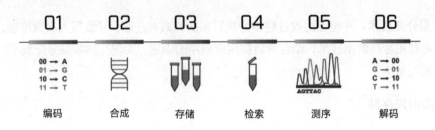

编码　　　合成　　　存储　　　检索　　　测序　　　解码

图 14.18　DNA 存储的流程

14.10　本章小结

数据存储系统作为信息技术的基础设施之一在数字经济时代扮演着举足轻重的角色。为应对新时代海量数据存储的挑战，满足高性能、高容量、高可靠性及高扩展性的数据存储需求，新的存储技术层出不穷。本章从新型存储模式，非易失性存储系统及应用存储优化等方面介绍了存储技术的趋势与发展，重点突出了学术前沿的代表性工作。在新型存储模式方面，阐述了存内计算、在网存储系统、分离式存储、边缘存储及高密度新型存储；在非易失性存储系统方面，对闪存存储和持久性内存存储系统展开了分析；在应用存储优化方面，总结了智能存储和区块链存储。这些前沿存储技术的创新与突破将为信息产业带来新的机遇，对追求高质量发展的数字经济时代具有重大的意义。

14.11　思考题

1. 闪存存储系统当前面临的挑战是什么？该如何应对这些挑战？
2. OC SSD 和 ZNS SSD 两种新型的闪存存储有何异同之处？
3. 存内计算主要解决了计算机系统中的什么问题？
4. 近存储计算和近内存计算各自发挥了哪些优势？支持哪些典型的应用场景？
5. 持久性内存相比 DRAM 和闪存等传统存储介质具有哪些优势和劣势？
6. 采用持久性内存构建文件系统、键值存储系统时面临的问题是什么？有哪些解决方案？
7. 为什么在网络设备内缓存数据可以提升应用性能？背后有何种理论依据？
8. 为什么可编程网络设备内无法完成复杂的处理操作？
9. 学习索引适合应用在哪些存储场景？有什么缺点？
10. 大语言模型时代，参数规模进一步激增，这会带来哪些新的存储问题？
11. 分离式内存架构下内存层级多样化，相比传统异构外存，管理多层级内存时有哪些新的挑战？
12. 分离式内存架构下访存延迟会增高，这对内存密集型应用的性能影响很严重，有哪些技术途径可以缓解此问题？

参考文献

[1] 舒继武, 陆游游, 张佳程, 等. 基于非易失性存储器的存储系统技术研究进展[J]. 科技导报, 2016, 34(14):86-94.

[2] ANDERSEN D G, FRANKLIN J, KAMINSKY M, et al. FAWN: a fast array of wimpy nodes[C]// Proceedings of the ACM SIGOPS 22nd Symposium on Operating Systems Principles (SOSP). Big Sky, Montana, USA: ACM, 2009: 1-14.

[3] CAUFIELD A M, GRUPP L M, GORDON S S. Using flash memory to build fast, power-efficient clusters for data-intensive applications[C]//Proceedings of the 14th International Conference on Architectural Support for Programming Languages and Operating Systems (ASPLOS). New York, NY, USA: ACM, 2009: 217-228.

[4] 陆游游, 杨者, 舒继武. 闪存存储的重构与系统构建技术[J]. 计算机研究与发展, 2019, 56(1): 23-34.

[5] LEE C, SIM D, HWANG J, et al. F2FS: A new file system for flash storage[C]//Proceedings of the 13th USENIX Conference on File and Storage Technologies (FAST). Santa Clara, CA, USA: USENIX, 2015: 273-286.

[6] JOSEPHSON W K, BONGO L A, FLYNN D, et al. DFS: a file system for virtualized flash storage[C]// Proceedings of the 8th USENIX Conference on File and Storage Technologies (FAST). Berkeley, CA, USA: USENIX, 2010: 85-99.

[7] LU Y, SHU J, ZHENG W. Extending the lifetime of flash-based storage through reducing write amplification from file systems[C]//Proceedings of the 11th USENIX Conference on File and Storage Technologies (FAST). Berkeley, CA: USENIX, 2013: 257-270.

[8] ZHANG J, SHU J, LU Y. ParaFS: a log-structured file system to exploit the internal parallelism of flash devices[C]//2016 USENIX Annual Technical Conference (USENIX ATC). Denver, Colorado, USA: USENIX, 2016:87-100.

[9] LU Y, SHU J, WANG W. ReconFS: a reconstructable file system on flash storage[C]//the 12th USENIX Conference on File and Storage Technologies (FAST). San Jose, CA, USA:USENIX, 2014:75-88.

[10] ZHANG J, LU Y, SHU J, et al. FlashKV: accelerating KV performance with open-channel SSDs[J]. ACM Transactions on Embedded Computing Systems, 2017, 16(5): 1-19.

[11] LI S, LU Y, SHU J, et al. LocoFS: a loosely-coupled metadata service for distributed file system[C]//The International Conference for High Performance Computing, Networking, Storage and Analysis (SC), Denver: ACM, 2017:1-12.

[12] LU Y, SHU J, GUO J, et al. LightTx: a lightweight transactional design in flash-based SSDs to support flexible transact[C]//31st IEEE International Conference on Computer Design (ICCD), Asheville NC, USA: IEEE, 2013:115-122.

[13] LU Y, SHU J, GUO J, et al. High-performance and lightweight transaction support in flash-based SSDs[J]. IEEE Transactions on Computers, 2015, 64(10):2819-2832.

[14] BAE H, KIM J, KWON M, et al. What you can't forget: exploiting parallelism for zoned namespaces[C]//Proceedings of the 14th ACM Workshop on Hot Topics in Storage and File Systems. New York: ACM, 2022:79-85.

[15] BJØRLING M, AGHAYEV A, HOLMBERG H, et al. ZNS: avoiding the block interface tax for flash-based[C]// 2021 USENIX Annual Technical Conference (USENIX ATC 21), USENIX, 2021:689-703.

[16] Zoned Storage. NVMe zoned namespaces[EB/OL]. (2020-10-09)[2023-06-08].

[17] HAN K, GWAK H, SHIN D, et al. ZNS+: advanced zoned namespace interface for supporting in-storage zone compaction.[C]//OSDI 21. USENIX, 2021:147-162.

[18] KIM J, LIM K, JUNG Y, et al. Alleviating garbage collection interference through spatial separation in all flash arrays.[C]//USENIX Annual Technical Conference. USENIX, 2019: 799-812.

[19] COLGROVE J, DAVIS J D, HAYES J, et al. Purity: building fast, highly-available enterprise flash storage from commodity components[C]//Proceedings of the 2015 ACM SIGMOD International Conference on Management of Data. ACM, 2015: 1683-1694.

[20] KIM T, JEON J, ARORA N, et al. RAIZN: redundant array of independent zoned namespaces [C]//Proceedings of the 28th ACM International Conference on Architectural Support for Programming Languages and Operating Systems. ACM, 2023: 660-673.

[21] BERGMAN S, CASSEL N, BJØRLING M, et al. ZNSwap: un-block your swap[C]// 2022 USENIX Annual Technical Conference. Carlsbad: USENIX, 2022:1-25.

[22] SHIN H, OH M, CHOI G, et al. Exploring performance characteristics of ZNS SSDs: observation and implication[C]//2020 9th Non-Volatile Memory Systems and Applications Symposium (NVMSA). IEEE, 2020:1-5.

[23] NICK T, TRIVEDI A. Understanding NVMe zoned namespace (ZNS) Flash SSD Storage Devices[EB/OL]. (2022-01-03)[2023-06-08]. arXiv:2206.01547.

[24] 毛海宇, 舒继武, 李飞, 等. 存内计算研究进展[J]. 中国科学：信息科学, 2021, 51(2):173-205.

[25] KWON M, GOUK D, LEE S, et al. Hardware/Software Co-Programmable Framework for Computational SSDs to Accelerate Deep Learning Service on Large-Scale Graphs[C]// Proceedings of the USENIX Conference on File and Storage Technologies (FAST). USENIX，2022: 147-164.

[26] ZHANG F, ANGIZI S, FAN D. Max-PIM: fast and efficient Max/Min searching in DRAM[C]//Proceedings of the Design Automation Conference (DAC). IEEE, 2021: 211- 216.

[27] XIE X, LIANG Z, GU P, et al. Spacea: sparse matrix vector multiplication on processing-inmemory accelerator[C]//Proceedings of the International Symposium on HighPerformance Computer Architecture (HPCA). IEEE, 2021: 570-583.

[28] PARK J, KIM B, YUN S, et al. TRiM: enhancing processor-memory interfaces with scalable tensor reduction in memory[C]//Proceedings of the International Symposium on Microarchitecture (MICRO). ACM, 2021: 268-281.

[29] LEE S, KANG S, LEE J, et al. Hardware architecture and software stack for PIM based on commercial DRAM technology: industrial product[C]//Proceedings of the Annual International Symposium on Computer Architecture (ISCA). IEEE, 2021: 43-56.

[30] SI X, TU Y N, HUANG W H, et al. 15.5A 28nm 64Kb 6T SRAM computing-in-memory macro with 8b MAC operation for AI edge chips[C]//Proceedings of the International Solid-State Circuits Conference (ISSCC). IEEE, 2020: 246-248.

[31] YANG J, KONG Y, WANG Z, et al. 24.4 sandwich-RAM: an energy-efficient in-memory BWN architecture with pulse-width modulation[C]//Proceedings of the International Solid-State Circuits Conference (ISSCC). IEEE, 2019: 394-396.

[32] CHI P, LI S, XU C, et al. Prime: a novel processing-in-memory architecture for neural network computation in reram-based main memory[J]. ACM SIGARCH Computer Architecture News, 2016, 44(3): 27-39.

[33] SHAFIEE A, NAG A, MURALIMANOHAR N, et al. ISAAC: a convolutional neural network accelerator with in-situ analog arithmetic in crossbars[J]. ACM SIGARCH Computer Architecture News, 2016, 44(3): 14-26.

[34] DANIAL L, PIKHAY E, HERBELIN E, et al. Two-terminal floating-gate transistors with a lowpower memristive operation mode for analogue neuromorphic computing[J]. Nature Electronics, 2019, 2(12): 596-605.

[35] MAHMOODI M R, STRUKOV D. An ultra-low energy internally analog, externally digital vector-matrix multiplier based on NOR flash memory technology[C]//Proceedings of the Design Automation Conference (DAC). IEEE, 2018: 1-6.

[36] 舒继武, 陈游旻, 胡庆达, 等. 非易失主存的系统软件研究进展[J]. 中国科学：信息科学, 2021, 51(6): 869-899.

[37] 陈游旻. 持久性内存存储系统关键技术研究[D]. 北京：清华大学, 2021.

[38] 陆游游, 舒继武. 持久性内存：从系统软件的角度[J]. 中国计算机学会通讯, 2019, 15(1):15-20.

[39] CONDIT J, NIGHTINGALE E B, FROST C, et al. Better I/O through byte-addressable, persistent memory[C]// Matthews J. SOSP '09: Proceedings of the 22nd Symposium on Operating Systems Principles. New York, NY, USA: ACM, 2009:133-146.

[40] DULLOOR S R, KUMAR S, KESHAVAMURTHY A, et al. System software for persistent memory[C]// Bultermann D, Bos H. EuroSys '14: Proceedings of the 9th European Conference on Computer Systems New York, NY, USA: ACM, 2014:1-15.

[41] XU J, SWANSON S. NOVA: A log-structured file system for hybrid volatile/non-volatile main memories[C]// Brown A, Popovici F. FAST '16: Proceedings of the 14th USENIX Conference on File and Storage Technologies. Berkeley, CA, USA: USENIX Association, 2016:323-338.

[42] WU X, REDDY A L N. SCMFS: A file system for storage class memory[C]//Lathrop S. SC '11: Proceedings of 24th International Conference for High Performance Computing, Networking, Storage and Analysis. New York, NY, USA: ACM, 2011:1-23.

[43] VOLOS H, NALLI S, PANNEERSELVAM S, et al. Aerie: flexible file-system interfaces to storage-class memory[C]//Bultermann D, Bos H. EuroSys '14: Proceedings of the 9th European Conference on Computer Systems. New York, NY, USA: ACM, 2014:1-14.

[44] KWON Y, FINGLER H, HUNT T, et al. Strata: a cross media file system[C]//Chen H, Zhou L. SOSP '17: Proceedings of the 26th Symposium on Operating Systems Principles. New York, NY, USA: ACM, 2017:460-477.

[45] CHEN Y, LU Y, ZHU B, et al. Scalable persistent memory file system with kernel-userspace collaboration[C]// Proceedings of the USENIX Conference on File and Storage Technologies (FAST). USENIX, 2021, 21: 81-95.

[46] VENKATARAMAN S, TOLIA N, RANGANATHAN P, et al. Consistent and durable data structures for non-volatile byte-addressable memory[C]// Proceedings of the 9th USENIX Conference on File and Storage Technologies (FAST), USENIX, 2011.

[47] HU Q, REN J, BADAM A, et al. Log-structured non-volatile main memory[C]// Proceedings of the USENIX Annual Technical Conference (ATC). USENIX, 2017: 703-717.

[48] 陈游旻, 陆游游, 罗圣美, 等. 基于 RDMA 的分布式存储系统研究综述[J]. 计算机研究与发展, 2019, 56(2): 227-239.

[49] LU Y, SHU J, CHEN Y, et al. Octopus: An RDMA-enabled distributed persistent memory file sys-tem[C]//Silva D, Ford B. USENIX ATC '17: Proceedings of the 23rd Conference on USENIX Annual Technical Conference. Berkeley, CA, USA: USENIX, 2017:773-785.

[50] YANG J, IZRAELEVITZ J, SWANSON S. Orion: a distributed file system for non-volatile main memory and RDMA-capable networks[C]//Merchant A, Weatherspoon H. FAST '19: Proceedings of the 17th USENIX Conference on File and Storage Technologies. Berkeley, CA, USA: USENIX, 2019:221-234.

[51] ZHANG Y, YANG J, MEMARIPOUR A, et al. Mojim: a reliable and highly-available non-volatile memory system[C]//Ozturk O, Ebcioglu K. ASPLOS '15: Proceedings of the 20th International Conference on Architectural Support for Programming Languages and Operating Systems. New York, NY, USA: ACM, 2015:3-18.

[52] SHAN Y, TSAI S Y, ZHANG Y. Distributed shared persistent memory[C]//Curino C. SoCC '17: Proceedings of the 8th Symposium on Cloud Computing. New York, NY, USA: ACM, 2017: 323-337.

[53] DRAGOJEVIĆ A, NARAYANAN D, HODSON O, et al. FaRM: fast remote memory[C]//Mahajan R, Stoica I. NSDI'14: Proceedings of the 11th USENIX Conference on Networked Systems Design and Implementation. Berkeley, CA, USA: USENIX, 2014:401-414.

[54] DRAGOJEVIĆ A, NARAYANAN D, NIGHTINGALE E B, et al. No compromises: distributed transactions with consistency, availability, and performance[C]//Miller E. SOSP '15: Proceedings of the 25th Symposium on Operating Systems Principles. New York, NY, USA: ACM, 2015:54-70.

[55] 汪庆, 李俊儒, 舒继武. 在网存储系统研究综述[J]. 计算机研究与发展，2023, 60(11):2681-2695.

[56] 汪庆. 分布式内存存储系统的网存协同关键技术研究[D]. 北京：清华大学，2023.

[57] WANG Q, LU Y, XU E, et al. Concordia: distributed shared memory with {In-Network} cache coherence[C]// 19th USENIX Conference on File and Storage Technologies (FAST 21). USENIX, 2021: 277-292.

[58] LI J, LU Y, ZHANG Y, et al. SwitchTx: scalable in-network coordination for distributed transaction processing[J]. Proceedings of the VLDB Endowment, 2022, 15(11):2881-2894.

[59] LI J, LU Y, WANG Q, et al. AlNiCo: smartNIC-accelerated Contention-aware Request Scheduling for Transaction Processing[C]//2022 USENIX Annual Technical Conference (USENIX ATC 22). USENIX, 2022: 951-966.

[60] JIN X, LI X, ZHANG H, et al. Netcache: balancing key-value stores with fast in-network caching[C]// Proceedings of the 26th Symposium on Operating Systems Principles. New York: ACM, 2017:121-136.

[61] KRASKA T, BEUTEL A, CHI E H, et al. The case for learned index structures[C]// Proceedings of the 2018 international conference on management of data. New York: ACM, 2018: 489-504.

[62] TANG C, WANG Y, DONG Z, et al. XIndex: a scalable learned index for multicore data storage[C]//Proceedings of the 25th ACM SIGPLAN symposium on principles and practice of parallel programming. New York: ACM, 2020: 308-320.

[63] DAI Y, XU Y, GANESAN A, et al. From wisckey to bourbon: a learned index for log-structured merge trees[C]//Proceedings of the 14th USENIX Conference on Operating Systems Design and Implementation. USENIX, 2020: 155-171.

[64] WEI X, CHEN R, CHEN H. Fast RDMA-based ordered key-value store using remote learned cache[C]// Proceedings of the 14th USENIX Conference on Operating Systems Design and Implementation. USENIX, 2020: 117-135.

[65] LYU W, LU Y, SHU J, et al. Sapphire: automatic configuration recommendation for distributed storage systems[EB/OL]. (2020-07-07)[2023-06-09]. arXiv:2007.03220.

[66] MAAS M, ANDERSEN D G, ISARD M, et al. Learning-based memory allocation for C++ server workloads[C]//Proceedings of the Twenty-Fifth International Conference on Architectural Support for Programming Languages and Operating Systems. New York: ACM, 2020: 541-556.

[67] HAO M, TOKSOZ L, LI N, et al. LinnOS: predictability on unpredictable flash storage with a light neural network[C]// Proceedings of the 14th USENIX Conference on Operating Systems Design and Implementation. USENIX, 2020: 173-190.

[68] 冯杨洋, 汪庆, 谢旻晖, 等. 从 BERT 到 ChatGPT：大模型训练中的存储系统挑战与技术发展[J]. 计算机研究与发展, 2024, 61(4): 809－823.

[69] NIKOLI D, BÖHRINGER R, BEN-NUN T, et al. Clairvoyant prefetching for distributed machine learning I/O[C]//Proceedings of the International Conference for High Performance Computing, Networking, Storage and Analysis. New York: ACM, 2021:1-15.

[70] KHAN R, YAZDANI A, FU Y, et al. SHADE: enable fundamental cacheability for distributed deep learning training[C]//21st USENIX Conference on File and Storage Technologies (FAST 23). New York: ACM, 2023:135-151.

[71] MURRAY D, ŠIMŠA J, KLIMOVIC A, et al. tf.data: a machine learning data processing framework[J]. Proceedings of the VLDB Endowment, 2021,14(12): 2945-2958.

[72] XIE M, LU Y, LIN J, et al. Fleche: an efficient GPU embedding cache for personalized recommendations[C]// Proceedings of the Seventeenth European Conference on Computer Systems. New York: ACM, 2022:402-416.

[73] XIE M, LU Y, WANG Q, et al. PetPS: supporting huge embedding models with persistent memory[J]. Proceedings of the VLDB Endowment, 2023,16(5): 1013-1022.

[74] RAJBHANDARI S, RASLEY J, RUWASE O, et al. Zero: memory optimizations toward training trillion parameter models[C]//SC20: International Conference for High Performance Computing, Networking, Storage and Analysis. IEEE, 2020:1-16.

[75] FENG Y, XIE M, TIAN Z, et al. Mobius: fine tuning large-scale models on commodity gpu servers[C]// Proceedings of the 28th ACM International Conference on Architectural Support for Programming Languages and Operating Systems. New York: ACM, 2023:489-501.

[76] RUAN Z, HE T, CONG J. INSIDER: designing in-storage computing system for emerging high-performance drive[C]// Proceedings of the USENIX Annual Technical Conference (ATC). USENIX, 2019: 379-394.

[77] QIAO Y, CHEN X, ZHENG N, et al. Closing the B+-tree vs. LSM-tree write amplification gap on modern storage hardware with built-in transparent compression[C]// Proceedings of the USENIX Conference on File and Storage Technologies (FAST). USENIX, 2022: 69-82.

[78] NAWAB F, AGRAWAL D, EL ABBADI A. Dpaxos: managing data closer to users for low-latency and mobile applications[C]//Proceedings of the International Conference on Management of Data (SIGMOD). New York: ACM, 2018: 1221-1236.

[79] CHEN X, SONG H, JIANG J, et al. Achieving low tail-latency and high scalability for serializable transactions in edge computing[C]//Proceedings of the European Conference on Computer Systems (EuroSys). New York: ACM, 2021: 210-227.

[80] GUPTA H, RAMACHANDRAN U. Fogstore: a geo-distributed key-value store guaranteeing low latency for strongly consistent access[C]//Proceedings of the International Conference on Distributed and Event-based Systems (DEBS). New York: ACM, 2018: 148-159.

[81] SHU J, FANG K, CHEN Y, et al. TH-iSSD: design and implementation of a generic and reconfigurable near-data processing framework[J]. ACM Transactions on Embedded Computing Systems, 2023, 22(6): 96:1-96:23.

[82] YANG Z, LU Y, LIAO X, et al. λ-IO: a unified IO stack for computational storage[C]//Proceedings of the USENIX Conference on File and Storage Technologies (FAST). USENIX, 2023: 347-362.

[83] NOOR J, SRIVASTAVA M, NETRAVALI R. Portkey: adaptive key-value placement over dynamic edge networks[C]//Proceedings of the ACM Symposium on Cloud Computing (SOCC). ACM, 2021:197-213.

[84] NAKAMOTO S. Bitcoin: a peer-to-peer electronic cash system[EB/OL]. (2008-10-31) [2023-06-09].

[85] BUTERIN V. A next-generation smart contract and decentralized application platform[J]. white paper, 2014, 3(37): 2-1.

[86] 金链盟. Fisco-Bcos [EB/OL]. (2020-01-09)[2023-06-09].

[87] Hyperledger Foundation. Hyperledger fabric project [EB/OL]. (2017-08-05)[2023-06-09].

[88] DINH A, WANG J, WANG S, et al. UStore: a distributed storage with rich semantics [EB/OL]. (2017-02-09) [2023-06-09]. arXiv:1702.02799.

[89] WANG S, DINH A, LIN Q, et al. Forkbase: an efficient storage engine for blockchain and forkable applications[EB/OL]. (2018-02-14)[2023-06-09]. arXiv:1802.04949, 2018.

[90] 舒继武, 陈游旻, 汪庆, 等. 分离式数据中心的存储系统研究进展[J]. 中国科学: 信息科学, 2023, 53(8): 1503-1528.

[91] 舒继武. 新型存算分离架构技术展望[J]. 中国计算机学会通讯, 2022, 18(11): 53-60.

[92] YANG Z, WANG Q, LIAO X, et al. TeRM: extending RDMA-attached memory with SSD[C]//Proceedings of USENIX Conference on File and Storage Technologies (FAST). Santa Clara: USENIX Association, 2024: 1-16.

[93] WANG Q, LU Y, SHU J. Building write-optimized tree indexes on disaggregated memory [J]. SIGMOD Rec, 2023, 52(1):45-52.

[94] SURESH A, GIBSON G, GANGER G. Shingled magnetic recording for big data applications[EB/OL]. (2012-05)[2024-04-08].

[95] 姜美玲, 张明俨, 李向平, 等. 超分辨光存储研究进展[J]. 光电工程, 2019, 46(3): 180649.

[96] ANDERSON P, BLACK R, CERKAUSKAITE A, et al. Glass: a new media for a new era?[C]//10th USENIX Workshop on Hot Topics in Storage and File Systems (HotStorage 18). Santa Clara: USENIX Association, 2018.

[97] LI B, SONG N Y, OU L, et al. Can we store the whole world's data in DNA storage?[C]//12th USENIX Workshop On Hot Topics In Storage And File Systems (HotStorage 20). Santa Clara: USENIX Association, 2020.

缩略语表

英文缩写	英文全称	中文全称
2FA	Two-Factor Authentication	双因素认证
AAA	Authentication，Authorization and Accounting	身份认证、授权和记账协议
ABAC	Attribute Based Access Control	基于属性的访问控制
ABE	Attributed-Based Encryption	基于属性的加密
ACID	Atomicity, Consistency, Isolation and Durability	原子性、一致性、隔离性和持久性
ACL	Access Control List	访问控制列表
AD	Archival Disc	归档光盘
ADC	Analog-to-Digital Converter	模数转换器
AFR	Annual Failure Rate	平均年失效率
AIK	Attestation Identity Key	证明身份密钥
ALPC	Advanced Local Procedure Calls	高级本地过程调用
ALUA	Asymmetric Logic Unit Auess	非对称逻辑单元接入
ANA	Asymmetric Namespace Access	非对称命名空间接入
API	Application Program Interface	应用程序接口
ATA	Advanced Technology Attachment Interface	先进技术总线附属接口
BD	Blu-ray Disc	蓝光光盘
BMC	Bubble Memory Controller	磁泡内存控制器
BOM	Business, Operation, Management	业务运营管理
BSS	Business Support System	业务域
CA	Certification Authority	认证机构
CD-R	Compact Disc Recordable	可录 CD 光盘
CD-ROM	Compact Disc Read-Only Memory	只读存储光盘
CD-RW	Compact Disc Rewritable	可擦重写 CD 光盘
CDB	Command Descriptor Block	指令描述块
CDM	Copy Data Management	复制数据管理
CFS	Cryptographic File System	加密文件系统
CHAP	Challenge Handshake Authentication Protocol	挑战握手认证协议
CIFS	Common Internet File System	通用互联网文件系统
CM	Corrective Maintenance	纠正性维护
CMOS	Complementary Metal Oxide Semiconductor	互补金属氧化物半导体器件
CoW	Copy-on-Write	写时复制
CP-ABE	Ciphertext Policy Attributed-Based Encryption	密文策略的基于属性的加密
CPLD	Complex Programming Logic Device	复杂可编程逻辑器件
CPU	Central Processing Unit	中央处理器

英文缩写	英文全称	中文全称
CQ	Completion Queue	完成队列
CRM	Customer Relationship Management	客户关系管理
CRUSH	Controlled, Scalable, Decentralized Placement of Replicated Data	可控的、可扩展的、去中心化的副本数据放置
CXL	Compute Express Link	缓存一致性互连
C/S	Client/Server	客户端/服务器
DAC	Digital-to-Analog Converter	数模转换器
DAC	Discretionary Access Control	自主访问控制
DAS	Direct Attached Storage	直接附属存储
DC	Data Center	数据中心
DDR	Double Data Rate	双倍数据速率
DDR4	Double-Data-Rate Four	八倍数据速率
DHT	Distributed Hash Table	分布式散列表
DIMM	Dual In-line Memory Modules	双列直插式内存组件
DNN	Deep Neural Network	深度神经网络
DPA	Differential Power Analysis	差分功耗分析
DRAM	Dynamic Random Access Memory	动态随机存储器
DVD	Digital Versatile Disc	多用途数字光盘
eBPF	Extended Berkeley Packet Filter	扩展的伯克利包过滤器
EBS	Elastic Block Store	弹性块存储
EC2	Elastic Compute Cloud	弹性计算云
ECC	Error Correction Code	纠错码
EEPROM	Electrically-Erasable Programmable Read Only Memory	电可擦编程只读存储器
EM	Electromagnetic Attack	电磁攻击
EMR	Electronic Medical Record	电子病历
EPC	Enclave Page Cache	飞地页缓存
ERP	Enterprise Resource Planning	企业资源计划
ETH	Ethernet	以太网
FAR	False Alarm Rate	误报率
FC	Fibre Channel	光纤通道
FCFS	First Come First Serve	先来先服务
FCoE	Fibre Channel over Ethernet	以太网光纤通道
FDR	False Discovery Rate	故障检出率
FDS	Flat Datacenter Storage	扁平化数据中心存储
FGMOS	Floating Gate Metal Oxide Semiconductor	浮栅金属氧化物半导体场效应晶体管
FIFO	First In First Out	先进先出
FPGA	Field Programmable Gate Array	现场可编程门阵列
F2FS	Flash Friendly File System	闪存友好文件系统
FTL	Flash Translation Layer	闪存转换层
GFS	Google File System	谷歌文件系统
GUI	Graphical User Interface	图形用户界面
HA	High Availability	高可用
HAMR	Heat-Assisted Magnetic Recording	热辅助磁记录

英文缩写	英文全称	中文全称
HBA	Host Bus Adapter	主机总线适配器
HBM	High Bandwidth Memory	高带宽内存
HCA	Host Channel Adapter	主机通道适配器
HCI	Hyper-Converged Infrastructure	超融合架构
HDD	Hard Disk Drive	硬盘驱动器
HDM	Host-managed Device Memory	主机管理的设备内存
HIS	Hospital Information System	医院信息系统
HPC	High Performance Computing	高性能计算
HPDA	High Performance Data Analytics	高性能数据分析
I/O	Input/Output	输入输出
IaaS	Infrastructure as a Service	基础设施即服务
IB	Inifini Band	无限宽带
IOPS	Input/Output Operations Per Second	每秒完成读写请求的次数
IPSec	Internet Protocol Security	互联网络层安全协议
iSCSI	Internet Small Computer System Interface	互联网小型计算机系统接口
IT	Information Technology	信息技术
iWARP	Internet Wide Area RDMA Protocol	互联网广域 RDMA 协议
JBOD	Just a Bunch Of Disks	外置磁盘框
KP-ABE	Key Policy Attributed-Based Encryption	密钥策略的基于属性的加密
KVM	Kernel-based Virtual Machine	基于内核的虚拟机
LBA	Logical Block Address	逻辑块地址
LBN	Logical Block Number	逻辑块号
LDPC	Low-Density Parity-Check Code	低密度奇偶校验码
LIMS	Laboratory Information Management System	医院检验系统
LLR	Log-Likelihood Ratio	对数似然比
LPC	Low Pin Count	低引脚
LPN	Logical Page Number	逻辑页号
LRC	Locally Repairable Codes	局部修复码
LRU	Least Recently Used	最近最少使用
LSB	Least Significant Bit	最低有效位
LSM	Log-Structured Merge	日志结构合并
LTO	Linear Tape Open	线性磁带开放协议
LUN	Logic Unit Number	逻辑单元号
MAC	Mandatory Access Control	强制访问控制
MAMR	Microwave-Assisted Magnetic Recording	微波辅助磁记录
MBR	Minimum Bandwidth Regeneration	最小带宽再生码
MDS	Metadata Service	元数据服务器
MDT	Metadata Target	元数据目标
MEE	Memory Encryption Engine	内存加密引擎
MHT	Merkle Hash Tree	默克尔散列树
MKTME	Multi-Key Total Memory-Encryption	多密钥全内存加密
MLC	Multi Level Cell	多级单元
MMC	Multi-Media Commands	多媒体指令集

英文缩写	英文全称	中文全称
MOS	Metal-Oxide-Semiconductor	金属氧化物半导体
MRAM	Magnetroresistive Random Access Memory	磁性随机存取存储器
MS-CHAPv1	Microsoft Challenge Handshake Authentication Protocol version1	微软挑战握手认证协议第 1 版
MS-CHAPv2	Microsoft Challenge Handshake Authentication Protocol version2	微软挑战握手认证协议第 2 版
MSB	Most Significant Bit	最高有效位
MSI	Message Signaled Interrupt	信息信号中断
MSR	Minimum Storage Regeneration	最小存储再生码
MSS	Management Support System	管理域
MTBF	Mean Time Between Failures	平均失效间隔时间
MTTDL	Mean Time To Data Loss	平均数据丢失时间
MTTF	Mean Time To Failure	平均失效时间
MTTR	Mean Time To Repair	平均修复时间
NAS	Network Attached Storage	网络附属存储
NFS	Network File System	网络文件系统
NFV	Network Functions Virtualization	网络功能虚拟化
NIC	Network Interface Card	网络接口卡
NPU	Network Processing Unit	网络处理单元
NVMe	Non-Volatile Memory express	非易失性内存标准
NVRAM	Non-Volatile Random-Access Memory	非易失性随机访问存储器
OCSP	Online Certificate Status Protocol	在线证书状态协议
OC SSD	Open-Channel SSD	开放通道 SSD
OLTP	Online Transaction Processing	联机事务处理
OSD	Object-Based Storage Devices	对象存储设备
OSS	Object Storage Server	对象存储服务器
OSS	Operation Support System	运营域
OST	Object Storage Target	对象存储目标
PaaS	Platform as a Service	平台即服务
PACS	Picture Archiving and Communication System	影像存储与传输系统
PAMT	Physical-Address-Metadata Table	物理地址元数据表
PAP	Password Authentication Protocol	密码认证协议
PBA	Physical Block Address	物理块地址
PBN	Physical Block Number	物理块号
PCI-e	Peripheral Component Interconnect express	快速外设部件互连
PCM	Phase Change Memory	相变存储器
PCR	Platform Configuration Register	平台配置寄存器
PDM	Private Device Memory	设备私有内存
PDP	Provable Data Possession	数据持有性证明
PDU	Protocol Data Unit	协议数据单元
PEKS	Public Encryption with Keyword Search	公钥可搜索加密
PG	Placement Group	放置策略组
PIM	Processing-in-Memory	存内计算
PKI	Public Key Infrastructure	公钥基础设施
PLM	Predictable Latency Mode	可预测延迟模式
PM	Preventive Maintenance	预防性维护

英文缩写	英文全称	中文全称
PPN	Physical Page Number	物理页号
RRAM	Resistive Random Access Memory	阻变式存储器
PRP	Physical Region Page	物理区域页
QLC	Quad Level Cell	四级单元
QP	Queue-Pair	队列对
RA	Registration Authority	证书注册机构
RAC	Real Application Cluster	实时应用集群
RAID	Redundant Array of Independent Disks	独立磁盘冗余阵列
RADIUS	Remote Authentication Dail In User Service	远程身份认证拨号用户服务
RADOS	Reliable and Autonomic Distributed Object Store	可靠、自动的分布式对象存储
RBAC	Role Based Access Control	基于角色的访问控制
RBER	Raw Bit Error Rate	原始比特错误率
RDMA	Remote Direct Memory Access	远程直接内存访问
RIS	Radiology Information System	放射科信息管理系统
RNIC	RDMA Network Interface Controller RDMA	网络接口控制器
RoCE	RDMA over Converged Ethernet	聚合以太网上的 RDMA
ROM	Read-Only Memory	只读存储器
RoW	Redirect on Write	重定向写
RPC	Remote Procedure Call	远程过程调用
RPO	Recovery Point Objective	恢复点目标
RTO	Recovery Time Objective	恢复时间目标
RuBAC	Rule Based Access Control	基于规则的访问控制
RV	Rotation Vibration	转动振动
S3	Simple Storage Service	简单存储服务
SAM	SCSI Architecture Model	SCSI 架构模型
SAN	Storage Area Network	存储区域网
SaaS	Software as a Service	软件即服务
SAS	Serial Attached Small Computer System Interface	串行小型计算机系统接口
SATA	Serial Advanced Technology Attachment Interface	串行先进技术总线附属接口
SBC	SCSI Block Commands	SCSI 块指令集
SCSI	Small Computer System Interface	小型计算机系统接口
SDFS	Shared-Disk File System	共享磁盘文件系统
SDN	Software Defined Network	软件定义网络
SDS	Software Defined Storage	软件定义存储
SEAM	Secure-Arbitration Mode	安全仲裁模式
SEV	Secure Encrypted Virtualization	安全加密虚拟化
SGMII	Serial Gigabit Media Independent Interface	串行吉比特媒体独立接口
SHA	Secure Hash Algorithm	安全散列算法
SLA	Service Level Agreement	服务等级协定
SLC	Single Level Cell	单级单元
SGL	Scatter Gather List	分散聚合表
SGX	Software Guard Extensions	软件保护扩展
SMART	Self-Monitoring, Analysis and Reporting Technology	自监测、分析和报告

续表

英文缩写	英文全称	中文全称
SMR	Shingled Magnetic Recording	叠瓦式磁记录
SMP	Serial Management Protocol	串行管理协议
SNIA	Storage Networking Industry Association	存储网络工业协会
SoC	System on a Chip	单片系统
SPA	Simple Power Analysis	简单功耗分析
SPC	SCSI Primary Commands	SCSI 主要指令集
SPI	Serial Peripheral Interface	串行外设接口
SQ	Submission Queue	提交队列
SRAM	Static Random Access Memory	静态随机存储器
SSE	Symmetric Searchable Encryption	对称可搜索加密
SSC	SCSI Stream Commands	SCSI 流指令集
SSC	Secure Service Container	安全服务容器
SSD	Solid State Disk	固态硬盘
SSL	Secure Socket Layer	安全套接字层
SSP	Serial SCSI Protocol	串行 SCSI 协议
SSTF	Shortest Seek Time First	最短寻道时间优先
STP	SATA Tunneled Protocol	SATA 隧道协议
TCO	Total Cost of Ownership	总拥有成本
TDE	Transparent Data Encryption	透明数据加密
TEE	Trusted Execution Environment	可信执行环境
TLC	Triple Level Cell	三级单元
TLS	Transport Layer Security	传输层安全协议
TPA	Third Party Auditor	第三方审计者
TPM	Trusted Platform Module	可信平台模块
UI	User Interface	用户界面
ULP	Upper Layer Protocol	上层协议
URI	Uniform Resource Identifier	统一资源标识符
UTXO	Unspent Transaction Output	未花费的交易输出
VFS	Virtual File System	虚拟文件系统
VDI	Virtual Desktop Infrastructure	虚拟桌面基础设施
VM	Virtual Machine	虚拟机
VPN	Virtual Private Network	虚拟专用网
VSA	Virtual Storage Appliance	虚拟存储设备
VSI	Virtual Server Infrastructure	虚拟服务器基础设施
WAL	Write Ahead Log	写前日志
WAN	Wide Area Network	广域网
WL	Word Line	字线
WORM	Write Once Read Many	单写多读
ZBD	Zoned Block Device	区域块设备
ZNS SSD	Zone Namespace SSD	区域命名空间 SSD